PRACTICE FOR ELECTRIC VEHICIE DIAGNOSIS ANALYSIS

EV 자동차 진단분석 실습

구민사

저자

손병래 호남대학교 미래자동차공학부 교수

김덕호 김천대학교 스마트모빌리티학과 교수

김한석 호남대학교 산학협력단 교수

오신근 전남과학대학교 스마트융합자동차과 교수

EV 자동차 진단분석 실습

초판 인쇄 • 2023년 8월 10일
초판 발행 • 2023년 8월 20일

저　자 • 손병래 · 김덕호 · 김한석 · 오신근
발 행 인 • 조규백
발 행 처 • 도서출판 **구민사**
(07293) 서울특별시 영등포구 문래북로 116 604호(문래동3가, 트리플렉스)
전　화 • (02)701-7421(~2)
팩　스 • (02)3273-9642
홈페이지 • www.kuhminsa.co.kr

신고번호 • 제 2012-000055호(1980년 2월 4일)
ISBN • 979-11-6875-251-1 (93550)

값 32,000원

Preface

머리말

자동차는 인간의 생활을 윤택하게 할뿐만 아니라 이동수단으로 발전하며 지구가 하나의 생활 문화권을 이루는데 지대한 역할을 하였다. 하지만 편리한 이동수단으로서의 장점과 함께 지구온난화의 주범으로 지구의 환경을 파괴한다는 점에서 비난의 대상이 되었다. 이러한 점을 해소하고자 친환경 자동차의 생산과 활용을 모색하는 과정에서 동력원을 전동화하여 고전원을 활용하는 전기자동차를 생산하여 활용하게 되었다.

친환경으로 각광받은 전기자동차의 경우 높은 전원을 활용하므로 고전압에 대한 두려움과 안전성에 대한 관심이 높아지게 되었으며, 전기자동차는 기존의 150년을 지탱해온 내연기관과 달리 많은 부분에서 변화하게 되었다. 자동차를 운행하는 운전자와 전기자동차를 관리 운영하는 정비사에 이르기까지 새로운 장비 및 운영, 관리, 진단에서 새로운 지식을 습득하여야 하는 문제를 안고 있다.

이 책은 내연기관에서는 없던 충전에 대한 새로운 기술적 지식과 활용에 대한 내용 관리, 수리 등에 대한 내용을 담고 있다. 전기자동차를 안전하게 관리하고 고장을 진단하여 수리하는 영역을 담당하는 정비사의 경우 새로운 기술적 지식과 고전압 자동차에 대한 막연한 두려움을 해소하고자 하였다. 특히 자동차를 운행하는 운전자의 경우도 자동차를 연구하고 제작하는 과정에서 안전장치를 충분히 고려하여 설계 및 제작되었지만, 어느 부분까지 안전하고 어느 부분에서는 위험하다고 하는 내용 등을 담고자 노력하였으며, 전기자동차를 진단하고 정비하는 분들이 고전압에 노출되지 않으면서 안전하게 진단 분석 후 전기자동차를 수리할 수 있도록 노력하였다.

이 책의 주요 구성은 다음과 같다.
1장에서는 전기자동차 특징 및 취급 시 주의사항
2장에서는 고전압 배터리 제어 시스템
3장에서는 모터 및 감속기 시스템
4장에서는 차량 제어 시스템
5장에서는 냉각 시스템
6장에서는 에어컨 및 히터 시스템

로 구성하였으며, 각 장별로 다양한 그림 및 사진 등을 삽입하여 독자들의 이해를 높이고자 하였다.

이 책의 출판을 위해 바쁘신 와중에도 도와주신 지인들 및 도서출판 구민사 조규백 대표님과 직원 여러분에게 고마움과 감사의 마음을 전한다.

2023년 8월
저자 일동

CHAPTER 01 전기자동차 특징 및 취급 시 주의사항

CHAPTER 02 고전압 배터리 제어 시스템

Contents

03 CHAPTER 모터 및 감속기 시스템

04 CHAPTER 차량 제어 시스템

05 CHAPTER 냉각 시스템

Contents

06 CHAPTER 에어컨 및 히터 시스템

전기자동차 특징 및 취급 시 주의사항

01

전기자동차 특징 및 취급 시 주의사항

01 CHAPTER

학습 최종 목표

전기자동차 고전압 취급관리는 전기자동차 정비 중에 발생할 수 있는 안전사고를 예방하기 위하여 정비 중 관련 조치 활동을 취하는 능력이다.

학습모듈의 내용 체계

학습	학습내용	핵심 단어
고전압 주의사항 준수하기	● 자동차 부품 특성을 토대로 고전압 부품을 파악할 수 있다. ● 고전압 부품 취급을 위한 안전 보호장비, 취급 공구를 선택할 수 있다. ● 고전압 부품 취급을 위한 안전 보호장비, 취급 공구의 상태를 확인할 수 있다.	고전압 보호장비, 고전압 배터리, 고전압 보호 공구
고전압 차단하기	● 고전압 차단에 필요한 장비와 공구를 준비할 수 있다. ● 안전 보호장비와 취급 공구를 사용하여 고전압을 차단할 수 있다. ● 정비지침서에 따라 측정 장비를 사용하여 고전압 차단 여부를 확인할 수 있다.	고전압 차단절차, 고전압 보호장비, 서비스 플러그

안전유의사항 및 안전기기(장비, 공구)

- 능력단위 전기자동차 고전압 취급관리는 전기자동차 정비 중에 발생할 수 있는 안전사고를 예방하기 위하여 정비 중 관련 조치 활동을 하는 능력이다.
- 고전압 부품이란 고전압 충전 또는 고전압 배터리에서 공급하는 전원을 이용해서 작동하는 부품을 의미한다.
- 고전압 부품 취급을 위한 안전 보호장비, 취급 공구란 전기안전에서 규정하고 있는 고전압 취급 보호장비와 절연공구를 의미한다.
- 수행준거 "고전압 부품 취급을 위한 안전 보호장비, 취급 공구의 상태 검사"는 다음을 의미한다.
- 고전압 차단에 필요한 장비와 공구는 작업절차에 필요한 모든 수공구, 절연 공구, 안전 보호장비를 의미한다.
- 수행준거 "안전 보호장비와 취급 공구를 활용하여 고전압 차단"은 다음을 의미한다.
- 수행준거 "정비지침서에 따라 측정 장비를 사용하여 고전압 안전 파악"은 전기자동차에서 고전압 부품으로 고전압을 공급하고 있는지를 측정 장비를 활용해서 검사하고, 후속 정비를 수행할 때 작업자가 안전하게 작업할 수 있는 상태인지를 확인하는 절차를 의미한다.
- 절연시설, 안전 표지판 등을 설치한다.
- 규정에 맞게 안전 보호구를 착용한다.
- 금속성 물질은 고전압 단락을 유발하여 차량과 인명을 손상시키므로 작업 전에 반드시 몸에서 제거한다.

교수 방법

- 고전압 전기장치 안전 수칙에 대한 학습자의 지식 보유 수준을 확인하고 조치 방법에 대해 간단히 설명한다.
- 고전압 전기장치 안전 수칙에 대한 실습 재료 준비 상태를 확인하고 학습자가 조치 방법에 대하여 설명할 수 있도록 유도한다.
- 고전압 전기장치 안전 수칙에 대한 자료 조사를 위한 명확한 지침을 제공하고 학습자가 객관적으로 자료를 정리할 수 있도록 지도한다.
- 고전압 전기장치 수리 · 교환에 대한 설명을 위해 동영상 자료를 이용하여 조치 방법에 대하여 설명한다.
- 실습자가 장비를 안전하게 조작하고 작동하는지 관찰하고 필요하면 피드백을 제공한다.
- 고전압 전기장치 수리 · 교환에 대해 토의하고 현장 사례를 조사하여 발표하게 하고 다른 학습자와 공유하도록 지도한다.
- 다음 학습 주제에 관하여 사전 연구 및 조사하여 발표하도록 과제를 제시하고 학습동기를 부여한다.

학습방법

- 고전압 전기장치 안전 수칙에 관한 내용을 정리하고 주요 내용은 사진, 그림 등과 함께 노트에 정리한다.
- 고전압 전기장치 수리 · 교환에 관한 자료를 인터넷으로 검색하고 내용별로 노트에 정리한다.
- 고전압 전기장치 수리 · 교환에 관한 작업 요령에 대해 동료와 역할을 분담하여 토의하고 발표한다.
- 고전압 안전 지침을 준수하고 있는지 학습자 스스로 체크리스트를 활용하여 점검한다.
- 학습 시 주요 내용을 정리하고 의문점에 대해서는 질문을 통해 해결한다.

평가준거

- 평가자는 학습자가 학습목표를 성공적으로 달성하였는지를 평가해야 한다.
- 평가자는 다음 사항을 평가해야 한다.

학습내용	학습목표	성취수준		
		상	중	하
전기자동차 특징 및 취급 시 주의사항	– 전기자동차의 구성요소를 파악한다			
	– 전기자동차를 작업할 시 안전 절차를 파악한다.			
	– 전기자동차를 작업할 시 안전복장을 파악한다.			
	– 고전압 부품의 필요한 고전압 공구를 파악한다			

평가방법

학습내용	학습목표	성취수준		
		상	중	하
전기자동차 특징 및 취급 시 주의사항	– 안전장비 종류와 착용 여부			
	– 안전수칙 준수 능력			
	– 전압 전기장치 부품 역할에 대한 숙지 여부			
	– 고전압 전기장치 부품 숙지 여부			

평가자 체크리스트

학습내용	학습목표	성취수준		
		상	중	하
전기자동차 특징 및 취급 시 주의사항	– 안전장비를 착용하고 작업 수행 여부			
	– 안전수칙을 파악하여 작업 수행 여부			
	– 고전압 안전장비를 활용한 작업 수행 여부			
	– 안전수칙을 준수한 작업 여부			

피드백

1. 서술형 시험

– 하이브리드자동차 특화 시스템 점검, 진단에 필요한 관련 지식을 학습하고 중간, 기말고사 평가를 실시하여 성취수준이 낮은 학습자의 경우 미흡한 부분에 대해서는 중요사항을 표시하여 설명해주고 보고서를 제출하게 하여 학습성취도를 재평가한다.

– 성취수준이 높은 학습자의 경우에는 하이브리드자동차 특화 시스템 점검. 진단에 있어 차량진단 방법에 대한 심화 내용을 설명해준다.

2. 평가자 체크리스트

– 평가기준을 설명하고 성취수준이 낮은 학습자들에게는 정비지침서를 활용하여 미흡한 부분에 대해 학습 성취도를 달성할 수 있는 교육 여건을 제공한다.

– 성취수준이 높은 학습자의 경우는 하이브리드자동차 특화 시스템 점검. 진단에 있어 차량진단 방법에 대한 심화 내용을 설명해준다.

1 전기자동차(EV : Electric Vehicle)의 개요

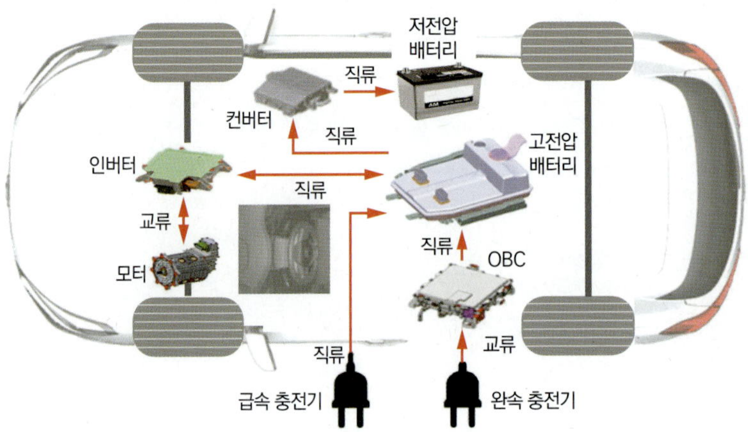

그림 1 전기자동차의 전기 에너지 흐름

전기자동차는 화석연료(가솔린 · 디젤 등)를 사용하는 엔진 없이 충전된 배터리를 통한 전기에너지만을 동력원으로 사용하는 자동차이다. 전기에너지만을 이용하기 때문에 이산화탄소 등 배출가스가 전혀 발생하지 않는다. 또한, 내연기관이 필요 없고 전기모터만 장착하면 되기 때문에 자동차 구조를 단순화할 수 있고 자동차 앞쪽의 엔진룸이 없어도 되기 때문에 그 공간을 활용해 기존 상식과는 다른 다양한 디자인의 자동차가 등장하고 있다. 또한 전기자동차가 기존 화석연료를 사용하는 자동차와 다른 점은 내연기관을 사용하지 않기 때문에 소음 및 진동이 발생하지 않는다. 전기자동차를 처음 운전해보면 엔진 소리가 없어서 시동이 걸렸는지, 차가 지나가고 있는지도 모르는 상황이 발생하기도 한다. 때문에 전기자동차에는 일부러 엔진 소리가 나도록 가상음 시스템을 적용하여 효과음을 발생시키고 있다. 자동차의 동력원인 엔진이 전동기기로 대치되고 변속기를 대신할 수 있는 감속기가 장착된다. 또한 고출력의 전기 모터를 구동하기 위한 고전압 배터리 및 이를 제어하기 위한 각종 보조 장치가 적용된다.

EV는 배터리만으로 자동차를 구동하므로 배터리 성능이 가장 중요한 요소인데, 현재 기술력으로는 한 번 충전으로 최대 483~528km를 주행할 수 있는 수준이다. 앞으로는 1회 충전으로 800km 이상 주행이 가능하고 배터리 충전시간도 100kW급 급속 충전기로는 400km가량 주행 가능한 전기자동차 배터리를 80% 충전하는 데 약 1시간이 소요됐으나, 초급속 충전기(350kW급)는 약 18~20분 만에 80%를 충전할 수 있어 충전 속도가 획기적으로 개선된다.

전기자동차의 보급은 자동차산업 전반의 큰 변화를 이끌고 있다. 지금까지 내연기관 자동차는 엔진을 생산하는 완성차 제조업체를 중심으로 변속기와 클러치 등을 공급하는 업체의 협력으로 만들어지므로 내연기관의 생산과정은 다소 복잡한 생산구조를 이루고 있다. 그러나 2차 전지와 모터로 구동하는 전기자동차는 엔진 및 변속기가 필요 없어지는 등 구조가 간단해진다.

자동차 구조만 단순해지는 게 아니다. 산업구조도 자동차 업체를 기준으로 하는 계열화에 의한 수직통합형에서 전지 · 전자 등을 중심으로 하는 수평통합적인 구조로 완만하게 변화할 것이다. 다시 말하자면 관련계열 이외의 기업도 참여할 수 있는 여지가 생기는 것이다.

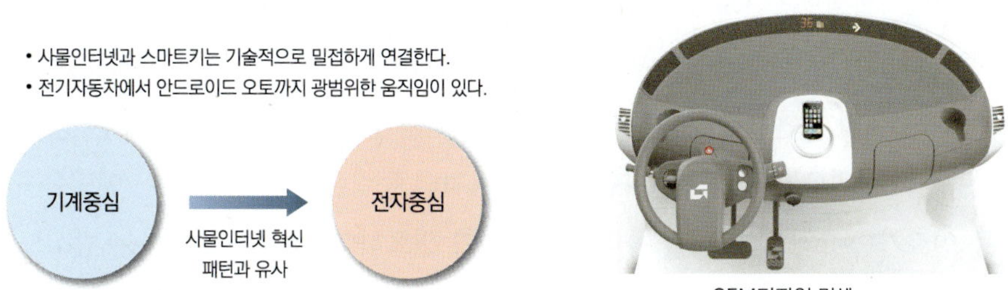

GEM디자인 컨셉

그림 2 자동차산업의 변화

2 전기자동차의 특징

1 내연기관 파워트레인과 전기자동차 파워트레인 비교

① 자동차에서 파워트레인은 동력장치에서 생산한 동력을 바퀴에 전달하는 과정에서 필요한 시스템을 지칭한다.

② 전기자동차 파워트레인은 동력을 만드는 모터와 전기의 특성을 제어하는 파워일렉트로닉스, 그리고 전기에너지를 저장하는 전지 팩으로 구성된다. 연료를 저장하고 배출하는 내연기관 자동차의 연료탱크는 파워트레인에 포함되지 않지만, 전기자동차의 전지 팩은 에너지의 저장 및 효율적 관리 역할까지 하므로 파워트레인 구성요소에 포함된다.

③ 전기자동차와 내연기관 자동차 파워트레인의 가장 큰 차이는 동력을 만드는 방법에 있다. 내연기관 자동차의 동력을 엔진이 만든다면, 전기자동차의 동력은 모터가 만든다. 엔진을 구동하려면 휘발유 등 연료가 필요하고, 모터를 돌리려면 전기가 필요하다. 동력을 전달하는 방식도 전기자동차와 내연기관 자동차는 다르다. 전기자동차가 동력을 만들고 전달하는 방식은 내연기관 자동차에 비해 간단한 편이다. 따라서 전기자동차 파워트레인은 내연기관 자동차보다 구조적으로 훨씬 단순하고, 부품수도 최대 80%까지 줄어든다.

④ 내연기관 자동차의 성능은 파워트레인 구성부품인 엔진과 변속기의 개별 성능, 그리고 부품 간 효율적 연계 수준에 달려있다. 전기자동차에서도 파워트레인의 성능은 중요한 경쟁요소다. 원가 측면에서도 파워트레인의 비중은 전기자동차 부품 중에서 가장 높다. 전기자동차 모델 간 경쟁의 핵심이다.

2 전기자동차의 장·단점

1. 장점

① 주행 시 CO_2를 배출하지 않는다. 소형 전기자동차가 충전 전기 제조 시 주행 1km당 40g(소형 가솔린 자동차의 경우는 170g)의 CO_2를 발생한다.

② 부품수가 하이브리드카는 물론, 내연기관 자동차보다 적어(엔진, 트랜스미션 등이 불필요) 시스템이 단순화가 가능하므로, 고장 리스크 범위도 줄일 수 있고 고장이 적은 편이다. 전지 생산 비용이 줄어들면 차량 가격에도 영향을 미쳐 가격이 저렴해질 수 있다.

③ 전기자동차는 전기모터로만 구동할 경우 운행비용이 가장 저렴하고 값싼 심야 전기를 이용할 경우 비용을 더 낮출 수 있고 자택에서 충전 가능하다.

④ 주행 중 화석연료를 전혀 사용하지 않아 가장 친환경적이다.

⑤ 차량 소음이 적고, 진동이 적고, 차량 수명이 상대적으로 길다.

⑥ 다양한 에너지원을 이용할 수 있고, 에너지 효율이 높다.

⑦ 차량디자인 및 부품배치 자유도가 크다.

⑧ 전기자동차는 내연기관 자동차와는 다르게 운전 중에 기어를 바꿔줄 필요가 없어 운전조작이 간편하다.

⑨ 내연기관에 비해 중량당 출력에너지가 크다.

⑩ 사고 시 폭발의 위험성이 적다.

2. 단점

① 차량 총 중량 20ton 트럭일 경우, 현재 기술에서는 전지만으로도 5ton 정도 되고, 따라서 대형차에 맞지 않는다.

② 고가의 전지가 필요하다.

③ 자동차 수명보다 전지 수명이 짧다.

④ 장거리 주행을 위해서는 급속 충전 스탠드가 전국 규모로 충전해야 한다.

⑤ 차량 가격이 비싸다.(그러나 기술 개발을 통해 배터리 생산단가를 절감하면 향후 가격 경쟁력에서 충분히 승산이 있다.)

⑥ 일반 내연기관 자동차에 비해 속도가 느리고, 배터리 1회 충전으로 주행할 수 있는 거리(항속거리)가 짧다.

⑦ 충전 시간이 오래 걸린다.

⑧ 사고 시 수리비가 많이 나온다.

⑨ 별도의 충전 시설을 위한 인프라 구축도 선행돼야 한다.

⑩ 겨울철에 주행거리의 편차가 심하다.

3 고전압 감전

감전에 의한 인체의 반응 및 사망의 한계는 그 속성상 인체실험이 어렵고, 또 어떠한 실험결과가 나와도 그것은 검증이 어렵다는 점과 인간의 다양성, 재해 당시의 상황변수 등의 이유로 획일적으로 정하기는 어렵지만, 인체의 감전 시 그 위험도는 통전전류의 크기, 통전시간, 통전경로, 전원의 종류에 따라 달라진다.

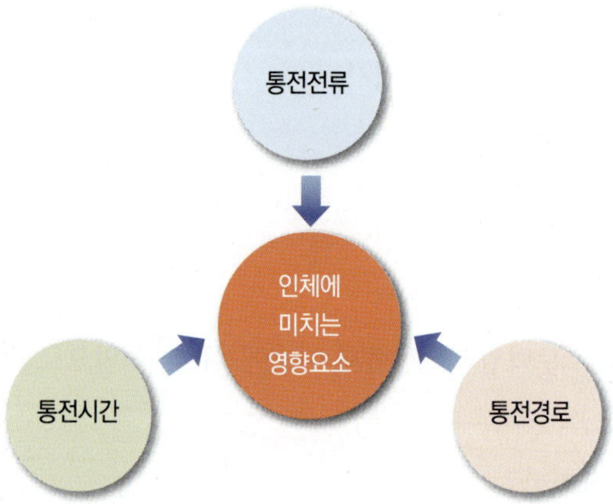

그림 3 인체에 미치는 영향요소

1 감전 노출 시간

전기자동차의 배터리 전압은 보통 400~500V 가까이 되며, 배터리 용량은 60kWh를 넘는다. 즉, 높은 출력을 낼 수 있는데 전기자동차에 적용되는 리튬이온배터리는 고전압, 고용량의 배터리가 적용되기 때문에 전기자동차를 점검 또는 수리 시에는 감전에 주의를 해야 한다.

전류에 노출된 시간이 길어질수록 인체에 더 많은 전류가 흐르게 되므로 위험하다. 통전 전류가 작은 경우에는 노출 시간이 길어도 인체에 무리가 없지만, 통전 전류가 큰 경우에는 노출시간이 길어지면 통전 전류의 크기에 따라 인체에 미치는 영향도 커지므로 누전 차단기를 작동하여 전류를 차단해야 한다. 고전압 차량에서는 절연저항이 300kΩ 이하일 경우 BMS(Battery Management System)가 PRA(Power Relay Assembly)의 메인 릴레이를 차단한다.

2 인체의 전기적 특성

1. 고전압 감전 시 인체에 미치는 영향

AC 42V(DC 60V) 이상의 전압은 감전의 위험이 있으므로 접촉하지 말아야 한다. 전압이 높아지면 전류가 흐르는 부위를 만지지 않아도 감전의 위험이 있으므로 주의가 필요하다. 마치 벼락처럼 거리가 있는 곳에도 전기가 흐를 가능성이 있기 때문이다.

인체의 저항 값은 보통 인체의 전기저항은 약 5,000Ω으로 보고 있지만, 이것은 피부가 젖은 정도, 대지와의 접촉상태, 인가전압 등에 의해 크게 변화하며 인가전압이 커짐에 따라 약 500Ω 이하까지 감소하기도 한다. 일반적으로 피부저항은 피부에 땀이 나 있는 경우는 건조시의 약 1/12~1/20, 물에 젖어 있을 경우는 1/25로 저하된다.

전기사고 후에는 의식상실, 발작, 실어증, 시각장애, 두통, 이명, 마비, 기억력 장애를 비롯한 외상 후 스트레스 장애를 겪는 경우가 많다. 심한 경우에는 심실 세동이 발생한다. 감전 생존자는 겉으로 보이는 화상은 없어도, 장기간의 근육통과 불편함, 피로감, 두통, 말초신경전도 및 감각 장애, 균형감 상실 등의 장애를 겪을 수 있다.

① 열적 영향

피부와 조직이 가열되어 피부의 표면뿐만 아니라 내부의 장기에 화상을 입을 수도 있다. 단백질이 응고되고, 혈구가 파열된다. 전기 아크에 의해 방출되는 자외선에 노출되면, 눈의 염증과 함께 심하면 시력을 상실할 수도 있다.

② 화학적 영향

체액이 분해 및 변질되어 신경, 근육, 심장에 자극을 준다. 신경신호는 미약한 전류이기 때문에 신경의 전달이 저해되어 부정맥이나 심장마비, 의식소실, 호흡정지, 근육수축 등의 신체기능 장해가 발생하여 심한 경우 사망할 수도 있다.

③ 외부 영향

고온의 열에 노출되어 발생된 금속성 증기가 인체에 흡입될 수 있다.

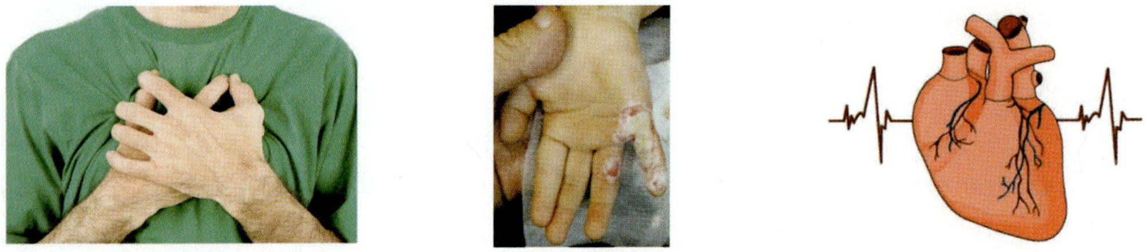

(a) 호흡곤란 (b) 전기화상 (c) 심실 세동

그림 4 고전압 감전 시 인체에 미치는 영향

(1) 감전사고시 전류의 강도에 의한 신체에 영향

① 1mA

찌릿함을 느낀다.

② 5mA

상당한 통증을 느낀다.

③ 10mA

견딜 수 없는 통증을 느낀다.

④ 20mA

근육이 심하게 수축하여 감전을 일으키는 것으로부터 벗어날 수 없다.

⑤ 50mA

단시간이라도 죽음으로 이어질 수 있다.

⑥ 100mA

치명적인 결과로 이어진다.

통전 전류의 크기	1mA	5mA	10mA	15mA	50~100mA
	약간 느낄 정도	경련유발	통증유발	강렬한 경련 초래	사망우려
증상					

그림 5 감전사고가 일어나면 신체에 미치는 영향

(2) 절연저항 파괴 감전 경로

① 고전압(+), (−)단자 중 하나가 차체에 접촉한 상태에서 인체가 차체에 접촉할 경우

- 인체가 차체에만 접촉 시 : 전류는 흐르지 않음

그림 6 인체가 차체에만 접촉 시

- 인체가 차체와 단자 동시 접촉 시 : 차체와 인체로 통전(500mA), 인체에 500mA 통전 시 심장마비, 호흡정지 및 화상 또는 세포 손상과 같은 병리 생리학적인 영향이 발생한다.

그림 7 인체가 차체와 단자 동시 접촉 시

② 고전압 양 단자가 동시에 차체 접촉 시

차체 간 통전(2,000~3,000A)이 되는 경우 자동차 구조상 퓨즈가 끊어지게 된다(fuse cut).

그림 8 고전압 양 단자가 동시에 차체 접촉 시

(3) 통전전류에 의한 영향

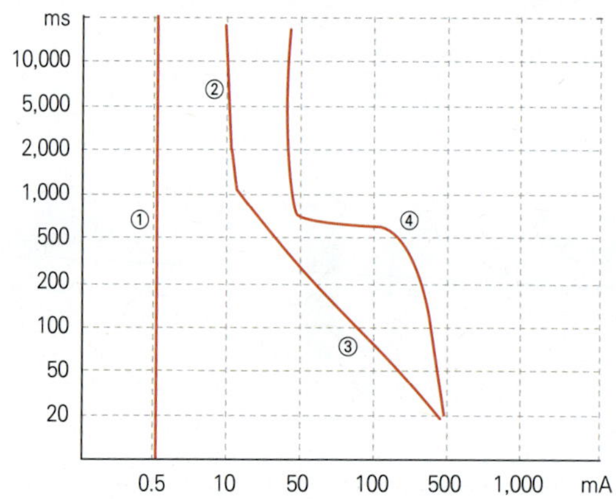

그림 9 통전전류의 크기와 생리적 영향

① 최소 감지전류

통전전류의 크기가 어느 한계 값 이하의 경우에는 인체가 느끼지 못하고 이 값 이상이 되면 전격을 느끼게 되는데 이 전류값을 최소 감지전류라 부르며 직류에서는 2~5mA, 상용주파수 60Hz 교류에서는 0.5~1.0mA 정도가 된다. 이 정도의 전류로서는 위험이 없다.

② 고통전류(이탈전류)

통전전류가 감지전류의 한계를 넘게 되면 점차로 고통을 느끼게 되고 이 고통을 참을 수 있으면서 생명에는 위험이 없는 한계의 전류로 교류 상용주파수 60Hz에서 성인남자의 경우 약 7~8mA이다.

③ 이탈 불능전류(마비 한계전류)

통전전류가 이탈전류의 한계를 넘게 되면 전류가 흐르는 부위의 인체는 근육이 경련현상을 일으키거나 신경이 마비되어 운동을 자유로이 할 수 없게 되므로 자력으로는 위험지역을 벗어날 수 없게 되는 전류로 직류에서는 약 60~90mA, 교류 상용주파수 60Hz에서는 10~15mA 정도이다.

④ 심실 세동 전류(치사전류)

심장의 맥동에 영향을 주어 혈액 순환이 곤란하게 되고 끝내는 심장 기능을 잃게 되는 현상을 일반적으로 심실 세동이라 하며 이 값은 대개 15mA 이상이다. 심실 세동을 일으킬 때 그대로 방치하면 수분 이내에 사망하게 되므로 즉시 인공호흡을 실시하여야 한다.

2. 감전경로의 영향

인체 감전시의 영향은 전류의 경로에 따라 그 위험성이 달라지며, 전류가 심장 또는 그 주위를 통하게 되면, 심장에 영향을 주어 더욱 위험하게 된다. 특히, "왼손과 가슴"으로 흐른다면 전류가 심장을 통과하게 되므로 가장 위험하다. 즉, 인체에 전류가 통과하게 되면, 심실 세동이 일어날 수 있는 것은 물론이고 감전경로에 따라서는 그보다 낮은 전류에서도 심실 세동의 위험성이 있으며 이에 대한 것을 심장전류 계수를 예를 들어, 220V의 전압에 10kΩ 저항의 인체가 닿아서 전류가 흐른다면 전류는 22mA의 전류가 인체로 흘러 감전된다. 심장전류 계수는 다음과 같다.

통전경로	Kh
왼손 → 가슴	1.5
오른손 → 가슴	1.3
왼손 → 한발 또는 양발	1.0
양손 → 양발	1.0
오른손 → 한발 또는 양발	0.8
왼손 → 등	0.7
한손 → 또는 양손 → 앉아있는 자리	0.7
왼손 → 오른손	0.4
오른손 → 등	0.3

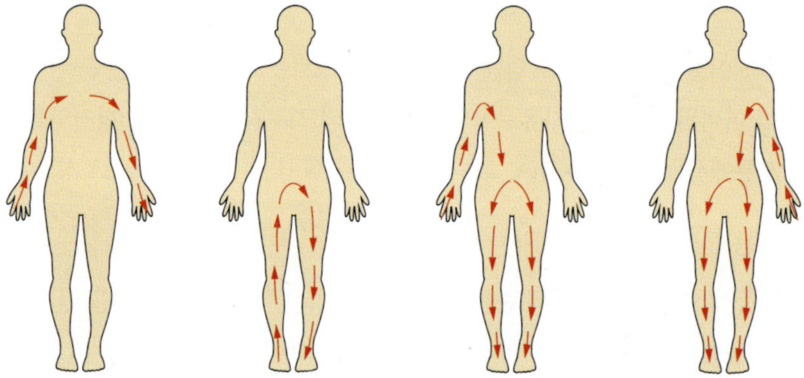

그림 10 인체감전 경로

3. 접촉전압의 허용한계

인체를 통과하는 전류와 인체 저항의 곱이 인체에 가해지는 전압이며, 이것을 접촉전압이라고 한다. 전격의 위험성은 이 접촉전압의 크기와 전격 시간과의 곱에 비례한다. 위험한 장소에서의 안전전압의 한계로 접촉상태에 따라 아래와 같이 제시하고 있다.

종별	접촉 상태	허용접촉 전압
제1종	– 인체의 대부분이 수중에 있는 상태	2.5V 이하
제2종	– 인체가 현저하게 젖어 있는 상태 – 금속성의 전기 기계기구나 구조물에 인체의 일부가 상시 접촉되어 있는 상태	25V 이하
제3종	– 건조한 통상의 인체상태로서, 접촉전압이 가해지더라도 위험성이 낮은 상태	50V 이하
제4종	– 건조한 통상의 인체상태로서, 접촉전압이 가해지더라도 위험성이 낮은 상태 – 접촉전압이 가해질 우려가 없는 경우	제한 없음

3 감전사

1. 심실 세동 및 호흡정지에 의한 사망

감전 시 외부에서 심장에 별도의 전압이 가해져 심장 계의 펄스 전압에 중대한 영향을 미치게 되어 심장 제어계가 교란 또는 파괴되어 불규칙적인 박동에 의해 심장이 멈추게 된다. 따라서 혈액의 순환이 정지하게 되므로 호흡도 멈추게 되어 곧 사망하게 된다.

2. 인체의 훼손

머리가 감전되어 뇌를 치명적으로 파손시켜 뇌사하는 경우와 목 부분이 감전되어 동맥을 절단하여 출혈사하는 경우가 있다.

3. 전기화상

아크나 스파크의 고열에 의해 피부가 열상을 받는 화상과 전류가 인체에 흐를 때 인체의 내부저항으로 줄(Joule)열에 의한 화상이 있다.

4 감전사고시의 응급조치

1. 감전사고시의 조치사항

(1) 감전자의 구출

감전사고시에는 응급조치가 필요하므로 구조자 추가 피해를 방지하기 위해서 피해자를 맨손으로 만지지 말고, 우선 피해자가 접촉된 충전부나 누전된 기기의 전원을 구조후크(절연체)를 이용하여 차단하고 만약 구조후크가 없다면 절연체(나무, 절연장갑)를 이용하여 차단한 후 위험지역에서 안전한 장소로 신속히 대피시켜야 한다. 그렇지 않으면 구출자까지도 감전재해를 당할 가능성이 크다. 감전사고가 발생하면 다음의 내용을 신속히 조치해야 한다.

① 최우선적으로 전원스위치부터 차단해야 한다.

② 차단이 불가능할 경우에는 전선 등 감전부위로부터 감전자를 떼어내어야 한다.

(a) 구조후크

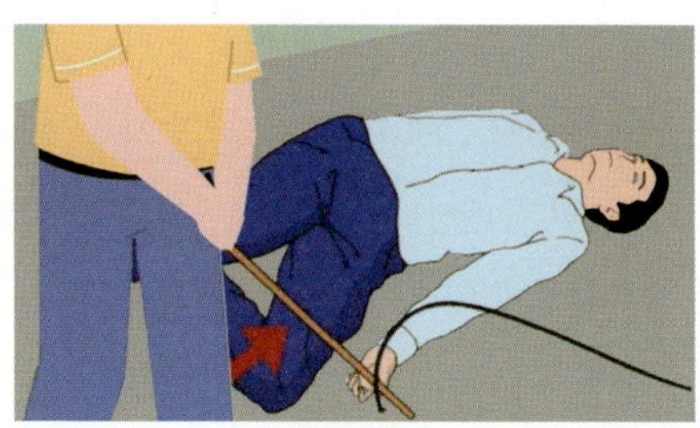

(b) 절연체 사용

그림 11 피해자 구조 시 절연체 사용

(2) 감전자의 상태 확인

피해자의 재해 상태를 신속 · 정확하게 다음의 사항을 관찰한 다음 구명시기를 놓치지 않기 위해서는 불필요한 시간을 허비해서는 안 된다.

① 의식상태

② 호흡상태

③ 맥박상태를 신속하게 확인하고 높은 곳에서 추락한 경우에는

④ 출혈상태

⑤ 골절의 유무를 확인한다.

(3) 119에 최대한 빨리 신고

① 신속하게 119에 신고하여 도움을 요청한다.

② 119에 최대한 사고 상황을 자세히 설명한다.

③ 사고발생 지역 및 유형(감전, 화재 등), 부상자 수, 부상의 종류(호흡곤란, 의식불명, 출혈상태, 골절 상태 등)에 대해 상세히 설명하고, 환자 옆에 머무르면서 환자 상태에 변화가 있으면 119에 알린다.

그림 12 119 신고

(4) 배터리 전해질로 인한 부상 시

리튬이온 배터리의 전해질이 피부에 닿았으면 충분한 물로 씻어내야 한다. 눈에 들어간 경우에도 충분히 물로 씻어내고, 만약 가스를 흡입하였다면 밖에 나가 신선한 공기를 흡입하고 병원진료를 받아야 한다.

2. 응급조치

(1) 응급조치 개요

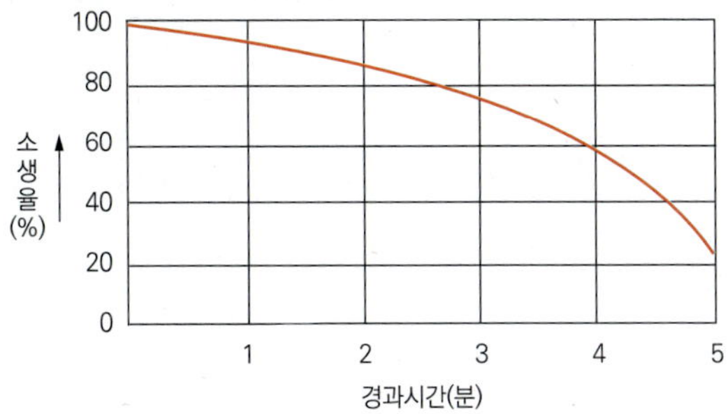

시간	소생 율
1분	95%
3분	75%
5분	25%
6분	10%

그림 13 호흡이 멈춘 후 인공호흡이 시작되기까지의 시간

전격의 가장 위험한 결과는 정상박동을 하던 심장에 전기적 충격이 가해져 생기는 심실 세동 현상으로 인한 심장마비와 호흡정지이다. 전격 등에 의해 호흡이 정지되었을 경우 혈액 중의 산소함유량이 감소되기 시작하여 약 1분 정도가 지나면 산소결핍으로 인한 여러 증세가 나타나게 되는데 그중에서 특히 뇌의 경우는 산소결핍에 대한 저항력이 아주 약하기 때문에 호흡정지 상태가 3~5분간 계속되면 그 기능이 마비되므로 응급조치가 아주 중요하다. 단시간 내에 인공호흡 및 심폐소생술 등 응급조치를 실시할 경우 감전 사망자의 약 95% 이상을 소생시킬 수 있다.

(2) 응급조치 요령

① 인공호흡

- 구강대 구강법(mouth to mouth method)
- 구강대 비강법(mouth to nose method)

② 심폐소생술(인공호흡과 동시에 실시)

심폐소생술 30회 정도와 인공호흡 2회를 교대로 연속적으로 실시한다. 또는 심폐소생술과 인공호흡을 2명이 분담하여 5 : 1 비율로 실시한다.

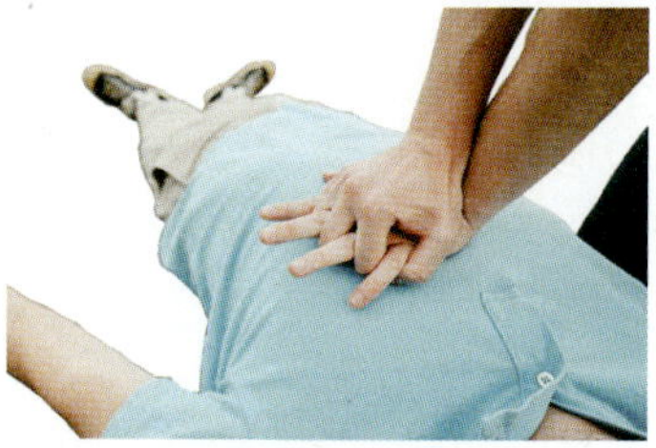
(a) 심폐소생술

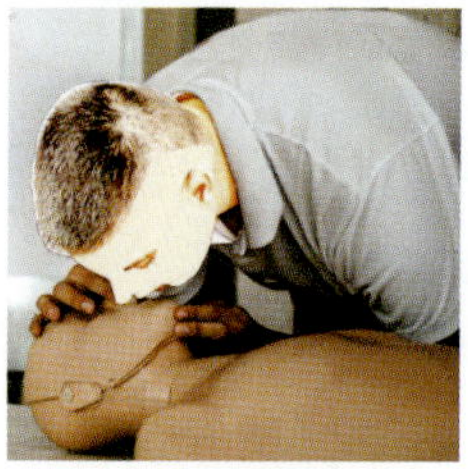
(b) 인공호흡

그림 14 심폐소생술 및 인공호흡

5 고전압 차량의 감전 방지

1. 전기자동차의 4개의 감전 예방 설계

① 우천 시 충전구 내부로 들어오는 액체류가 드레인 홀로 배출되는 구조를 통해 감전을 예방한다.

② 충전기가 체결된 이후에는 충전건과 충전구 사이 실링을 통해 액체류의 추가 유입을 예방한다.

③ 차량과 충전기의 완전한 연결이 확인된 후 일정 시간이 지나 전류가 흐르도록 설계해 감전을 예방한다.

④ 충전 중단을 위해 충전건의 버튼을 누를 경우 즉각 전류를 차단해 커넥터 접촉부의 손상을 방지한다.

2. 전기자동차의 4단계 감전 예방 설계

리튬 계열 배터리를 사용하는 전기차는 고열이나 합선에 의한 배터리 화재 · 폭발을 예방하기 위해 다양한 방식의 안전설계를 복합적으로 적용한다.

(1) 차량 협조제어

배터리는 전력 공급 장치로 전기차 모터를 비롯해 다양한 전장부품과도 연계되어 있어, 차체의 고전압 부품이 고장 날 경우 배터리에 영향을 줄 수 있다. 이런 위험을 방지하기 위한 기능이 "페일 세이프(Fail-Safe)"로 전장부품의 고장이 배터리로 확산되지 않도록 설계하는 방식이다.

(2) 능동 보호(BMS제어)

배터리 관리 시스템(BMS : Battery Management System)은 평소 배터리의 충전 상태 제어, 셀 밸런싱 등을 통해 배터리가 잘못 사용되지 않도록 관리해 사고를 미연에 방지한다. 배터리에 이상이 감지될 경우 릴레이(특정 조건에서 작동해 다른 회로를 개폐하는 장치)를 통해 자동으로 배터리의 전원을 온오프(ON/OFF)한다.

(3) 수동 보호

배터리의 내부 또는 외부에서 합선이 발생할 경우 전력을 차단하는 퓨즈가 작동되도록 설계되어 있다.

(4) 배터리 셀 강도 설계

전기자동차의 배터리는 외부 충격으로부터 셀을 보호하기 위한 설계가 적용되어 있다. 강도 향상을 위해 세라믹으로 코팅된 분리막을 사용하고, 외부 열로부터 보호를 위해 방열 특성이 우수한 파우치 타입의 리튬 전지가 사용된다.

3. 전기자동차의 배터리 안전성 검증 시험(우리나라는 배터리 인증시험 항목이 12항목임)

전기자동차 배터리는 안전설계 뿐만 아니라 충돌 시험, 수밀 시험, 침수 시험, 연소 시험 등 다양한 상황에서 안전성 검증시험을 거친 후에 전기차에 적용된다.

(1) 충돌 시험

후방 충돌 테스트를 통해 배터리의 발화 및 폭발 여부 확인

(2) 수밀 시험

수분 유입 방지를 위한 밀봉 확인

(3) 침수 시험

소금물에 배터리를 침수시켜 발화나 폭발 여부 확인

(4) 연소시험

화염에 배터리를 직접 노출시켜 폭발 여부 확인

(a) 충돌 시험　(b) 수밀 시험　(c) 침수 시험　(d) 연소 시험

그림 15 배터리 안전성 검증시험

4 고전압 장치 안전수칙 및 보호 장치

고전압 부품의 종류에는 고전압 배터리, 모터, 파워 케이블, 인버터(MCU), 메인 릴레이, 프리차지 릴레이 등이 있어 시스템이나 차량을 잘못 건드릴 경우 심각한 누전이나 감전 등의 사고로 이어질 수 있으므로 정비지침서를 참조해야 한다. 정비지침서의 안전사항 표시에는 중요도에 따라 위험, 경고, 주의, 유의, 참고로 분류되어 있다.

① 위험 표시

정비 시 부주의로 인해 필연적으로 발생하는 사망 또는 심각한 신체 상해를 미연에 방지하기 위해 제공되는 정보

② 경고 표시

정비 시 부주의로 인해 발생 가능한 사망 또는 심각한 신체 상해를 미연에 방지하기 위해 제공되는 정보

③ 주의 표시

정비 시 부주의로 인하여 발생 가능한 경미한 신체 상해를 미연에 방지하기 위하여 제공되는 정보

④ 유의 표시

정비 시 부주의로 인하여 발생 가능한 자동차 손상을 미연에 방지하기 위하여 제공되는 정보

⑤ 참고 표시

특정 정비절차를 원활히 수행할 수 있도록 제공되는 부가적인 정보

1 고전압 장치 안전수칙

1. 고전압 시스템 취급 전 안전수칙

고전압 시스템 작업 전에는 반드시 아래 사항을 준수하여야 한다.

① 항시 절연 장갑을 착용하고, 절연 공구를 사용하고 찢어짐, 파손여부 확인 및 물기를 완전히 제거한 후 착용한다.

② 금속성 물질(시계, 반지, 기타 금속성 제품 등)은 고전압 단락을 유발하여 인명과 차량을 손상시킬 수 있으므로 작업 전 몸에서 제거한다.

③ 고전압 시스템을 점검하거나 정비하기 전에, 반드시 "안전 플러그"를 분리하여 고전압을 차단하도록 한다.

그림 16 "안전 플러그"분리

④ 분리한 "안전 플러그"는 타인에 의해 실수로 장착되는 것을 방지하기 위해 반드시 작업 담당자가 보관하도록 한다.

⑤ 탈거한 고전압 부품에 의한 감전사고 예방을 위해 절연 매트 위에 정리하여 보관하고, 보호 장비 미착용자의 안전사고 예방을 위해 고전압 부품을 절연 덮개로 차단한다.

⑥ 고전압 단자 간 전압이 30V 이하임을 확인한다.

2. 고전압 배터리 취급 전 안전수칙

고전압이 잔류하고 있는지 유무를 회로에 표시하여 측정 및 확인한다.

① 전압 테스터를 활용하여 측정 부위인 플러스 단자와 마이너스 단자에서 측정한다.

② 측정값이 30V 이하이면 정상, 30V 이상이면 커페시터 방전까지 조금 더 기다려 측정한다.

③ 전압이 떨어지지 않는다면 원인을 찾아 수리한다.

④ 플러스 단자와 마이너스 단자에서 절연 상태를 확인한다.

⑤ 수리유무 판단 후 정비

3. 인버터 취급 전 안전수칙

① 전압 테스터 활용하여 측정 부위인 플러스 단자와 마이너스 단자에서 측정한다.

② 측정값이 30V 이하면 정상, 30V 이상이면 잠시 뒤 측정한다.

③ 전압이 떨어지지 않는다면 원인을 찾아 수리한다.

④ 플러스 단자와 마이너스 단자에서 절연 상태를 확인한다.

⑤ 수리유무 판단 후 정비

4. 메인 릴레이 취급 전 안전수칙

고전압이 잔류하고 있는지 유무를 회로에 표시하여 측정 및 확인한다.

① 전압 테스터 활용하여 측정 부위인 플러스 단자와 마이너스 단자에서 측정한다.

② 측정값이 30V 이하면 정상, 30V 이상이면 잠시 뒤 측정한다.

③ 전압이 떨어지지 않는다면 원인을 찾아 수리한다.

④ 플러스 단자와 마이너스 단자에서 절연 상태를 확인한다.

⑤ 수리유무 판단 후 정비

2 고전압 안전 법규

1. 고전압 전기 배선

① 전원 전기장치 간 연결배선의 피복(연결배선에 보호 기구를 설치한 경우)은 주황색으로 하여야 한다.

② 노출된 충전부가 없어야 한다.

③ 극성이 바뀔 수 있는 구조일 경우, 각각 다른 색상의 단자/커넥터를 적용한다.

④ 중간에 접속점이 없어야 한다.

⑤ 전기적 접속부가 진동 또는 충격으로 인해 이완되거나 손상되지 않아야 한다.

⑥ 이상전압 유기 시 절연 파괴나 플래시오버가 없어야 한다.

⑦ 노출 도전부와 전기 연속성은 0.1Ω 이하이어야 한다.

2. 고전압 감전 경고 표기

① 고전압장치 외부, 고전압장치 보호커버, 고전압 전기배선 보호관에 식별이 쉽고, 쉽게 떨어지지 않는 구조로 부착하여야 한다.

② 변색되거나 지워지지 않아야 한다.

③ 심벌(symbol)의 바탕은 노란색으로 하고 외곽선은 검은색으로 한다.

그림 17 고전압 감전 경고 표기 심벌

3. 고전압 연결배선

도구를 사용하지 않고 쉽게 열리거나 분해되지 않아야 한다.

3 고전압 시스템 취급 시 주의사항

1. 파워 케이블 작업 시 주의사항

① 고전압 시스템의 모든 와이어링과 커넥터는 오렌지색으로 구분되어 있다.

② 고전압 단자를 다시 체결할 경우, 체결 직후 절연 조치 및 절연 테이프를 사용한다.

③ 고전압 단자 체결용 스크류는 규정 토크로 체결한다.

- 고전압 정션 박스 장착 너트 : 0.8~1.2kgf · m
- 고전압 정션 박스 고압 케이블 (+), (−)장착 볼트 : 0.8~1.2kgf · m
- 고전압 정션 박스 장착 케이블 고정 볼트(외측) : 0.8~1.2kgf · m
- 3상 고전압 파워 케이블 장착 볼트(모터 내/외측) : 0.8~1.2kgf · m

④ 파워 케이블 및 부스바 체결 또는 분해 작업 시, (+), (−)단자 간 접촉이 발생하지 않도록 주의한다.

2. 고전압 배터리 시스템 취급 시 주의사항

① 고전압으로 작동되는 장치이므로 시동 키 2단(ON) 또는 엔진 시동 상태에서는 관련 부품을 만지거나 탈/부착하지 않는다.

② 고전압 배터리에 연결된 DC 파워케이블(+, −)은 감전의 우려가 있으므로 안전조치를 취하지 않은 상태에서 손으로 만지거나 임의로 탈/부착하지 않는다.

③ 고전압 배터리 관련 정비/점검 작업을 할 경우 반드시 세이프티 플러그를 탈거하여 고전압을 사전에 차단시킨다.

④ 고전압 배터리는 트렁크 룸 내부에 장착되므로 과다한 화물 적재 또는 충격이 가해지지 않도록 유의한다(부품 손상, 배터리 냉각 및 환기 불량 초래).

⑤ 고전압 배터리 시스템 관련 부품의 정비/점검 및 수리작업은 직영 서비스센터로 의뢰한다.

3. 고전압 배터리 시스템의 화재 발생 시 주의사항

① 차량의 시동키를 "OFF"하여 전기 동력 시스템 작동을 차단시킨다(고전압 배터리 전기 에너지 입/출력이 금지됨).

② 스타트 버튼을 "OFF"한 후, 의도치 않은 시동을 방지하기 위해 스마트키를 차량으로부터 2m 이상 떨어진 위치에 보관하도록 한다.

③ 고전압 배터리 부위의 집적적인 화재가 아니거나 화재 초기 상태라면 트렁크를 열고 신속히 세이프티 플러그를 탈거한다(화재 진행 중이라면 접근 금지).

④ 실내 또는 밀폐된 공간에서 화재가 발생되었을 경우 수소 가스의 원활한 방출을 위해 신속히 환기시킨 후 대피한다.

⑤ 화재 진압을 위해서는 액체 물질을 사용하지 말고 분말소화기 또는 모래를 이용한다.

⑥ 와이어 하네스나 다른 부품에서 발생한 화재에 대해서는 ABC소화기 사용이 가능하다.

⑦ 이산화탄소는 전기에 대해 절연성이 우수하기 때문에 전기(C급) 화재에도 적합하다.

⑧ 불을 끌 수 없다면 안전한 곳으로 대피한다. 그리고 소방서에 전기자동차 화재를 알리고 불이 꺼지기 전까지 차량에 접근하지 않도록 한다.

⑨ 차량의 침수/충돌사고 발생 후 정지 시, 최대한 빨리 차량키(시동키)를 OFF 및 외부로 대피한다.

4. 고전압 배터리 가스 및 전해질 유출 시 주의사항

① 가스 및 전해질 유출 시 유해물질(액체, 증기, 가스)이 피부나 눈에 접촉되었을 경우 빠른 조치가 중요하다.

② 점화 스위치를 "OFF"한 후, 차량으로부터 탈출한다.

③ 가스는 수소 및 알칼리성 증기이므로, 실내일 경우 즉시 환기 후 안전한 장소로 대피한다.

④ 누출된 액체가 피부에 접촉 시, 즉각 붕소 액으로 중화 후, 흐르는 물 또는 소금물로 환부를 세척하고, 누출된 증기나 액체가 눈에 접촉 시, 즉시 흐르는 물에 세척 후 의사의 진료를 받아야 한다. 고온에 의한 가스 누출일 경우, 고전압 배터리가 상온으로 완전히 냉각될 때까지 사용을 금지한다.

5. 고전압 배터리 또는 차량 장기방치 시

① 차량의 시동키를 "OFF"하여 전기 동력 시스템 작동을 차단시킨다(고전압 배터리 전기 에너지 입/출력이 금지됨).

② 스타트 버튼을 "OFF"한 후, 의도치 않은 시동을 방지하기 위해 스마트키를 차량으로부터 2m 이상 떨어진 위치에 보관하도록 한다(암 전류 등으로 인한 고전압 배터리 심방전 방지).

③ 고전압 배터리의 SOC(충전 상태)가 30% 이하일 경우(계기판의 SOC게이지가 적색 구간 이하) 2개월 이상 차량 장기 방치 시 고전압 배터리의 재사용이 불가할 수 있으므로 주의한다.

④ 고전압 배터리의 SOC(충전 상태)가 정상(약 60%)일 경우라도 6개월 이상 장기 방치 시 고전압 배터리의 재사용이 불가할 수 있으므로 SOC상태가 0으로 되는 것을 방지하기 위해 3개월에 한 번 완속 충전으로 풀 충전하여 보관한다.

⑤ 보조 배터리 방전 여부점검 및 교체 시, 고전압 배터리의 SOC 초기화에 따른 문제점을 점검한다.

6. 고전압 배터리의 관리 및 저장

(1) 고전압 배터리의 방전조치

분리된 고전압 배터리를 재활용하고자 하는 경우 운반 · 보관 전에 방전설비를 통하여 전기적 방전을 실시한다. 그러나 ESS 등 재사용의 경우에는 SOR 등 배터리 성능의 저하를 가져올 수 있으므로 예외로 할 수 있다.

(2) 고전압 배터리의 운반

① 배터리의 운반에 필요한 적정한 포장방식의 채택 및 방화 · 방수 · 방폭 · 절연 · 단열 · 부식 방지 등의 안전방호 대책을 수립한다.

② 배터리의 개별 포장 후 운반에 적합한 강도의 단단한 외부 포장재 포장 및 단락방지를 한다.

③ 액체류나 폭발 위험성이 있는 다른 위험물과 같이 포장하거나, 동일한 운송수단으로 같이 운반하지 않도록 주의한다.

④ 진동 및 충격영향, 더 심한 손상으로 이어질 수 있는 배터리의 이동방지 등 운반 중 위험한 상태를 최소화하기 위한 적절한 조치를 마련한다.

(3) 고전압 배터리의 보관

① 장기 보관 시 배터리가 건조하게 유지될 수 있도록 환기가 잘되는 저온 저습한 곳에 보관한다.

② 고온 · 화기 · 직사광선이나 수분 등에 노출되지 않도록 주의한다.

③ 과도한 열이나 힘이 가해지지 않도록 하고, 떨어뜨리거나, 기계적 부하 또는 구멍을 뚫는 행위 등으로 인한 손상이 발생되지 않도록 주의한다.

④ 배터리를 바닥에 둘 경우 아래에 고압 고무절연 매트를 깔고 정상 설치된 방향으로 보관하며, 뒤집어서 보관하지 않도록 주의한다.

⑤ 배터리는 합선에 대해 충분한 절연처리를 하여야 하며, 필요시 고압 고무절연 매트로 배터리를 덮어서 보관한다.

⑥ 배터리를 보관하는 보관소에는 경고표시를 하도록 하며, 외부인에 의한 파손이나 사고를 예방할 수 있도록 보안장치를 설치한다.

7. 우천 시 주의사항

① 집중호우로 인한 전기자동차 침수 피해 및 사고 예방을 위해 우천 시 전기자동차 사용법을 숙지하고, 주의를 기울여 안전사고에 대비해야 한다.

② 전기자동차를 충전할 때 젖은 손으로 충전기 사용은 지양하고, 우천 시 충전 장치에 수분 유입을 주의해야 한다. 또 폭풍, 천둥, 번개가 심하게 칠 때는 충전기 사용을 지양하고, 충전기 커넥터를 하늘 방향으로 향하지 않게 하는 것이 좋다.

③ 차량이 침수된 경우에는 고전압배터리는 차체로부터 절연되어 있기 때문에 차량과 접촉해도 감전되지 않지만, 안전을 위해 가급적 빠르게 시동을 끄고 신속히 차량에서 대피해야 한다.

④ 침수된 전기자동차의 배수 후 안전을 위해 전기자동차의 고전압 케이블(주황색)과 커넥터, 고전원 배터리를 직접 접촉하지 않도록 주의해야 한다. 이때 소방서 등 응급기관 및 해당 제작사의 서비스 센터에 연락해 조치를 받는 것이 바람직하다.

8. 사고 차량 취급 시 주의사항

① 절연장갑(또는 고무장갑), 보호 안경, 절연복 및 절연화를 착용한다.

② 절연 피복이 벗겨진 파워케이블은 절대 접촉하지 않는다.

③ 차량이 절반 이상 침수 상태인 경우, 안전 플러그 등 고전압 관련 부품에 절대 접근하지 않는다. 불가피한 경우라도 차량을 안전한 곳으로 완전히 이동시킨 후 조치한다.

④ 가스는 수소 및 알칼리성 증기이므로, 실내일 경우 즉시 환기 후 안전한 장소로 대피한다.

⑤ 누출된 액체가 피부에 접촉 시, 즉각 붕소 액으로 중화 후, 흐르는 물 또는 소금물로 환부를 세척한다.

⑥ 고전압 차단이 필요한 경우에는 “고전압 차단 절차”를 참조하여 작업한다.

9. 전기자동차의 에어컨 냉매 회수/충전 시 주의사항

① 고전압을 이용하는 EV의 전동식 컴프레셔는 냉매(R-134a)와 절연성능이 높은 "POE 오일"을 사용한다.

② 냉매회수/충전 시, 일반 차량의 PAG(Poly Alkylene Glycol)오일이 혼입되지 않도록 전기자동차 정비를 위한 별도 전용장비(에어컨 냉매회수/충전기)를 사용한다. 일반 차량의 냉동유(PAG)가 혼입될 경우, 전동식 컴프레셔 손상 및 안전사고가 발생할 수 있다.

4 고전압 시스템 취급 시 개인보호 장비

자동차관리법 시행규칙의 하이브리드차 및 전기차 등의 고전원 전기장치 검사기준 및 검사방법에 따르면, 전기차 등 고전원 전기장치를 검사하기 위해서는 절연저항시험기, 고전원용 절연장갑, 절연화, 절연매트, 보안경, 앞치마 등 시설 및 장비를 갖춰야 하며, 한국교통안전공단이 시행하는 "고전원전기자동차 등 취급자 안전교육"을 21시간 이상 이수한 정비인력에게 검사자격을 부여하고 있다.

절연공구는 반드시 국제규격인 IEC60900 또는 ASTM F1505, VDE를 만족하는 제품으로 교류 1,000V, 직류 1,500V에서 절연성능이 보장되어야 한다. 또한 이들 절연공구는 반드시 VDE 또는 이에 상응하는 인증기관으로부터 부여받은 인증마크가 있어야 한다. 예를 들어 VDE의 경우 10,000V에서 테스트를 통과해야만 교류 1,000V/직류 1,500V에서도 절연이 가능해 안전한 사용이 가능함을 인증하고 있다.

1. 절연화

절연화는 고전압 부품 점검 및 관련 작업 시 바닥을 통한 감전을 방지하기 위해 착용한다. 절연성능은 AC1,000V/300A 이상 되어야 한다.

2. 절연장갑

절연장갑은 고전압 부품 점검 및 관련 작업 시 착용하는 가장 필수적인 개인 보호 장비이다. 절연성능은 AC1,000V/300A 이상 되어야 하고 절연장갑의 찢어짐 및 파손을 막기 위해 절연장갑 위에 가죽장갑을 착용하기도 한다.

3. 절연 헬멧

고전압 부품 점검 및 관련 작업 시 머리를 보호하기 위해 착용한다. KS기준 7,000V 이하 사용범위, 배터리 부딪힘, 낙하, 감전 시 부상 방지용으로 착용한다.

4. 보호안경, 안면 보호대

스파크가 발생할 수 있는 고전압 작업 시 착용한다.

그림 18 절연화

그림 19 절연장갑

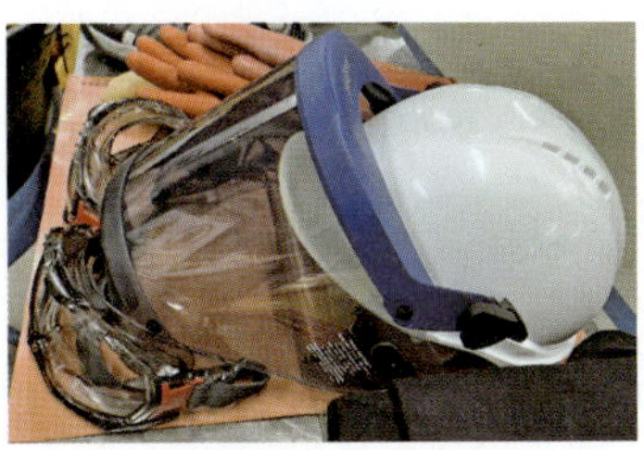

그림 20 절연 헬멧 및 보호안경

그림 21 제한표시

5. 절연 피복

고전압 부품 점검 및 관련 작업 시 신체를 보호하기 위해 착용한다. 절연성능은 AC1,000V/300A 이상 되어야 한다.

6. 절연 매트

탈거한 고전압 부품에 의한 감전사고 예방을 위해 부품을 절연 매트 위에 정리하여 보관하며, 절연 성능은 AC1,000V/300A 이상 되어야 한다.

그림 22 절연피복

그림 23 절연매트

7. 절연 덮개

절연 덮개는 보호 장비 미착용자의 안전사고 예방을 위해 고전압 부품을 절연 덮개로 차단한다. 절연 성능은 AC1,000V/300A 이상 되어야 한다.

8. 경고 펜스

작업 중 허가받지 않은 일반인들의 접근을 차단하고 임의의 사고 발생을 방지하기 위해 차량 주변에 설치한다.

9. 구조후크

고전압 안전사고 발생 시, 추가적인 감전 피해를 막고 사상자를 고전압 위험 요소로부터 물리적으로 분리하기 위해 사용한다.

그림24 경고 펜스

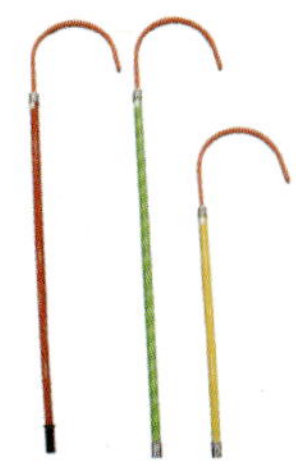

그림 25 구조후크

10. 절연공구

기본적으로 작업자와 접촉을 통해 전류가 흐르지 않게 특수하게 설계된 공구들로 고전압 차량에서 작업 시, 작업자의 안전을 확보할 수 있다. 일반 공구와 상 이하게 절연특성(성능 : AC 1,000V 이상)을 갖도록 설계되어 고전압 부품 작업에 사용한다.

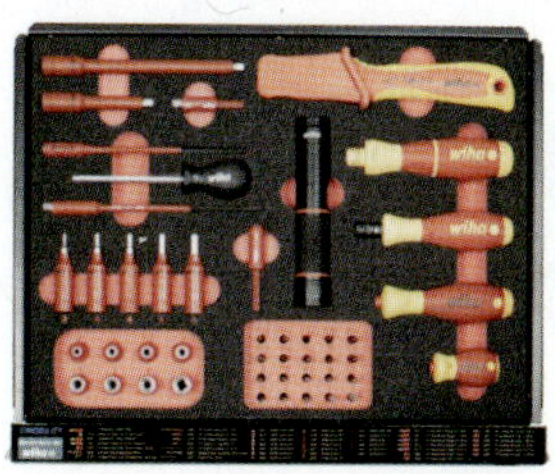

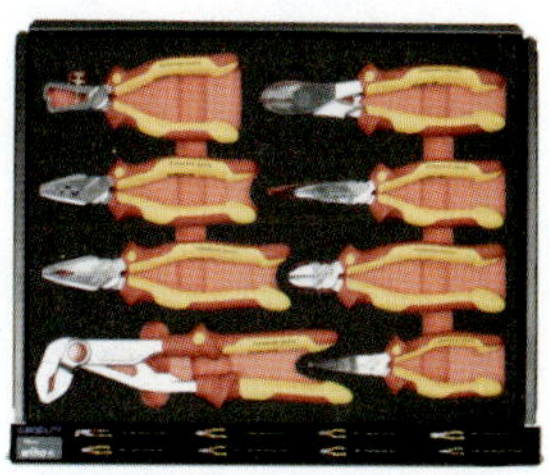

그림 26 절연공구

11. 방염복

높은 열 차단성, 방호성, 내약품성의 아라미드 섬유를 사용하여 작업 중 화재 발생 시 탄화온도 500도 이상에서도 신체를 방호한다.

12. 화학복

고전압 배터리 전해질 누출 시 신체를 보호한다.

13. 검전기

전류 누출 여부를 탐지(테스터기 : AC/DC 60~1000V)한다. 전기가 흐르고 있으면 불이 들어오고 소리가 난다.

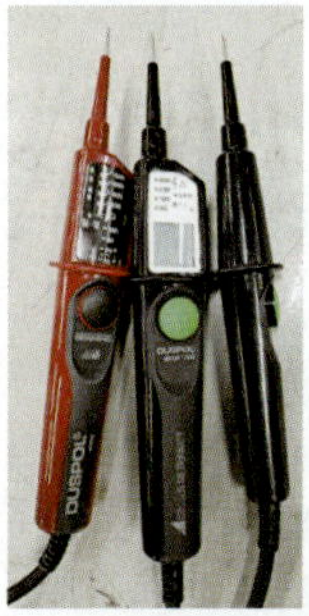

그림 27 검전기

고전압 배터리 제어 시스템

02

고전압 배터리 제어 시스템

02 CHAPTER

학습 최종 목표

고전압 배터리 제어 시스템은 정비업무를 수행하기 위해 진단 기술을 활용하여 전체 시스템에서 정비가 필요한 결함 시스템을 구분하는 능력이다.

학습모듈의 내용 체계

학습	학습내용	핵심 단어
고전압 배터리 시스템 점검	● 정비지침서를 활용하여 점검진단에 필요한 사전 준비를 할 수 있다. ● 진단 장비를 활용하여 고전압 배터리 구성부품에 대한 이상 부위를 파악할 수 있다. ● 파악된 결과를 분석하여 세부 고장 부위를 찾을 수 있다.	진단기, 전기자동차, 고전압 차단절차
고전압 배터리 시스템 수리	● 정비지침서를 활용하여 수리 · 교환에 필요한 사전 준비를 할 수 있다. ● 정비지침서에 따라 고전압 배터리 시스템 구성부품에 대한 안전수칙을 준수하여 작업을 실시할 수 있다. ● 정비지침서에 따라 진단 장비를 활용하여 수리 가능 여부를 판단하고 고장 부품을 수리 · 교환할 수 있다.	고전압 차단절차, 고전압 보호장비, 서비스 플러그
고전압 배터리 시스템 검사	● 정비지침서를 활용하여 검사에 필요한 사전 준비를 할 수 있다. ● 진단 장비를 활용하여 수리 · 교환이 완료된 고전압 배터리 시스템을 검사할 수 있다. ● 성능 테스트를 통해 정상 작동 여부를 판정할 수 있다.	고전압 차단절차, 고전압 보호장비, 서비스 플러그

학습목표

안전유의사항 및 안전기기 (장비, 공구)	● 능력단위 전기자동차 고전압 취급관리는 전기자동차 정비 중에 발생할 수 있는 안전사고를 예방하기 위하여 정비 중 관련 조치 활동을 하는 능력이다. ● 고전압 부품이란 고전압 충전 또는 고전압 배터리에서 공급하는 전원을 이용해서 작동하는 부품을 의미한다. ● 고전압 부품 취급을 위한 안전 보호장비, 취급 공구란 전기안전에서 규정하고 있는 고전압 취급 보호장비와 절연공구를 의미한다. ● 수행준거 "고전압 부품 취급을 위한 안전 보호장비, 취급 공구의 상태 검사"는 다음을 의미한다. ● 고전압 차단에 필요한 장비와 공구는 작업절차에 필요한 모든 수공구, 절연 공구, 안전 보호장비를 의미한다. ● 수행준거 "안전 보호장비와 취급 공구를 활용하여 고전압 차단"은 다음을 의미한다. ● 수행준거 "정비지침서에 따라 측정 장비를 사용하여 고전압 안전 파악"은 전기자동차에서 고전압 부품으로 고전압을 공급하고 있는지를 측정 장비를 활용해서 검사하고 후속 정비를 수행할 때 작업자가 안전하게 작업할 수 있는 상태인지를 확인하는 절차를 의미한다. ● 절연시설, 안전 표지판 등을 설치한다. ● 규정에 맞게 안전 보호구를 착용한다. ● 금속성 물질은 고전압 단락을 유발하여 차량과 인명을 손상시키므로 작업 전에 반드시 몸에서 제거한다.

교수 방법

- 고전압 전기장치 안전 수칙에 대한 학습자의 지식 보유 수준을 확인하고 조치 방법에 대해 간단히 설명한다.
- 고전압 전기장치 안전 수칙에 대한 실습 재료 준비 상태를 확인하고 학습자가 조치 방법에 대하여 설명할 수 있도록 유도한다.
- 고전압 전기장치 안전 수칙에 대한 자료 조사를 위한 명확한 지침을 제공하고 학습자가 객관적으로 자료를 정리할 수 있도록 지도한다.
- 고전압 전기장치 수리 · 교환에 대한 설명을 위해 동영상 자료를 이용하여 조치 방법에 대하여 설명한다.
- 실습자가 장비를 안전하게 조작하고 작동하는지 관찰하고 필요하면 피드백을 제공한다.
- 고전압 전기장치 수리 · 교환에 대해 토의하고 현장 사례를 조사하여 발표하게 하고 다른 학습자와 공유하도록 지도한다.
- 다음 학습 주제에 관하여 사전 연구 및 조사하여 발표하도록 과제를 제시하고 학습 동기를 부여한다.

학습방법

- 고전압 전기장치 안전 수칙에 관한 내용을 정리하고 주요 내용은 사진, 그림 등과 함께 노트에 정리한다.
- 고전압 전기장치 수리 · 교환에 관한 자료를 인터넷으로 검색하고 내용별로 노트에 정리한다.
- 고전압 전기장치 수리 · 교환에 관한 작업 요령에 대해 동료와 역할을 분담하여 토의하고 발표한다.
- 고전압 안전 지침을 준수하고 있는지 학습자 스스로 체크리스트를 활용하여 점검한다.
- 학습 시 주요 내용을 정리하고 의문점에 대해서는 질문을 통해 해결한다.

평가준거

- 평가자는 학습자가 학습목표를 성공적으로 달성하였는지를 평가해야 한다.
- 평가자는 다음 사항을 평가해야 한다.

학습내용	학습목표	성취수준		
		상	중	하
고전압 배터리 제어 시스템	– 정비지침서에 따라 안전수칙을 준수하면서 작업을 할 수 있다.			
	– 고전압전기장치 부품들의 점검 · 진단 결과에 따라 부품 교환 여부를 결정할 수 있다.			
	– 정비지침서에 따라 탈거 · 조립절차 계획을 수립하고 장비 · 공구를 준비할 수 있다.			
	– 정비지침서에 따라 안전수칙을 준수하면서 작업을 할 수 있다.			

평가방법

- **서술형 시험**

학습내용	학습목표	성취수준		
		상	중	하
고전압 배터리 제어 시스템	– 고전압 차단 절차에 대한 숙지 여부			
	– 고전압 전기장치 부품 구성에 대한 숙지 여부			
	– 고전압 전기장치 부품 역할에 대한 숙지 여부			
	– 고전압 전기장치 부품 수리, 교환 내용에 대한 숙지 여부			

● 평가자 체크리스트

학습내용	학습목표	성취수준		
		상	중	하
고전압 배터리 제어 시스템	– 고전압 전기장치 부품 구성에 대한 이해 능력			
	– 고전압 전기장치 부품 역할에 대한 이해 능력			
	– 고전압 전기장치 부품을 수리, 교환 능력			
	– 고전압 차단 절차 수행 능력			

● 피드백

1. 서술형 시험

– 하이브리드자동차 특화 시스템 점검, 진단에 필요한 관련 지식을 학습하고 중간, 기말고사 평가를 실시하여 성취수준이 낮은 학습자의 경우 미흡한 부분에 대해서는 중요사항을 표시하여 설명해주고 보고서를 제출하게 하여 학습성취도를 재평가한다.

– 성취수준이 높은 학습자의 경우에는 하이브리드자동차 특화 시스템 점검. 진단에 있어 차량진단 방법에 대한 심화 내용을 설명해준다.

2. 평가자 체크리스트

– 평가기준을 설명하고 성취수준이 낮은 학습자들에게는 정비지침서를 활용하여 미흡한 부분에 대해 학습 성취도를 달성할 수 있는 교육 여건을 제공한다.

– 성취수준이 높은 학습자의 경우는 하이브리드자동차 특화 시스템 점검. 진단에 있어 차량진단 방법에 대한 심화 내용을 설명해 준다.

1 고전압 배터리 어셈블리

고전압 배터리는 전기자동차에 모터 작동을 위한 전기 에너지를 공급하는 기능을 한다. 고전압 배터리 시스템은 고출력, 고 에너지, 내구성을 가지고 있는 배터리와 배터리상태 예측, 입 · 출력 에너지 제한, 냉각 및 안전제어 그리고 에너지 잔존 용량계산 등을 총괄 제어하는 배터리 제어기를 포함하고 있다. 그 외에도 배터리 보호를 위한 트레이 부분과 배터리의 최적 동작환경 조성을 위한 냉각시스템, 전원 공급 및 안전 제어를 위한 각종 릴레이와 퓨즈, 안전 플러그 및 센서 등으로 구성되어 있다.

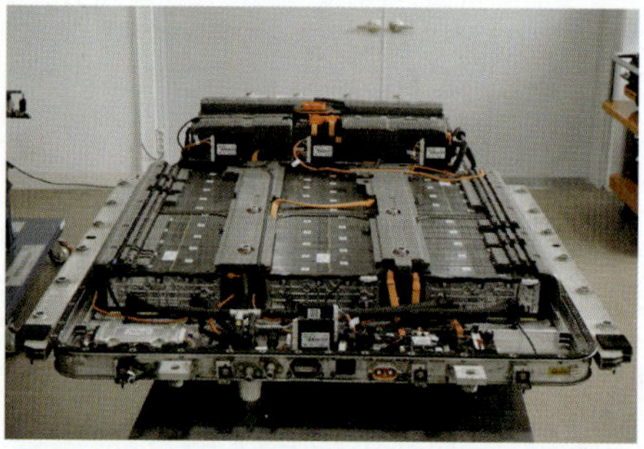

그림 1

1 고전압 시스템 작업 시 주의사항

① 고전압시스템은 불능화 후에도 최대 10분 동안 동력을 유지할 수 있다. 또한 고전압 시스템 사용중지 방법은 제조업체마다 다르므로 해당 제작사의 매뉴얼을 참조해야 한다.

② EV가 조용하다고 해서 전원이 꺼져있다는 가정을 금지해야 한다.

③ 개인보호 장비 없이 절대로 오렌지색 고전압 전원케이블이나 고전압부품을 만지거나, 자르거나 여는 등의 작업을 금지해야 한다.

④ 손상을 일으킬 수 있는 충격을 금지하고, 전해액은 가연성 또는 독성이 있을 수 있어 작업자 건강과 안전에 유해하므로 보호 장비 착용 후 작업을 실시해야 한다.

⑤ 배터리 및 고전압 장치 작업 시 금속성 물질 (시계, 반지, 팔찌, 목걸이 등) 착용을 금지해야 한다.

⑥ EV 고전압 배터리에 열을 가해 근처에서 불꽃을 일으키거나 장시간 햇빛에 방치하는 등 고온에 노출을 금지해야 한다.

⑦ 고전압 배터리에 뿌려진 스프레이, 가스 또는 에어로졸을 절대 흡입해서는 안 된다.

⑧ 피부 및 눈으로 배터리 내용물의 접촉을 금지해야 한다.

⑨ 적절한 방호복, 장갑 및 눈/얼굴 보호 장치를 착용해야 한다.

⑩ 사고가 발생하거나 몸에 이상신호가 있을 경우 즉시 의사에게 진료를 받을 수 있도록 조치해야 한다.

⑪ 환기가 잘 되는 장소에서만 EV 시스템을 분리 및 해체해야 한다.

⑫ 주변 환경에 배터리 내용물이 방출되지 않도록 주의하여 작업을 실시해야 한다.

⑬ 차량 제조업체에서 제공한 추가 설명서를 필히 참조해야 한다.

⑭ 배터리 내부 물질을 삼켰을 때는 의식이 있을 경우 입을 물로 씻어내고 즉시 의사에게 진료를 받을 수 있도록 조치해야 한다.

⑮ EV 고전압 배터리는 무겁기 때문에 조작 중 기계적인 지지가 필요하다.

⑯ 리튬이온 배터리를 잘못 사용하거나 손상이 있을 경우 고온이 발생하거나 화재 또는 가스가 분출 될 위험이 있다.

⑰ 전기차량에는 강한 자기장을 가진 부품이 사용 되므로 심박 조율기와 같은 전자의료 장비를 다루는 사람은 절대로 EV해체 작업을 금지해야 한다.

2 전기자동차의 취급 및 배터리 시스템 탈·부착

1. 전기자동차의 상태 확인

① 외관을 통한 차량 식별 절차에 따라 전기차의 형태와 상태를 확인한다.

② 외관 외 차량식별번호(VIN), 또는 모터 룸에 위치한 상표 등으로 EV를 확인할 수 있다.

③ EV기술의 사용을 표시하는 차량 외부 또는 엔진실에 위치한 로고/상표는 각 제조업체 별로 다르므로 제작사의 매뉴얼을 참고한다.

④ 내부 계기판에 있는 계기 클러스터(전력계/배터리 감시 장치)를 통해 EV 확인이 가능하다.

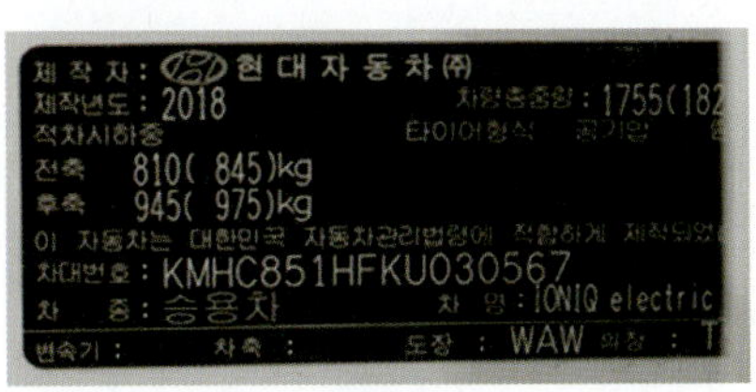

그림 2

그림 3

2. 전기자동차 배터리 탈거 전 준비사항

그림 4

① EV 입고 후 먼저 고전압배터리의 외관과 기능의 손상과 누출이 있는지 점검한다.

② 배터리가 손상된 것으로 확인될 경우 제조업체 특정 지침 및 해당 되는 국내법규 및 지침에 따라 처리한다.

③ 배터리를 제거하기 전에 EV 주변에 출입을 제한하고 출입 제한표시가 되었는지 확인한다.

④ 차량에 "고전압 위험 차량"표시를 부착하여 타인에게 고전압 위험을 주지시킨다.

사고 차량 취급 시 주의사항

- 절연 장갑(또는 고무 장갑), 보호 안경, 절연복 및 절연화를 착용한다.
- 절연 피복이 벗겨진 파워 케이블(Bare Cable)은 절대 접촉하지 않는다(파워 케이블 작업 시 주의사항 참조).
- 차량이 침수된 경우 고전압 관련 부품에 절대 접근하지 않는다. 불가피한 경우 차량을 안전한 곳으로 완전히 이동시킨 후 조치한다.
- 가스는 수소 및 알칼리성 증기이므로 실내일 경우는 즉시 환기를 실시하고 안전한 장소로 대피한다.
- 누출된 액체가 피부에 접촉 시 즉각 붕소액으로 중화시키고, 흐르는 물 또는 소금물로 환부를 세척한다.
- 고전압 차단이 필요할 경우 '고전압 차단 절차'를 참조하여 작업한다.

그림 5 사고 차량 취급 매뉴얼

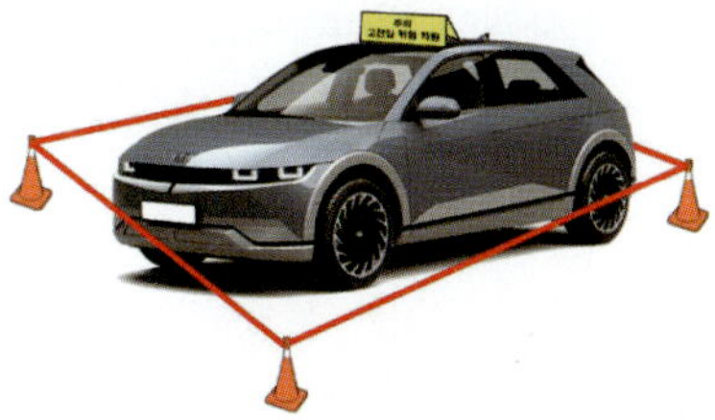

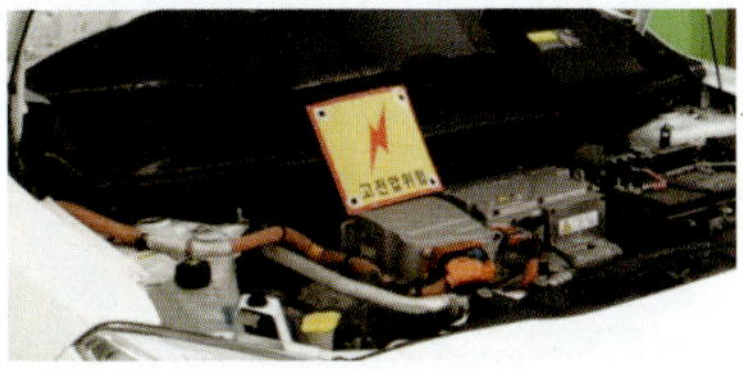

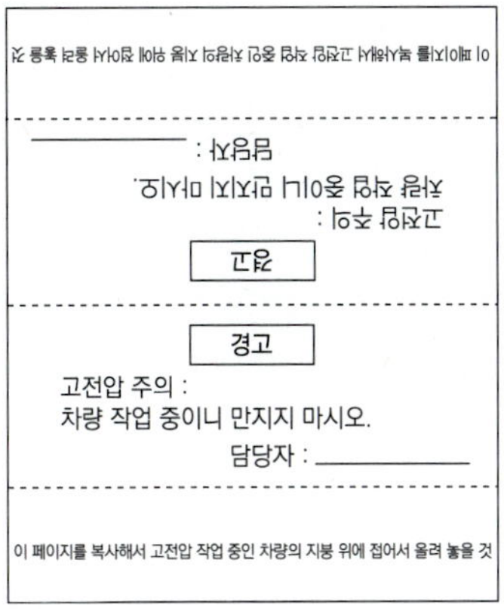

그림 6 출입제한 및 고전압 위험 표시

3. 고전압시스템 차단 및 측정방법

(1) 고전압 차단 방법

① 점화장치의 IG 스위치를 눌러 OFF 시킨다.

그림 7 IG 스위치 OFF

그림 8

② 시스템이 OFF 되었는지 디스플레이를 확인하고 만약의 사태에 대비하여 스마트키는 5미터 이상 이격시킨다. key 보관함에 보관 후 작업자가 key 보관함 key를 보관한다.

③ 12V 배터리 (−)터미널을 탈거한다.

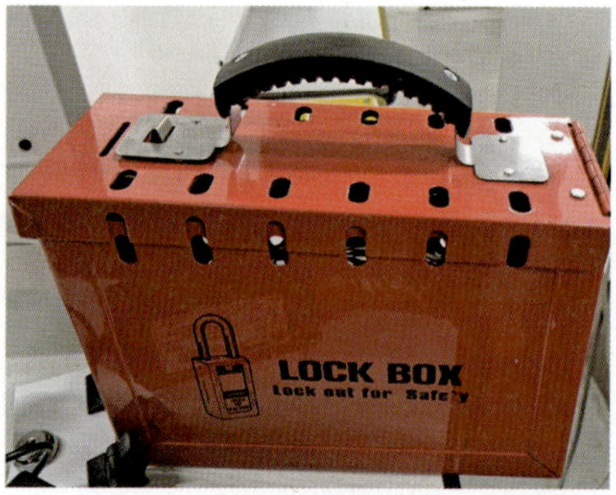

그림 9 Key 보관함

경 고

고전압 차단에 앞서 자동차의 전기를 공급하고 작동할 수 있도록 하는 전원공급은 저전압 배터리 즉 12V에 의해 제어되어 있음을 알아야 한다. 즉, 고전압을 인가시키기 위한 장치는 저전압에 의해 작동되므로 가장 먼저 저전압의 (-)터미널을 탈거한 후 고전압의 안전 플러그를 탈거한다. 12V 배터리를 분리한 후 5분에서 15분 동안 작업을 금지한다. 고전압이 완전히 차단되었는지 멀티테스터기를 이용하여 고전압 차단 여부를 확인한다. 12V배터리를 분리한 후 콘덴서 등에 축적된 전하의 방전에 약 5분 정도 소요. 고전압 차단 직후는 단락에 의한 발화, 발연, 파열 및 감전 등의 위험이 있다.

④ 12V 배터리 (+)터미널을 탈거한다.

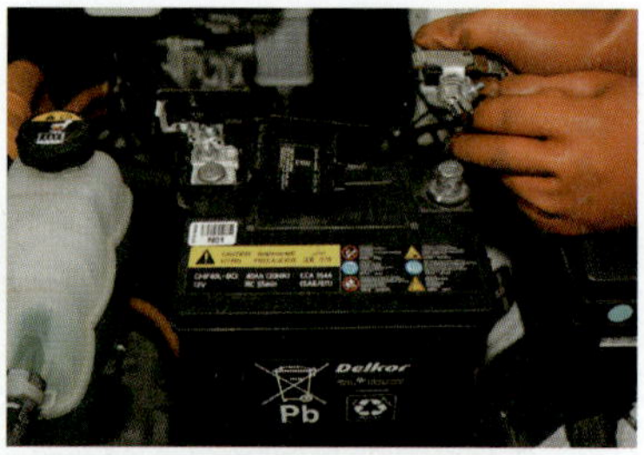

(a) (−)터미널 탈거

(b) (+)터미널 탈거

그림 10 배터리 (-), (+)터미널 탈거

⑤ 전기자동차의 경우 초기에 재작된 차량의 경우 안전플러그(배터리)만 장착된 경우와 전기자동차의 고전압 차단의 안전성을 고려하여 안전플러그와 서비스 플러그(인터록)를 혼용하여 사용되는 경우와 서비스 플러그(인터록) 장치만 설치하는 경우 등 제작 회사마다 상이하므로 제작회사 매뉴얼을 참고해야 한다.

차종별 서비스 인터록 커넥터

아이오닉 EV	코나 EV (OS EV)	포터 EV (HR EV)	아이오닉 5 (NE)	G80 (RG3 EV)
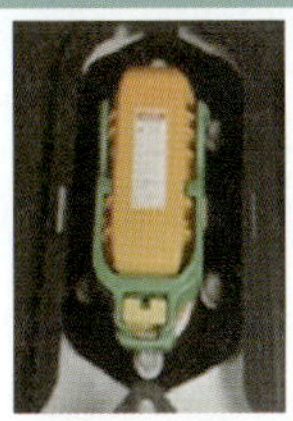		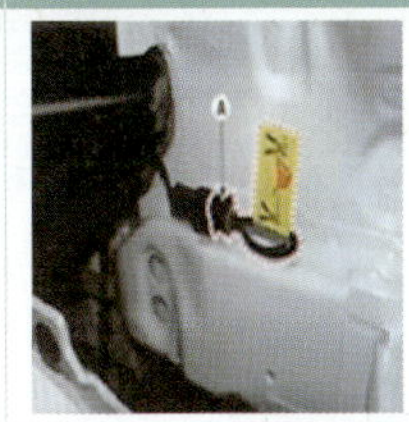		
트렁크 커버 하단에 위치	2열 시트 하단에 위치	없음(서비스 인터록 커넥터 적용)	없음(서비스 인터록 커넥터 적용)	없음(서비스 인터록 커넥터 적용)

서비스 인터록 커넥터 외산차 적용 현황

OS/DE EV	스파크 EV	Model S	말리브 HEV	어코드 HEV
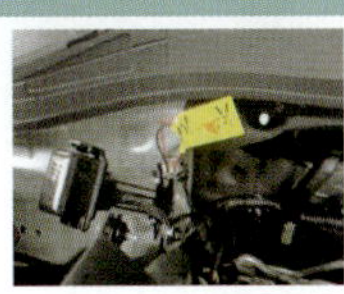	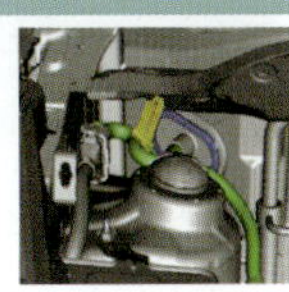		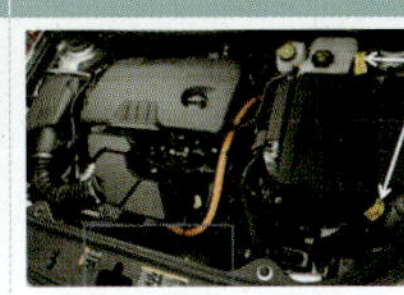	

⑥ 아이오닉 안전플러그(배터리)만 장착된 경우

- 아이오닉의 고전압시스템은 트렁크 하부에 위치하고 있다. 트렁크 하부의 내장재를 제거한다.

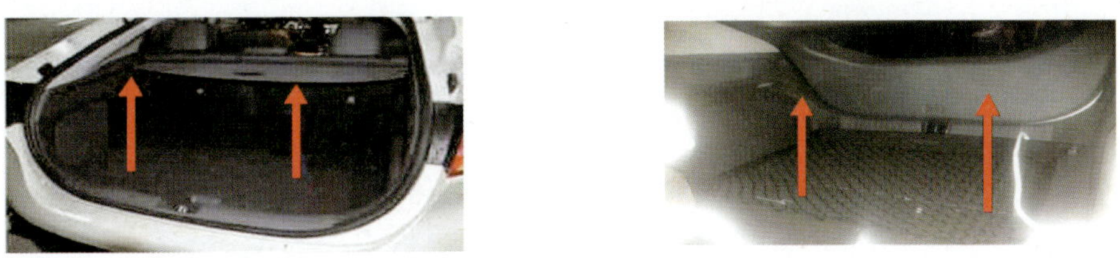

그림 11 트렁크 하부의 내장재 제거

• 내장재를 제거하고 안전플러그 커버를 확인한 후, 화살표방향으로 안전플러그 커버를 제거한다.

그림 12 안전플러그 커버 제거

• 커버를 제거 후 안전플러그를 확인한다. 화살표 방향으로 레버를 당겨 안전플러그를 제거한다. 레버를 당기고 안전플러그를 완전히 제거한다.

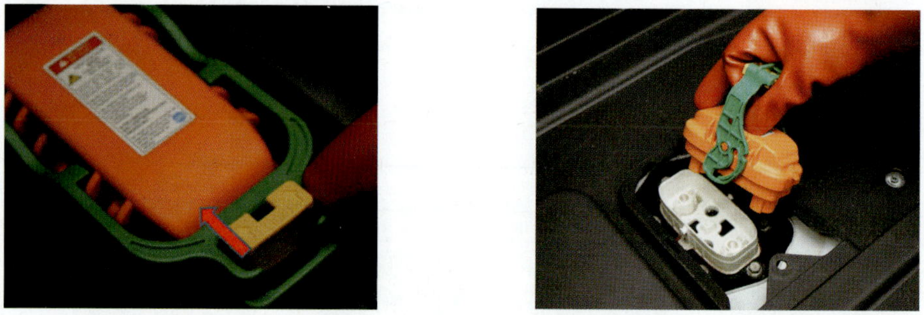

그림 13 안전플러그 제거

• 고전압시스템차단 스위치 제거 후 5분 동안 작업을 금지한다. 고전압시스템차단 스위치 제거 후 콘덴서 등에 축적된 전하의 방전에 약 5분 정도 소요되므로, 고전압 차단 직후는 단락에 의한 발화, 발열, 파열 및 감전 등의 위험이 있다.

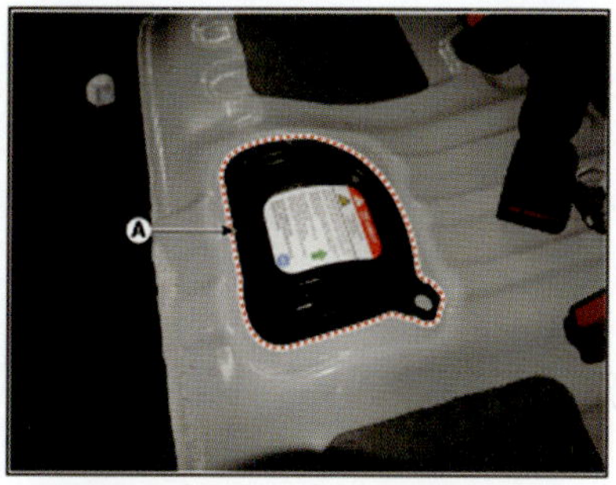

(a) 서비스 플러그 서비스 커버(A)를 탈거한다.

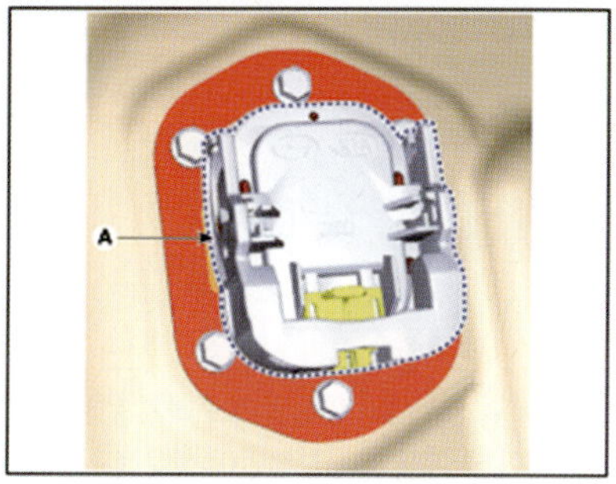

(b) 서비스 플러그(A)를 탈거한다.

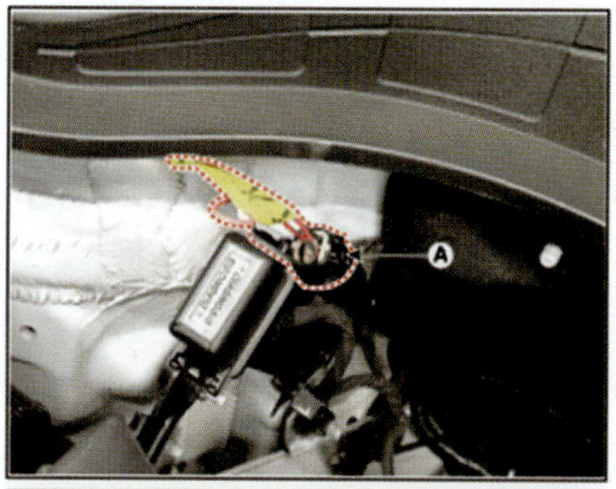

(c) 서비스 인터록 커넥터(A)를 분리한다.

그림 14 2018년 8월식 이후 전기차량 서비스플러그 탈거

⑦ 아이오닉 서비스 인터록 커넥터가 있는 차량은 서비스 인터록 커넥터(A)를 화살표 방향으로 분리한다. 고전압 시스템의 커페시터(콘덴서)가 완전히 방전될 수 있도록 5분 이상 기다린다.

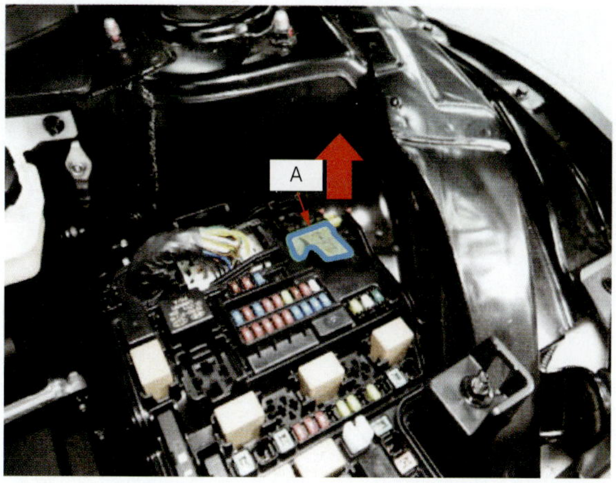

그림 15 서비스 인터록 커넥터 분리

참 고

인터록 커넥터

인터록이란 특정 조건에서 시스템의 작동을 중단시키는 장치 또는 시스템을 말한다. 전원이 공급되고 있는 상황에서 커넥터를 분리하는 경우에 아크가 발생할 수 있으므로, 커넥터 분리 이전에 신호를 감지하여 전원을 사전에 차단하고, 조립한 후에 전원을 통전시키는 일종의 안전장치이다.

전기자동차(EV : Electric Vehicle)와 같이 고전압을 이용하는 자동차는 상대적으로 높은 전압의 커넥터 요구사항을 가지고 있다. 이러한 고전압으로부터 커넥터 단자를 보호하기 위하여 추가적인 안전기능이 필요하며 배터리, 전선, 어댑터, 컨트롤러의 하위 시스템에 인터록(Interlock)을 적용한다.

⑧ 인버터 단자 사이의 전압을 측정하여 인버터 커페시터가 방전되었는지 확인한다.

참 고

전기자동차 고전압을 체크하는 이유

전기자동차의 고전압을 체크하는 이유는 전기자동차가 사고가 발생하거나 고장에 따라 진단 후 고전압 자동차의 고전압에 관련된 부품을 수리하기 위해 부품을 분해할 목적으로 정비를 요구할 경우 정비사의 안전을 도모하기 위함이다. 그리고 화재나 침수시 소방관의 안전을 도모하기 위하여 고전압 차단 절차에 의해 차단 후 자동차의 고전압이 정상적으로 차단되었는지를 확인하기 위함이다.

- 리프트를 이용하여 차량을 들어올린다.
- 프론트 언더커버를 탈거한다[4WD].

그림 16 리프트로 차량 상승

그림 17 프론트 언더커버 탈거

• 리어 언더커버를 탈거한다.

• 고전압 커넥터 커버(A)를 탈거한다[4WD]. (체결토크 : 0.8~1.2kgf · m)
(고전압 안전절차에 준하여 실시하며 절연장갑 필히 착용)

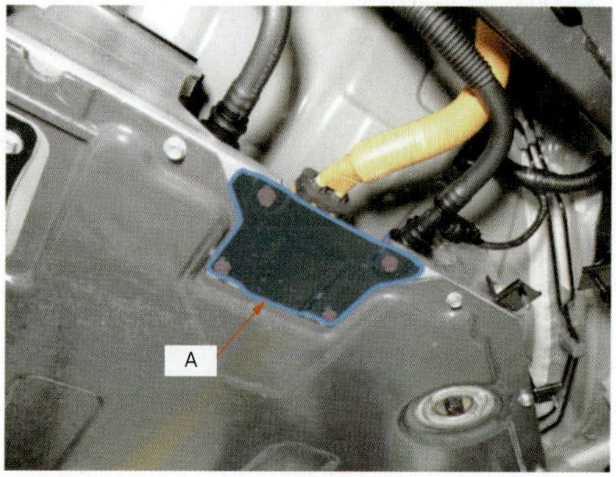

그림 18 고전압 커넥터 커버 탈거

• 고전압 배터리 프론트 커넥터(A)를 분리한다[4WD].

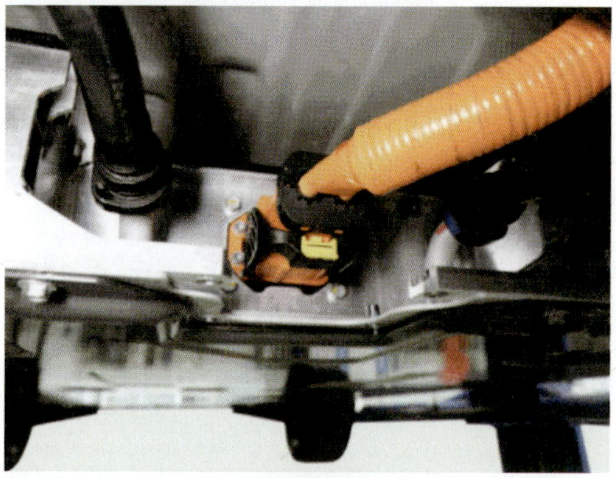

그림 19 고전압 배터리 프론트 커넥터(A) 분리

• 고전압 배터리 리어 커넥터(A)를 분리한다.

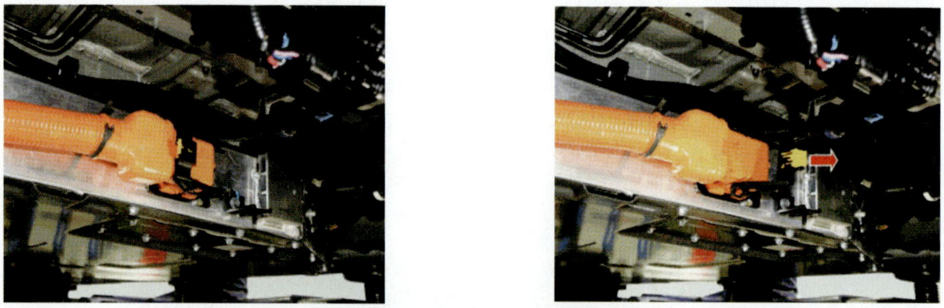

그림 20 고전압 배터리 리어 커넥터(A) 분리

• 고전압 정션 박스와 PRA 단자 사이의 커넥터를 분리한 후 고전압 정션 블록 측의 전압을 측정한다(정상 : 30V 이하, 커페시터 잔류 전압을 측정).

그림 21 커시 잔류 전압을을패터 측정

• 고전압 정션 박스와 PRA 단자 사이의 커넥터를 분리한 후 PRA 측의 전압을 측정한다(정상 : 30V 이하, BATTERY의 고전압 출력 전압을 측정).

• PRA불량에 따른 고전압 출력으로 위험성 발생할 수 있다.

그림 22 배터리 출력 전압 인가 유무 측정

⑨ 배터리 시스템 어셈블리의 리어 고전압 커넥터 단자 간 전압을 측정하여 파워 릴레이 어셈블리의 융착 유무를 점검한다(정상 0V).

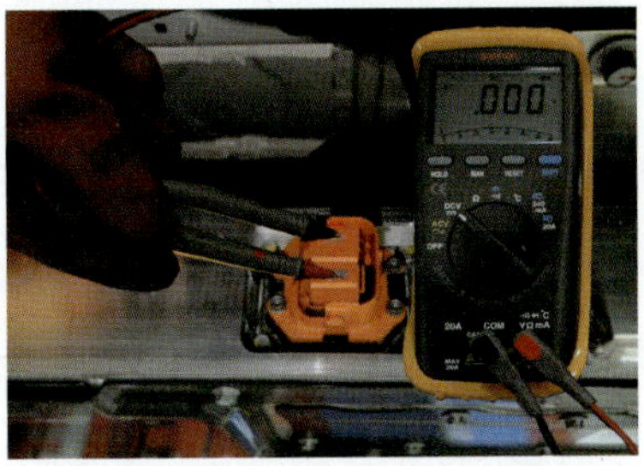

그림 23 파워 릴레이 어셈블리 융착 유무 점검

⑩ 전압이 비정상으로 측정된 경우, 고전압 차단이 정상적으로 되지 않았을 수 있으므로 메인 퓨즈를 탈거한다.

참 고

비정상적인 전압이 측정된 경우

고전압 BATTERY의 전압이 측정되는 경우는 고전압 BATTERY의 회로에 문제가 발생하였거나 버스-바에 문제가 발생한 경우이며, PRA의 릴레이가 융착되어 고전압이 차단되지 않는 경우이므로 작업을 진행하는 작업자는 절연장비를 완벽하게 갖춘 후에 작업을 진행해야 하며, 고전압 하네스가 차체접지 등으로 인한 스파크 발생 및 감전, 화제 등의 위험이 발생할 수 있으므로 고전압 안전절차를 반드시 준수하여 작업을 진행하여야 한다.
메인퓨즈가 탈거된 경우는 고전압 연결 방식 중 직렬연결 회로에서 전류의 흐름을 차단하는 방식이므로 회로의 문제가 발생한 경우는 회로를 차단하는 방식으로 메인퓨즈를 탈거하여 고전압 BATTEERY 내의 고전압 흐름을 차단할 뿐이므로 각별히 신경써서 작업을 임해야 한다.
(고전압 BATTERY 내부는 방전작업을 실시하지 않는 상황에서는 항상 고전압이 존재한다는 것을 인지하여야 한다.)

(2) PRA 끝단의 고전압 측정방법

고전압 배터리 내부에서 파워 릴레이 어셈블리(PRA : Power Relay Assembly)를 통해 고전압이 차단되므로 PRA 끝단의 커넥터를 탈거한 후 고전압을 측정하여 30V 이하가 측정되어야 하며 고전압이 30V 이상이 측정되는 경우는 고전압 차단절차에 의해 다시 시행하여야 하며 BMS · PRA 및 배터리 내부의 문제가 발생한 경우이므로 각별히 주의하여야 한다.

고전압 배터리의 고전압이 PRA를 통과해서 정션블록으로 연결되어 있으므로 고전압 배터리와 정션블록 와이어를 분리하여 측정한다. 측정시 고전압 배터리 방향에서 측정한 값은 고전압 배터리의 전압을 알 수 있다. 멀티테스터기를 활용하여 고전압 배터리 및 BMS 내부에 위치한 PRA 끝단의 고전압 케이블을 분리하여 PRA 끝단의 +, −단자의 전압을 측정하여 고전압이 측정되는지를 확인하며 고전압이 측정되지 않으면 고전압이 PRA에 의해 이상 없이 차단된 경우이며 고전압이 측정되는 경우는 PRA부품에 이상이 발생되었으므로 고전압이 흐르고 있으므로 고전압 안전 장비를 반드시 착용하고 안전하게 작업을 진행하여야 한다. PRA 끝단의 반대편인 정션블록으로 연결된 고전압 케이블은 EPCU 내부에 위치한 커페시터(콘덴서) 전압을 측정하는 것으로 전압이 30V 이하로 측정되면 커페시터 전압이 자연방전되었으므로 고전압에 관련된 정비를 실시하여도 되며 고전압이 30V 이상이 측정되는 경우는 작업을 멈추고 일정한 시간이 지난 후 재측정하면 된다.

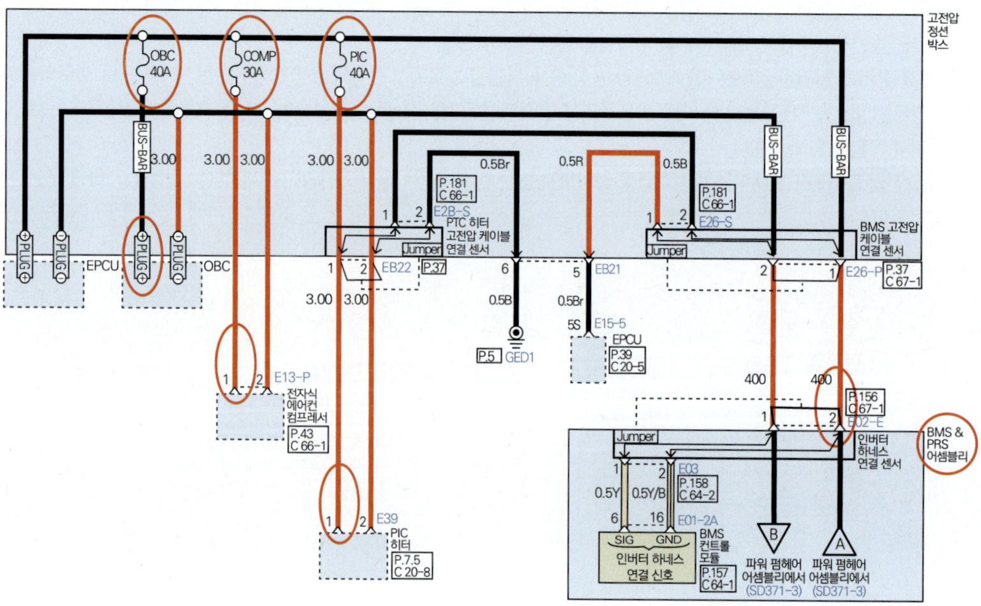

그림 24 고전압 인가 회로도

(a) PRA 끝단 배터리 전압 측정 (b) 커페시터 전압 측정

그림 25 PRA 끝단의 고전압 측정방법(아이오닉 2020년 이후/코나)

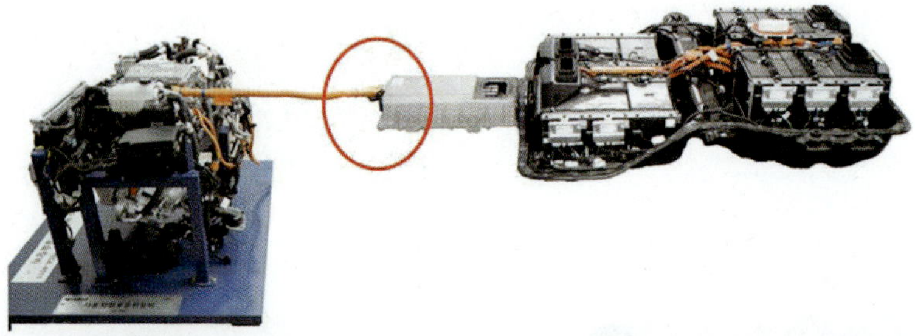

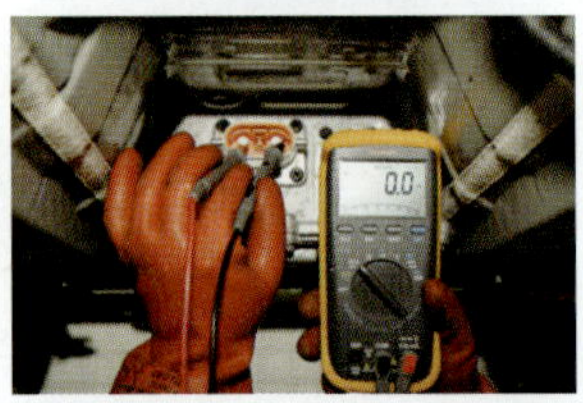

(a) 고전압 배터리 전압 측정 (아이오닉 2020년 이전)

(b) 고전압 배터리 전압 측정 (아이오닉 2020년 이전)

(c) 고전압 배터리 전압 측정 (아이오닉 2020년 이후/코나)

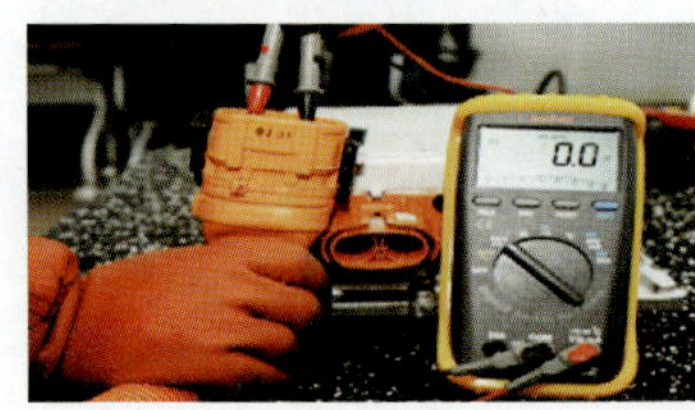

(d) 케페시터 잔류 전압 측정, 고전압 정션 블록측정(아이오닉 2020년 이후/코나)

그림 26 PRA 끝단의 고전압 측정방법(아이오닉 2020년 이전)

(3) 차량을 리프팅하기 어려운 경우 측정방법

PRA 끝단에서 고전압 및 커페시터 전압을 측정하는 것을 가장 기본적으로 사용하고 있으며 이러한 경우는 자동차를 리프팅해야 하는 문제점을 가지고 있으므로 혹시 자동차를 리프팅하기 어려운 상황에서는 고전압 케이블과 정션블록 사이의 연결부분에서 측정할 수 있으며 이러한 경우는 PRA의 끝단부에서 고전압 정션블록으로 연결된 케이블의 손상이나 커넥터가 분리되어 정확하게 측정이 어려운 부분이 있으므로 필히 차량이 리프팅된 후는 PRA 끝단부에서 전압을 체크해야 한다(고전압 안전장비를 필히 착용 후 측정을 실시함).

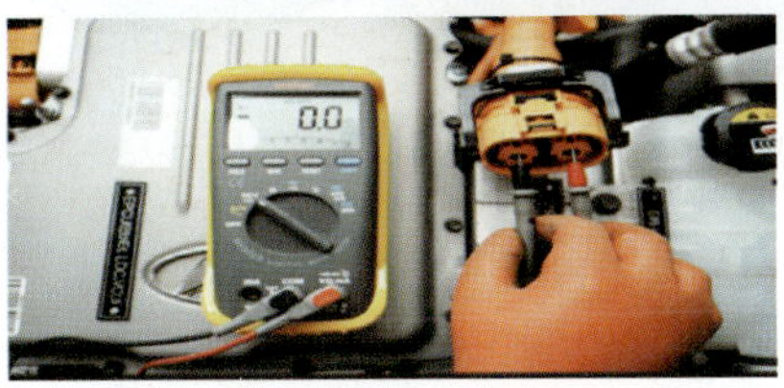

(a) 정션블럭 연결부위 위체에서 배터리 전압측정

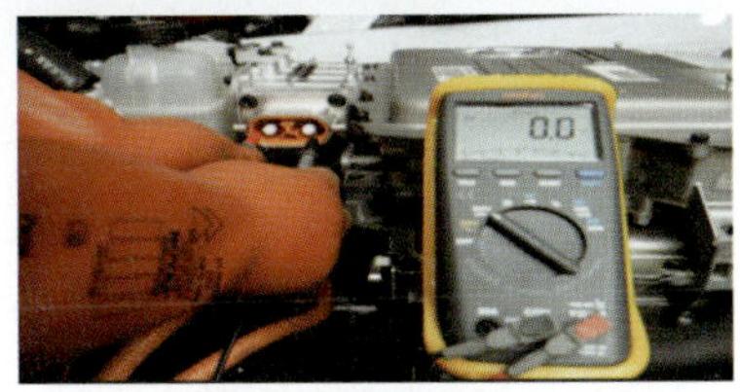

(b) 정션블록 위치에서 커페시터 전압 측정

그림 27 차량을 리프팅하기 어려운 경우 측정방법(아이오닉 2020년 이후/코나)

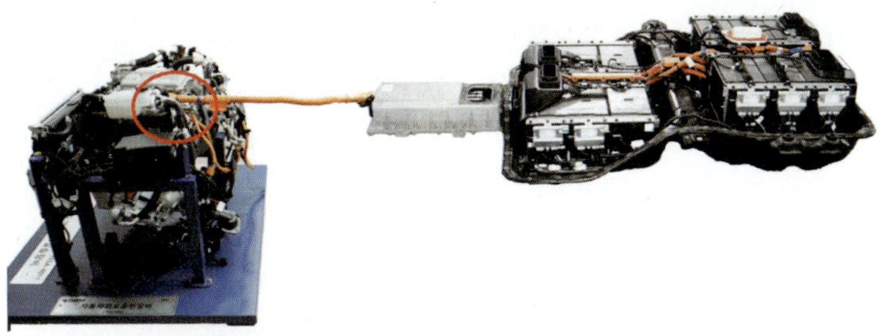

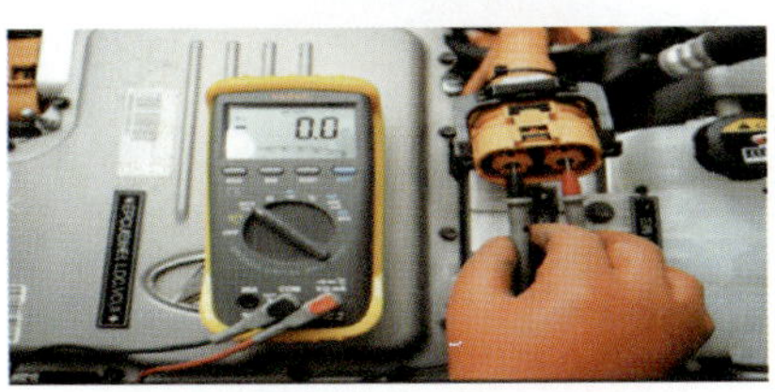

(a) 정션블록 위치에서 배터리 전압 측정

(b) 정션블록 위치에서 커페시터 전압 측정

그림 28 차량을 리프팅하기 어려운 경우 측정방법(아이오닉 2020년 이전)

고전압 정션블록과 고전압 케이블의 연결 부분에서도 측정이 어려운 경우는 정션블록의 회로도를 살펴보면 정션블록으로 연결되는 +, −고전압 단자는 퓨즈를 통과한 후 고전압이 인가되는(A/C콤프레셔, PTC, OBC, EPCU) 버스 바로 연결되어 있음을 알 수 있다. 이는 고전압이 인가되고 있는 커넥터 부분에서 고전압이 인가되고 있는지를 알 수 있으며 고전압이 30V 이하가 측정되었으면 커페시터 전압까지도 자연 방전되었음을 알 수 있다. 하지만 고전압 커넥터 및 고전압 케이블 연결 상태 및 단선이 이루어지지 않은 경우를 전제로 함이므로 작업 전 마지막으로 고전압 배터리 PRA 끝단에서 확인해야만 안전한 작업을 할 수 있다.

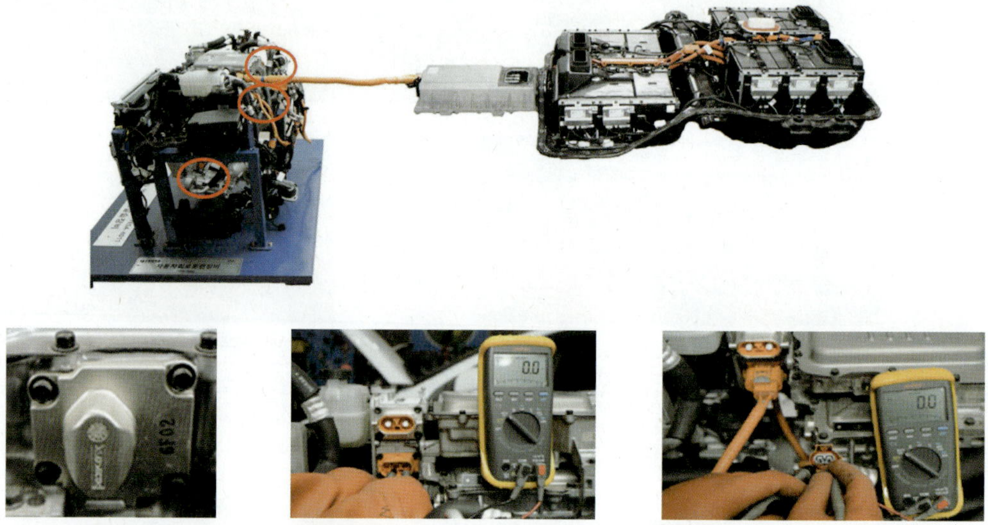

(a) 고전압 정션 블록과 EPCU 연결부위 (볼트로 체결됨)

(b) 고전압 정션 블록과 PTC 연결부위

(c) 고전압 정션블럭과 에어컨 콤프 연결부위 (고전압 정션블럭에서 시작된 케이블은 에어컨 콤프레셔 부분에 위치함)

그림 29 고전압 정션블록과 고전압 케이블의 연결 부분에서도 측정이 어려운 경우

참 고

고전압 배터리의 출력전압만 측정하지 않는 이유

고전압 측정 시 배터리에서 인가되는 전압만 측정하면 되지 않을까 하는 의문이 생기는데 EPCU 내부에 회로보호를 위해 커페시터가 장착되기 때문에 이러한 커페시터 때문에 커페시터 전압도 측정하여야 된다.

4. 고전압 배터리 탈 · 부착

국내(현대, 기아) 전기자동차의 경우 전용 플랫폼 개발이 2020년 이후 전기자동차에 적용되면서 2020년 전기자동차는 기존의 플랫폼에 전기자동차 구성을 조합해서 사용되었으며 2020년 이후부터는 전기자동차 전용 플랫폼을 적용하여 생산됨으로써 구성 부품의 위치에 변화가 되었다.(아이오닉은 2020년 이후, 변경 코나는 변경 플랫폼을 사용)

그림 30

(1) 아이오닉(2020년 이전)

① 고전압 차단 절차를 수행한다.

② 차체를 안전하고 편한 자세로 작업을 할 수 있도록 지주식 리프트로 들어 올린다.

그림 31

참 고

고전압 BATTERY의 탈,부착에 유리한 리프트

리프트 사용 시 2주식 리프트와 4주식 리프트 중에 작업의 편의성을 고려할 때 2주식 리프트를 활용하는게 작업에 편의성을 고려할 때 유리하다. E-GMP 플랫폼이 적용되지 않는 차량의 경우 REAR 축의 서스펜션을 분리하고자 할 때 장소가 비좁아 다소 불편하며 E-GMP 플랫폼이 적용되어 제작된 EV의 경우는 고전압 BATTERY의 장착 위치가 차량의 하부에 위치하므로 탈부착 시 넓은 공간이 확보되어야 하므로 공간 확보가 유리한 2주식 리프트를 활용하는게 고전압 BATTERY의 탈부착에 유리하다.

그림 32

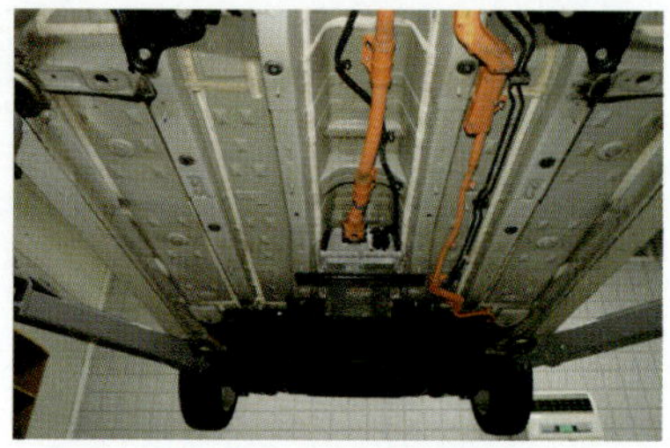

그림 33 차체 상승

③ 아이오닉 2020년 이전 차량은 배터리를 하체부품으로 지지하고 있으므로 배터리를 탈거하기 전에 하체 부품을 탈거하고 작업을 진행해야 한다. 하체부품을 확인하고 하체 작업을 통해 후륜 축을 탈거한다. 하체부품 제거는 전용공구를 이용하여 작업한다.

그림 34 하체부품 탈거

④ 모터룸에서 모터와 연결된 고전압 케이블을 제거한다. 레버를 화살표 방향으로 당겨 제거한다(고전압 차단 절차에 의해 고전압이 완전히 차단되었으며 PRA 끝단과 커페시터 전압이 측정되어 안전한 상태에서 작업이 실시됨).

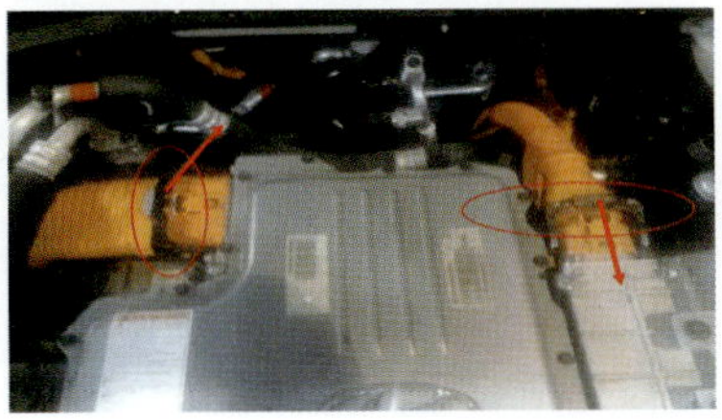

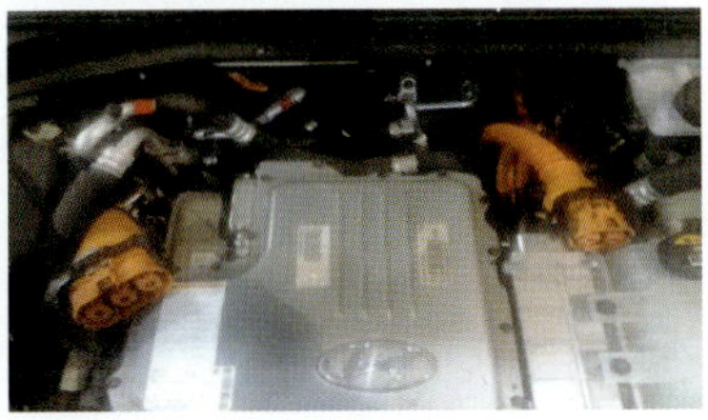

그림 35 모터와 연결된 고전압 케이블 제거

⑤ 고전압 BATTERY 팩 후면부에서 급속 충전용 고전압 케이블의 커넥터를 제거한다. 제거 시 안전장비를 반드시 착용하고 작업한다.

⑥ 고전압 BATTERY 팩 전면부의 PRA 끝단과 고전압 정션블록 연결 커넥터를 제거한다. 제거 시 안전장비를 반드시 착용하고 작업한다.

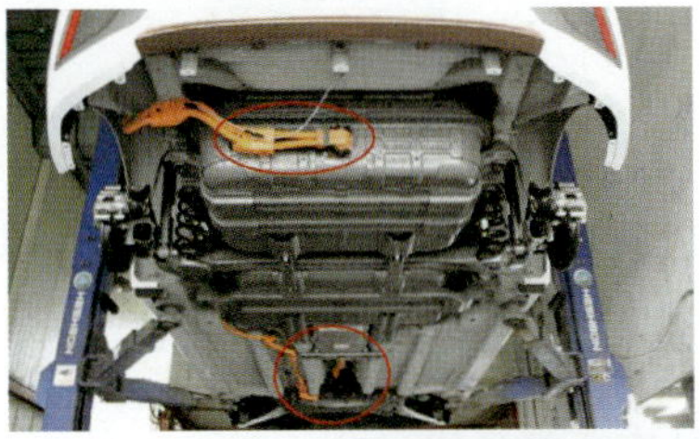

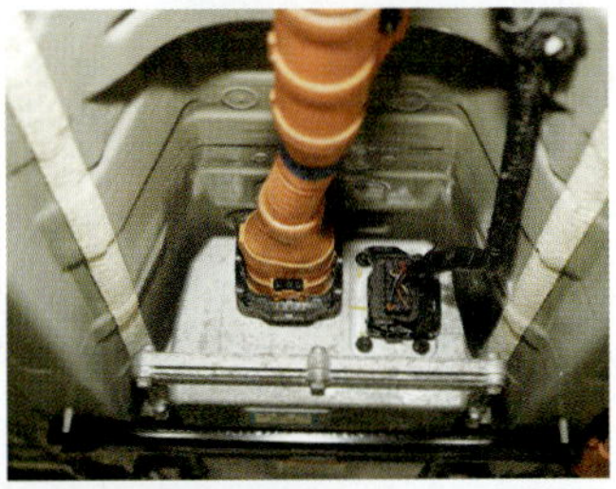

(a) PRA 끝단과 고전압 정션 블록 연결 커넥터와 BMS 커넥터 탈거

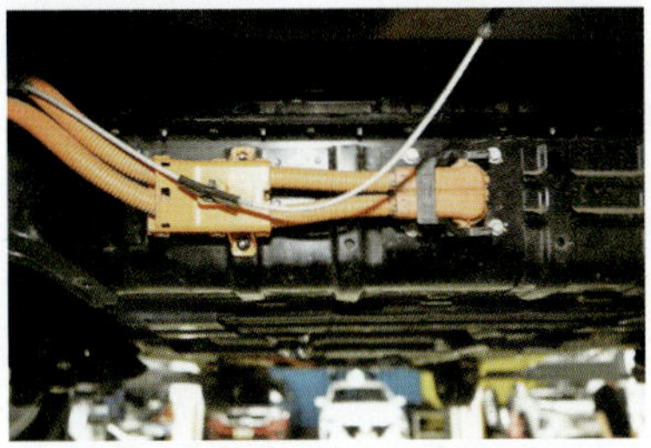

(b) 급속 충전 케이블과 고전압 배터리팩의 커넥터 탈거

그림 36 후면부, 전면부 커넥터 제거

⑦ 고전압 배터리를 탈거한다. E-GMP 플랫폼을 적용하지 않은 아이오닉 EV 배터리는 고정 바에 의해 차체와 연결되어 있으므로 리프트를 이용해 차량을 올린 이후 거치부위를 탈거한다.

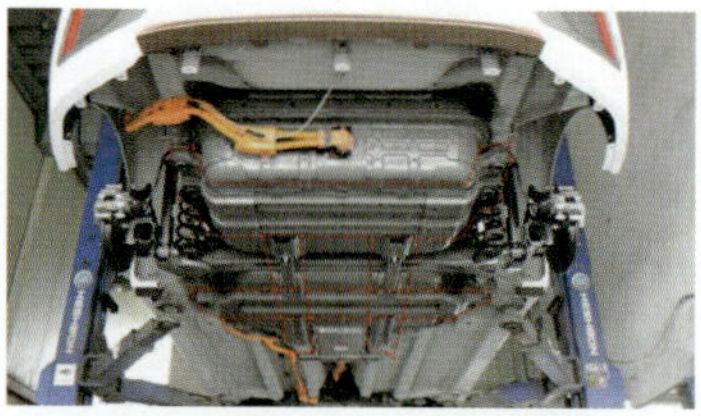

(a) 하부에서 바라본 고전압 BATTERY 팩의 모습

(b) 고전압 BATTERY팩 장착 거치바 및 볼트

그림 37 거치부위 탈거

⑧ 배터리 거치용 잭(Jack)을 설치하고 배터리를 안전하게 분리한다. 배터리 본체는 약 300kg의 무게가 있기 때문에 반드시 2인 이상이 작업을 실시한다. 낙하할 경우 신체에 심각한 부상위험이 있다.

그림 38 배터리 거치용 잭 설치

그림 39 탈거된 배터리

⑨ 탈거한 고전압 배터리 시스템 어셈블리는 부품 손상을 방지하기 위해 평평한 바닥, 매트 위에 내려놓는다.

⑩ 장착은 탈거의 역순으로 진행한다.

참 고

조립이 완성된 이후

고전압 BATTERY팩을 탈거한 후 조립이 완료된 이후에는 바로 운행을 실시하지 않고 전용진단기를 활용하여 진단 후 고장 개소 및 절연저항 등을 진단 후 고장진단 사항에 문제점이 발견되지 않고 정상적으로 진단이 이루어진 경우에 시험운행을 실시한다.

(2) 아이오닉 5(NE EV)

① 고전압 차단 절차를 수행한다.

② 프론트 언더 커버를 탈거한다.

③ 리어 언더 커버를 탈거한다.

④ 배터리 냉각수를 배출한다.

⑤ 고전압 커넥터 커버를 탈거한다(체결토크 : 0.8~1.2kgf · m).

⑥ 고전압 배터리 프론트 커넥터를 분리한다.

⑦ 고전압 배터리 리어 커넥터를 분리한다.

⑧ ICCU(Intergrated Charging Control Unit, 통합 충전제어 장치) 고전압 커넥터를 분리한다.

그림 40 ICCU 고전압 커넥터 분리

⑨ BMU 연결 커넥터를 분리한다.

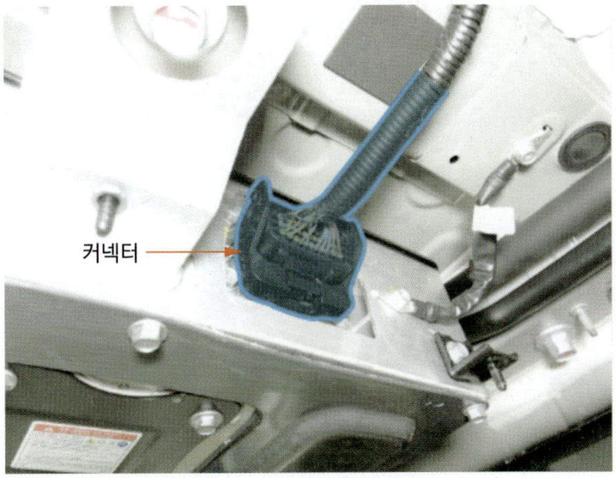

그림 41 BMU 연결 커넥터 분리

⑩ 고전압 BATTERY팩 후면에 위치한 접지를 탈거한다(체결 토크: 0.8~1.2kgf·m).

그림 42 접지 탈거

⑪ 냉각수 인렛 호스와 냉각수 아웃렛 호스(B)를 분리한다.

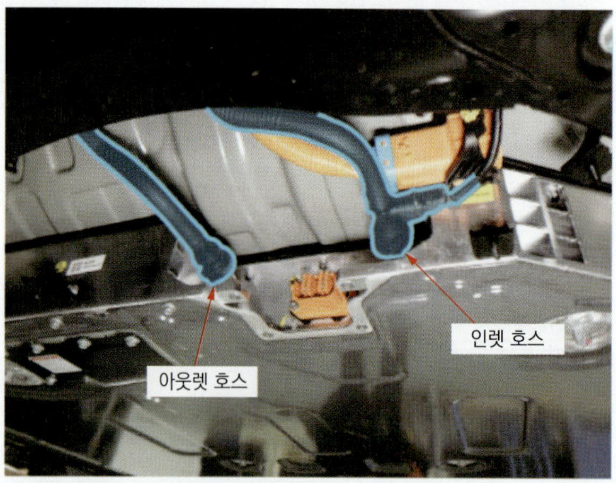

그림 43 냉각수 호스 분리

⑫ 배터리 시스템 어셈블리 안에 있는 잔여 냉각수를 특수공구를 이용하여 배출한다.

• 냉각수 인렛에 냉각수 라인 피팅[IN]을, 냉각수 아웃렛에 냉각수 라인 피팅[OUT]을 설치한다.

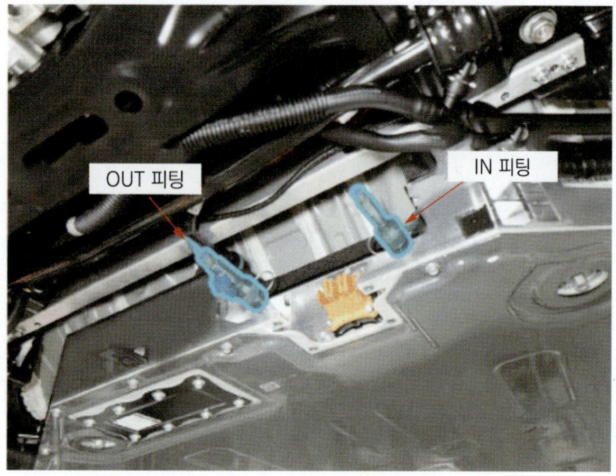

그림 44 냉각수 라인 피팅 설치

• 에어호스를 압력 게이지에 연결한다. 호스의 조립 방법은 원터치 피팅 타입이며, 호스를 탈거 시에는 릴리즈 슬리브를 반드시 화살표 방향으로 밀어서 탈거한다.

그림 45 에어호스를 압력 게이지에 연결

• 에어 브리딩 툴 밸브를 닫는다.

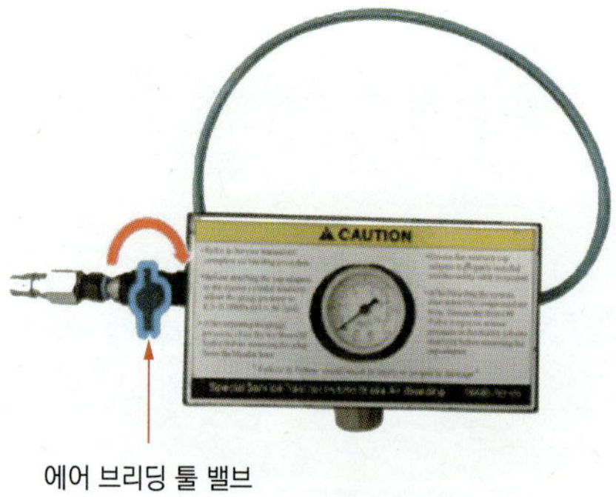

그림 46 에어 브리딩 툴 밸브 닫음

• 압력 게이지를 에어 브리딩 툴에 연결한다.

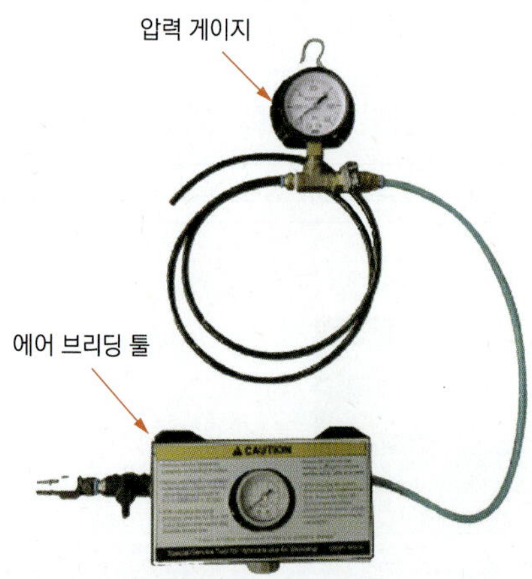

그림 47 압력 게이지 에어 브리딩 툴에 연결

• 에어 브리딩 툴은 에어 공급 라인과 연결 전에 밸브를 항상 왼쪽으로 돌려서 닫는다.

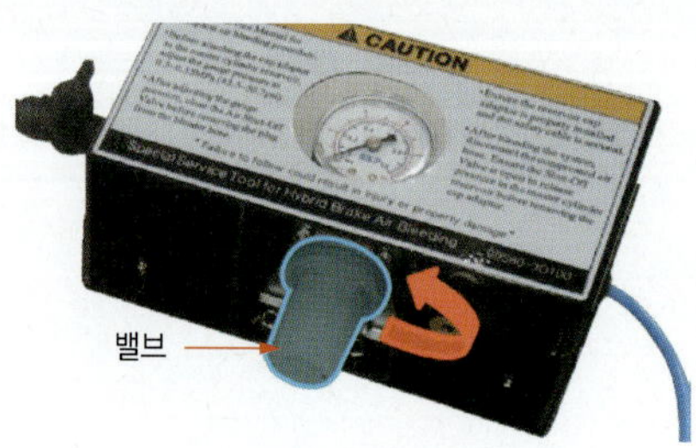

그림 48 밸브 닫음

• 에어 브리딩 툴에 에어 공급 라인을 연결 후, 밸브를 연다.

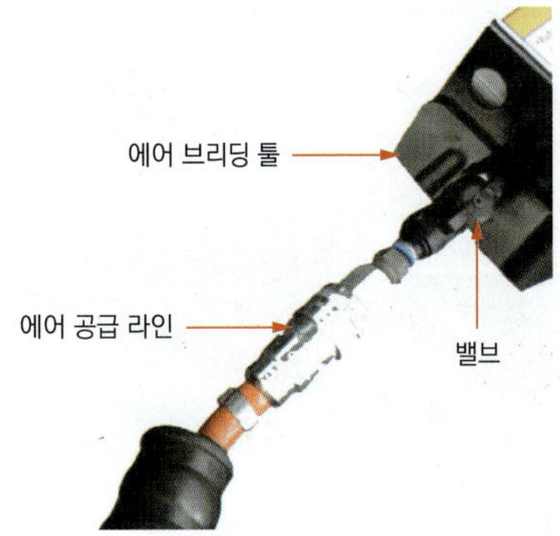

그림 49 밸브 개방

• 기밀 플러그를 에어 호스에 장착한다.

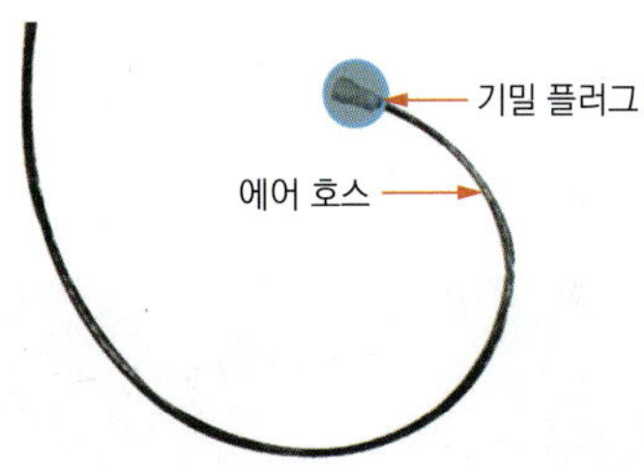

그림 50 기밀 플러그 에어 호스에 장착

• 에어 브리딩 툴 밸브, 압력 게이지 밸브를 오른쪽으로 회전시켜 압력 게이지의 눈금 0.21Mpa (2.1Bar)를 맞춘다. 게이지의 눈금이 0.21Mpa(2.1Bar)가 넘을 경우 압력을 해제한 후 다시 게이지 눈금 0.21Mpa(2.1Bar)을 맞춘다.

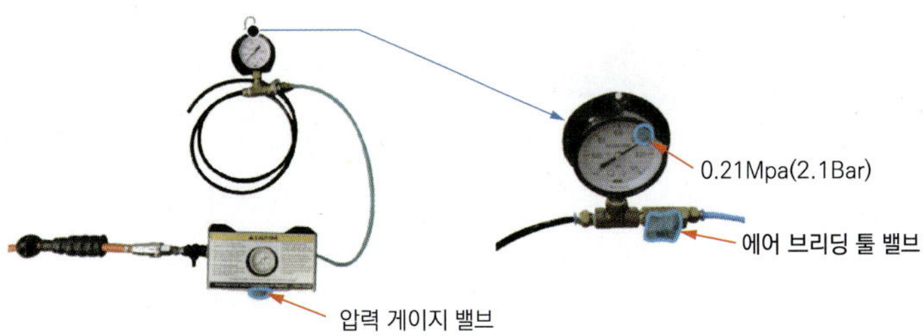

그림 51 압력 설정

• 냉각수 인렛에 연결된 냉각수로 피팅[IN]에 에어 호스를 연결하고 냉각수 아웃렛에 연결된 냉각수로 피팅[OUT]에 에어 호스를 연결한다.

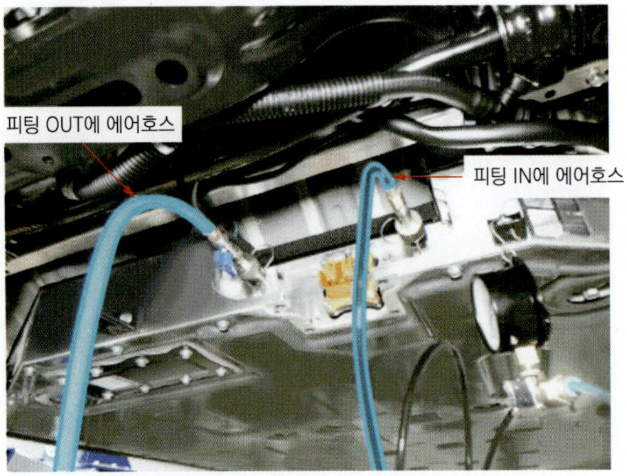

그림 52 냉각수로 피팅에 에어 호스 연결

• 에어호스를 냉각수를 받을 빈 통에 넣는다.

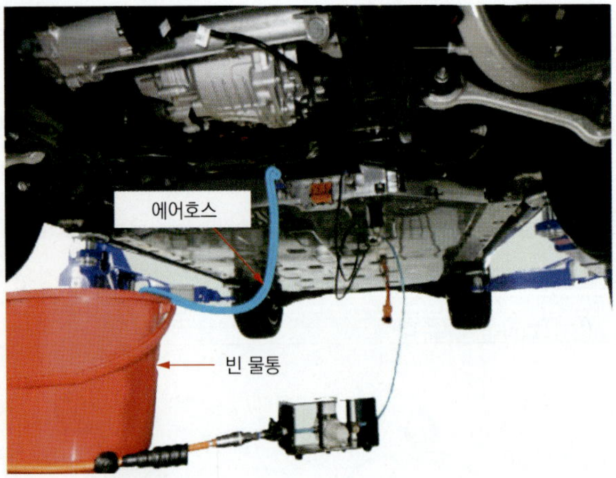

그림 53 빈 냉각수통 준비

• 압력 게이지 밸브를 오른쪽으로 돌려서 연다. 냉각수 배출 시 압력은 최대 0.21Mpa(2.1Bar)를 넘지 않도록 주의한다.

그림 54 압력 게이지 밸브 개방

• 에어 브리딩 툴 밸브를 오른쪽으로 천천히 열어 냉각수를 배출한다.

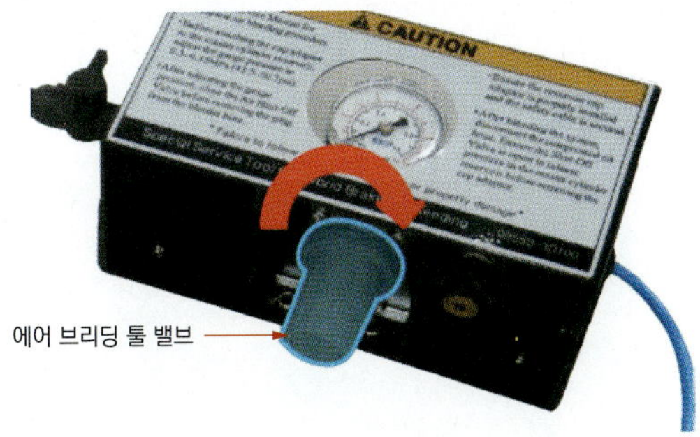

그림 55 냉각수 배출

⑬ 고전압 배터리 시스템 어셈블리 중앙부 고정 볼트를 푼다(체결 토크 : 7.0~9.0kgf · m). 배터리 시스템 어셈블리 고정 볼트를 재사용하지 않는다.

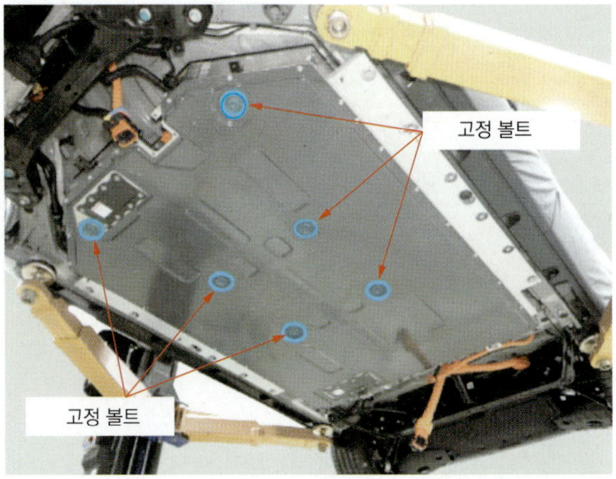

그림 56 고전압 배터리 시스템 어셈블리 중앙부 고정 볼트 탈거

⑭ 고전압 배터리 시스템 어셈블리에 플로워 잭을 받친다.

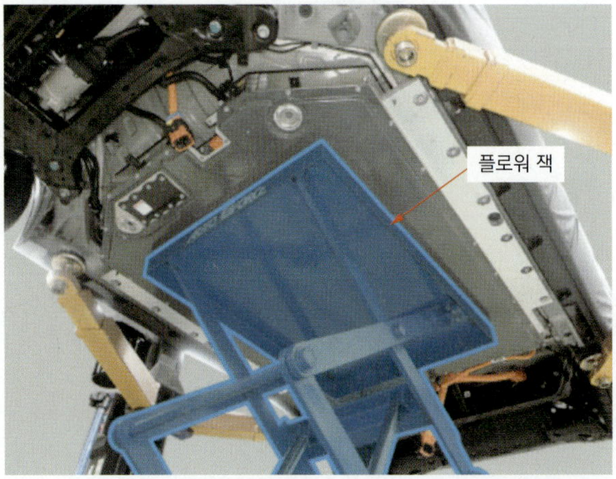

그림 57 플로워 잭 설치

⑮ 고전압 배터리 시스템 어셈블리 사이드 고정 볼트를 14개를 탈거한다(체결 토크 : 12.0~14.0kgf · m).

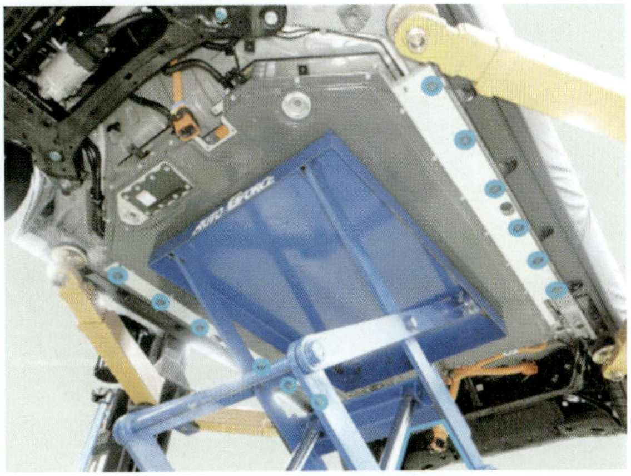

그림 58 사이드 고정 볼트 탈거

⑯ 고전압 배터리 시스템 어셈블리를 차량으로부터 탈거한다.

⑰ 특수공구와 크레인 자키를 이용하여 고전압 배터리 시스템 어셈블리를 이송한다.

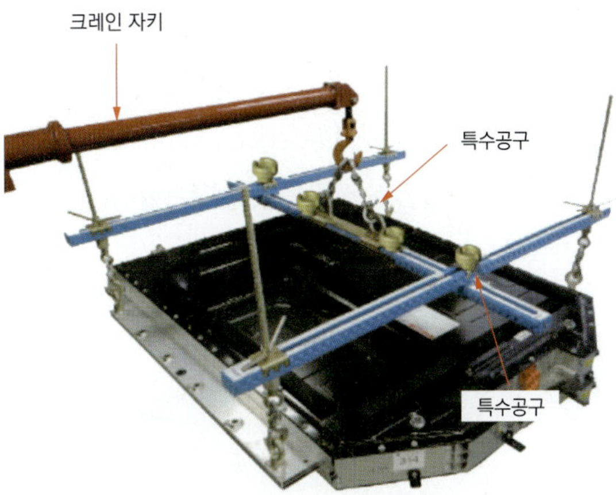

그림 59 고전압 배터리 시스템 어셈블리 이송

⑱ 탈거한 고전압 배터리 시스템 어셈블리는 부품 손상을 방지하기 위해 평평한 바닥, 매트 위에 내려 놓는다.

⑲ 장착은 탈거의 역순으로 진행한다.

⑳ 냉각수를 채우고 누수를 확인한다.

㉑ 진단기기를 사용하여 SOC 보정 기능을 수행한다.

5. 고전압 배터리 시스템 탈 · 부착

그림 60 모듈 번호

(1) 상부 케이스 탈·부착

① 고전압 차단 절차를 수행한다.

② 고전압 배터리 시스템 어셈블리(BSA : Battery System Assembly)를 탈거한다.

③ 배터리 시스템 어셈블리 상부 케이스 장착볼트를 탈거한다(체결 토크 : 10.6~15.8kgf · m). 상부 케이스 장착볼트 및 너트는 신품으로 교체한다.

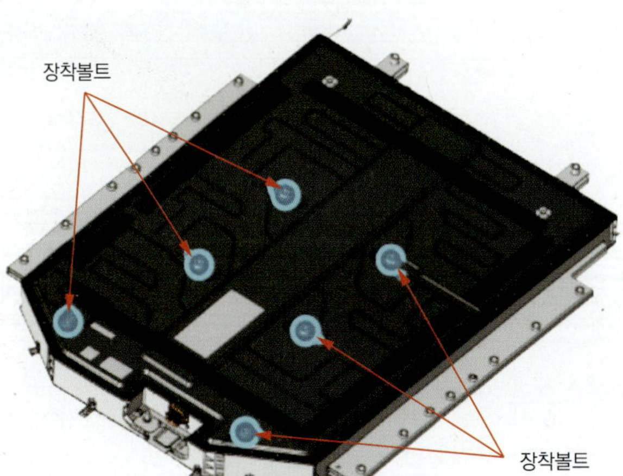

그림 61 상부 케이스 장착볼트 탈거

④ 볼트와 너트를 푼 후, 고전압 배터리 수밀 보강 브래킷을 탈거한다(체결 토크 : 1단계 – 0.9kgf · m, 2단계 – 1.1kgf · m).

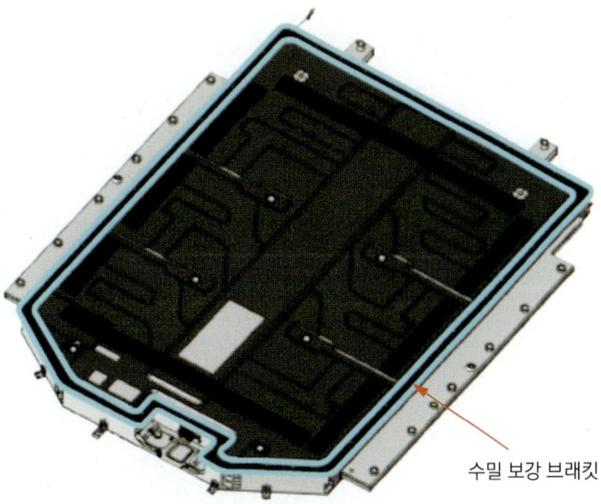

그림 62 수밀 보강 브래킷 탈거

⑤ 배터리 시스템 어셈블리 상부 케이스를 탈거한다. 케이스 변형 방지를 위해서 반드시 2인 이상 작업을 하고, 상부 케이스 이동 시 비대칭으로 들거나 하중을 순간적으로 강하게 가하면 변형이 생길 수 있으므로, 종방향 보다 횡방향으로 들어서 이동을 한다.

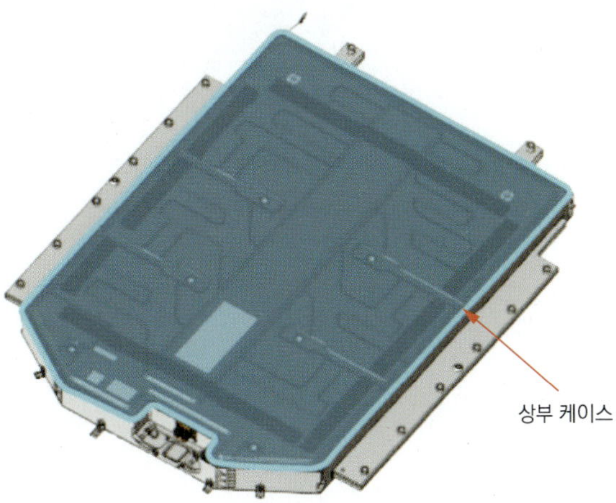

그림 63 상부 케이스 탈거

⑥ 장착은 탈거의 역순으로 진행한다.

⑦ 배터리 시스템 어셈블리 기밀 테스트를 수행한다.

(2) 서브 배터리팩 어셈블리(Sub-BPA) 탈·부착

① 탈거

- 고전압 차단 절차를 수행한다.
- 고전압 배터리 시스템 어셈블리(BSA : Battery System Assembly)를 탈거한다.
- 고전압 배터리 시스템 어셈블리(BSA) 상부 케이스를 탈거한다.
- 버스바를 탈거한다(체결 토크 : 0.8~1.2kgf · m).

그림 64 버스바 탈거(1)

• 볼트와 너트를 제거한 후 버스바를 탈거한다(체결 토크 : 0.8~1.2kgf · m).

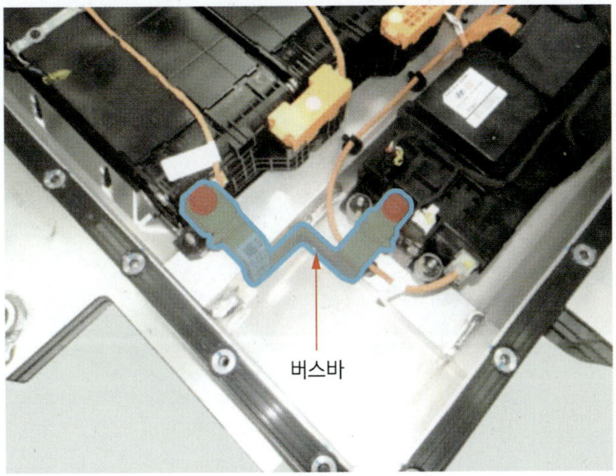

그림 65 버스바 탈거(2)

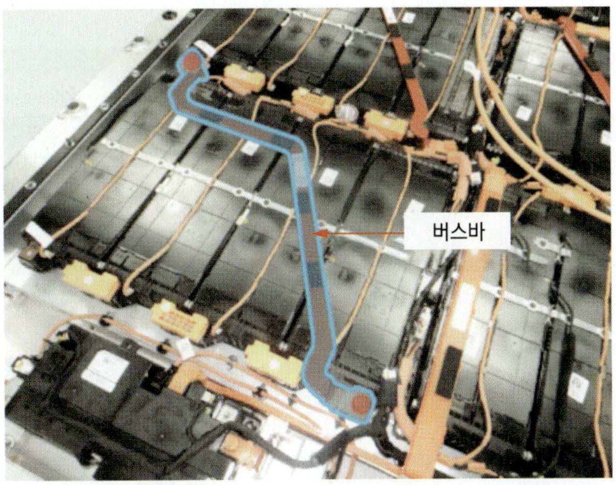

그림 66 버스바 탈거(3)

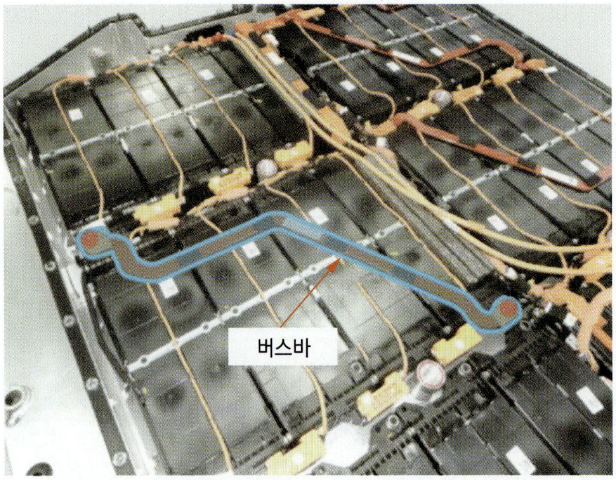

그림 67 버스바 탈거(4)

• 배터리 모듈 온도 센서 커넥터를 분리한다.

• 배터리 모듈 전압 센싱 와이어링 하네스를 분리한다.

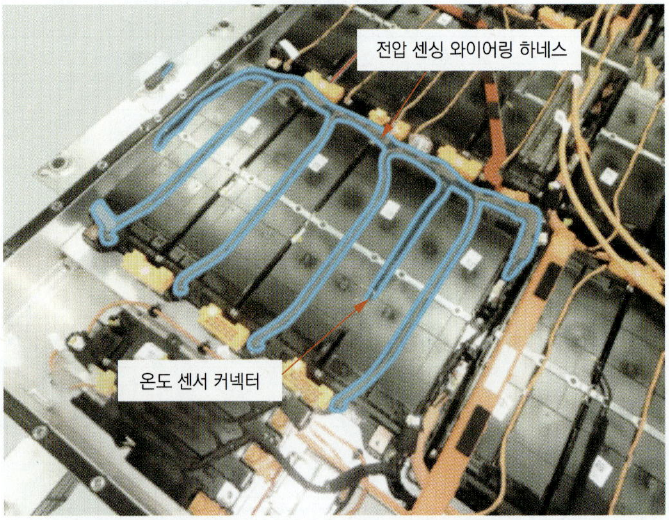

그림 68 온도센서 커넥터 및 전압 센싱 와이어링 하네스 분리

• 볼트를 푼 후 버스바를 탈거한다(체결 토크 : 0.8~1.2kgf · m).

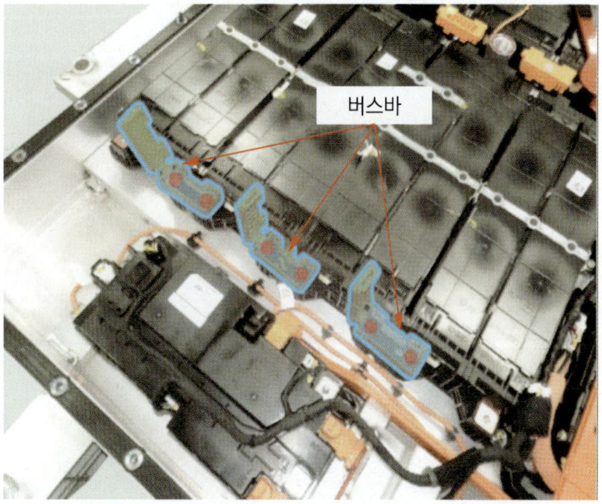

그림 69 버스바 탈거(5)

• 볼트를 푼 후 보강판을 탈거한다(체결 토크 : 0.8~1.2kgf · m).

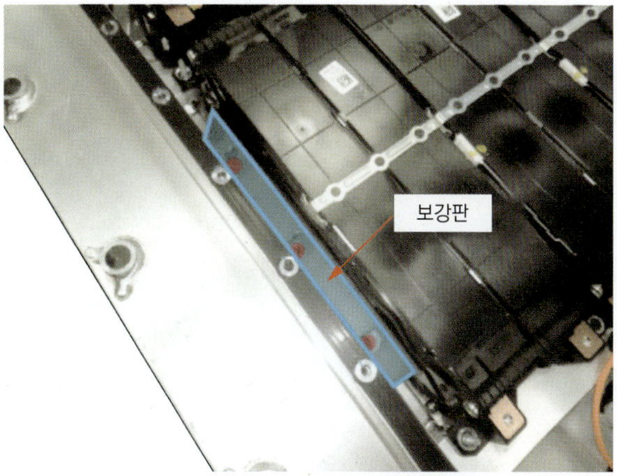

그림 70 보강판 탈거

• 서브 배터리팩 어셈블리 고정 볼트와 너트를 탈거한다(체결 토크 : 0.8~1.2kgf · m). 서브 배터리팩 어셈블리 고정 볼트 및 너트는 신품으로 교체한다.

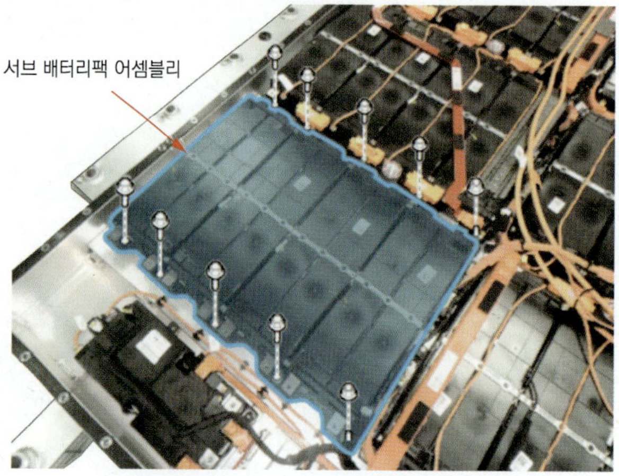

그림 71 서브 배터리팩 어셈블리 고정 볼트와 너트 탈거

• 배터리 모듈 행어를 서브 배터리팩 어셈블리에 장착한다.

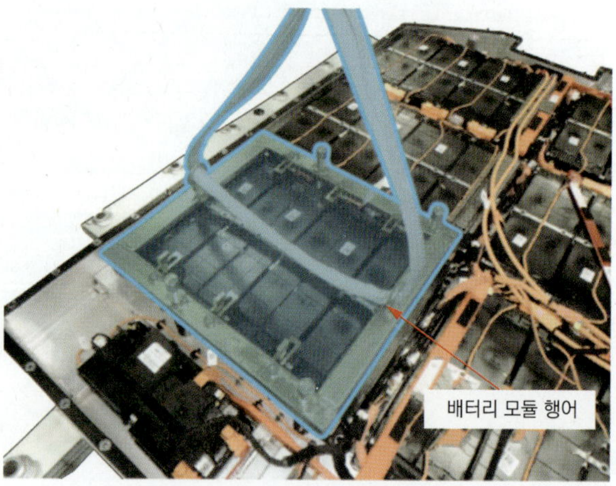

그림 72 배터리 모듈 행어를 서브 배터리팩 어셈블리에 장착

유의사항

고정 노브를 시계 방향으로 돌려 모듈 사이에 고정한다.

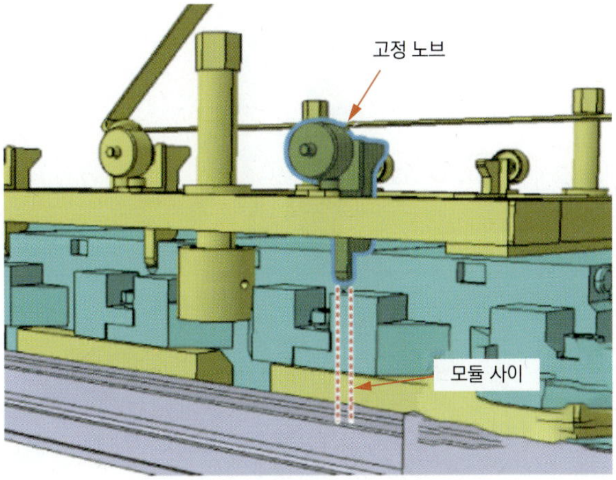

그림 73 고정 노브를 모듈 사이에 고정

• 탈거 볼트를 어댑터에 아래 그림처럼 순서대로 조인다.

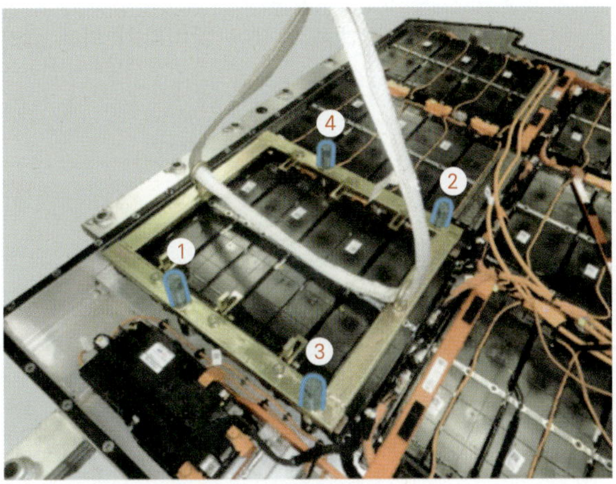

그림 74 어댑터 설치

• 배터리 모듈 행어와 크레인 자키를 이용하여 서브 배터리팩 어셈블리를 수평으로 들어 올려서 하부 케이스로부터 분리한 후 이송한다. 위의 탈 · 부착 절차는 모듈 (#1~#4)에 대한 절차이므로 나머지 모듈 (#5~#24)도 동일한 방법으로 진행한다.

그림 75 서브 배터리팩 어셈블리 분리

• 배터리 모듈 어셈블리(BMA : Battery Module Assembly) 및 하부 케이스에 있는 잔여 갭 필러를 반드시 절연 장갑 착용 후 모듈 하단부가 변형되지 않도록 조심스럽게 갭 필러를 제거하며, 갭 필러 제거 시에는 하부 케이스에 스크래치 발생을 방지하기 위해 플라스틱 리무버를 이용한다. 에어건 사용 시에는 모듈 하단부와 접촉되지 않도록 한다.

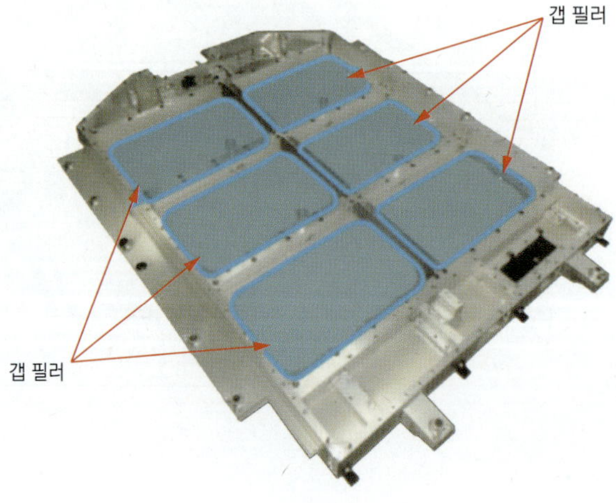

그림 76 갭 필러 제거

② 장착

- 신품 모듈을 장착 전 신품 모듈을 목표 충전 전압으로 충전 또는 방전한다.
- 특수 공구를 이용하여 신품 갭 필러를 도포한다.
  - 갭 필러 도포 작업 전, 남아있는 갭 필러를 깨끗이 제거하고 배터리 시스템 어셈블리(BSA)에 고전압 배터리 갭 필러 고정 틀을 장착한다.

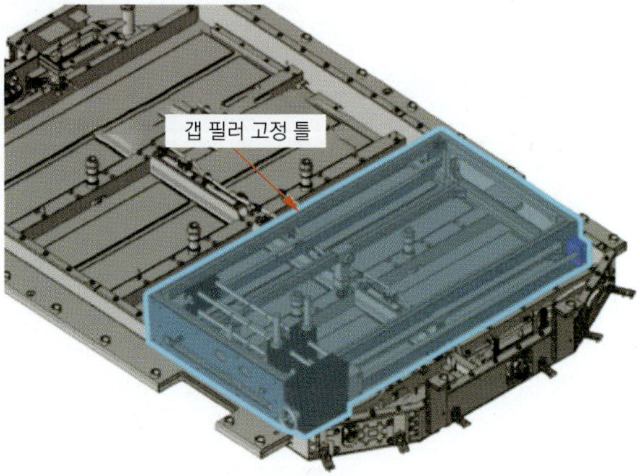

그림 77 갭 필러 고정 틀 장착

  - 갭 필러 고정 틀에 갭 필러 작업 건을 장착한다.

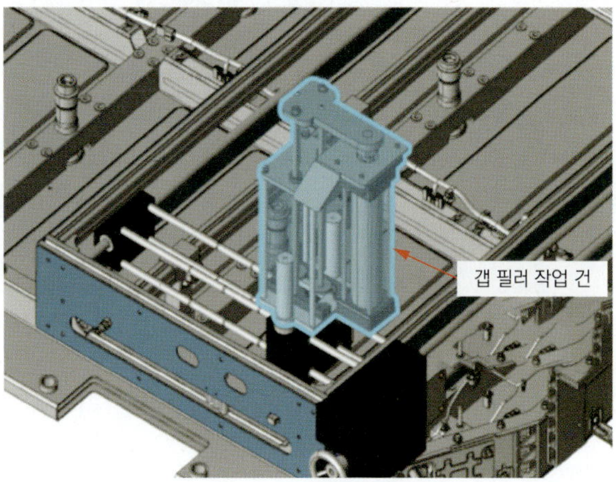

그림 78 작업 건 장착

– 카트리지에 갭 필러 리본을 조립한다. 갭 필러 리본은 면적당 한 개씩 사용한다.

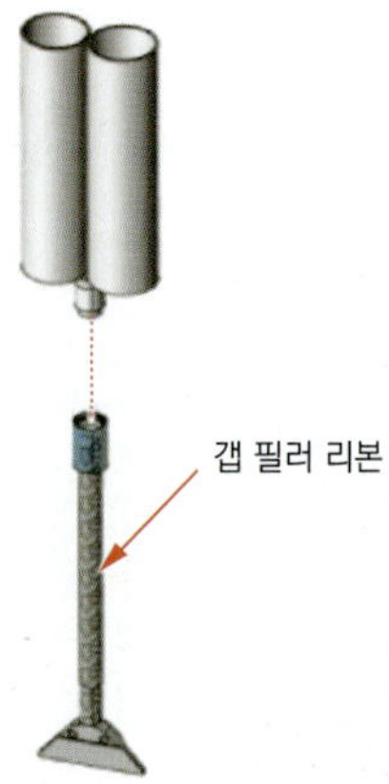

그림 79 갭 필러 리본 조립

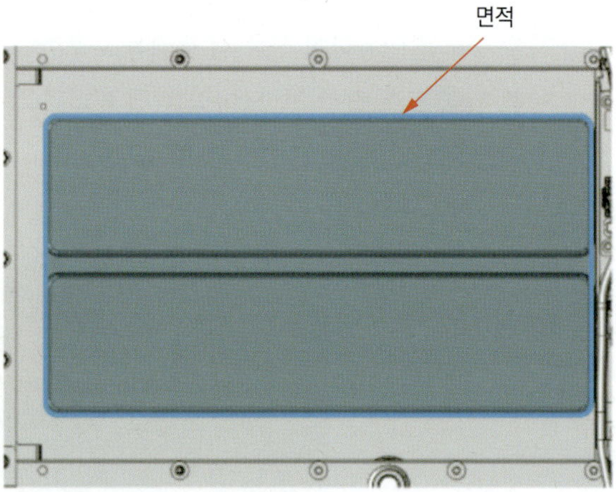

그림 80 갭 필러 리본은 면적당 한 개씩 사용

– 갭 필러 작업 건에 카트리지 & 갭 필러 리본을 장착한다.

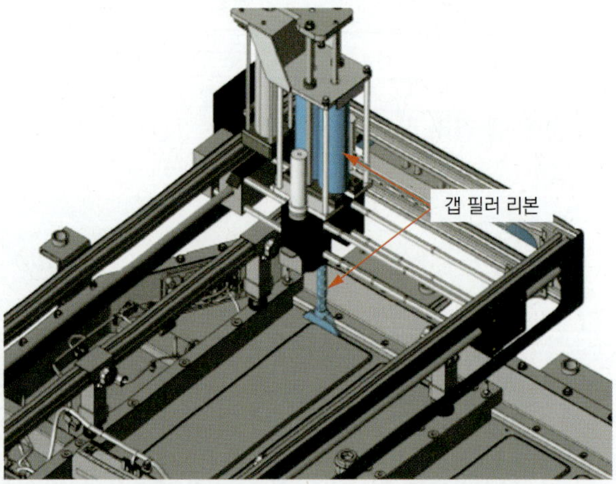

그림 81 갭 필러 작업 건에 카트리지 & 갭 필러 리본 장착

– 갭 게이지를 사용하여 리본 높이를 갭 필러 고정틀 지지대 다리를 조절하여 높이를 조절한다 (규정값 : 5.4mm).

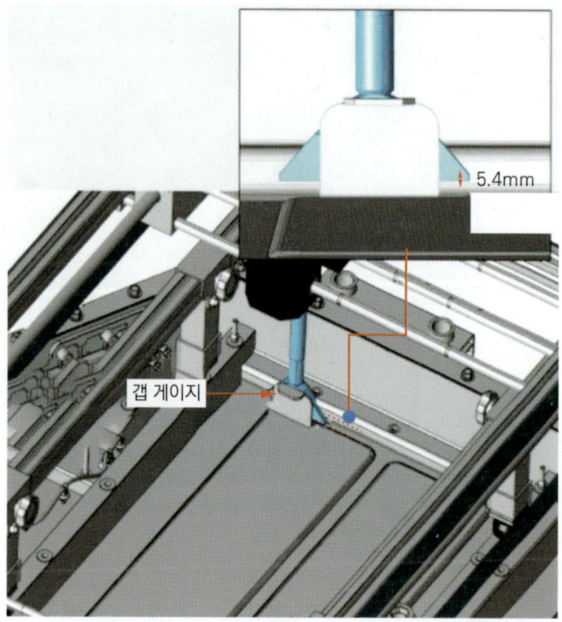

그림 82 리본 높이 조절

– 갭 필러 작업 건에 에어호스를 연결한다.

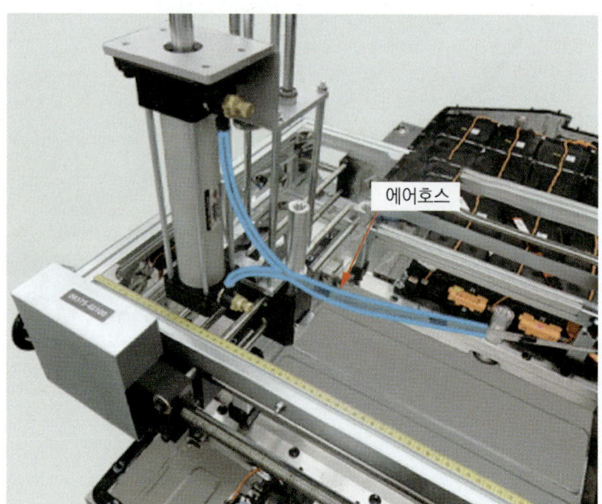

그림 83 작업 건에 에어호스 연결

– 갭 필러 고정 틀에 에어호스를 연결한다.

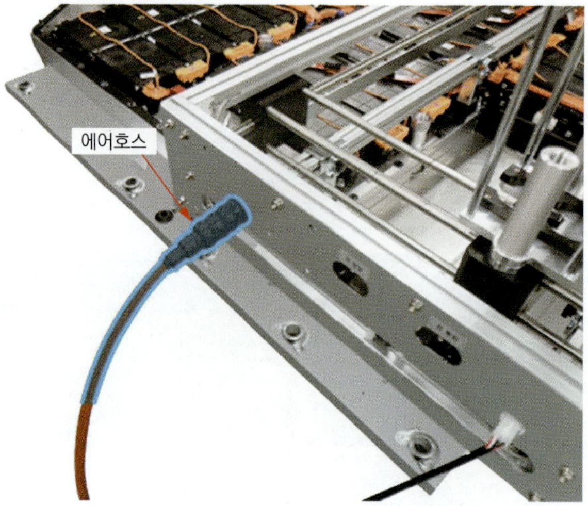

그림 84 고정 틀에 에어호스 연결

– 갭 필러 컨트롤러 커넥터를 연결한다.

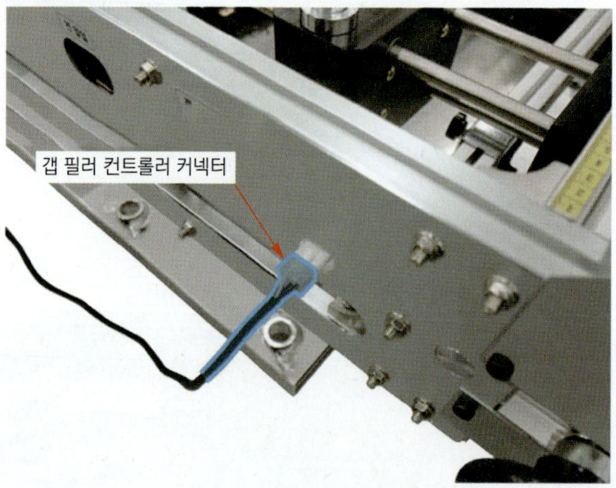

그림 85 갭 필러 컨트롤러 커넥터 연결

– 갭 필러를 아래 그림 순서대로 도포한다. 갭 필러 도포 후, 경화시간(90분) 이내 모듈을 장착한다.

그림 86 갭 필러 도포

그림 87 갭 필러 도포 순서

- 장착은 탈거의 역순으로 진행한다.
- 배터리 시스템 어셈블리 기밀 테스트를 수행한다.
- 배터리 충전 상태(SOC)를 보정한다.

(3) 배터리 모듈 어셈블리(BMA) 탈·부착

① 탈거

- 서브 배터리팩 어셈블리(Sub-BPA)를 탈거한다.
- 고전압 배터리 모듈 분해 지그에 면압 지그 및 모듈 가이드를 장착한다.

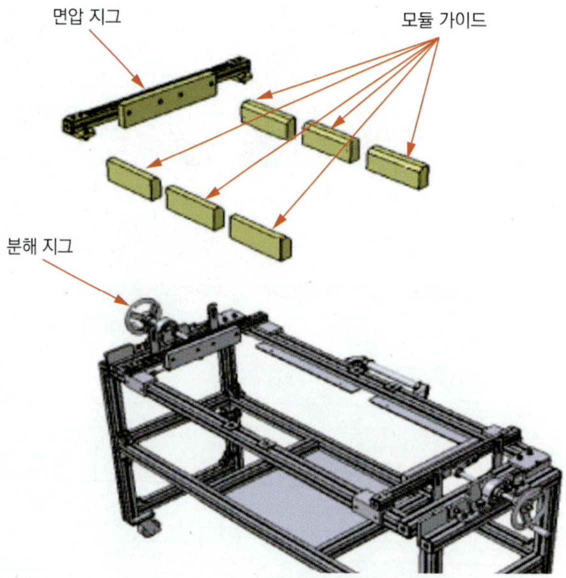

그림 88 지그 및 모듈 가이드 장착

- 서브 배터리팩 어셈블리를 고전압 배터리 모듈 분해 지그에 장착한다.

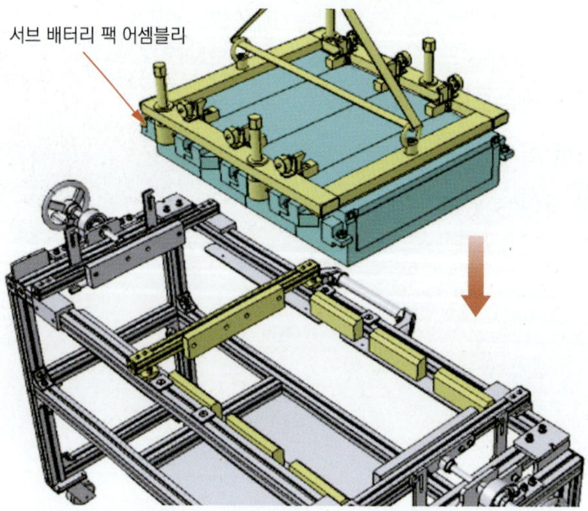

그림 89 서브 배터리팩 어셈블리 지그에 장착

• 배터리 모듈 행어를 탈거한다.

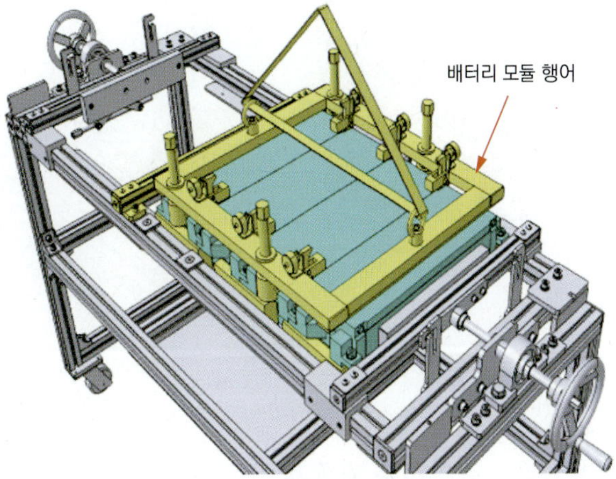

그림 90 배터리 모듈 행어 탈거

• 핸들을 화살표 방향으로 돌려 모듈을 압축한다(압축 토크 : 0.5kgf · m). 배터리 모듈 어셈블리 (#5~#8), (#21~#24)는 압축 전 배터리 모듈 하부 온도센서 #13, #14를 탈거한다.

• 모듈 고정 볼트를 탈거한다(체결 토크 : 2.0~3.0kgf · m).

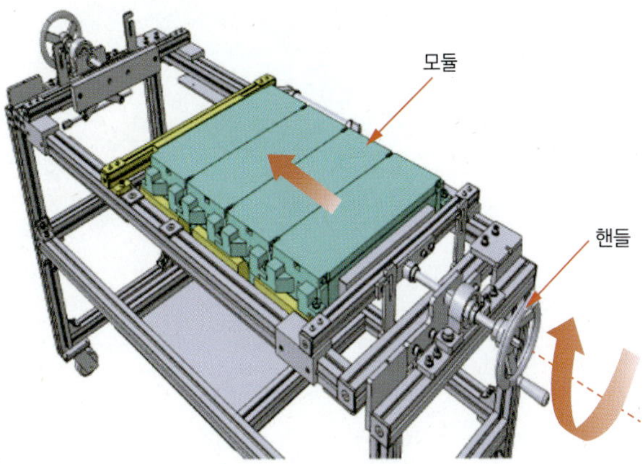

그림 91 모듈 압축

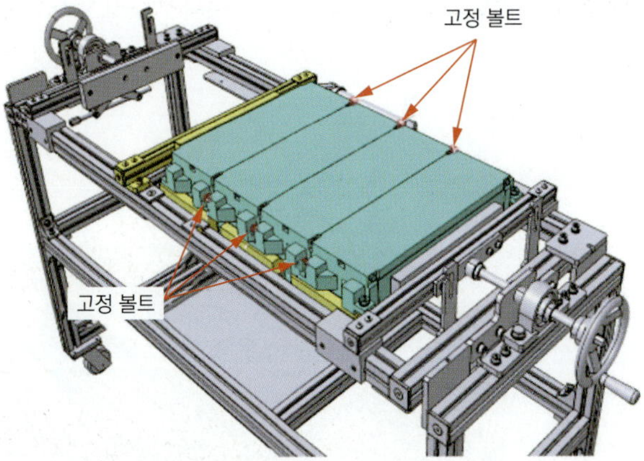

그림 92 고정 볼트 탈거

• 핸들을 반시계 방향으로 돌려 압축 해제 후, 배터리 모듈 어셈블리(BMA)를 탈거한다.

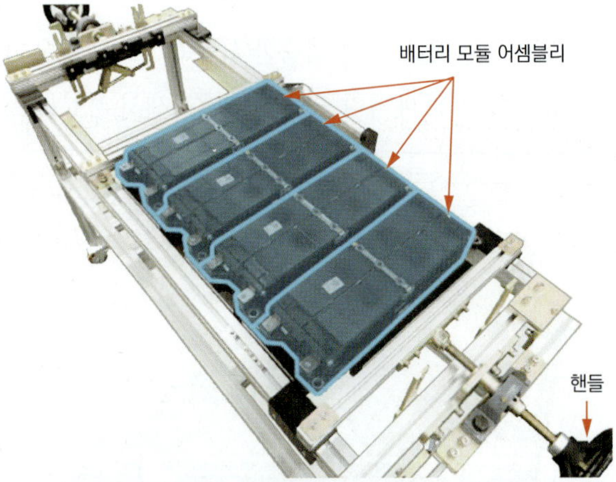

그림 93 배터리 모듈 어셈블리(BMA) 탈거

② 장착

• 신품 모듈을 장착 전 신품 모듈을 목표 충전 전압으로 충전 또는 방전한다.
• 장착은 탈거의 역순으로 진행한다.
• 배터리 시스템 어셈블리 기밀 테스트를 수행한다.
• 배터리 충전 상태(SOC)를 보정한다.

(4) 하부 케이스 탈거 및 장착

① 고전압 차단 절차를 수행한다.

② 메인 퓨즈를 탈거한다.

③ 배터리 매니지먼트 유닛(BMU)를 탈거한다.

④ 고전압 배터리 시스템 어셈블리(BSA)를 탈거한다.

⑤ 고전압 배터리 시스템 어셈블리(BSA) 상부 케이스를 탈거한다.

⑥ 파워 릴레이 어셈블리(PRA)를 탈거한다.

⑦ 서브 배터리팩 어셈블리(Sub-BPA)를 탈거한다.

⑧ 셀 모니터링 유닛(CMU)을 탈거한다.

⑨ 방수 개스킷 어셈블리를 탈거한다. 방수 개스킷 어셈블리는 신품으로 교체한다.

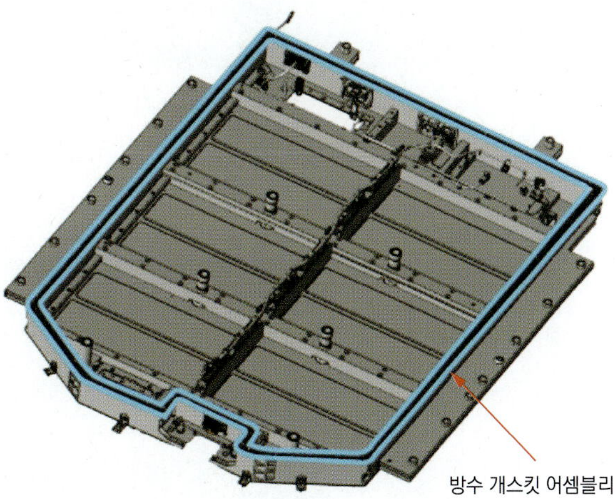

그림 94 방수 개스킷 탈거

⑩ 고전압 배터리 프론트 커넥터를 탈거한다.

• 커넥터를 분리한다.

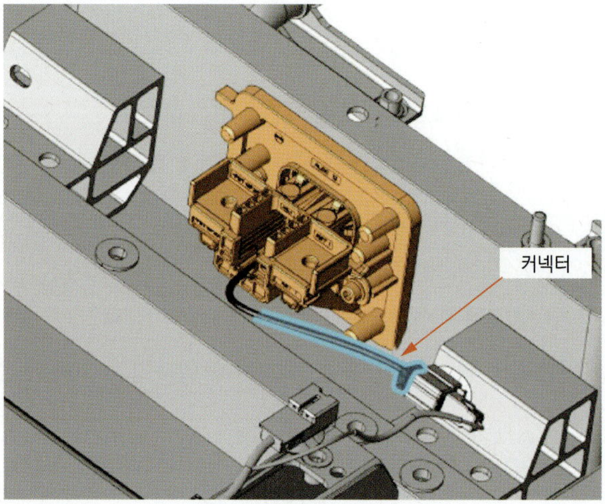

그림 95 프론트 커넥터 분리

• 고전압 배터리 프론트 커넥터 어셈블리를 탈거한다(체결 토크 : 0.8~1.2kgf · m).

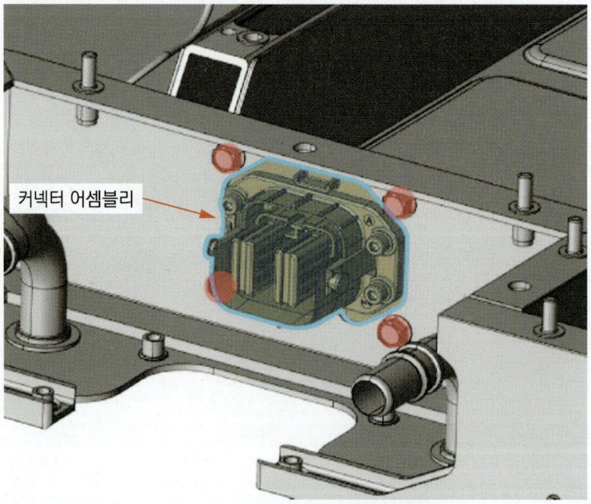

그림 96 프론트 커넥터 어셈블리 탈거

⑪ 고전압 배터리 리어 커넥터를 탈거한다.

• 커넥터를 분리한다.

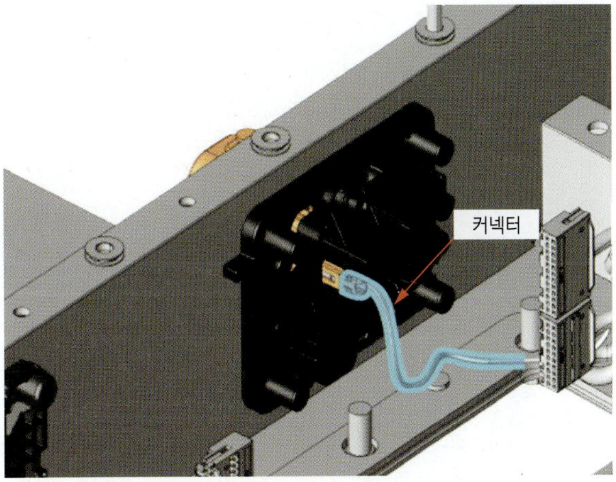

그림 97 리어 커넥터 분리

• 고전압 배터리 리어 커넥터 어셈블리를 탈거한다(체결 토크 : 0.8~1.2kgf · m).

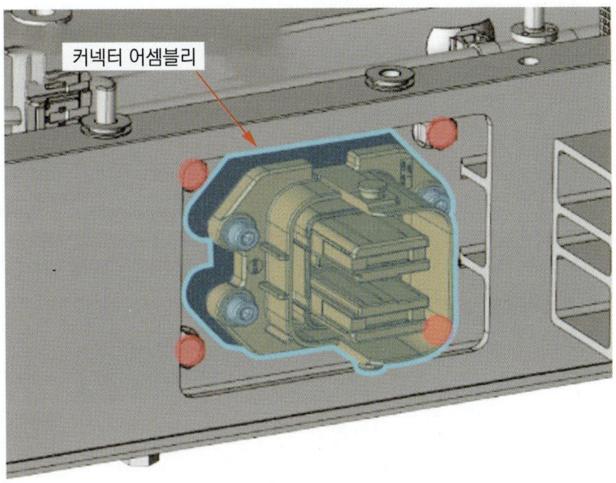

그림 98 리어커넥터 어셈블리 탈거

⑫ ICCU(Intergrated Charging Control Unit, 통합 충전제어 장치) 고전압 커넥터를 탈거한다.

- 커넥터를 분리한다.

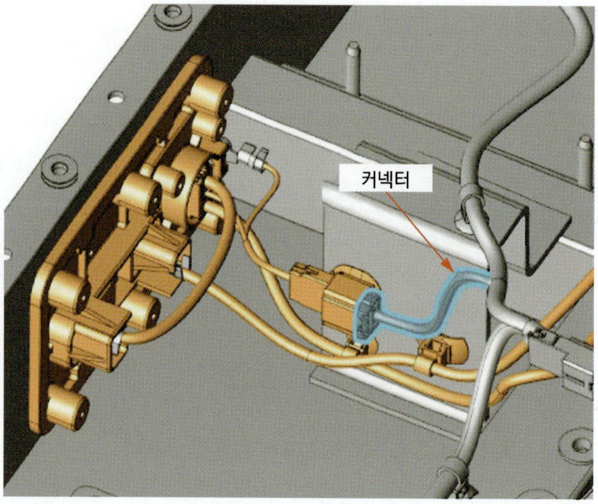

그림 99 ICCU 고전압 커넥터 분리

- ICCU 고전압 커넥터 어셈블리 커버를 탈거한다(체결 토크 : 0.8~1.2kgf · m).

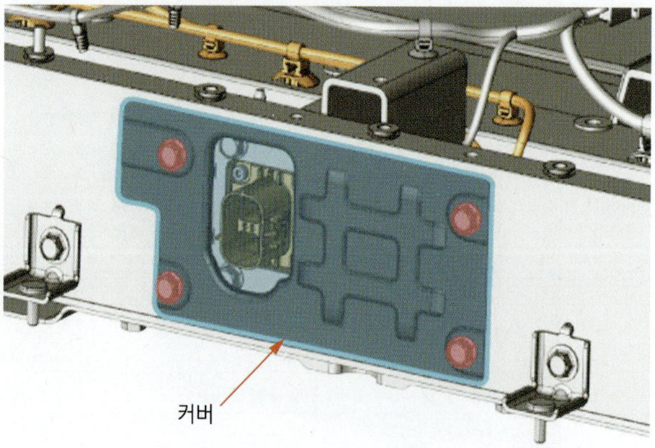

그림 100 ICCU 고전압 커넥터 어셈블리 커버 탈거

• ICCU 고전압 커넥터 어셈블리를 탈거한다(체결 토크 : 0.8~1.2kgf · m).

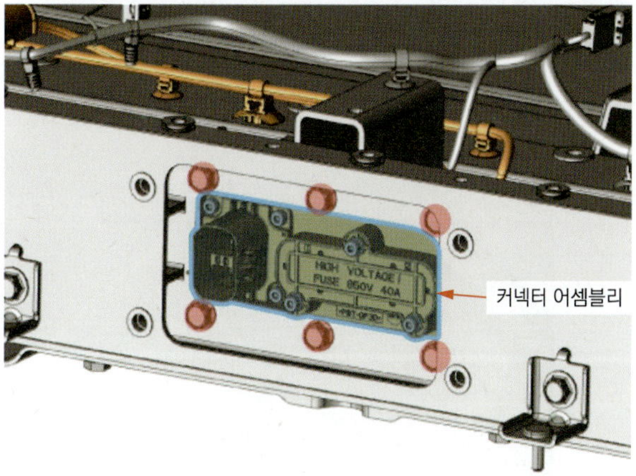

그림 101 ICCU 고전압 커넥터 어셈블리 탈거

⑬ 비동기 통신 와이어링 하네스를 탈거한다.

• BMU 익스텐션 커넥터를 탈거한다(체결 토크 : 0.8~1.2kgf · m).

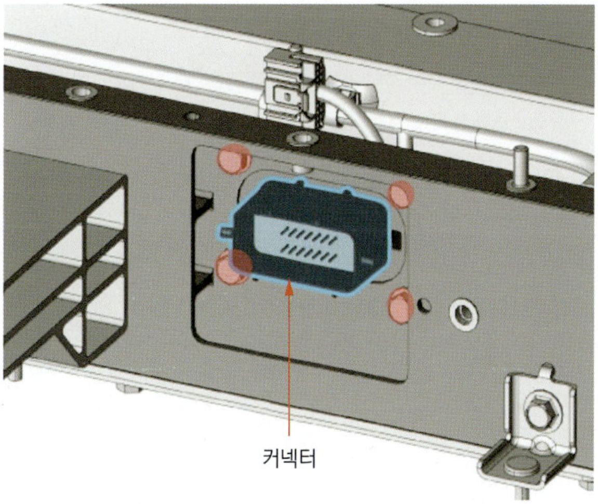

그림 102 BMU 익스텐션 커넥터 탈거

• LEAK 센서(누액센서) 볼트를 탈거한다(체결 토크 : 0.8~1.2kgf · m).

• 접지 볼트를 탈거한다(체결 토크 : 0.8~1.2kgf · m).

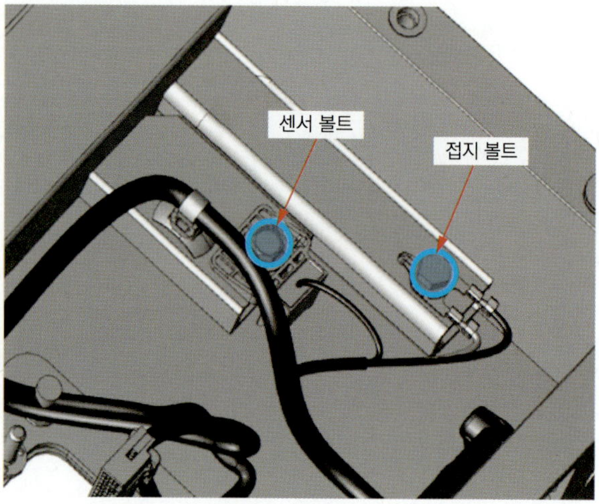

그림 103 LEAK 센서 및 접지 볼트 탈거

• 비 동기 통신 와이어링 하네스를 탈거한다.

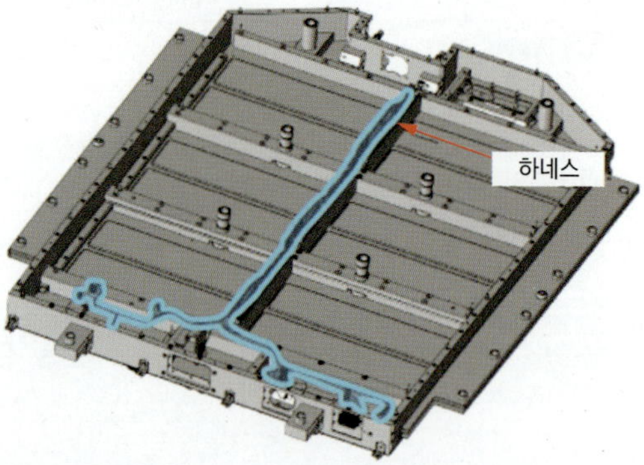

그림 104 비 동기 통신 와이어링 하네스 탈거

⑭ 장착은 탈거의 역순으로 진행한다.

2 고전압 배터리 시스템

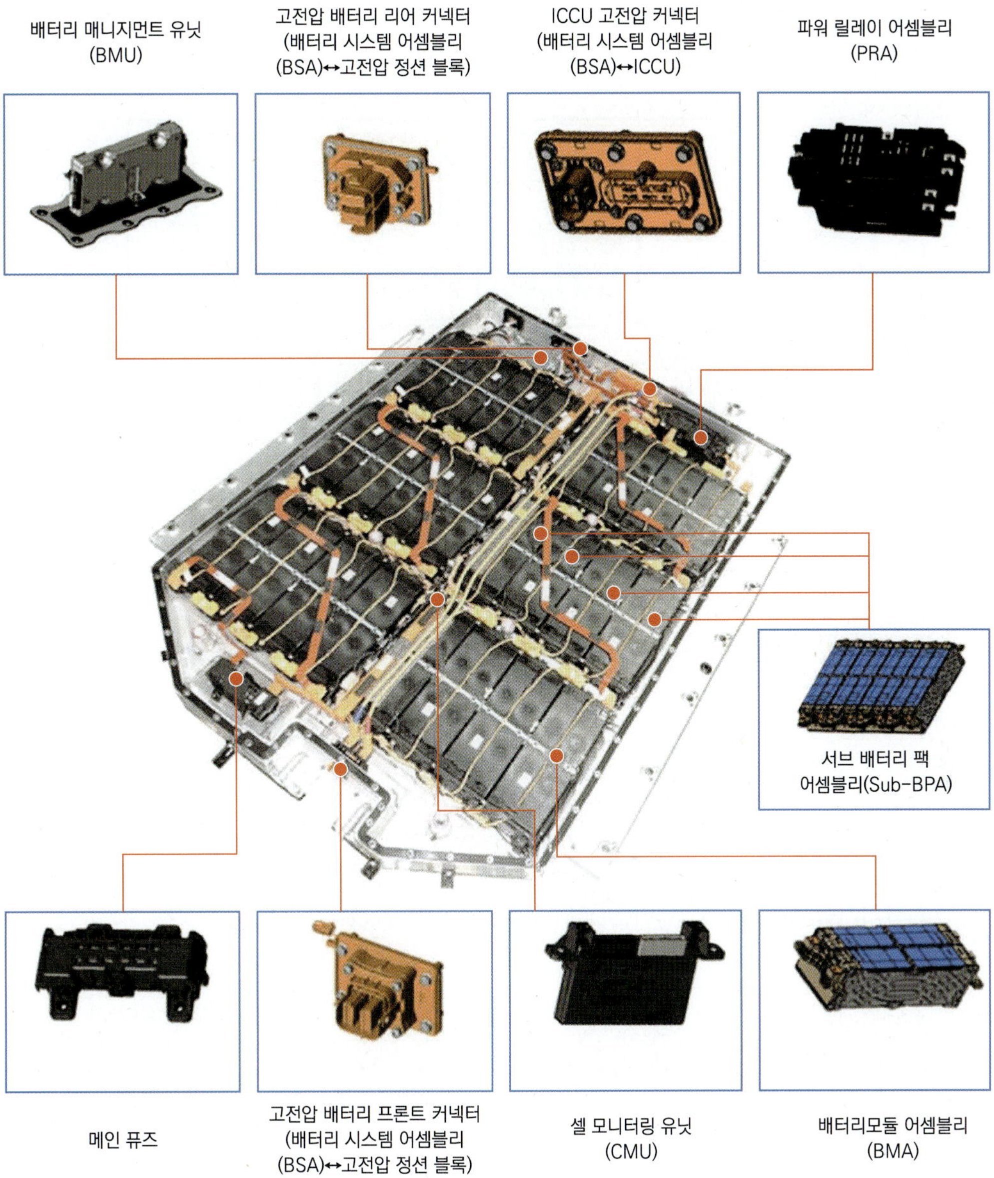

그림 105 부품 위치

1 고전압 배터리 시스템 개요

① 인버터에 직류 522.7V 고전압을 공급한다.

② 회생 제동시 발생된 전기 에너지를 저장한다.

③ 급속 충전 또는 완속 충전시 전기 에너지를 저장한다.

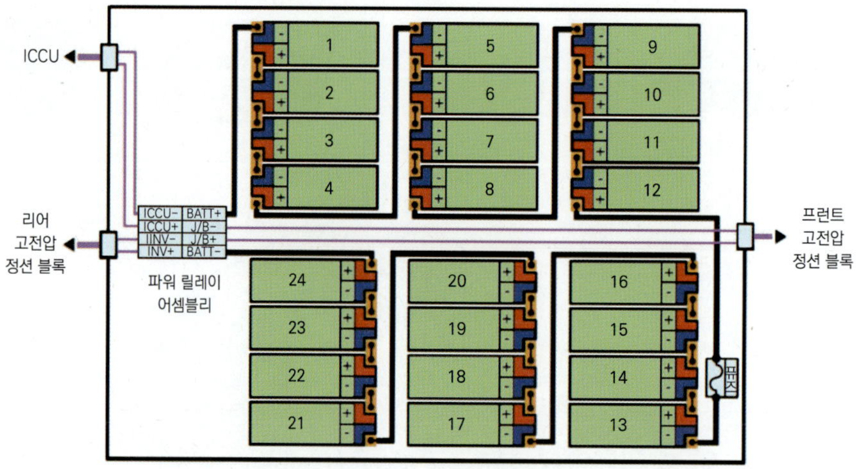

그림 106 모듈 번호

2 고전압 배터리 시스템 점검

1. 배터리 충전 상태(SOC) 점검

① 진단기기를 자기 진단 커넥터(DLC : Data Link Connector)에 연결한다.

② IG 스위치를 ON한다.

③ 진단기기를 사용하여 서비스 데이터의 "배터리 충전 상태(SOC)"를 점검한다(SOC : 0~100%). 배터리 충전상태(SOC : State Of Charge)는 고전압 배터리의 완충전 용량 대비 배터리 사용가능 에너지를 백분율로 표시한 양을 나타낸다.

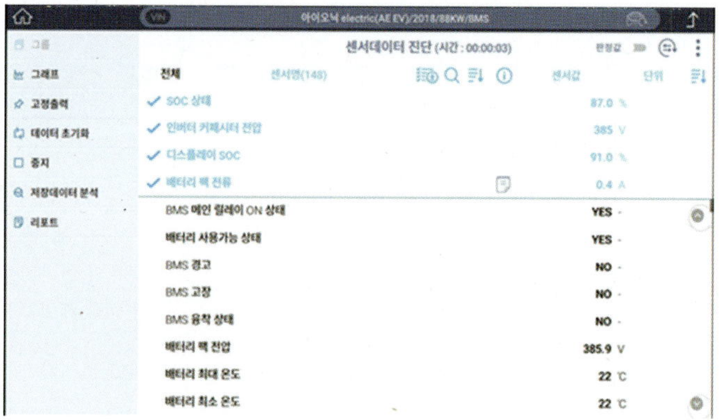

그림 107 배터리 충전 상태(SOC) 점검

2. 배터리 건강 상태(SOH) 점검

① 진단기기를 자기 진단 커넥터(DLC)에 연결한다.

② IG 스위치를 ON한다.

③ 진단기기를 사용하여 서비스 데이터의 "배터리 건강 상태(SOH)"를 점검한다(부분 수리 가능 기준 : 90% 이상). SOH가 90% 미만일 경우 배터리 부분 수리를 하지 않는다. 신품 배터리와 기존 배터리 간 성능 차이로 문제가 발생할 수 있다.

참 고

1. 배터리 건강 상태(SOH : State Of Health)는 배터리의 이상적인 상태와 현재 배터리의 상태를 비교하여 나타낸 성능지수를 말한다.
2. SOH가 100%이면 현재 배터리의 상태가 초기 배터리의 사양을 만족한다는 의미이고 사용 기간이 증가 할수록 SOH는 감소하게 된다.

그림 108 배터리 건강 상태(SOH) 점검

3. 배터리 전압 점검

(1) 배터리팩 전압 점검

① 진단기기를 자기 진단 커넥터(DLC)에 연결한다.

② IG 스위치를 ON한다.

③ 진단기기를 사용하여 서비스 데이터의 "배터리팩 전압"을 점검한다(팩 전압 : 360~604.8V).

그림 109 배터리팩 전압 점검

(2) 배터리 셀 전압 점검

① 진단기기를 자기 진단 커넥터(DLC)에 연결한다.

② IG 스위치를 ON한다.

③ 진단기기를 사용하여 서비스 데이터의 "배터리 셀 전압"을 점검한다(셀 전압 : 2.5~4.2V, 셀 간 전압편차 : 40mV 이하).

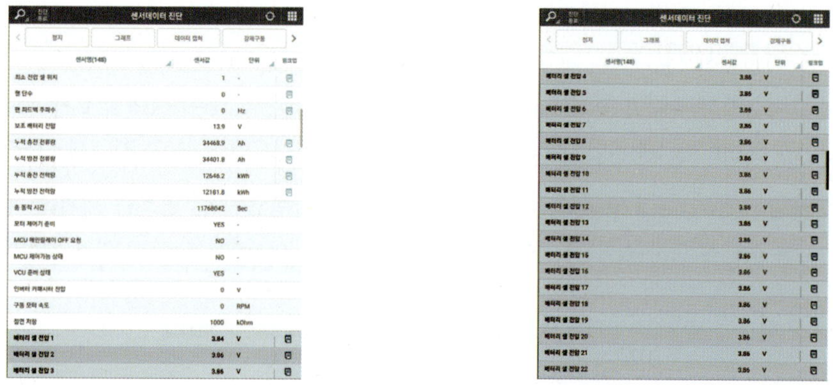

그림 110 배터리 셀 전압 점검

④ 아래 회로도를 참조하여 문제 셀이 포함된 배터리 모듈 어셈블리 전압을 점검한다.

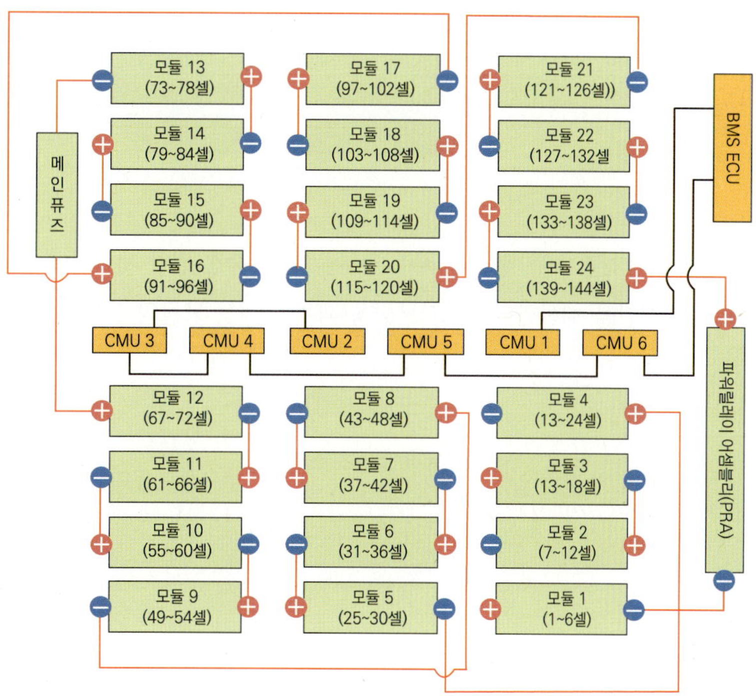

그림 111 셀 번호

(3) 목표 충전 전압 점검

① 불량 모듈에 포함된 셀 번호를 확인한다.(불량 모듈이 2번이면 셀 번호는 7~12번이다.)

② 진단기기 장비를 자기진단 커넥터(DLC)에 연결한다.

③ IG 스위치를 ON한다.

④ ①번 과정에서 확인한 셀 번호를 제외한 정상 모듈에 포함된 셀의 최대 전압과 최소 전압을 진단기기 서비스 데이터의 "셀 전압"을 통해 확인한다. 진단 도구 서비스 데이터의 "셀 전압"을 통해 일반 모듈에 포함된 셀의 최대 및 최소 전압(1번 프로세스 중에 식별된 셀 번호는 제외)을 점검한다(고장 셀을 포함한 모듈의 셀 번호가 07-12일 경우, 01-06 및 13-144셀의 최대 및 최소 전압을 확인한다).

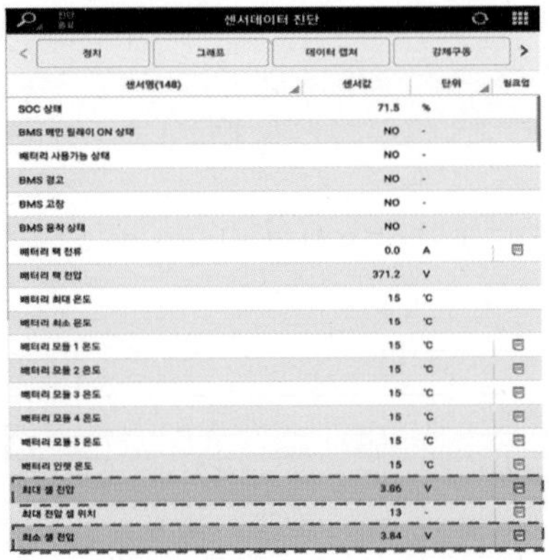

그림 112 셀의 최대 전압과 최소 전압점검

⑤ ④번 과정에서 확인된 최대 전압과 최소 전압을 목표 충전 전압 계산식에 대입하여 신품 모듈 교체 시 목표 충전 전압을 계산한다. 불량 모듈을 제외한 정상 모듈의 셀에서 최소/최대 셀 전압 계산이 필요하다.

$$\text{목표 충전 전압} = \frac{(\text{최대전압} + \text{최소전압})}{2} \times \text{신품모듈의 직렬연결 셀 개수}$$

참 고

모듈 번호	배터리 모듈 #1		배터리 모듈 #1	배터리 모듈 #1	배터리 모듈 #1	배터리 모듈 #1
셀 번호	1~19	20	21~39	40~58	59~78	79~98
셀 전압	3.92V	3.6V	3.9~3.92V	3.92V	3.92V	3.9~3.92V
구분	정상	불량	정상	정상	정상	정상

1. 전압 불량인 20번 셀이 포함된 1번 모듈은 신품으로 교체가 필요하므로 계산에서 제외한다.
2. 1번 모듈을 제외한 2~5번 모듈의 최소/최대 셀 전압을 서비스 데이터에서 확인한다.
3. 2번에서 확인한 최소/최대 셀 전압으로 목표 충전 전압을 계산한다.

• 목표 충전 전압 $= \frac{(\text{최대전압}+\text{최소전압})}{2} \times$ 신품모듈의 직렬연결 셀 개수

$$23.46V = \frac{(3.92V+3.9V)}{2} \times 6$$

4. 3번에서 구한 목표 충전전압으로 신품 모듈 충전 또는 방전 후 장착

유의사항

신품 모듈의 셀 개수는 아래 표를 참조한다.

모듈 번호	셀 번호	셀 개수
배터리 모듈 #1	01~06	6포인트 셀 V체크(2P6S : 12EA 셀)
배터리 모듈 #2	07~12	6포인트 셀 V체크(2P6S : 12EA 셀)
배터리 모듈 #3	13~18	6포인트 셀 V체크(2P6S : 12EA 셀)
배터리 모듈 #4	19~24	6포인트 셀 V체크(2P6S : 12EA 셀)
배터리 모듈 #5	25~30	6포인트 셀 V체크(2P6S : 12EA 셀)
배터리 모듈 #6	31~36	6포인트 셀 V체크(2P6S : 12EA 셀)
배터리 모듈 #7	37~42	6포인트 셀 V체크(2P6S : 12EA 셀)
배터리 모듈 #8	43~48	6포인트 셀 V체크(2P6S : 12EA 셀)
배터리 모듈 #9	49~54	6포인트 셀 V체크(2P6S : 12EA 셀)
배터리 모듈 #10	55~60	6포인트 셀 V체크(2P6S : 12EA 셀)
배터리 모듈 #11	61~66	6포인트 셀 V체크(2P6S : 12EA 셀)
배터리 모듈 #12	67~72	6포인트 셀 V체크(2P6S : 12EA 셀)
배터리 모듈 #13	73~78	6포인트 셀 V체크(2P6S : 12EA 셀)
배터리 모듈 #14	79~84	6포인트 셀 V체크(2P6S : 12EA 셀)
배터리 모듈 #15	85~90	6포인트 셀 V체크(2P6S : 12EA 셀)
배터리 모듈 #16	91~96	6포인트 셀 V체크(2P6S : 12EA 셀)
배터리 모듈 #17	97~102	6포인트 셀 V체크(2P6S : 12EA 셀)
배터리 모듈 #18	103~108	6포인트 셀 V체크(2P6S : 12EA 셀)
배터리 모듈 #19	109~114	6포인트 셀 V체크(2P6S : 12EA 셀)
배터리 모듈 #20	115~120	6포인트 셀 V체크(2P6S : 12EA 셀)
배터리 모듈 #21	121~126	6포인트 셀 V체크(2P6S : 12EA 셀)
배터리 모듈 #22	127~132	6포인트 셀 V체크(2P6S : 12EA 셀)
배터리 모듈 #23	133~138	6포인트 셀 V체크(2P6S : 12EA 셀)
배터리 모듈 #24	139~144	6포인트 셀 V체크(2P6S : 12EA 셀)

4. 절연저항 점검

(1) 절연파괴 부품 검사

고전압 부품의 절연파괴는 배터리 컨트롤 시스템 내에 BMU가 고전압 부를 대표하여 전체 절연 여부를 측정하며, 절연파괴 시 고장코드를 표시한다. 따라서 고장코드 발생 시 배터리 시스템뿐만 아니라 고전압부 전체를 점검하도록 하여야 한다.

① 진단기기를 자기 진단 커넥터(DLC)에 연결한다.

② IG 스위치를 ON한다.

③ 진단기기를 사용하여 부가기능의 "절연파괴 검출 기능"을 수행한다.

유의사항

고전압 시스템 절연파괴 고장(POAA600) 발생 시 절연파괴 발생 부품 선별을 위하여 "절연파괴 부품 검사"기능을 이용하여 총 3개 부위를 구별 가능하다. 각 부위에 대한 검출은 "고전압 배터리(릴레이 전단) → 고전압 입력부(릴레이 후단) → Motor"순으로 이루어진다. 해당 기능을 이용하여 다 수의 고장 부위도 검출 가능하다.

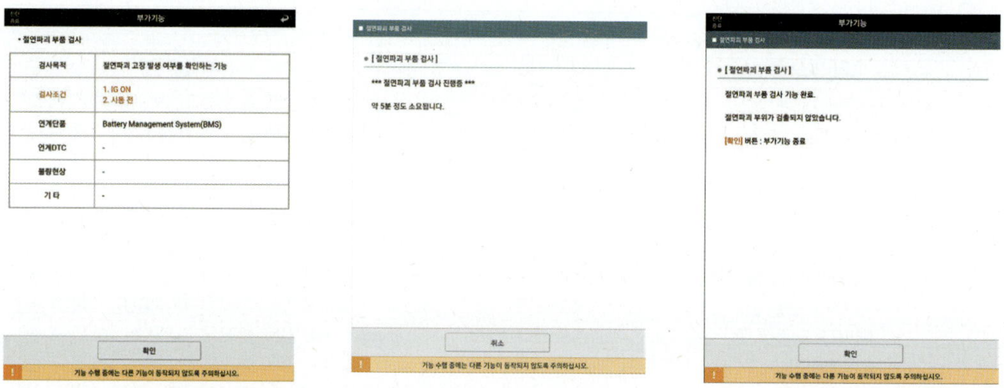

그림 113 절연파괴 부품 검사

(2) 고전압 배터리 절연저항 점검

고전압 시스템에 사용되는 고전압 절연체는 진단기기 서비스 데이터를 사용하거나 직접 측정하여 점검할 수 있다. 릴레이 ON상태에서는 고전압 배터리를 포함하여, 모든 고전압 PE(Power Electric)부품의 절연 저항의 합산 값이 측정되기 때문에 고전압을 사용하는 PE부품들에 특별한 문제가 없는 한, 최소한 300kΩ 이상을 만족하여야 한다. 300kΩ은 BMU에서 표출하는 최대값이며, 실제 절연 저항계를 이용하여 측정할 경우 그 이상의 값이 측정될 수 있다. 300kΩ 이하의 절연 저항이 측정되는 경우, 고전압 정션 블록에서 각 부품별로 커넥터를 하나씩 뽑아가면서 문제의 부품을 찾으며 진단한다.

참 고

PE(Power Electric) 시스템

PE 시스템이란 기존 내연기관 자동차에서 엔진의 역할을 하는 부품이다. 전기자동차에서 배터리를 제외하면 전기차가 달리는 데 가장 필수적인 부품이다. 여기에는 모터, 인버터, 감속기가 들어간다.

① 진단기기 장비 사용 측정

- 진단기기를 자기 진단 커넥터(DLC)에 연결한다.
- IG 스위치를 ON한다.
- 진단기기를 사용하여 서비스 데이터의 "절연 저항"을 점검한다(규정값 : 300kΩ 이상).

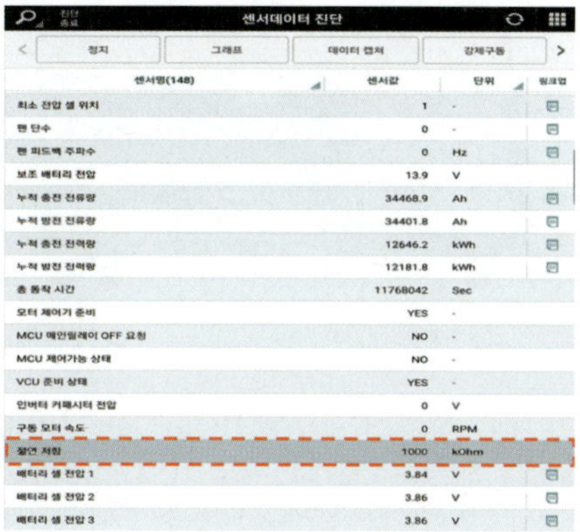

그림 114 고전압 배터리 절연저항 점검

② 절연 저항계(메가 옴 테스터) 이용 직접 측정

PRA(Power Relay Assembly)에 멀티미터로 저항을 측정할 때는 접촉 핀을 사용하여 커넥터의 손상을 방지하고 보다 정확한 측정을 수행한다.

그림 115 배선 접촉 핀

- 고전압 차단 절차를 수행한다.
- 고전압 배터리 시스템 어셈블리(BSA)를 탈거한다.
- 고전압 배터리 시스템 어셈블리(BSA) 상부 케이스를 탈거한다.
- 절연 저항계 (−)단자를 배터리 시스템 케이스(또는 접지부)(A)에 연결한다.

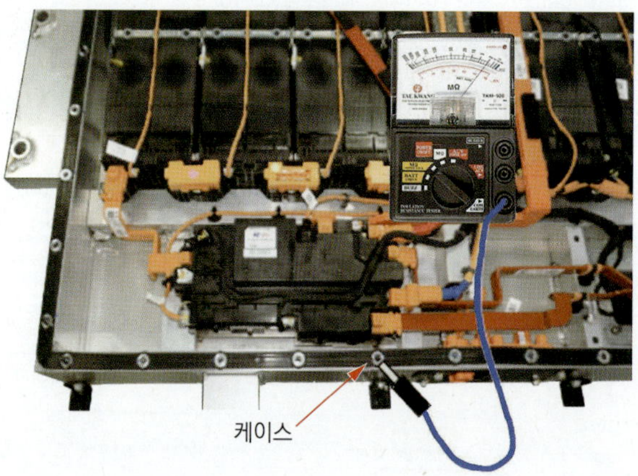

그림 116 절연 저항계 (-)단자 연결

• 절연 저항계 (+)단자를 고전압 배터리 (+), (−)에 각각 연결한 후 저항값을 측정한다.

– 배터리팩 어셈블리 +(릴레이 전단)

· PRA 배터리 (+)측에 절연저항계 (+)단자(A)를 연결한다.

· 절연 저항계를 통해 1000V 전압을 인가한 후, 안정된 저항값을 측정하기 위해 약 1분간 대기한다.

· 절연 저항값을 확인한다(절연저항 범위 : 2MΩ(20℃) 이상).

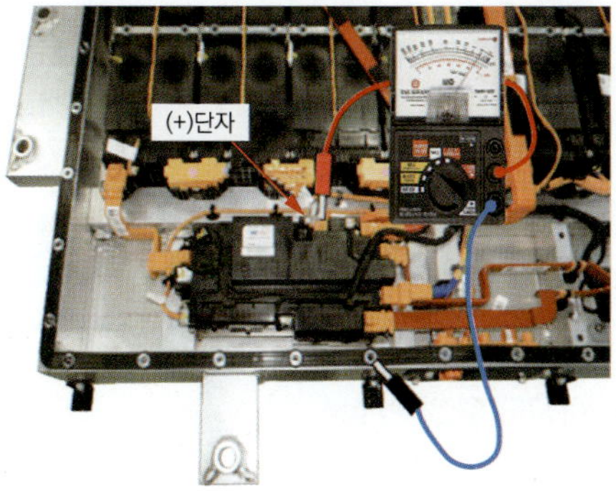

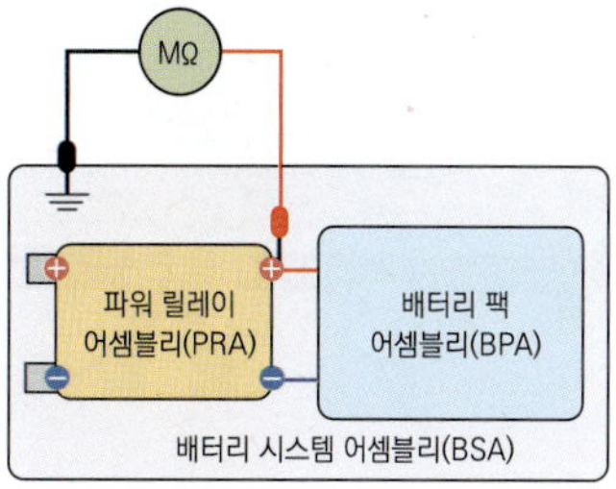

그림 117 배터리팩 어셈블리 +(릴레이 전단) 절연저항 점검

– 배터리팩 어셈블리 −(릴레이 전단)

· PRA 배터리 (−)측에 절연저항계 (+)단자(A)를 연결한다.

· 절연 저항계를 통해 1000V 전압을 인가한 후, 안정된 저항값을 측정하기 위해 약 1분간 대기한다.

· 절연 저항값을 확인한다(절연저항 범위 : 2MΩ(20℃) 이상).

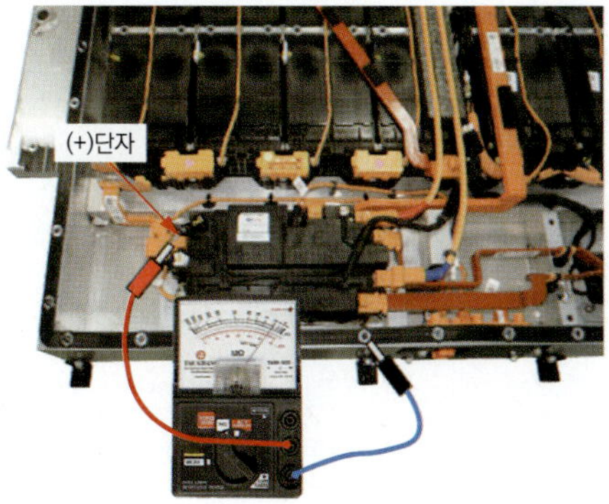

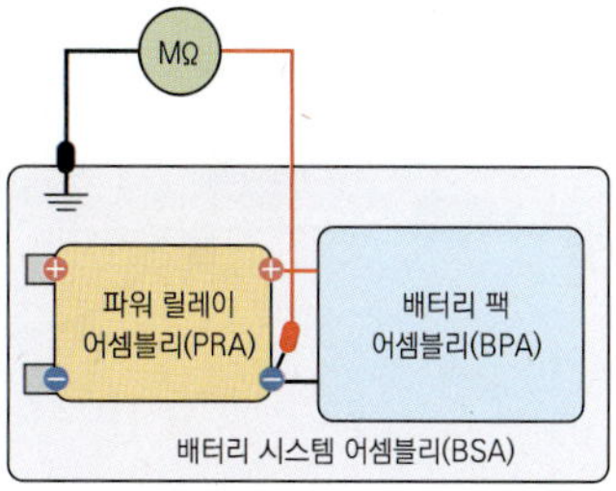

그림 118 배터리팩 어셈블리 -(릴레이 전단) 절연저항 점검

– 인버터 +(릴레이 후단)

· PRA 인버터 (+)측에 절연저항계 (+)단자(A)를 연결한다.

· 절연 저항계를 통해 1000V전압을 인가한 후, 안정된 저항값을 측정하기 위해 약 1분간 대기한다.

· 절연 저항값을 확인한다(절연저항 범위 : 2MΩ(20℃) 이상).

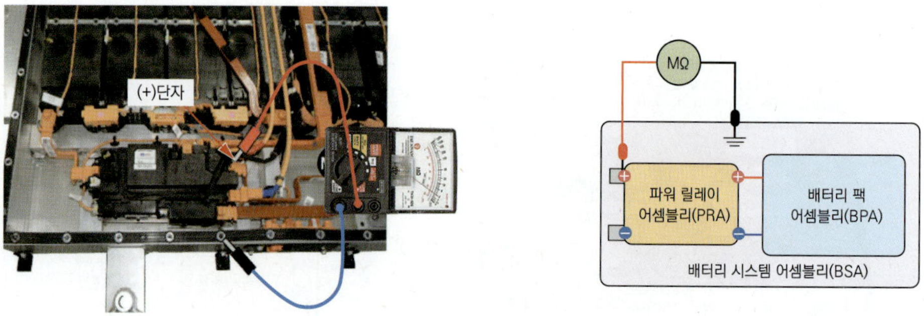

그림 119 인버터 +(릴레이 후단) 절연저항 점검

– 인버터 –(릴레이 후단)

· PRA 인버터 (–)측에 절연저항계 (+)단자(A)를 연결한다.

· 절연 저항계를 통해 1000V 전압을 인가한 후, 안정된 저항값을 측정하기 위해 약 1분간 대기한다.

· 절연 저항값을 확인한다(절연저항 범위 : 2MΩ(20℃) 이상).

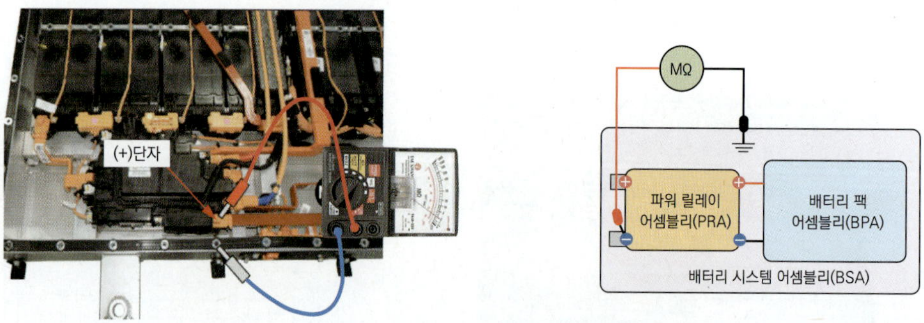

그림 120 인버터 -(릴레이 후단) 절연저항 점검

3 고전압 배터리 시스템 기밀 테스트

1. 냉각수 라인 기밀 테스트

> **주 의**
>
> 1. 냉각수 라인 기밀 테스트 전 배터리 시스템 어셈블리에 있는 냉각수를 모두 배출한다.
> 2. 상부 케이스 장착 전에 배터리 냉각수 라인 기밀 테스트를 실시한다.
> 3. 냉각수 라인 기밀 테스트 화면에서 30초 동안 건드리지 않을 시 배터리팩 기밀 테스트 화면으로 넘어간다.

① 냉각수 인렛에 냉각수 라인 피팅(IN)을, 냉각수 아웃렛에 냉각수 라인 피팅(OUT)을 설치한다.

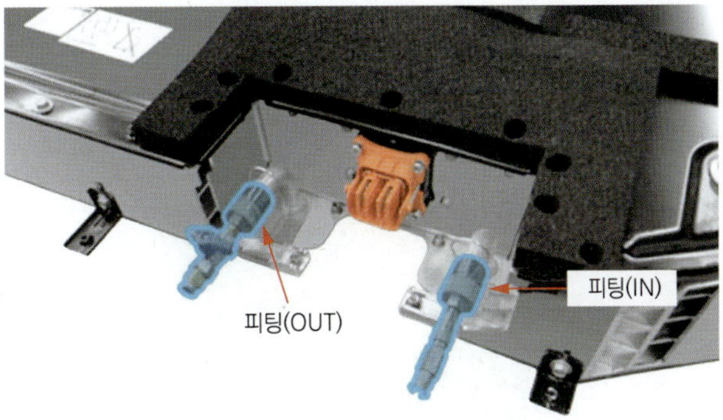

그림 121 냉각수 라인에 피팅 연결

② 냉각수 라인 피팅 (OUT)밸브를 잠근다.

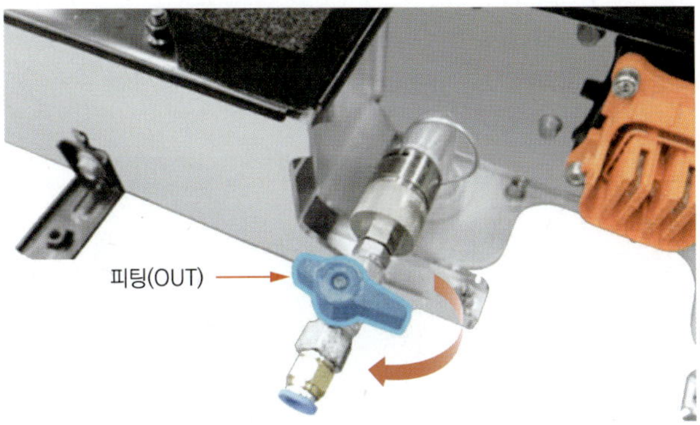

그림 122 냉각수 라인 피팅 (OUT)밸브 잠금

③ 냉각수 인렛에 연결된 냉각수 라인 피팅 (IN)에 호스를 연결한다.

④ 기밀 테스터에 인렛 호스를 연결한다.

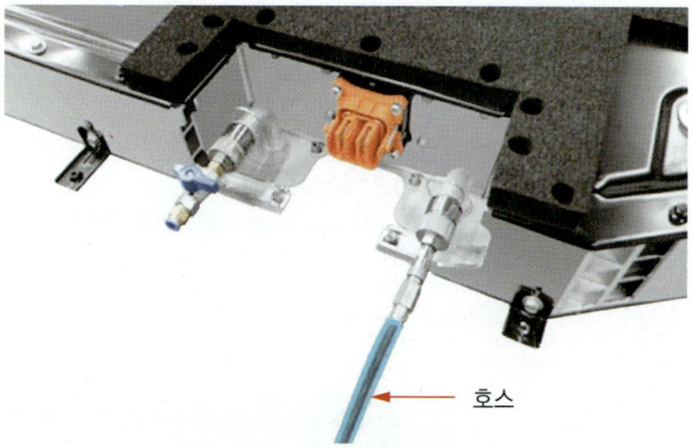

그림 123 피팅 (IN)에 호스 연결

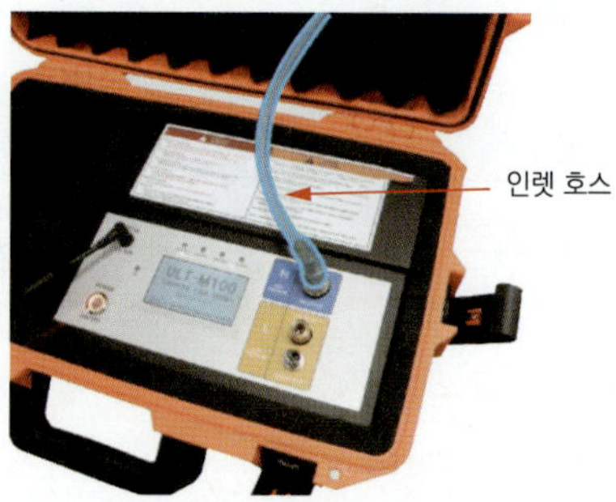

그림 124 기밀 테스터에 인렛 호스 연결

⑤ 진단기기를 사용하여 고전압 배터리 냉각수 라인 기밀 검사를 수행한다.

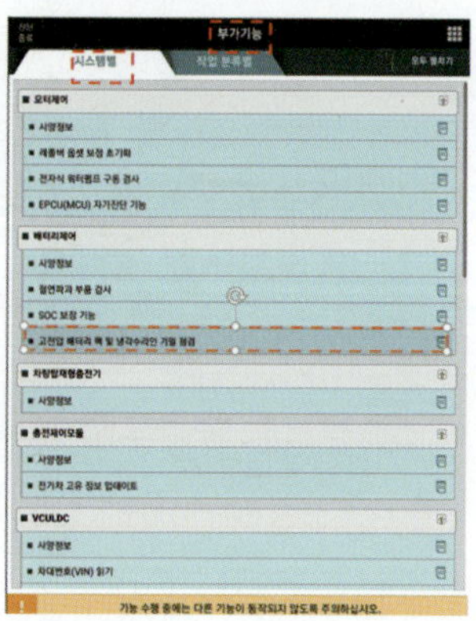

그림 125 냉각수 라인 기밀 검사 수행

그림 126 QR코드 스캔

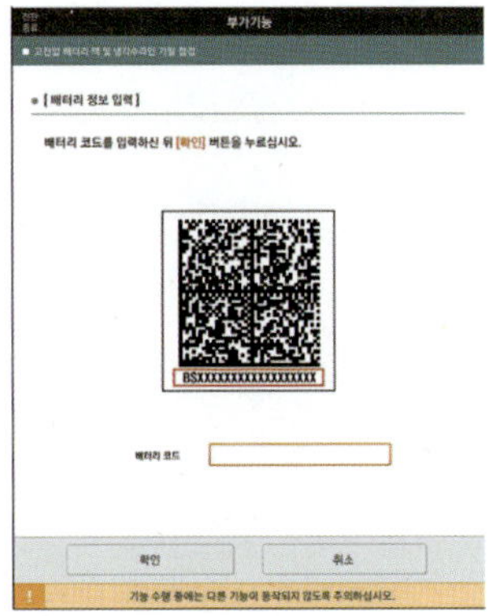

그림 127 배터리 코드 입력

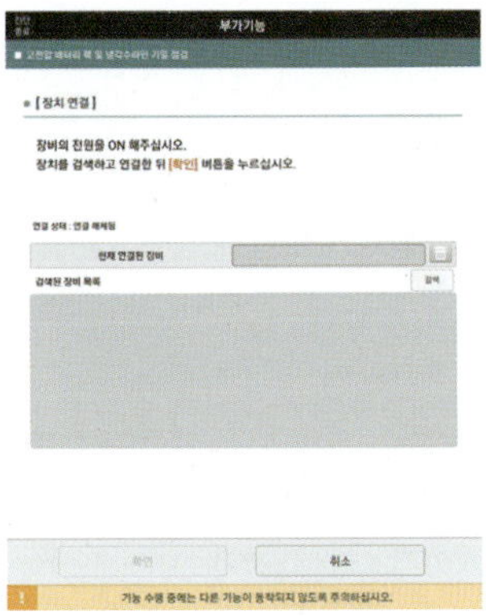

그림 128 장비 ON

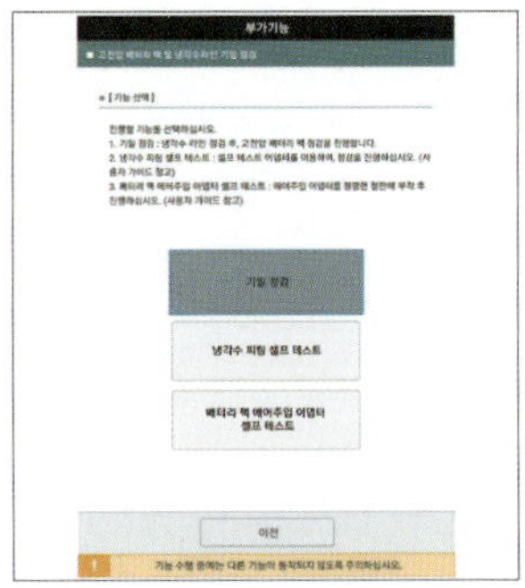

그림 129 진행할 기능 선택

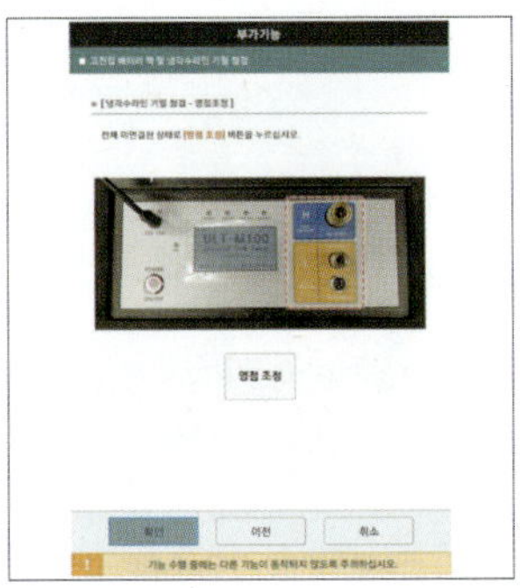

그림 130 냉각수라인 기밀 점검-영점조정

그림 131 냉각수라인 기밀 점검-장비연결

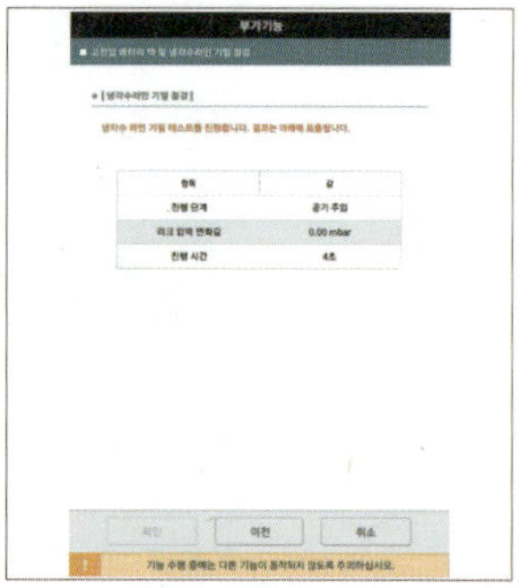

그림 132 냉각수라인 기밀 점검

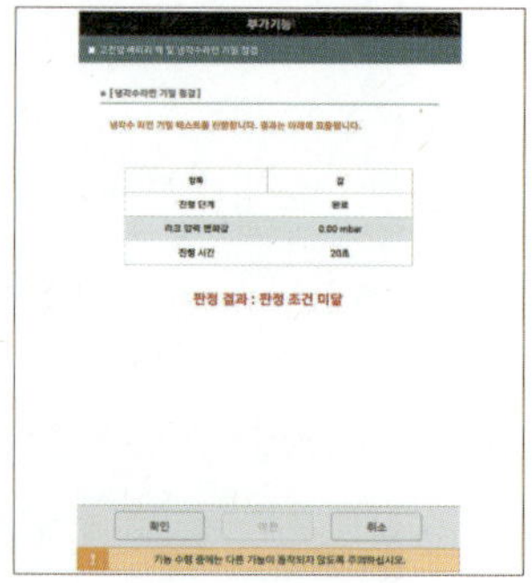

그림 133 냉각수 라인 기밀 테스트 진행

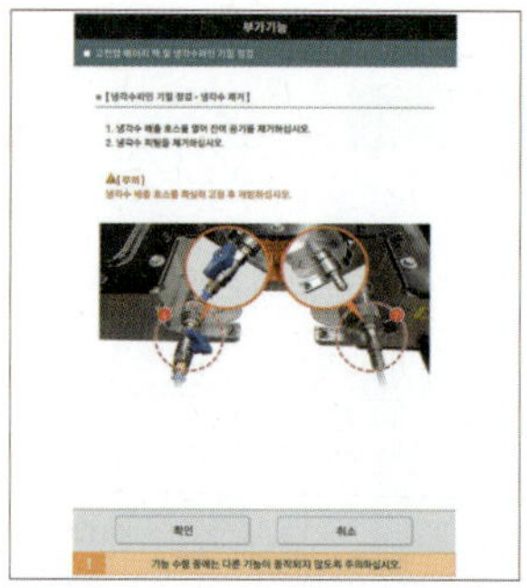

그림 134 잔여 공기배출 및 냉각수 피팅 제거

⑥ 냉각수 라인 기밀 여부를 점검한다.(냉각수 라인 기밀 여부 판단 지침 – 합격 : PASS, 불합격 : FAIL)

(a) 합격 (b) 불합격

그림 135 냉각수 라인 기밀 여부 판단

2. 고전압 배터리 시스템 어셈블리 기밀 테스트

주 의

1. 차량에 고전압 배터리 시스템 어셈블리를 설치하기 전에 "고전압 배터리 기밀점검 테스터"를 사용하여 기밀 테스트를 수행한다.
2. 냉각수 라인 기밀 테스트 화면에서 30초 동안 건드리지 않을 시 배터리팩 기밀 테스트 화면으로 넘어간다.

① 고전압 배터리 시스템 어셈블리(BSA)를 탈거한다.

② 고전압 배터리 시스템 어셈블리에 씰링 커넥터를 장착한다.

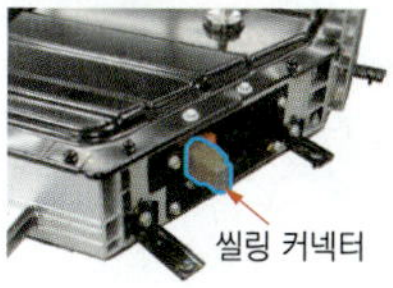

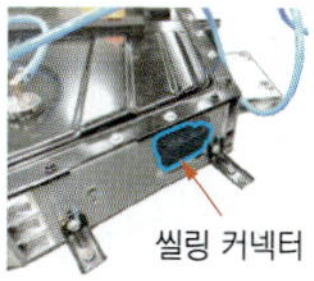

그림 136 씰링 커넥터 장착

③ 에어 주입 어댑터와 압력 센서 모듈을 압력 조정재로 5초간 밀어 어댑터를 부착할 수 있도록 화살표 방향으로 이동한다. 조정재에 제대로 부착이 되지 않으면 압력이 누설될 수 있으므로 반드시 확인한다.

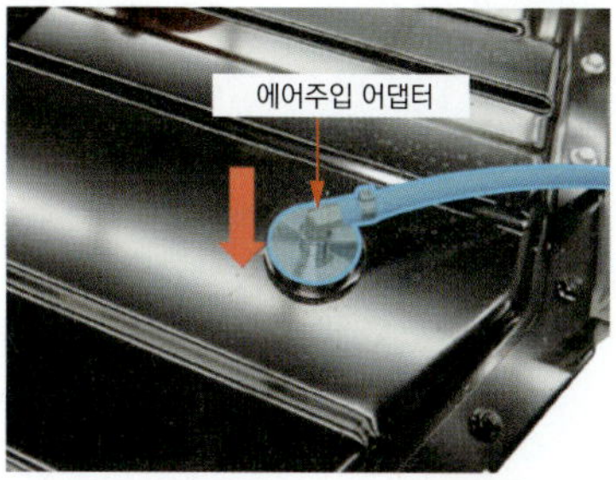

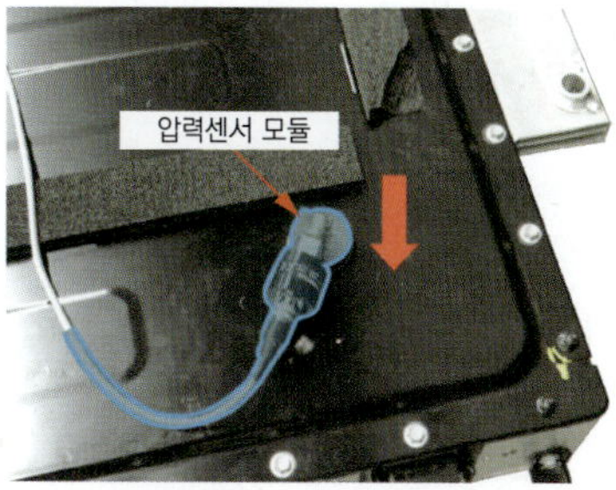

그림 137 에어 주입 어댑터 및 압력 센서 모듈 이동

④ 기밀 테스터에 어댑터 호스(A)를 연결한다.

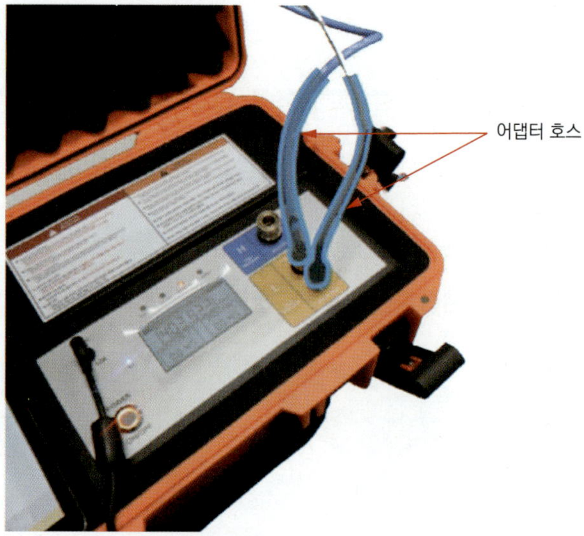

그림 138 기밀 테스터에 어댑터 호스 연결

⑤ 진단기기를 사용하여 고전압 배터리 냉각수 라인 기밀 검사를 수행한다.

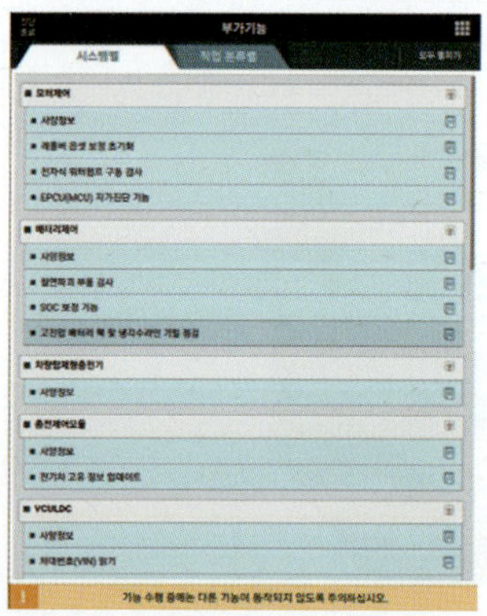

그림 139 고전압 배터리팩 기밀 검사 수행

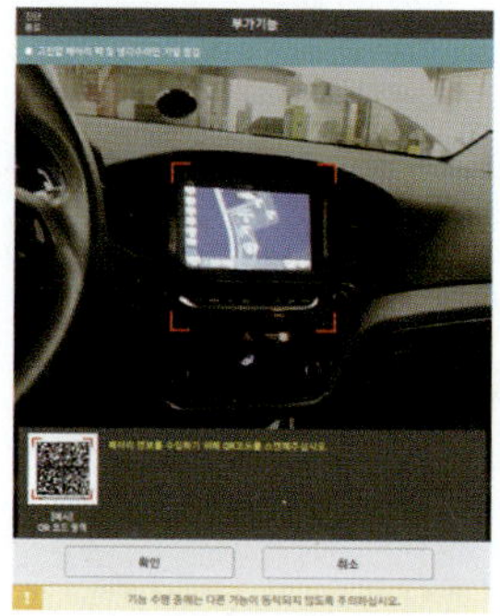

그림 140 QR코드 스캔

그림 141 배터리 코드 입력

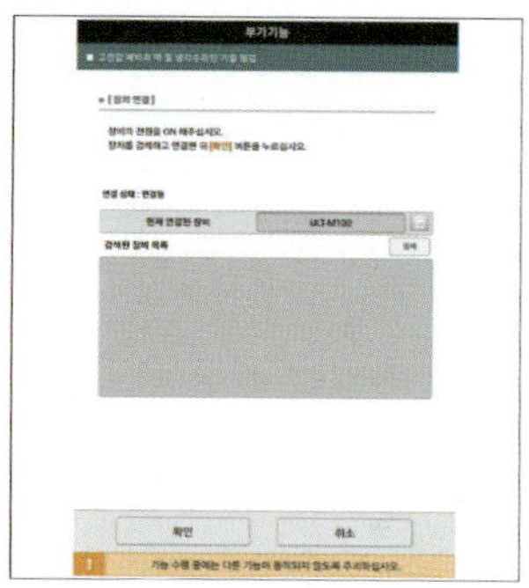

그림 142 장비 ON

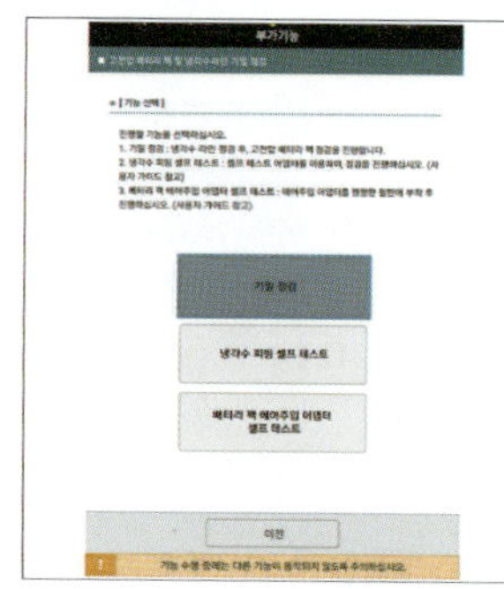

그림 143 기능 선택

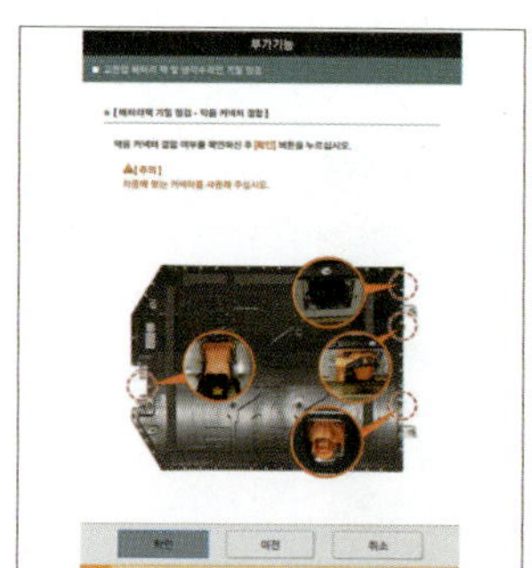

그림 144 막음 커넥터 결합 여부 확인

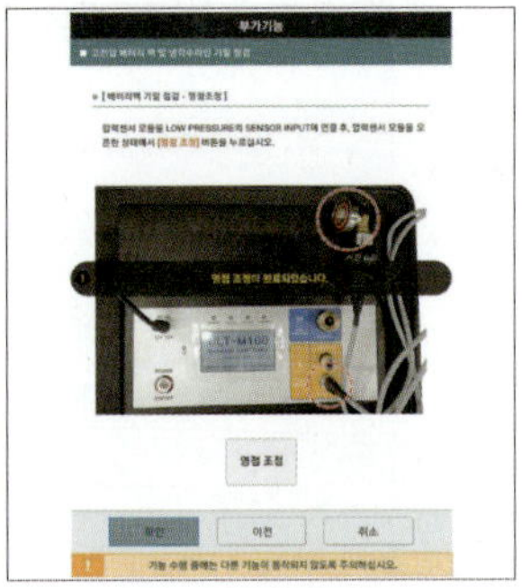

그림 145 영점 조정

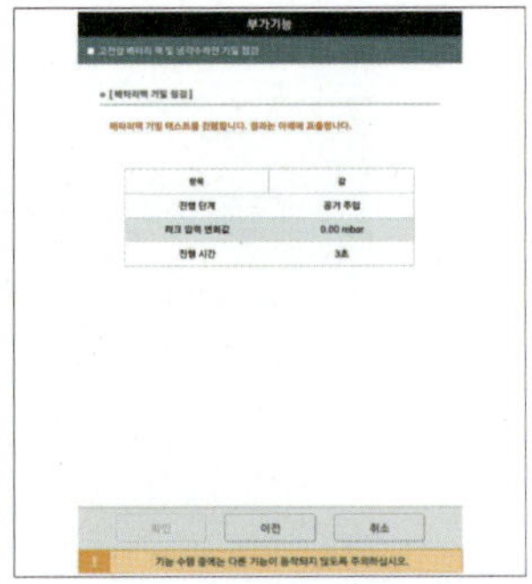

그림 146 배터리팩 기밀 점검

그림 147 장비연결 및 압력 조정재 확인

그림 148 진단 결과 확인

⑥ 고전압 배터리 시스템 어셈블리의 기밀 여부를 점검한다.(고전압 배터리 시스템 어셈블리 기밀 여부 판단 지침 – 합격 : PASS, 불합격 : FAIL)

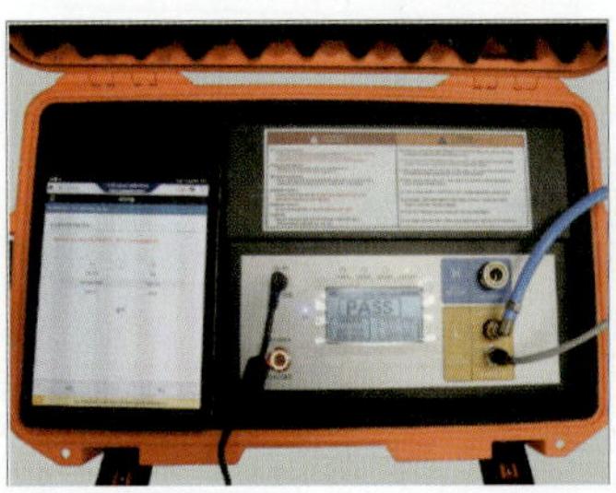

(a) 합격

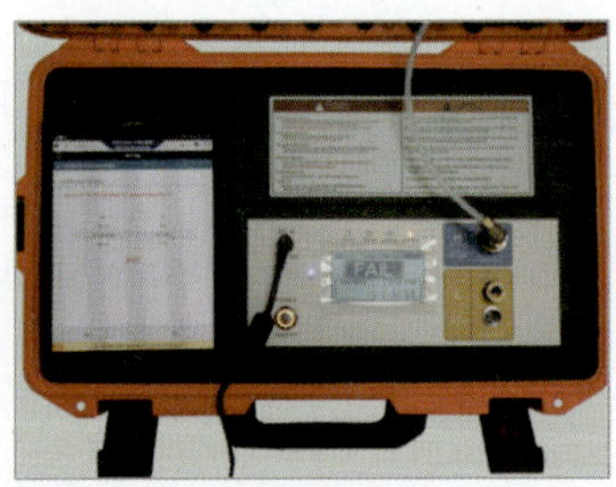

(b) 불합격

그림 149 냉각수 라인 기밀 여부 판단

⑦ 고전압 배터리 시스템 어셈블리 기밀 테스트 불합격 시 헬륨가스로 기밀 부위를 점검한다.

- 기밀 테스터에서 에어 주입 어댑터 호스를 분리한다.

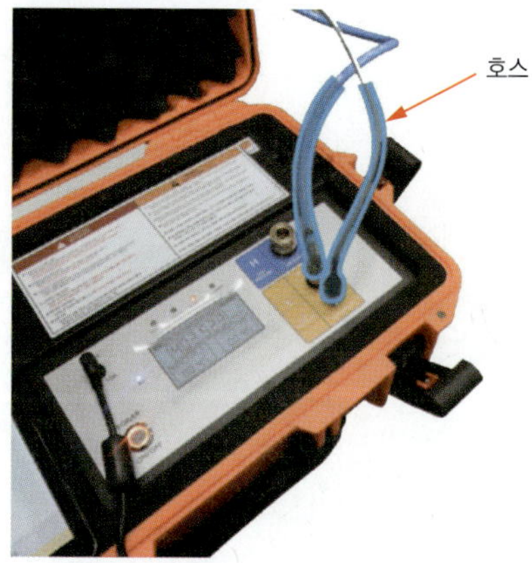

그림 150 호스 분리

- 헬륨 가스 밸브에 에어 주입 어댑터 호스(A)를 연결한다.

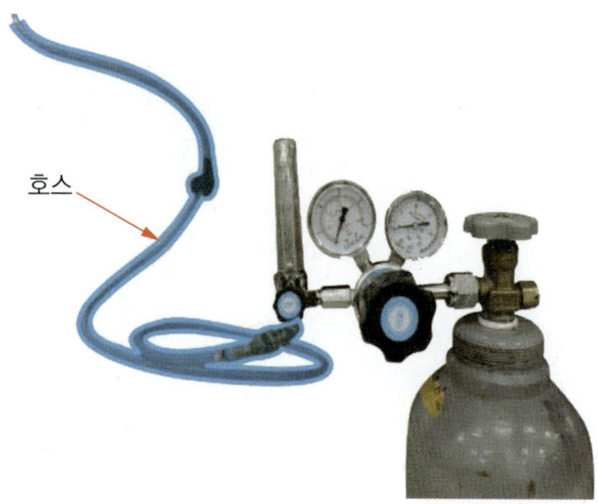

그림 151 호스 연결

• 헬륨가스 밸브를 화살표 방향으로 돌려 헬륨가스를 주입한다. 배터리 시스템 어셈블리(BSA) 내부 압력이 20~30mbar를 초과하면 상부 케이스의 변형이 생길 수 있으므로 헬륨을 500mbar로 약 30초간 가압 후 헬륨 주입 밸브를 닫는다.

그림 152 헬륨가스 주입

• 헬륨가스 누설 감지기를 이용하여 배터리 시스템 어셈블리(BSA) 누설 부위를 점검한다. 하부 케이스의 용접 부위, 커넥터 체결 부위, 상부 케이스 개스킷 등을 위주로 점검한다.

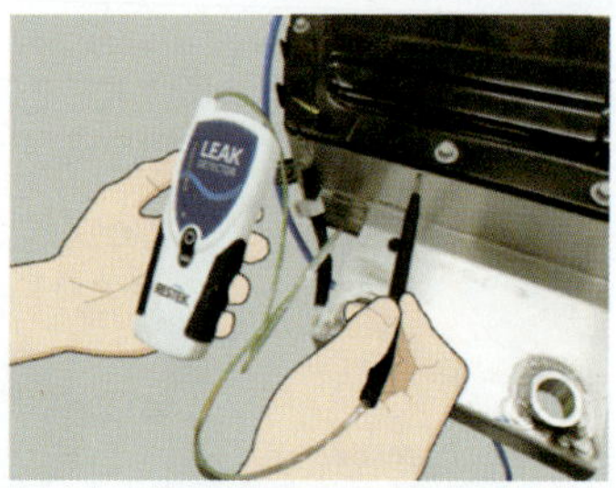

그림 153 누설 부위 점검

3 고전압 배터리 컨트롤 시스템

1 개요 및 주요기능

1. 개요

고전압 배터리 컨트롤 시스템은 컨트롤 모듈인 BMU, 파워 릴레이 어셈블리(PRA : Power Relay Assembly)로 구성되어 있으며, 고전압 배터리의 SOC(State Of Charge), 출력, 고장진단, 배터리 셀 밸런싱(Balancing), 시스템 냉각, 전원 공급 및 차단을 제어한다. 파워 릴레이 어셈블리는 메인 릴레이, 프리차지 릴레이, 프리차지 레지스터, 배터리 전류 센서, 고전압 배터리 히터 릴레이로 구성되어 있으며, 부스바(Busbar)를 통해서 배터리팩과 연결되어 있다.

2. 주요기능

(1) 배터리 충전률(SOC) 제어

전압/전류/온도 측정을 통해 SOC를 계산하여 적정 SOC 영역으로 제어한다. SOC(배터리 충전률)는 배터리의 사용 가능한 에너지로, $SOC = \frac{\text{방전 가능한 전류량}}{\text{배터리 정격 용량}} \times 100$ 이다.

(2) 배터리 출력 제어

시스템 상태에 따른 입/출력 에너지 값을 산출하여 배터리 보호, 가용 파워 예측, 과충전/과방전 방지, 내구 확보 및 충/방전 에너지를 극대화한다.

(3) 파워 릴레이 제어

IG ON/OFF시, 고전압 배터리와 관련 시스템으로의 전원 공급 및 차단을 하고, 고전압 시스템 고장으로 인한 안전사고 방지를 한다.

(4) 냉각 제어

배터리 최대 온도 및 모듈 간 온도 편차량에 따라 쿨링 팬 속도를 가변 제어를 통한 최적의 배터리 동작 온도를 유지한다.

(5) 고장 진단

시스템 고장진단, 데이터 모니터링 및 소프트웨어를 관리하고, 페일-세이프(Fail-Safe) 레벨을 분류하여 출력 제한치를 규정하며, 릴레이 제어를 통하여 관련 시스템 제어 이상 및 열화에 의한 배터리 관련 안전사고를 방지한다.

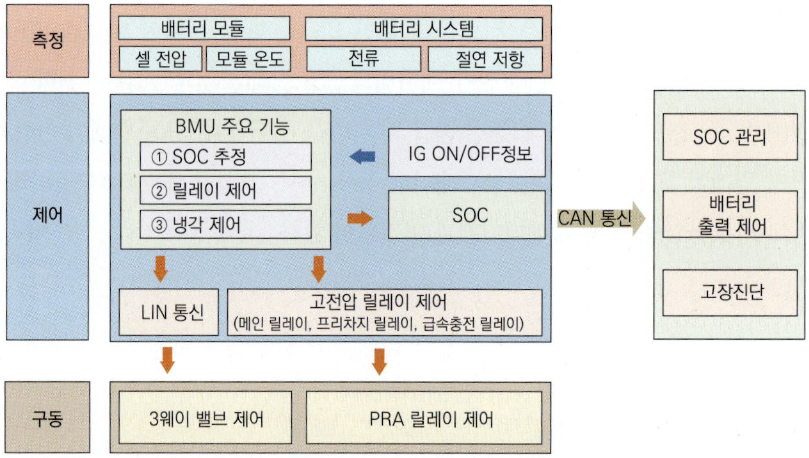

그림 154 고전압 배터리 컨트롤 시스템 작동원리

2 서비스 인터록 커넥터

1. 개요

서비스 인터록(Interlock)이란, 특정 조건에서 시스템의 작동을 중단시키는 장치 또는 시스템을 말한다. 고전압이 계속 흐르게 되면 자동차 부품에 손상이 일어나거나 일부 감전의 위험이 발생할 수 있어, 서비스 인터록이란 안전장치를 두어 전원이 공급되고 있는 상황에서 커넥터를 분리하는 경우에 아크가 발생할 수 있으므로, 커넥터 분리 이전에 신호를 감지하여 전원을 사전에 차단하고, 조립한 후에 전원을 통전시키는 안전장치이다. 서비스 인터록은 차량 작동 중에 고전압 연결이 느슨해지거나, 끊어지거나, 손상되어 전력을 잃어버리는 경우에 운전자에게 경고 또는 알람을 보내는 일종의 회로 차단기 역할을 수행한다. 서비스 인터록 단자를 확인해 보면 EPCU커버와 고전압 배터리 연결 케이블, PTC 히터와 전자식 에어컨 컴프레서 연결 케이블에 서비스 인터록 단자가 있고 2022년 아이오닉 5(NE EV) 차량은 서비스 인터록 커넥터가 퓨즈 박스 안에 있다.

그림 155

2. 서비스 인터록 커넥터 단자나 회로 작동조건

안전플러그에 인터록 회로가 1개인 경우는 인터록 회로이며 2개인 경우는 1개는 인터록 회로 점검단자이며 1개는 고전압 안전플러그 단선 유무 단자이다.

2018년 이후 아이오닉과 코나의 경우 안전플러그 퓨즈가 배터리케이스 내부에 설치되므로 퓨즈점검을 위한 단자가 별도로 설치되어 있다. 1번 커넥터는 안전플러그 단선유무 단자이며 2번은 인터록 단자이며 3번은 퓨즈에서 점검단자로 연결된 배선이다.

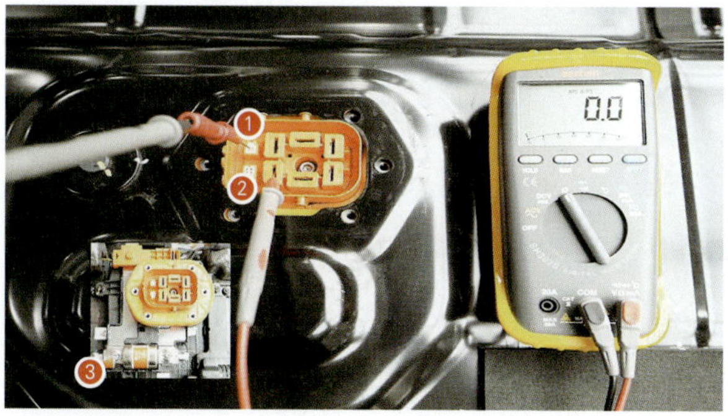

그림 156 2020년 이후 아이오닉, 코나 경우 안전플러그에서 플러그 퓨즈 점검가능

인터록 커넥터 탈거 시, BMS가 메인릴레이 ON제어를 하지 않도록 제어한다. 만약, 서비스 인터록 커넥터를 체결하지 않으면, IG ON → READY(시동 상태)로 진입하지 않는다(고전압 배터리 전원 비활성화). 인터록 단선 시 즉 READY(시동) 상태에서라도, 0kph 조건하에, 인터록 단선 시 BMU는 응급 상황이라고 인식하고 메인릴레이를 강제로 OFF 로직을 적용하고 있다(인터록 커넥터 체결 시 : 0V, 인터록 커넥터 탈거 시 : 5~12V).

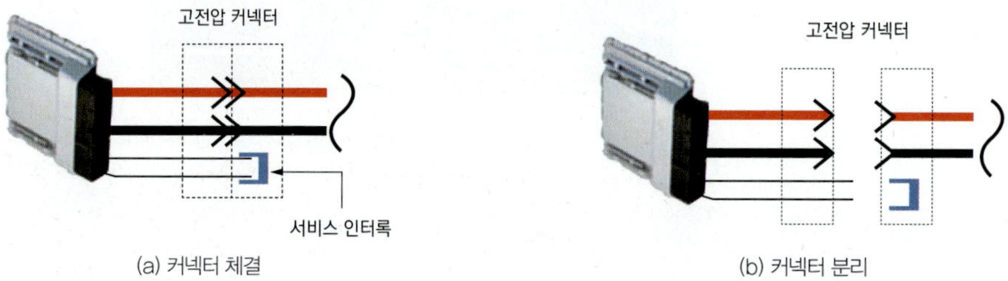

그림 157 서비스 인터록 회로도

3. 탈거 및 장착

① 12V배터리 (–)터미널을 분리한다.
② 서비스 인터록 커넥터를 분리한다.
③ 장착은 탈거의 역순으로 진행한다.

3 배터리 매니지먼트 유닛(배터리 관리 장치)

1. 배터리 매니지먼트 유닛(BMU : Battery Management Unit) 기능

그림 158 배터리 매니지먼트 유닛

배터리 매니지먼트 유닛(BMU) 제원

항목	제원
작동 전압(V)	9~16
작동 온도(℃)	−35~75
절연 저항(MΩ)	10(2kV기준)

(1) SOC 추정

① 배터리의 전압, 전류, 온도를 측정하여 배터리의 SOC를 계산하고 차량제어기에 전송하여 적정 SOC 영역 관리

② SOC 배터리의 사용 가능한 에너지(배터리 정격용량 대비 방전 가능한 전류량의 백분율)

③ SOC는 최소 2.5%~최대 95%로 유동성이 있으며, 이 범위를 벗어나면 안 된다.

(2) 파워 제한

① 배터리 보호를 위해 상황 별 입/출력 에너지 제한 값을 산출하여 차량제어기로 정보 제공

② 배터리 가용파워 예측, 배터리 과충(방)전 방지, 내구 확보, 배터리 충(방)전 에너지 극대화

(3) 진단

① 배터리 시스템 고장진단, 데이터 모니터링, 소프트웨어 Rewrite

② Fail-Safe Level을 분류하여 출력 제한치를 규정

③ 차량 측 제어 이상 및 전지 열화에 의한 배터리의 안전사고를 방지하기 위해 릴레이 제어

(4) 냉각 제어

① 최적의 배터리 동작 온도를 유지하기 위한 배터리 온도 유지 관리

② 고전압 배터리단과 고전압을 사용하는 PE부품 전원공급 및 전원차단

③ 고전압계 고장으로 인한 안전사고 방지

2. CAN 통신 라인 점검

① BMU 연결 커넥터를 분리한다.

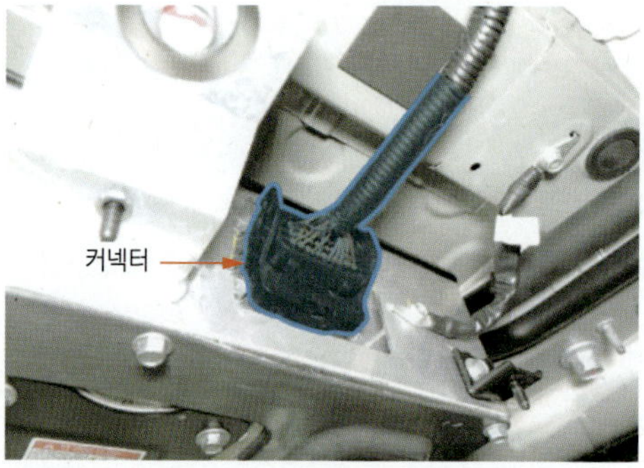

그림 159 커넥터 분리

② IG 상태에서 G-CAN라인 전압을 측정한다(정상값 : 1.5~3.5V).

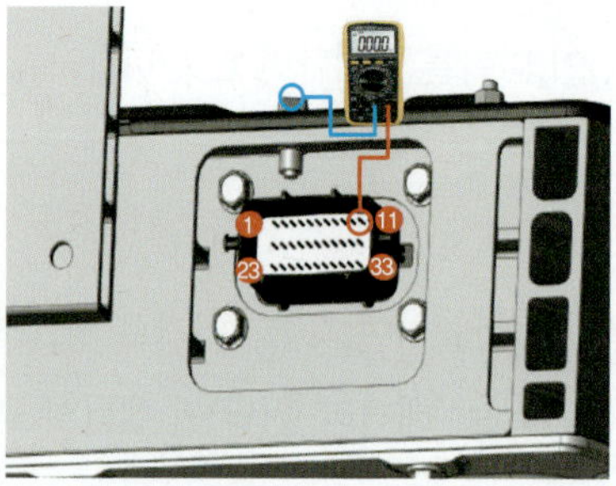

(a) G-CAN LOW(11)과 접지

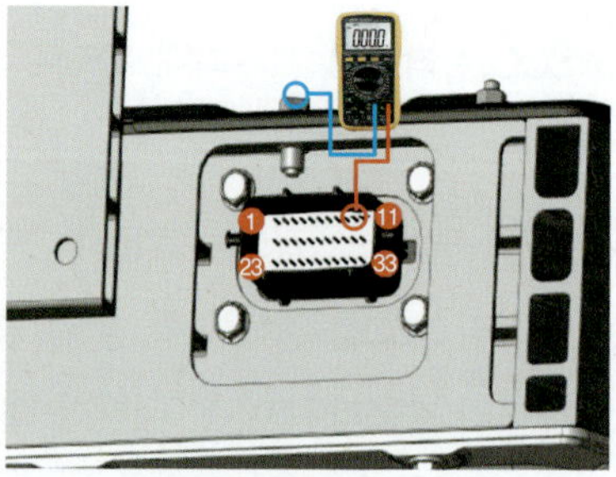

(b) G-CAN HIGH(10)과 접지

그림 160 G-CAN라인 전압 측정

③ G-CAN LOW(11)와 G-CAN HIGH(10) 사이의 라인 종단 저항을 점검한다(정상값 : 120Ω).

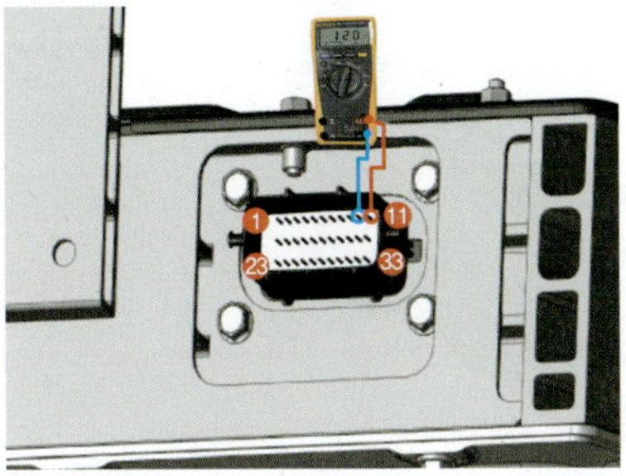

그림 161 종단 저항 점검

3. 탈거 및 장착

(1) 탈거

① 고전압 차단 절차를 수행한다.

② 리프트를 이용하여, 차량을 들어 올린다.

③ 장착 볼트를 푼 후, BMU 커버를 탈거한다.

- 서비스 커버는 재사용하지 않는다.
- 서비스 커버를 장착하기 전에 서비스 커버 주위에 실런트를 도포한다.
- 록 타이트를 도포한 후 즉시 서비스 커버를 장착한다.(체결 토크 : 1단계 – 0.9kgf · m, 2단계 – 1.1kgf · m)
- 서비스 커버 장착 전, 배터리 시스템 어셈블리와 서비스 커버에 이물질, 먼지, 수분 등을 깨끗이 제거한다.
- 서비스 커버를 과도하게 아래로 잡아 당겨 BMU 및 커넥터가 손상되지 않도록 주의한다.

④ BMU 커넥터(A)를 분리한다. 커넥터부에 이물질이 유입되지 않도록 주의한다.

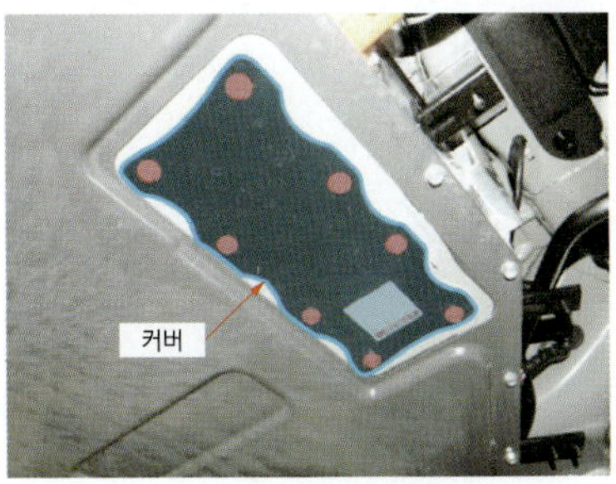

그림 162 BMU 커버 탈거

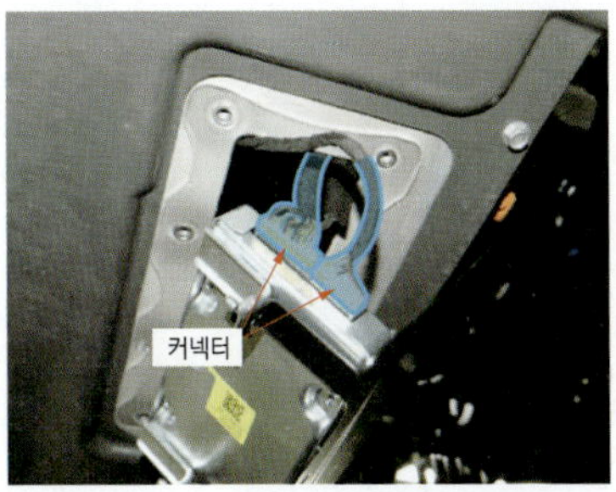

그림 163 BMU 커넥터 분리

⑤ 장착 볼트와 너트를 푼 후, 서비스 커버로부터 BMU를 탈거한다. 장착 볼트와 너트는 재사용하지 않는다(체결 토크 : 1단계 – 0.9kgf · m, 2단계 – 1.1kgf · m).

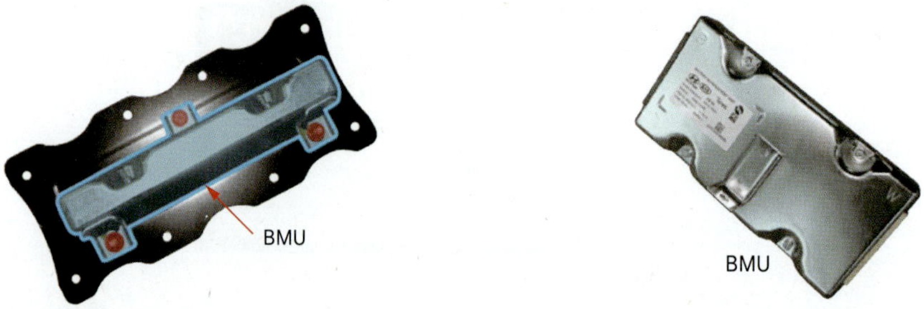

그림 164 BMU 탈거

(2) 장착

① 장착은 탈거의 역순으로 진행한다.

② 배터리 시스템 어셈블리 기밀 테스트를 수행한다.

③ 배터리 충전 상태(SOC)를 보정한다.

④ 배터리 건강 상태(SOH)를 초기화한다.

4 셀 모니터링 유닛(CMU)

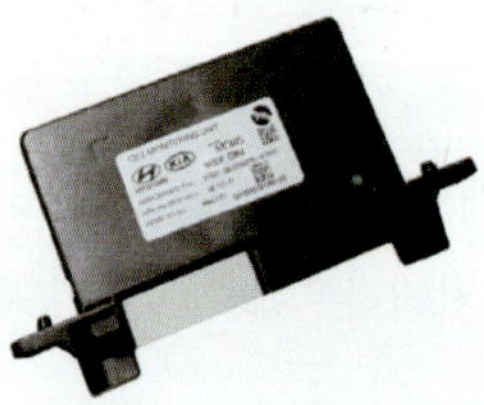

그림 165 셀 모니터링 유닛

셀 모니터링(CMU) 제원

항목	제원
작동 전압(V)	9~60(12셀 기준)
작동 온도(℃)	-35~75
절연 저항(MΩ)	10(2kV기준)

1. 개요

셀 모니터링 유닛(CMU : Cell Monitoring Unit)은 각 고전압 배터리 모듈의 측면에 부착 되어, 1개의 CMU가 1개의 서브 배터리팩 어셈블리(Sub-BPA)를 센싱 및 제어한다. 각 고전압 배터리 모듈의 셀 전압 센싱, 셀 밸런싱, 배터리 모듈 온도 센싱 등을 하며 각각 CMU가 직렬로 연결되어 데이터를 주고 받아 BMS ECU에 전송한다. 배터리팩에는 셀 모듈을 지속적으로 모니터링하고 모듈 간의 밸런스를 유지하는 직업을 수행하기 위한 특수회로기판이 존재하고, 기판은 각 모듈의 전압과 온도, 모듈 사이의 온도 등을 모니터링한다. CMU는 스탠다드 레인지 모델의 경우 6개, 롱레인지 모델의 경우 8개가 적용된다(아이오닉 5 기준).

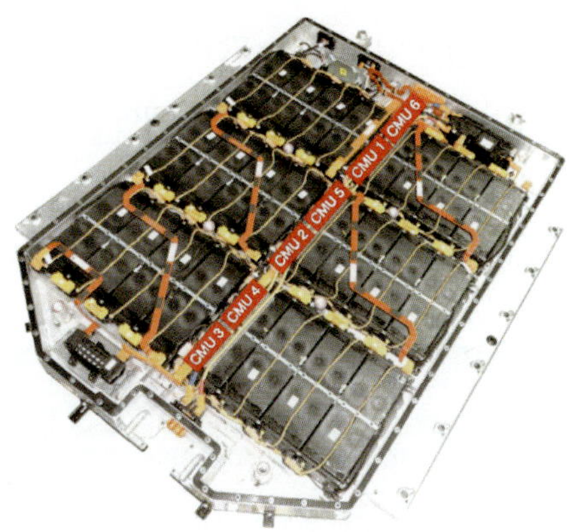

그림 166 부품 위치

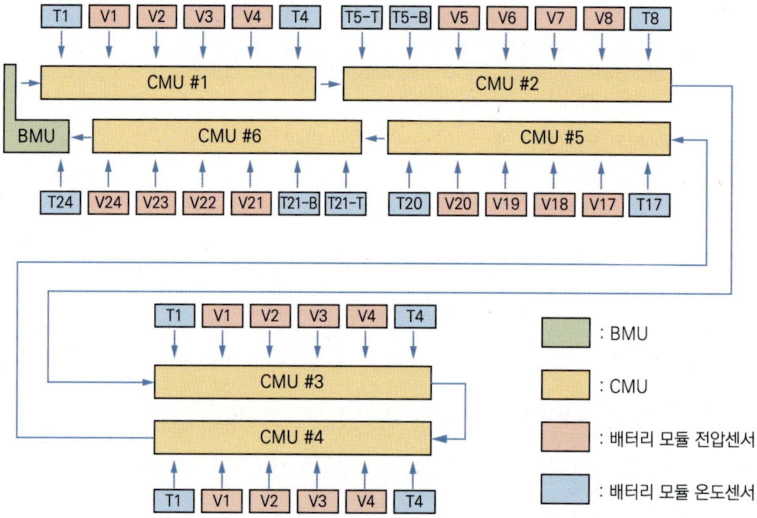

그림 167 회로도

2. 점검

① 진단기기를 자기 진단 커넥터(DLC)에 연결한다.

② IG 스위치를 ON한다.

③ 진단기기 고장진단의 “고장 코드”를 확인한다.

④ 고전압 배터리 전압 센싱부 이상/과전압/저전압/전압편자 고장코드가 확인되면 불량 모듈을 확인하고 셀 모니터링 유닛이나 해당 모듈의 교환이 필요하다.

⑤ 진단기기를 사용하여 서비스 데이터의 “배터리 모듈 온도”를 점검한다.

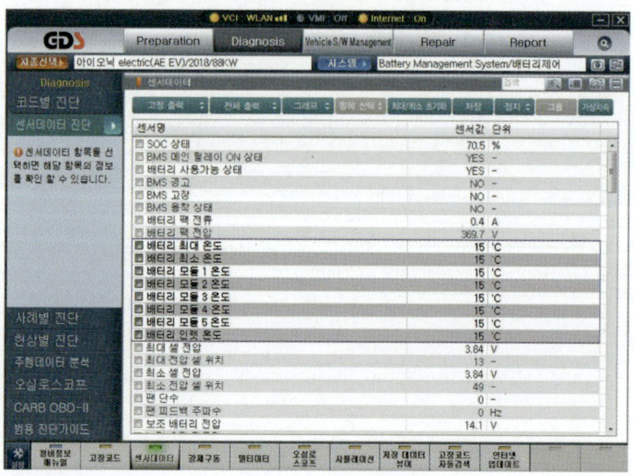

그림 168 배터리 모듈 온도 점검

⑥ 배터리 모듈 온도가 정상이라면 진단기기 서비스 데이터의 "셀 전압"을 점검하고 불량 셀의 번호를 확인한다.

그림 169 배터리 셀 전압 점검

⑦ 아래 표를 참조하여 셀 전압이 모두 5.1V이고 배터리 모듈 온도가 217℃를 나타낸다면 해당 셀 모니터링 유닛을 교환한다.

셀 번호	셀 모니터링 유닛 번호
01-24	셀 모니터링 유닛 #1
25-48	셀 모니터링 유닛 #2
49-72	셀 모니터링 유닛 #3
73-96	셀 모니터링 유닛 #4
97-120	셀 모니터링 유닛 #5
121-144	셀 모니터링 유닛 #6

3. 탈거 및 장착

아래 탈거 절차는 CMU 1에 대한 절차이다. 나머지 CMU도 동일한 방법으로 진행한다.

① 고전압 차단 절차를 수행한다.

② 고전압 배터리 시스템 어셈블리(BSA)를 탈거한다.

③ 고전압 배터리 시스템 어셈블리(BSA) 상부 케이스를 탈거한다.

④ 분기 커넥터를 분리한다.

그림 170 분기 커넥터 분리

⑤ 전압 센싱 와이어링 커넥터를 분리한다. 전압 센싱 와이어링 커넥터 탈거 전, 셀 모니터링 유닛 측 모든 전압 센싱 와이어링 커넥터(A)를 역순(6 → 5 → 4 → 3 → 2 → 1)으로 분리한다.

⑥ 비동기 통신 커넥터를 분리한다.

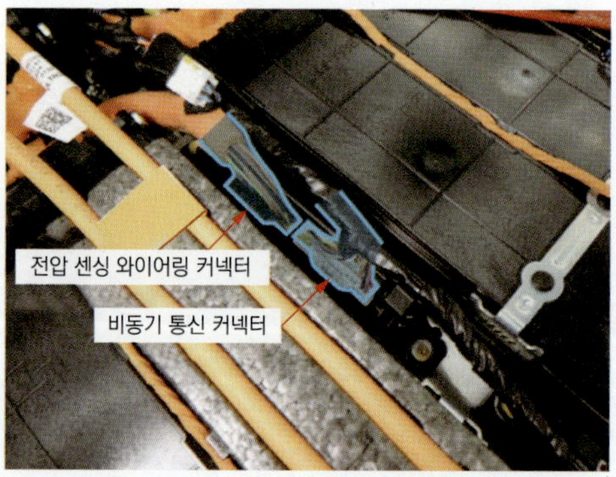

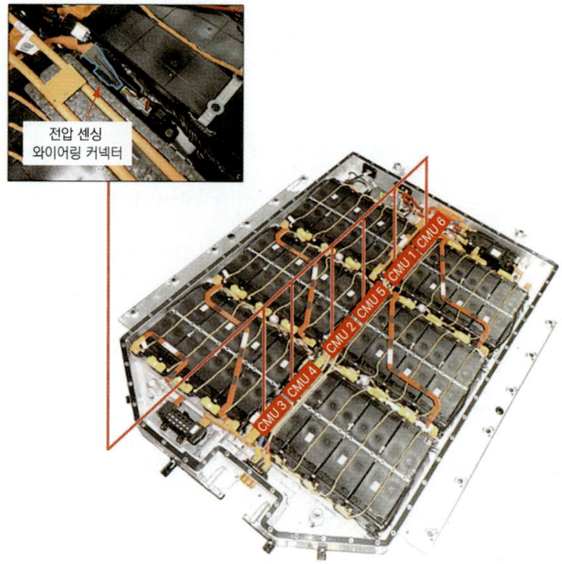

그림 171 전압 센싱 와이어링 커넥터, 비동기 통신 커넥터 분리

⑦ 볼트를 풀고 셀 모니터링 유닛을 탈거한다. 셀 모니터링 유닛 장착 볼트는 재사용하지 않는다(체결 토크 : 1단계 – 0.9kgf · m, 2단계 – 1.1kgf · m).

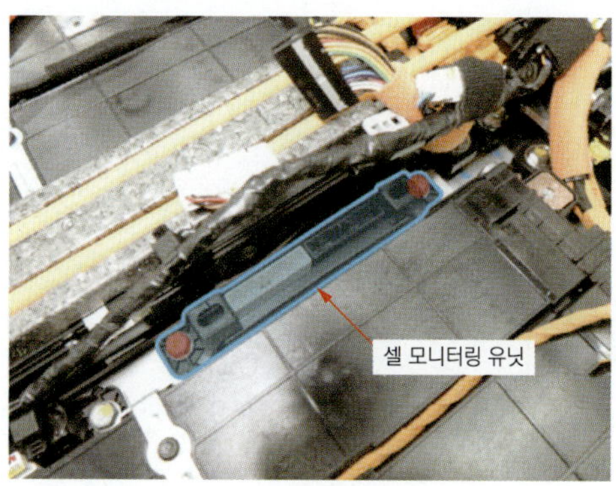

그림 172 셀 모니터링 유닛 탈거

⑧ 장착은 탈거의 역순으로 진행한다.

5 파워 릴레이 어셈블리(PRA)

1. 개요

PRA는 고전압을 인가하거나 차단하는 역할을 하는 전기자동차에서는 매우 중요한 역할을 한다. 고전압의 (+), (–)를 단속하므로 전기자동차가 고전압을 인가받아 동력을 발생하여 구동할 수 있도록 하는 역할을 하며 고전압 계통에 문제가 발생하는 경우(사고시 에어백 작동, 고전압 하네스나 커넥터, 절연파괴, 충전관련, 배터리) 등의 고전압 관련 부품의 문제가 발생하는 경우 BMU 제어 신호에 의해 고전압 배터리팩과 고전압 정션 블록 사이의 고전압을 ON, OFF 및 제어하는 역할을 한다.

PRA의 장착위치는 차량별로 상이하지만 대부분 배터리의 고전압을 인가하거나 차단하므로 고전압 배터리와 최단거리에 위치시킬 수밖에 없어 파워 릴레이 어셈블리(PRA)는 고전압 배터리 시스템 어셈블리 내에 장착되어 있으며 메인 릴레이 (+), 메인 릴레이 (–), 프리차지 릴레이, 프리차지 레지스터, 배터리 전류 센서로 구성되어 있다.

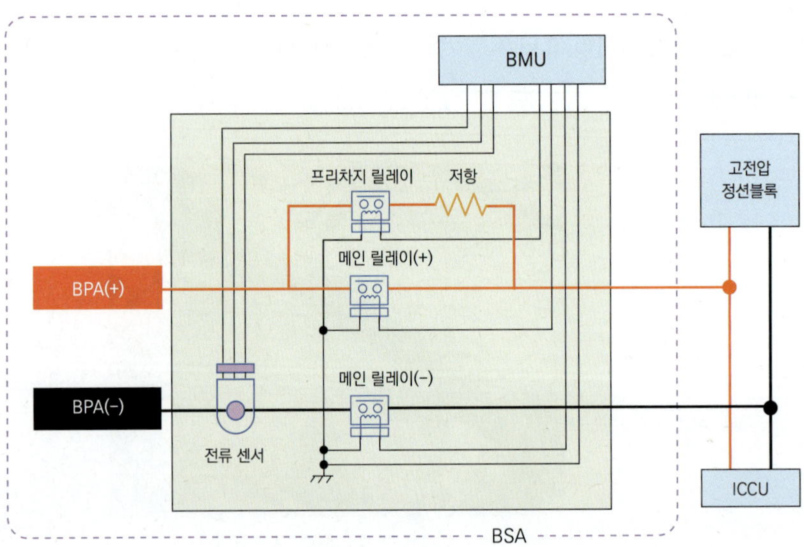

그림 173 회로도

참 고

1. BSA : 배터리 시스템 어셈블리
2. BPA : 배터리팩 어셈블리
3. PRA : 파워 릴레이 어셈블리
4. BMU : 배터리 매니지먼트 유닛

IG START

① 메인 릴레이(-) ON → ② 프리차지 릴레이 ON → ③ 캐패시터 충전 →

④ 메인 릴레이(+) ON → ⑤ 프리차지 릴레이 OFF

IG OFF

① 메인 릴레이(+, -) OFF

그림 174 작동원리

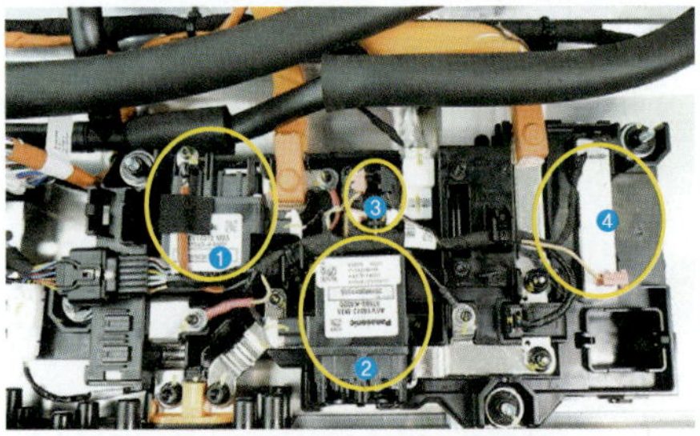

1. 메인 릴레이(+)
2. 메인 릴레이(-)
3. 프리차지 릴레이
4. 프리차지 저항

(a) 2018년 8월 이후 코나

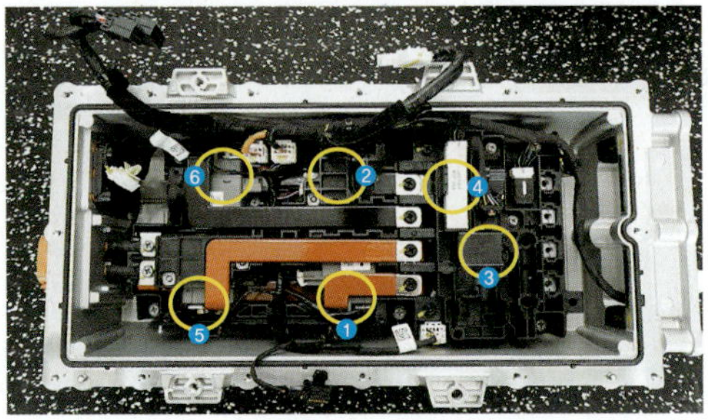

1. 메인 릴레이(+)
2. 메인 릴레이(-)
3. 프리차지 릴레이
4. 프리차지 저항
5. QC 릴레이(급속충전 릴레이) (+)
6. QC 릴레이(급속충전 릴레이) (-)

(QC : Quack Charging)

(b) 2018년 8월 이후 코나

(c) 2022년식 아이오닉(NE EV)

그림 175 PRA 구성부품

2. 제원

(1) 메인 릴레이

항목	제원
정격 전압(V)	12
작동 전압(V)	0.5~9
코일 저항(Ω)	21.6~26.4(20℃)

(2) 프리 차지 릴레이

항목	제원
타입	전자식 릴레이
정격 전압(V)	1000
정격 전류(A)	20

(3) 배터리 전류 센서

대전류(A)	출력 전압(V)
−750(충전)	0.5
0	2.5
750(방전)	4.5

대전류(A)	출력 전압(V)
−75	0.5
0	2.5
75	4.5

3. PRA 융착 점검

(1) 차상점검-진단기기

① 진단기기를 자기 진단 커넥터(DLC)에 연결한다.

② IG 스위치를 ON한다.

③ 진단기기를 사용하여 서비스 데이터의 "BMS 융착 상태"를 점검한다(규정값 : Relay Welding not detection).

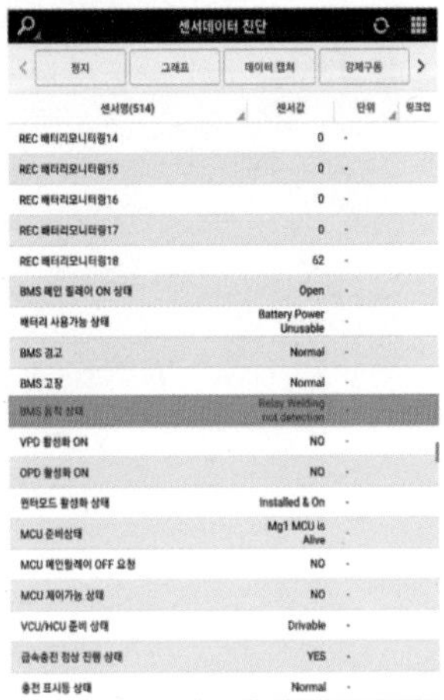

그림 176 차상점검-진단기기 점검

(2) 차상점검-멀티미터

두 메인 릴레이(+/-)를 모두 용접하지 않으면 BMS 자체 고장 코드가 표시되지 않는다. DTC가 과거 고장 코드로 나타나면 DTC 코드를 삭제하지 말고 멀티미터를 사용하여 각 릴레이의 용접 상태를 점검한다.

① 배터리 시스템 어셈블리의 리어 고전압 커넥터 단자 간 전압을 측정하여 파워 릴레이 어셈블리의 융착 유무를 점검한다(정상 : 0V).

그림 177. 차상점검-멀티미터 점검

(3) 단품점검-멀티미터

① 고전압 차단 절차를 수행한다.
② 고전압 배터리 시스템 어셈블리(BSA)를 탈거한다.
③ 고전압 배터리 시스템 어셈블리(BSA) 상부 케이스를 탈거한다.
④ 4핀 릴레이의 1번 핀과 2번 핀은 스위치 역할을 하므로 3번 핀과 4번 핀에 전류가 흐르게 되면 전자석에 의해 1번과 2번이 단속되어 on되는 구조이므로, 3번과 4번은 단선유무 파악을 위해 코일의 길이와 두께에 따른 저항값이 측정되며 단품측정 시 릴레이에 전류가 흐르지 않으므로 1번과 2번이 off되어야 되나 어떤 물리적인 이유로 on되는 것을 알기 위해 통전 유무를 진단하게 된다.
⑤ 고전압 메인 릴레이의 저항을 측정하여 융착 상태 점검을 실시한다(정상 : OL(∞), 릴레이 융착 : 1Ω 이하).

(a) 릴레이

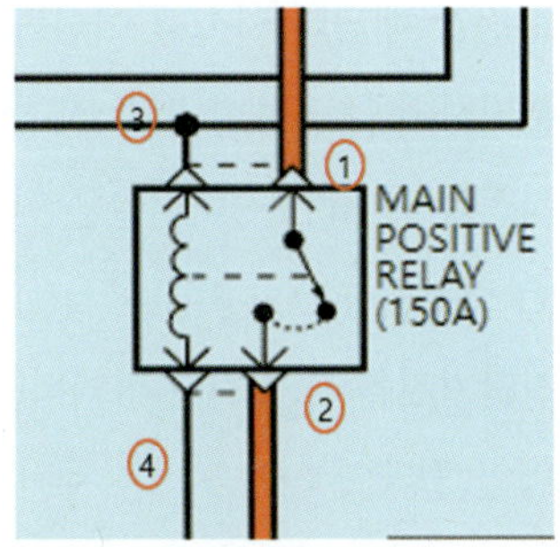

(b) 융착 상태 점검

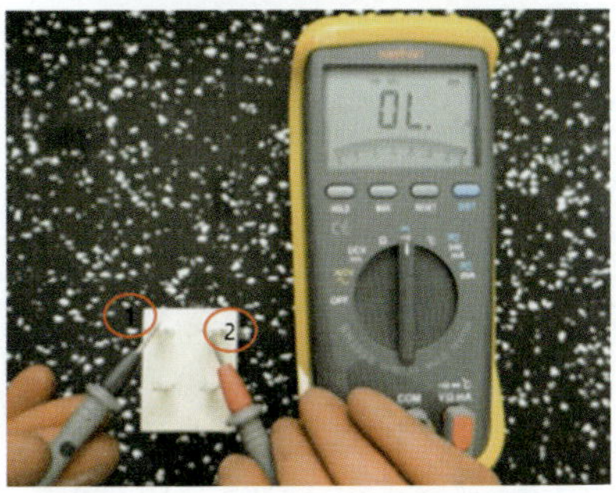

(a) 릴레이

(b) 융착 상태 점검

그림 178 단품 점검-멀티미터

4. 프리차지 릴레이/프리차지 레지스터/메인 릴레이(-) 점검

① 고전압 차단 절차를 수행한다.

② 리프트를 이용하여 차량을 들어 올린다.

③ 리어 언더 커버를 탈거한다.

④ 고전압 배터리 리어 커넥터를 분리한다.

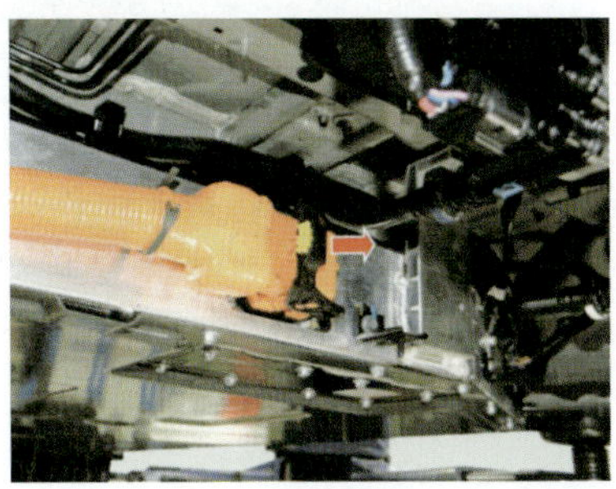

그림 179 고전압 배터리 리어 커넥터 분리

⑤ 고전압 배터리 시스템 어셈블리에 연결된 고전압 커넥터를 모두 분리한다. 고전압 커넥터를 모두 분리하지 않고 해당 점검 진행 시, PRA 내부 프리차지 릴레이가 파손될 수 있다.

⑥ 저전압 배터리 (–)터미널을 연결한다.

⑦ IG 스위치를 ON한다(EV ready OFF 상태).

⑧ 진단기기를 자기 진단 커넥터(DLC)에 연결한다.

⑨ 메인 릴레이 (–) & 프리차지 릴레이를 강제구동 한다. 진단기기로 강제 구동 시 메인릴레이 (+), (–)작동 시 릴레이 작동 음을 들어본다(딱딱 소리 여부).

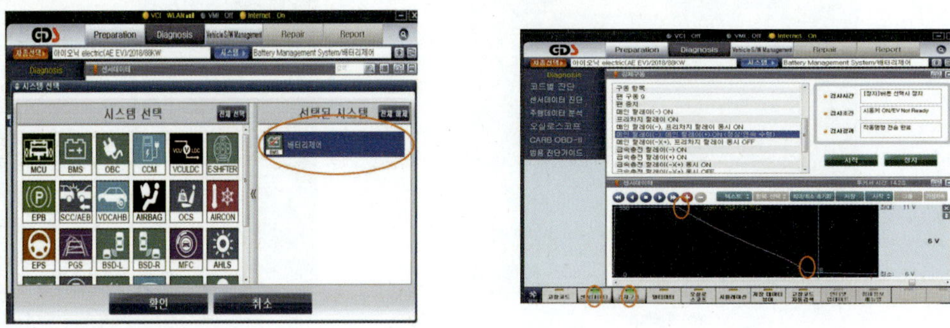

그림 180 메인 릴레이(-) & 프리차지 릴레이 강제구동

⑩ 강제 구동 중 배터리 시스템 어셈블리(BSA)측 후방 고전압 커넥터 (+)단자와 (–)단자 간 전압을 측정한다(정상 : 약 300~800V, 고장 : 약 5V 이하).

⑪ 정상인 경우 메인 릴레이 (+)점검 절차를 수행한다. 고장 시에는 파워 릴레이 어셈블리(PRA)를 교환한다.

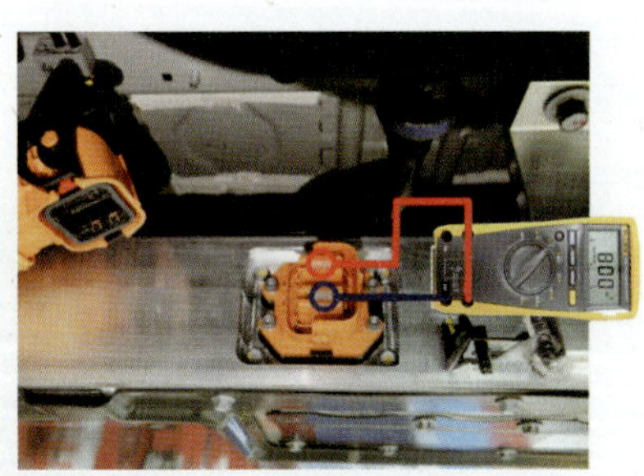

그림 181 전압 측정

5. 메인 릴레이 (+) 점검

① 고전압 차단 절차를 수행한다.

② 리프트를 이용하여 차량을 들어올린다.

③ 리어 언더 커버를 탈거한다.

④ 고전압 배터리 리어 커넥터를 분리한다.

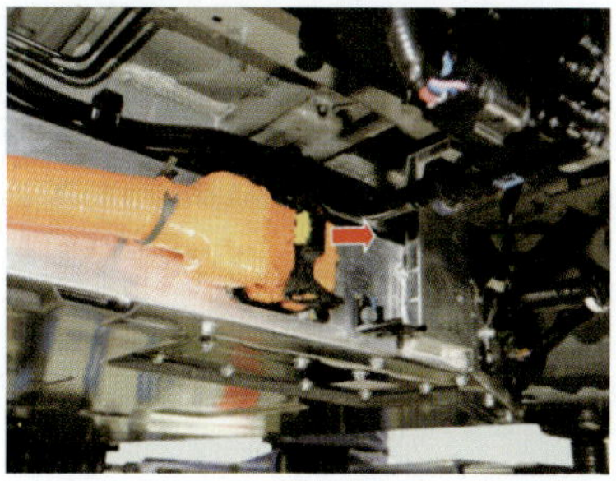

그림 182 고전압 배터리 리어 커넥터 분리

⑤ 고전압 배터리 시스템 어셈블리에 연결된 고전압 커넥터를 모두 분리한다.

⑥ 저전압 배터리 (−)터미널을 연결한다.

⑦ IG 스위치를 ON한다(EV ready OFF 상태).

⑧ 진단기기를 자기 진단 커넥터(DLC)에 연결한다.

⑨ 메인릴레이 (+)를 강제구동한다.

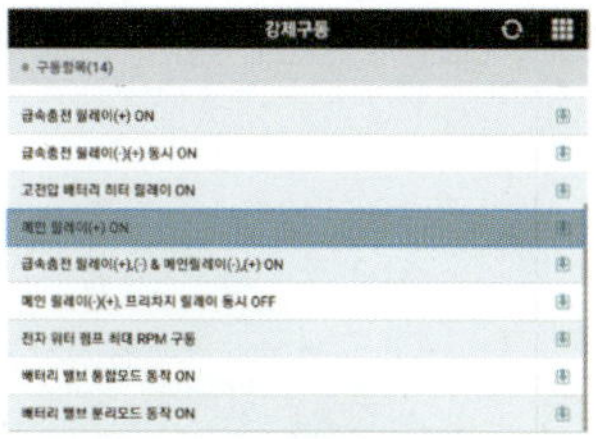

그림 183 메인 릴레이(+) 강제구동

⑩ 강제 구동 중 배터리 시스템 어셈블리(BSA)측 후방 고전압 커넥터 (+)단자와 차체 간 전압을 측정한다(정상 : 약 5~800V(고전압 배터리 전압값 범위 내에서 주기적으로 측정됨, BMU 절연 센싱 작동 시 측정됨), 고장 : 약 5V 이하 유지(메인 릴레이 (+)작동 불가)).

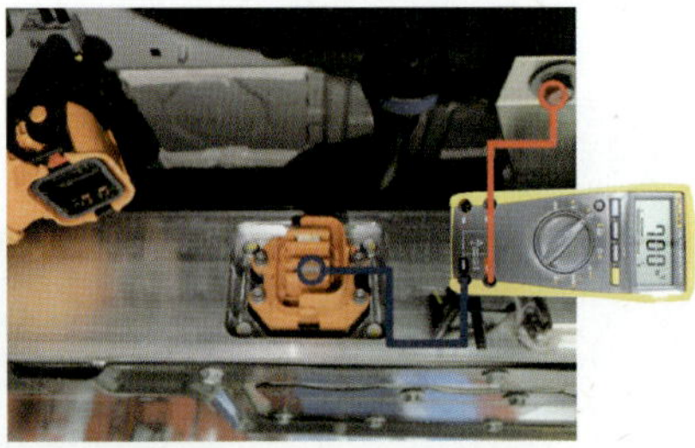

그림 184 전압 측정

⑪ 정상 시에는 점검이 완료되며, 고장 시에는 파워 릴레이 어셈블리(PRA)를 교환한다.

6. 탈거 및 장착

고전압 버스바 체결용 록 타이트 볼트는 신품으로 교환한다. PRA와 고전압 커넥터에 장착된 버스바 탈거 시, 수공구를 사용하여 1.4kgf · m 이하로 푼다.

① 고전압 차단 절차를 수행한다.

② 고전압 배터리 시스템 어셈블리(BSA)를 탈거한다.

③ 고전압 배터리 시스템 어셈블리(BSA) 상부 케이스를 탈거한다.

④ 버스바를 탈거한다(체결 토크 : 0.8~1.2kgf · m).

그림 185 버스바 탈거(1)

⑤ 장착 볼트와 너트를 푼 후, 버스바를 탈거한다(체결 토크 : 0.8~1.2kgf · m).

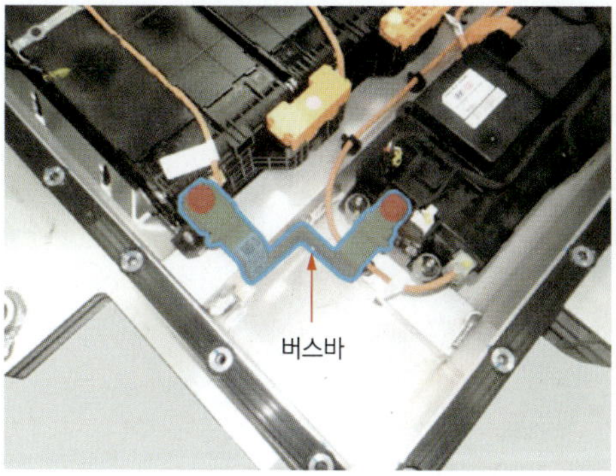

그림 186 버스바 탈거(2)

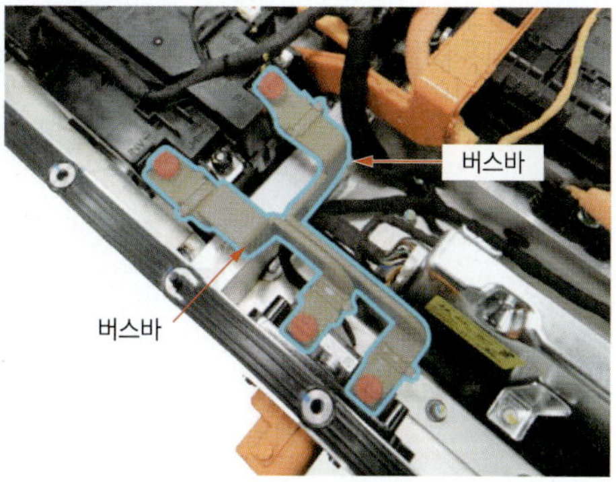

그림 187 버스바 탈거(3)

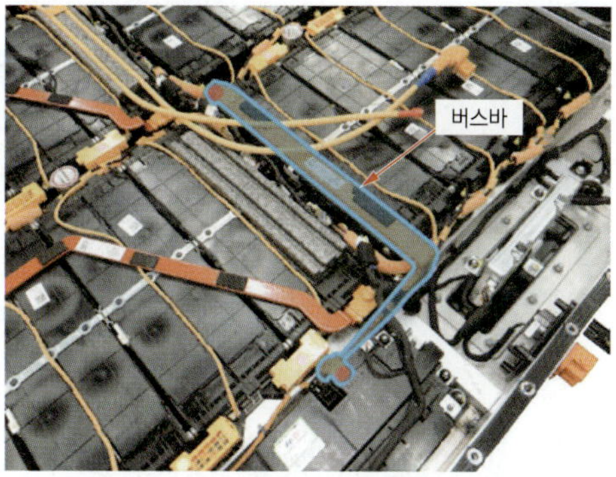

그림 188 버스바 탈거(4)

⑥ 장착 너트를 푼 후, ICCU (−)케이블을 탈거한다(체결 토크 : 0.8~1.2kgf · m).

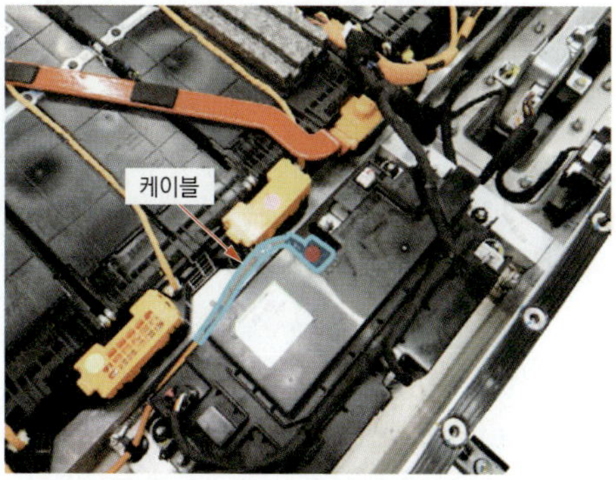

그림 189 ICCU (-)케이블 탈거

⑦ ICCU (+)커넥터를 분리한다.

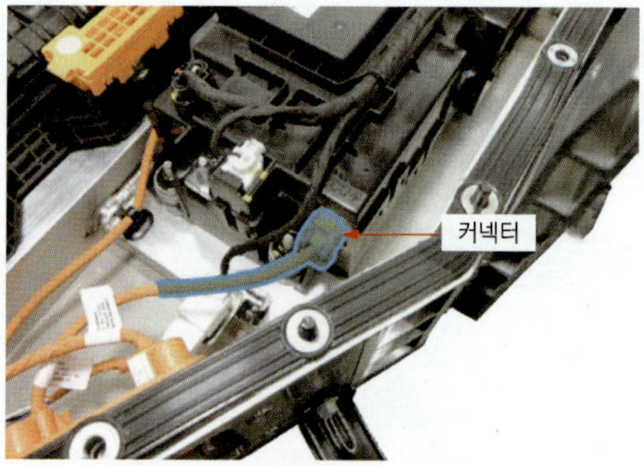

그림 190 ICCU (+)커넥터 분리

⑧ PRA 와이어링 커넥터를 분리한다.

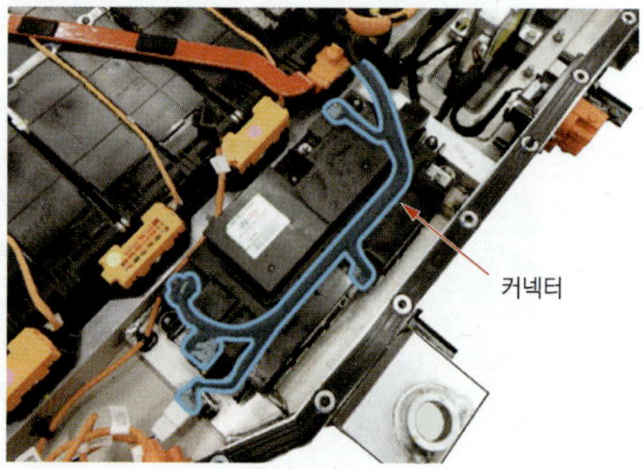

그림 191 커넥터 분리

⑨ 장착 너트를 푼 후, PRA를 탈거한다(체결 토크 : 0.8~1.2kgf · m).

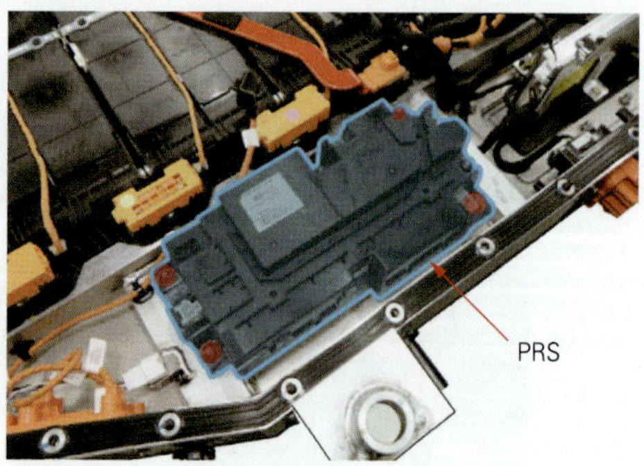

그림 192 PRA 탈거

⑩ 장착은 탈거의 역순으로 진행한다.

6 메인퓨즈

1. 개요

메인퓨즈는 배터리 시스템 내부에 장착되어 있으며, 고전압 배터리는 차종, 재작년도별로 상이하나 일반적으로는 고전압 배터리에 고전압을 차단하기 위해 안전 플러그에 1개가 고전압 배터리의 직렬연결 부위의 중앙쯤에 위치하며, 고전압이 사용되어지는 부품 및 회로를 과전류로부터 보호하기 위해 고전압 분배를 담당하고 있는 고전압 정션블록에 OBC, COMP, PTC의 퓨즈 3개가 위치하고 있다. 승온 히터는 옵션에 따라 장착되므로 승온 히터를 장착한 차량은 승온 히터 퓨즈 1개가 있다.

(a) 안전플러그의 메인 퓨즈 (b) 정션블록 내부에 위치한 퓨즈 (OBC, COMP, PTC) (c) 승온 히터 퓨즈

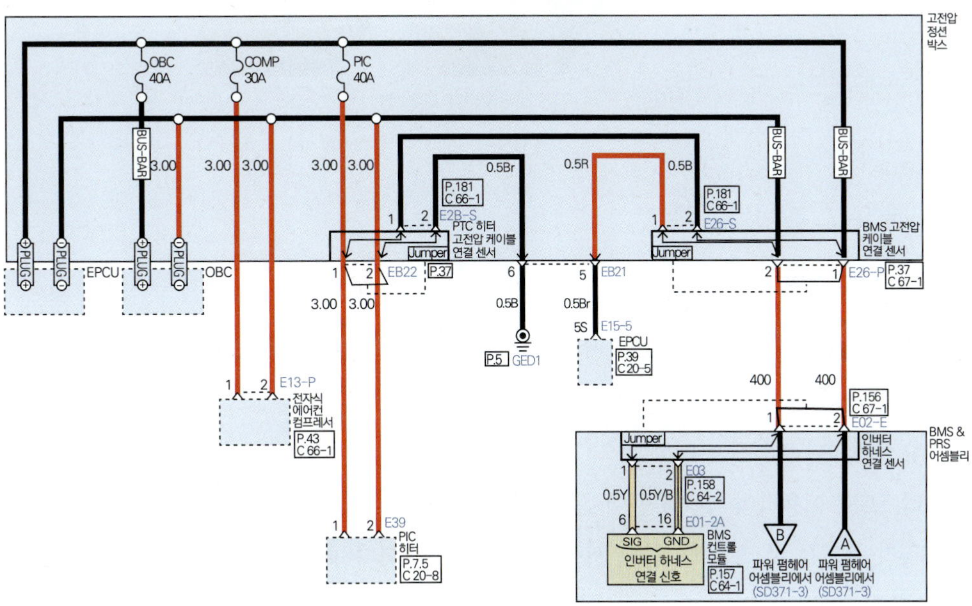

(d) 고전압 정션 박스 회로

그림 193 고전압 퓨즈

메인퓨즈 제원

항목	제원
정격 전압(V)	850(DC)
정격 전류(A)	500
저항(Ω)	1.0이하(20℃)

2. 메인퓨즈 점검

① 메인퓨즈를 탈거한다.

② 메인퓨즈의 저항을 측정한다(규정값 : 1Ω 이하(20℃). 규정값을 벗어나면 메인퓨즈를 교환한다.

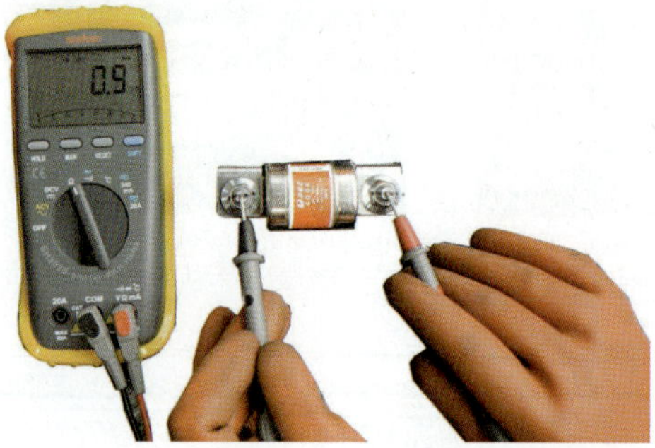

그림 194 메인퓨즈 저항 측정

3. 메인퓨즈 탈거 및 장착

(1) PE 부품 절연 정상

PE 부품 절연파괴 또는 단락 발생 가능 고장코드 발생 시 배터리 시스템 어셈블리 상부 케이스 탈거 후 퓨즈를 점검한다.

① 고전압 차단 절차를 수행한다.

② 리프트를 이용하여 차량을 들어 올린다.

③ 장착 볼트를 푼 후, 메인퓨즈 서비스 커버를 탈거한다(체결 토크 – 1단계 : 0.9kgf · m, 2단계 : 1.1kgf · m).

- 서비스 커버는 재사용하지 않는다.
- 서비스 커버를 장착하기 전에 서비스 커버 주위에 실런트를 도포한다.

• 록 타이트를 도포한 후 즉시 서비스 커버를 장착한다.

• 서비스 커버 장착 전, 배터리 시스템 어셈블리와 서비스 커버에 이물질, 먼지, 오일, 수분 등을 제거한다.

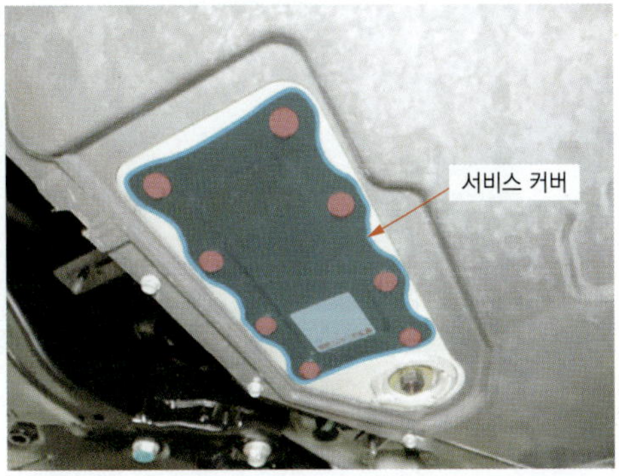

그림 195 서비스 커버 탈거

④ 스크류를 풀고 메인퓨즈 커버를 탈거한다(체결 토크 : 0.10~0.15kgf · m).

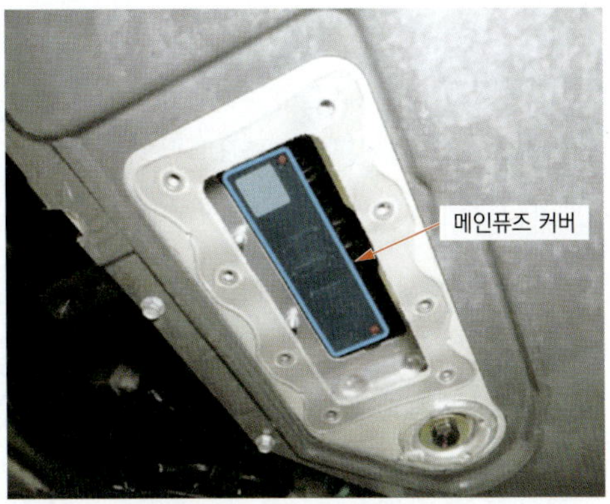

그림 196 메인퓨즈 커버 탈거

⑤ 너트를 풀고 메인 퓨즈 어셈블리를 탈거한다(체결 토크 : 1.6~1.7kgf · m).

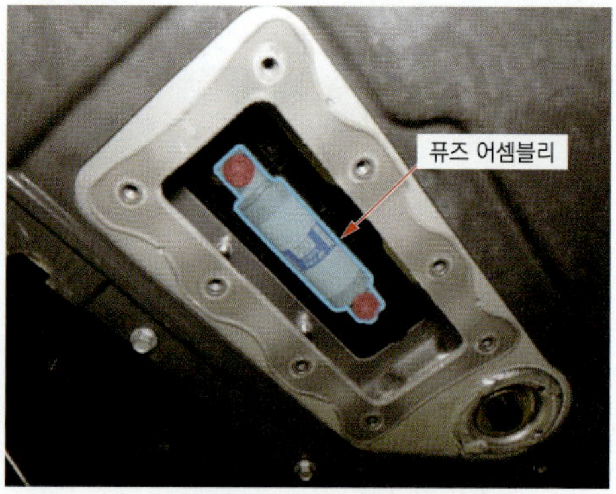

그림 197 메인퓨즈 어셈블리 탈거

⑥ 장착은 탈거의 역순으로 진행한다.

⑦ 배터리 시스템 어셈블리 기밀 테스트를 수행한다.

(2) PE 부품 절연 파괴

① 고전압 차단 절차를 수행한다.

② 고전압 배터리 시스템 어셈블리(BSA)를 탈거한다.

③ 고전압 배터리 시스템 어셈블리(BSA) 상부 케이스를 탈거한다.

④ 퓨즈 박스 커버를 탈거한다.

그림 198 퓨즈 박스 커버 탈거

⑤ 고전압 배터리 버스바를 탈거한다(체결 토크 : 0.8~1.2kgf · m).

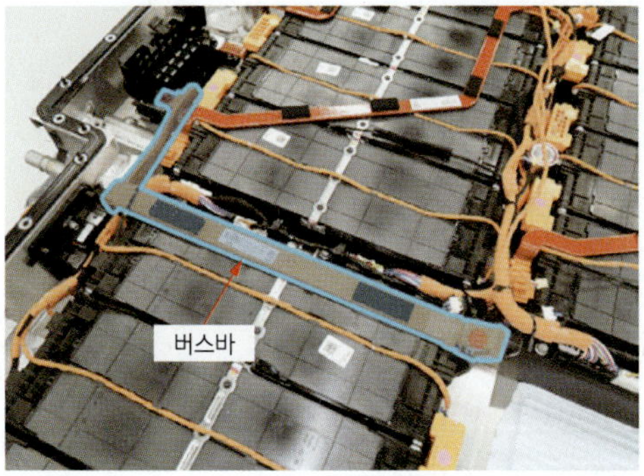

그림 199 고전압 배터리 버스바 탈거(1)

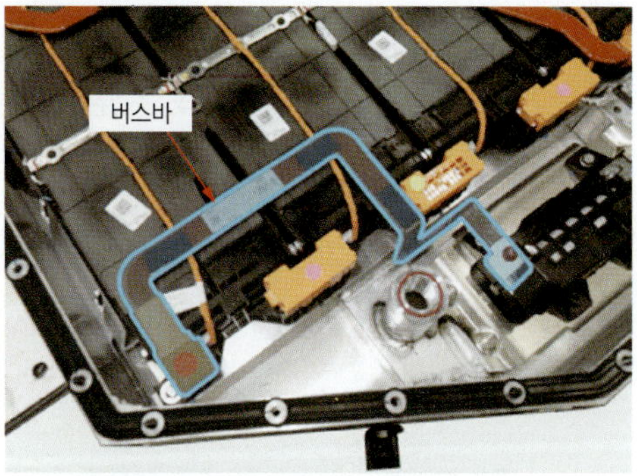

그림 200 고전압 배터리 버스바 탈거(2)

⑥ 메인퓨즈 어셈블리를 탈거한다(체결 토크 : 0.8~1.2kgf · m).

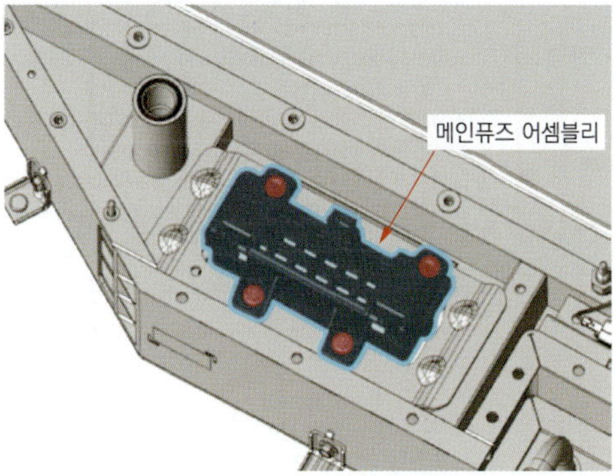

그림 201 메인 퓨즈 어셈블리 탈거

⑦ 장착은 탈거의 역순으로 진행한다.

⑧ 배터리 시스템 어셈블리 기밀 테스트를 수행한다.

4. 고전압 정션 블록에 위치한 퓨즈 점검

(1) 퓨즈 양끝단 통전 유무 점검

고전압 정션 블록에 위치한 퓨즈 또한 퓨즈의 양 끝단의 통전 유무를 확인하면 된다.

① PTC 1번과 2번 위치의 통전 유무

② A/C콤프레서 3번과 4번 위치의 통전유무

③ OBC 5번과 6번 위치의 통전유무

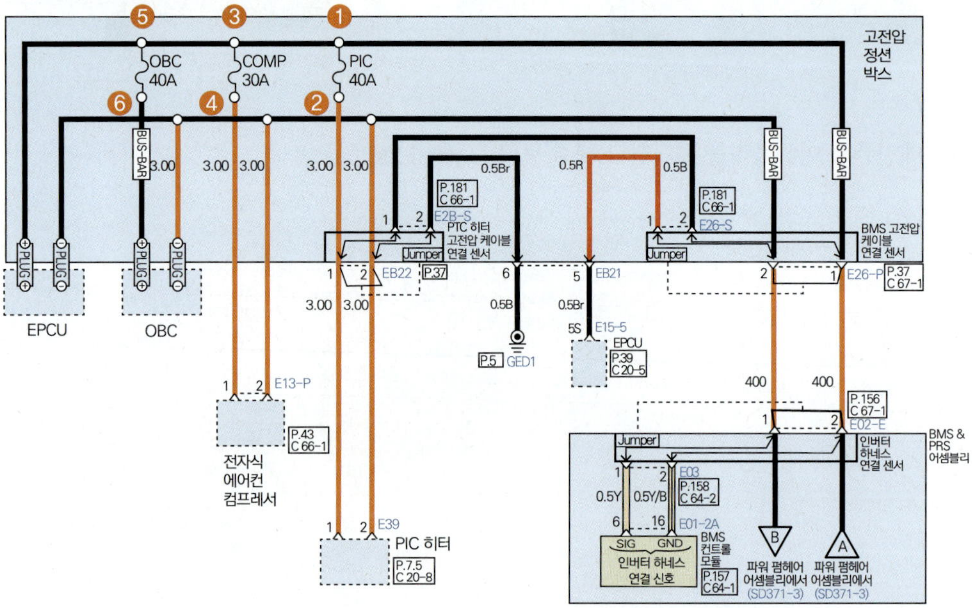

그림 202 고전압 정션 박스 회로도(퓨즈 점검 위치)

(a) PTC (b) 에어컨 컴프레서 (c) OBC

그림 203 고전압 정션 박스 퓨즈 점검

(2) 부품을 분해하지 않고 퓨즈의 단선 유무를 확인하는 방법

아래 회로도와 같이 PRA에서 배터리 고전압이 인가되어 정션블록으로 인가되어 커넥터 1번은 고전압 (+)가 인가되고 있음을 알 수 있으며 정션블록으로 인가된 배터리 고전압 (+)는 PTC, A/C컴프레서, OBC의 (+)로 인가되고 있으며 배터리 고전압 (−)는 버스바을 통해 바로 연결됨을 알 수 있다. 이러한 회로도를 기반으로 배터리 고전압을 필히 차단한 후 아래 그림의 1번의 위치에서 3번 위치 고전압 A/C 컴프레서 하네스 끝단과, 1번 위치에서 2번 PTC 하네스 끝단, 1번과 4번 OBC 끝단 하네스 통전 유무를 확인하면 고전압 정션 블록을 분해하지 않고도 퓨즈와 배선의 단락 유무를 측정하여 고장 유무를 판단할 수 있다.

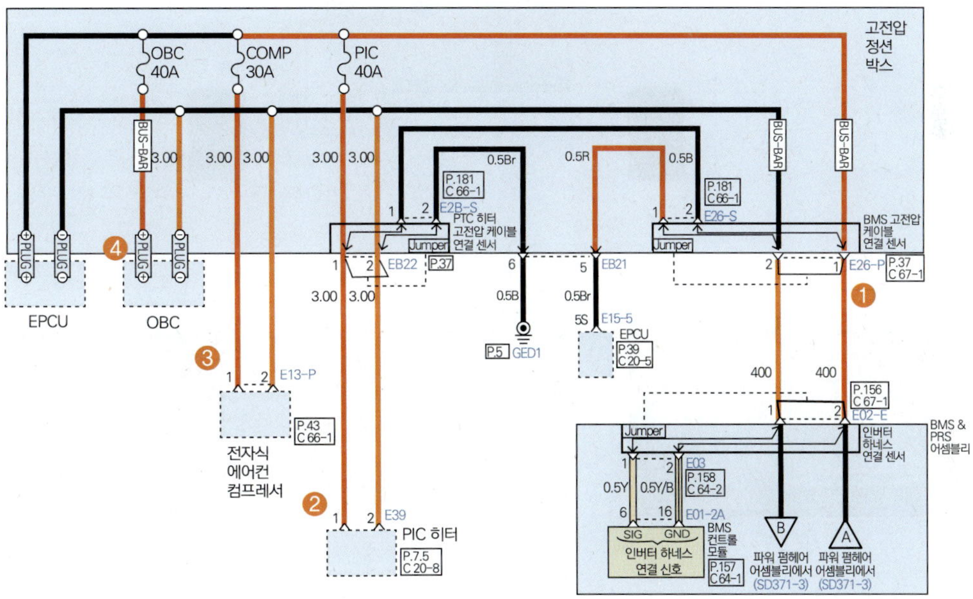

그림 204 고전압 정션 박스 회로도(배터리 고전압 흐름도)

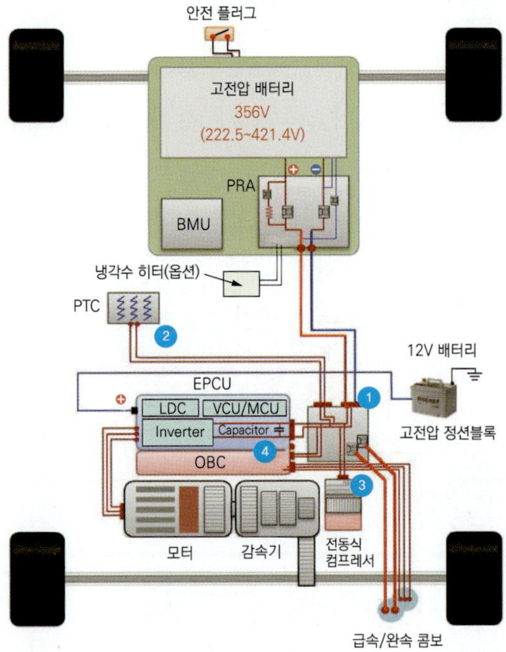

그림 205 퓨즈 단선 유무 점검 개소

(a) OBC

(b) PTC

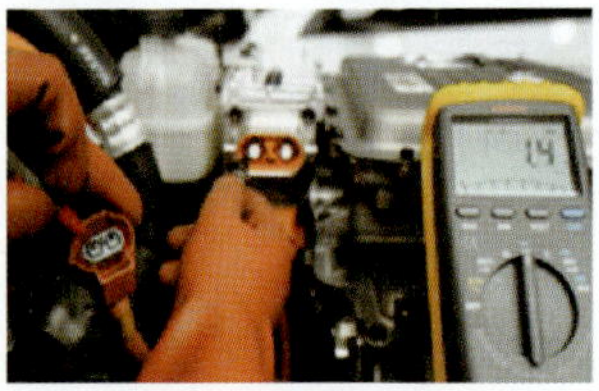

(c) 에어컨 컴프레서

그림 206 퓨즈 단선 유무 점검

7 전압 & 온도 센싱 와이어링

전압 & 온도 센싱 와이어링 하네스 제원

온도(℃)	저항값(kΩ)	편차(%)
-40	214.8	-0.7~0.7
-30	122	-0.7~0.7
-20	72.04	-0.6~0.6
-10	44.09	-0.6~0.6
0	27.86	-0.5~0.5
10	18.13	-0.4~0.4
20	12.12	-0.4~0.4
30	8.3	-0.4~0.4
40	5.81	-0.5~0.5
50	4.14	-0.6~0.6
60	3.01	-0.8~0.8
70	2.23	-0.9~0.9

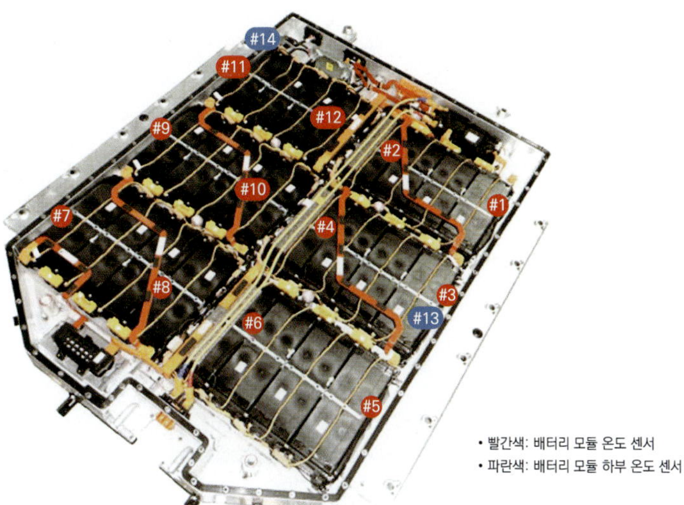

그림 207 온도센서 번호

1. 전압 센싱 와이어링 점검

① 고전압 배터리 시스템 어셈블리(BSA)를 탈거한다.

② 전압 & 온도 센싱 와이어링 하네스를 탈거한다.

③ 전압 센싱 와이어링 통전 상태를 확인한다(규정값 : 1Ω 이하(20℃)).

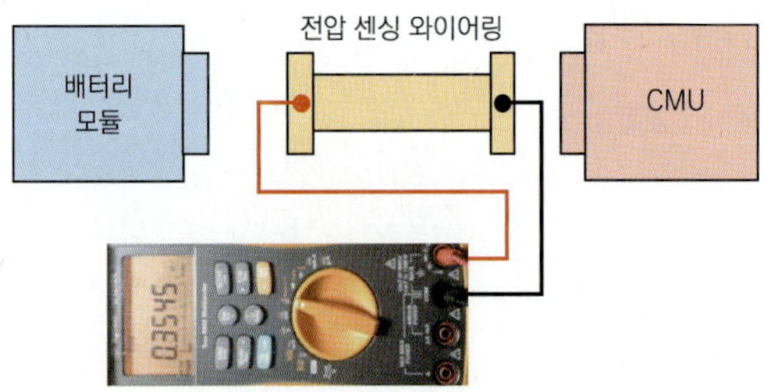

그림 208 통전 상태 확인

④ CMU를 하부케이스에 장착한다.

⑤ 전압 & 온도 센싱 와이어링을 CMU에 연결한다.

⑥ 접지 단락 점검은 전압 센싱 와이어링과 하부 케이스와의 절연저항을 측정한다(규정값 : 1MΩ 이상(20℃)).

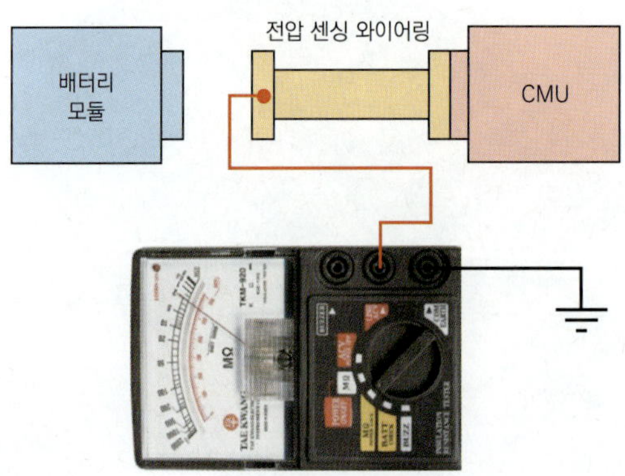

그림 209 절연저항 측정

2. 온도 센싱 와이어링 점검

① 진단기기를 자기 진단 커넥터(DLC)에 연결한다.

② IG 스위치를 ON한다.

③ 진단기기를 사용하여 서비스 데이터의 “배터리 모듈 온도”를 점검한다.

그림 210 배터리 모듈 온도 점검

3. 전압 & 온도 센싱 와이어링 탈거 및 장착

아래 탈거 절차는 모듈 어셈블리 #1~#4의 전압 & 온도 센싱 와이어링 탈거 절차이므로 다른 전압 & 온도 센싱 와이어링도 동일한 방법으로 탈거한다. 고전압 버스바 체결용 록 타이트 볼트는 신품으로 교환해야 하며, PRA와 고전압 커넥터에 장착된 버스바 탈거 시, 수공구를 사용하여 1.4kgf · m 이하로 푼다.

① 고전압 차단 절차를 수행한다.

② 고전압 배터리 시스템 어셈블리(BSA)를 탈거한다.

③ 고전압 배터리 시스템 어셈블리(BSA) 상부 케이스를 탈거한다.

④ 버스바를 탈거한다(체결 토크 : 0.8~1.2kgf · m).

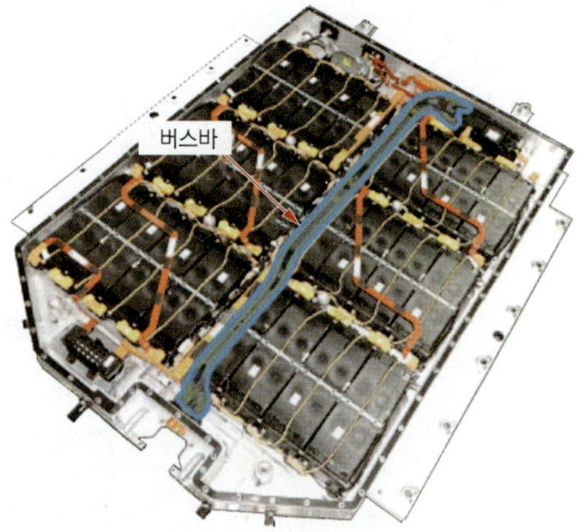

그림 211 버스바 탈거(1)

⑤ 장착 볼트 및 너트를 푼 후, 버스바를 탈거한다(체결 토크 : 0.8~1.2kgf · m).

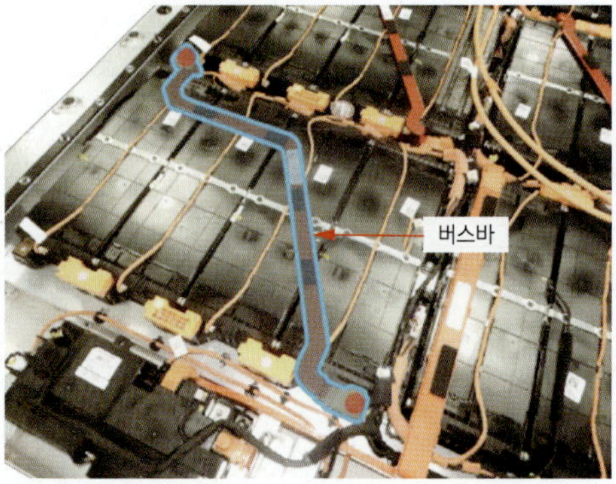

그림 212 버스바 탈거(2)

⑥ 배터리 모듈 온도 센서 커넥터를 분리한다.

⑦ 배터리 모듈 전압 센싱 와이어링 하네스를 분리한다.

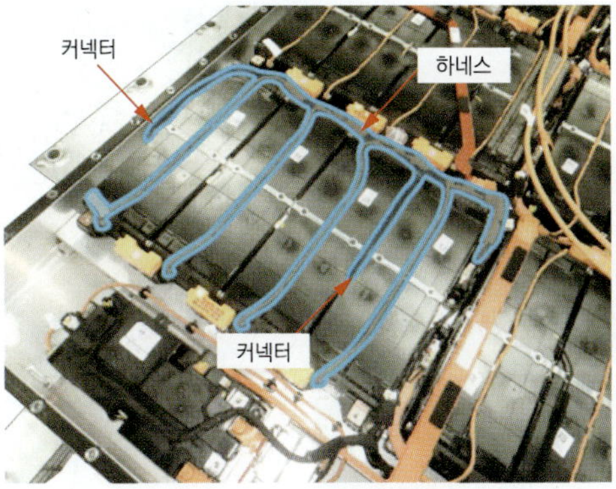

그림 213 커넥터 및 하네스 분리

⑧ 분기 커넥터를 분리한다.

그림 214 분기 커넥터 분리

⑨ 전압 센싱 와이어링 커넥터를 분리한다. 전압 센싱 와이어링 커넥터 탈거 전, 셀 모니터링 유닛 측 모든 전압 센싱 와이어링 커넥터를 역순 6 → 5 → 4 → 3 → 2 → 1로 분리한다.

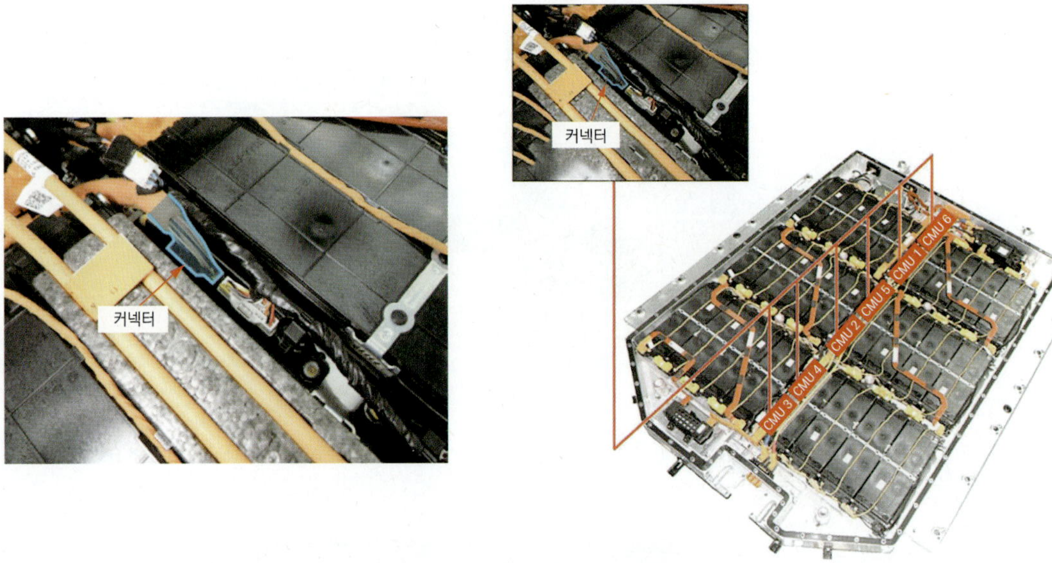

그림 215 전압 센싱 와이어링 커넥터 분리

⑩ 장착은 탈거의 역순으로 진행한다.

4. 배터리 모듈 하부 온도센서 탈거 및 장착

① 배터리 모듈 어셈블리 #5~#8을 탈거한다.(배터리 모듈 하부 온도 센서 #13)

② 배터리 모듈 어셈블리 #21~#24를 탈거한다.(배터리 모듈 하부 온도 센서 #14)

③ 배터리 모듈 하부 온도 센서를 탈거한다.

- 스티커를 탈거한다.

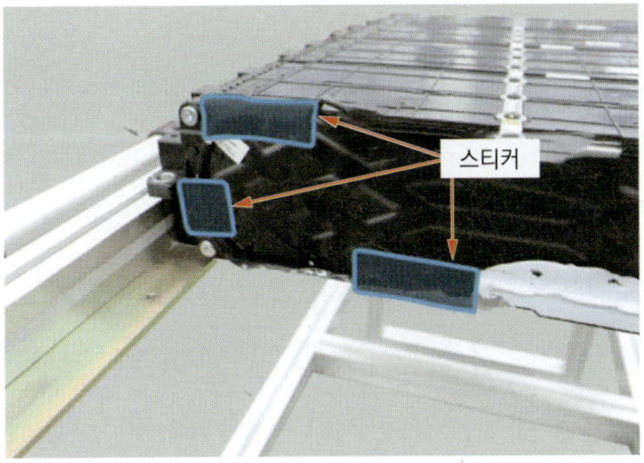

그림 216 스티커 탈거

- 온도센서를 화살표 방향으로 탈거한다.

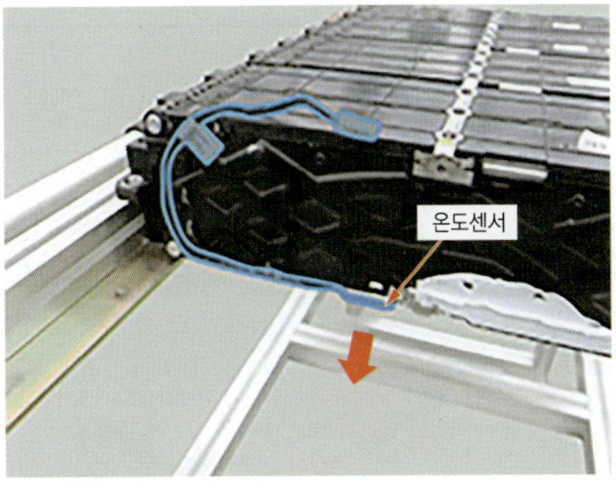

그림 217 온도센서 탈거

④ 장착은 탈거의 역순으로 진행한다.

4 고전압 충전 시스템

1 개요

전기차를 충전하는 방법은 크게 AC(교류) 충전과 DC(직류) 충전으로 나눌 수 있다. 전기차에 탑재되는 배터리는 고전압 DC 배터리로 실제 배터리에 충전되는 전류는 직류이어야 한다. 그러나 보통 국가 전력망은 장거리 전송이 유리한 교류 전류를 사용하는데 이 교류 전류를 직류 전류로 바꾸어야만 배터리를 충전할 수 있게 된다. AC 충전이라는 것은 차량이 AC 전류를 입력받아 배터리 충전에 필요한 고전압 DC 전류를 직접 만들어서 충전하는 방식을 얘기한다. 이를 위해서 차량에는 OBC(On-Board Charger)라고 하는 전류 변환 장치가 탑재된다.

DC 충전은 충전기 쪽에서 전력망으로부터 공급받은 380V 3상 교류 전류를 직접 직류로 변환하고 차량 쪽은 충전에 필요한 전압과 전류량을 충전기 쪽에 요청하여 고전압 DC 전류를 입력받는 방식이다. 차량에 내장된 OBC는 용량에 한계가 있지만 충전기의 경우 50~150kW까지 차량 1대당 충전 용량을 증가시킬 수 있다.

따라서 보통 급속 충전은 DC 충전으로 진행되기 때문에 보통 DC 충전기를 급속 충전기라고 얘기한다.

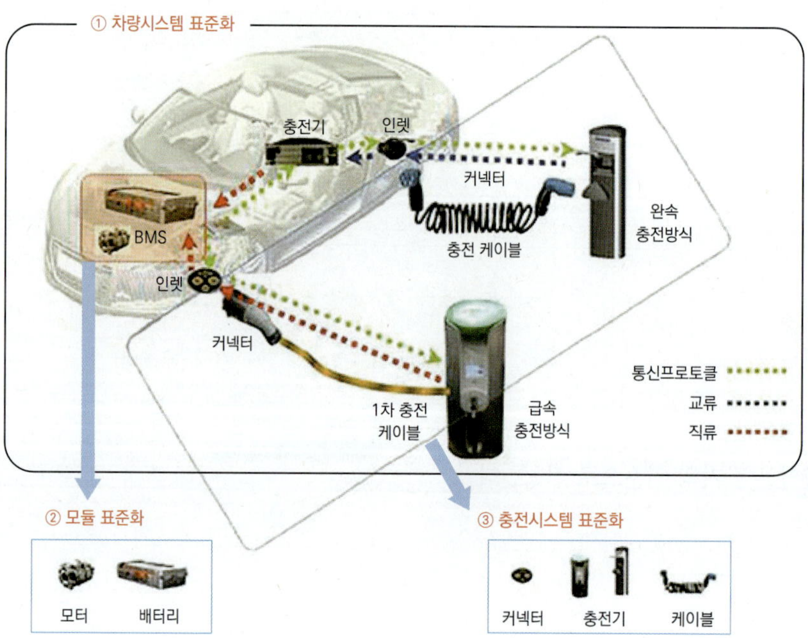

그림 218 전기자동차의 충전방법

2 전기자동차의 충전

전기자동차는 급속 충전과 완속 충전 두 가지 방식으로 충전이 가능하다. 충전 시에는 안전을 위해 차량 주행이 불가능하고 급속 충전과 완속 충전이 동시에 이루어질 수 없다.

1. 전기자동차의 주행 모드

EV의 주행 모드 및 충전

구분	출발/가속	감속	완속 충전	급속 충전
주행모드	출발/가속	감속	완속 충전 (AC충전)	급속 충전 (DC 충전)
	모터	회생 제동	배터리충전 (6시간)	배터리충전 (25분)
작동원리	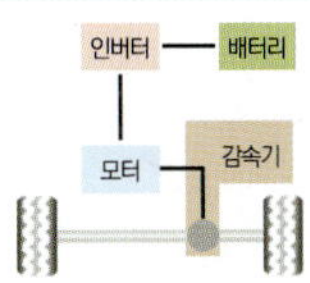	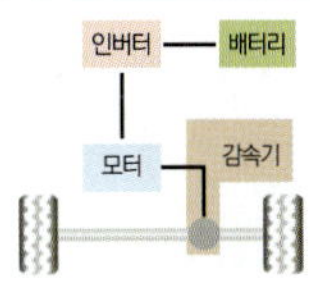	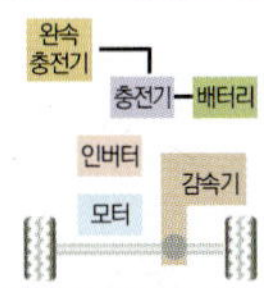	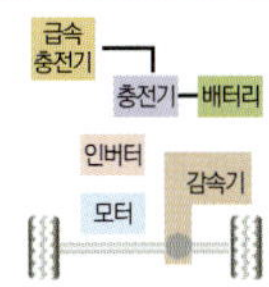
	배터리에 저장된 전기에너지를 이용하여 구동모터에서 구동력을 발생	감속시에 발생하는 운동에너지를 버리지 않고 구동모터를 발전기로 사용하여 배터리를 재충전	220V의 전압을 이용하여 배터리 충전(0~100%). 충전까지 완속 충전.	외부에 별도로 설치된 급속 충전기를 이용하여 충전(0~80% 충전까지 급속 충전)

(1) 출발/가속

시동키를 ON한 후 운전자가 가속 페달을 밟으면 EV는 고전압 배터리에 저장된 전기에너지를 이용하여 구동모터로 주행한다. 차량의 속도를 올리기 위해 가속 페달을 더 밟으면 모터는 더 빠르게 회전하여 차속이 높아진다. 큰 구동력을 요구하는 출발과 언덕길 주행 시에는 모터의 회전 속도는 낮아지고 구동 토크를 높여 변속기 없이도 모터의 회전력만을 조절하여 주행한다.

(2) 감속

차량의 속도가 운전자가 요구하는 속도보다 높아서 가속 페달을 적게 밟거나, 브레이크를 작동할 때 전기 모터의 구동력은 필요하지 않다. 이때 구동모터는 발전기 역할을 하여 바퀴의 주행 관성 운동에너지를 전기에너지로 변환시킨다. 구동모터에서 만들어진 전기에너지는 고전압 배터리에 저장된다.

감속 시 발생하는 운동에너지를 버리지 않고 구동모터를 발전기로 사용하여 배터리를 재충전하는 것을 회생 제동이라고 한다.

2. 충전장치

EV의 충전장치는 완속, 급속, ICCB 등 3종류가 있다. 완속 충전기와 급속 충전기는 별도로 설치된 220V나 380V용 전원을 이용해 충전하는 방식이고, ICCB(In Cable Control Box)는 가정에서 충전 가능한 케이블이다. 완속 충전 시에는 차량 내에 별도로 설치된 충전기(OBC)를 거쳐서 고전압 배터리가 충전된다. 충전기의 종류는 국가별, 제작사별로 차이가 있어 모든 충전기를 공용으로 사용할 수는 없다. 2017년 말부터 국내 규격도 DC 콤보1으로 통일되어서, 최근 대부분의 차종이 DC 콤보 방식이다(볼트 EV, 코나 일레트릭, 아이오닉 일렉트릭, 니로 EV, 쏘울 EV 등).

구분	종류			통일
전기자동차 충전구 (Inlet)	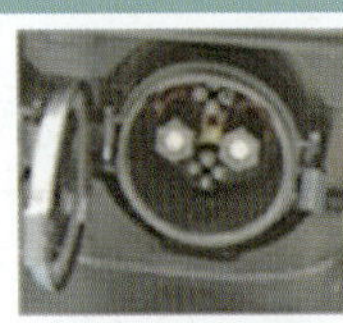			
	차데모	AC 3상	콤보1	콤보1
급속 충전기 커넥터 (Connector)		커넥터(Connector)		

	멀티형 충전기	차데모+AC 3상+콤보1		콤보1

그림 219 충전구 및 커넥터 종류

급속 충전 타입이 기존 차데모 타입(아이오닉 EV 17년식 이전)에서 콤보1 타입으로 변경되며 추가된 제어기 CCM(Charge Control Module)은 충전기와 BMU의 서로 다른 통신 언어를 통역하여 보내주는 게이트웨이의 역할로 급속 충전 제어에만 사용된다.

차데모 타입의 경우 급속 충전기가 CAN(QC-CAN) 통신을 하기 때문에 BMU와 통신에 문제가 되지 않지만 콤보1 타입의 충전기는 CAN통신 라인이 포함되어 있지 않다. 콤보1 타입은 CAN 통신을 포함하고 있지 않기 때문에 CP 듀티 라인에 PLC 통신을 추가하여 정보를 주고받는다.

전력선 통신(PLC : Power Line Communication)은 한 개의 라인에 두 개의 역할을 하는 신호를 보내는 통신으로 충전 시스템에서는 CP 라인에 듀티 정보와 PLC 신호가 함께 있는 것으로 생각하면 된다. 급속 충전에서 PLC를 사용하는 이유는 급속 충전은 완속 충전 대비 충전기와 BMU간의 필요한 정보(온도, SOC 및 충전 전류 등)의 교류할 내용이 더 많기 때문이다.

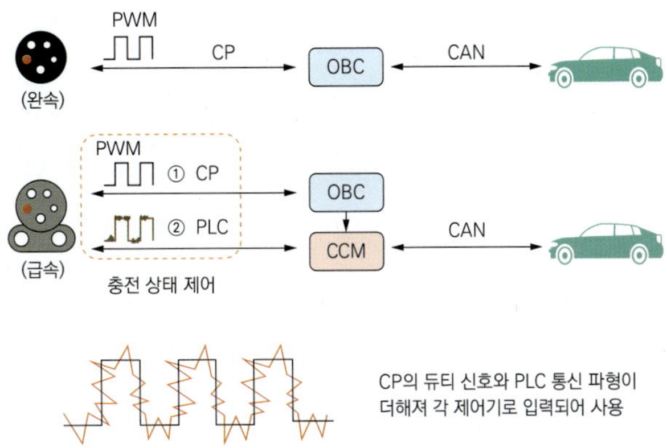

그림 220 실제 차량에서의 신호 흐름

실제 전기차의 PLC 통신은 CP라인의 듀티 신호에 노이즈 같은 PLC 정보를 담아 듀티 통신은 OBC가, PLC 통신은 CCM이 입력받아 각 제어에 활용한다.

(1) CP 신호 듀티 정보

완속에서만 사용하며 OBC가 입력받아 충전 케이블 체결 유무, 완/급속 충전 구분 및 충전 개시와 종료 등의 정보로 사용

(2) PLC 신호

급속에서만 사용하며 CCM이 입력받아 배터리 SOC, 온도 및 충전 잔여 시간 등의 정보로 사용

3. 급속 충전 모드

급속 충전은 급속 충전기에 AC전원을 DC전원으로 변환하여 차량으로 인가하는 시스템으로 별도의 전환 변환 시스템이 필요하지 않다. 급속 충전 커넥터에서 DC전원이 인가되어 QC릴레이를 통과한 후 PRA을 거쳐 고전압 배터리를 충전하는 시스템으로 이루어져 있으나 제작회사 차량마다 변화에 따라 다소 차이는 있으며, 충전구의 위치에 따라 QC릴레이가 PRA에 위치한 경우(아이오닉 2020 이전 제조)와 고전압 정션블록(아이오닉 2020년 이후, 코나)에 위치한 경우가 있으나, 핵심적으로 알아야 하는 내용은 급속 충전의 경우는 일반적으로 공급되는 AC전원을 고전압 배터리가 DC전원이므로 급속 충전기에 DC로 변환하여 DC전원으로 직접인가 되므로 완속 충전기처럼 별도로 전원을 변환하는 변환장치(OBC)가 필요하지 않으므로 급속 충전기에서 공급되는 전원인 (+), (−)를 단속하는 QC 릴레이와 QC 릴레이에서 공급되는 전원을 PRA을 통해 고전압 배터리로 공급하게 된다. 즉, 급속 충전은 전기차 충전장치(EVSE : Electriv Supply Equipment)에서 나온 직류 전압을 멀티 인버터를 통해 승압 또는 패싱하여 고전압 배터리를 충전한다(승압 : 400V → 800V, 패싱 : 800V → 800V).

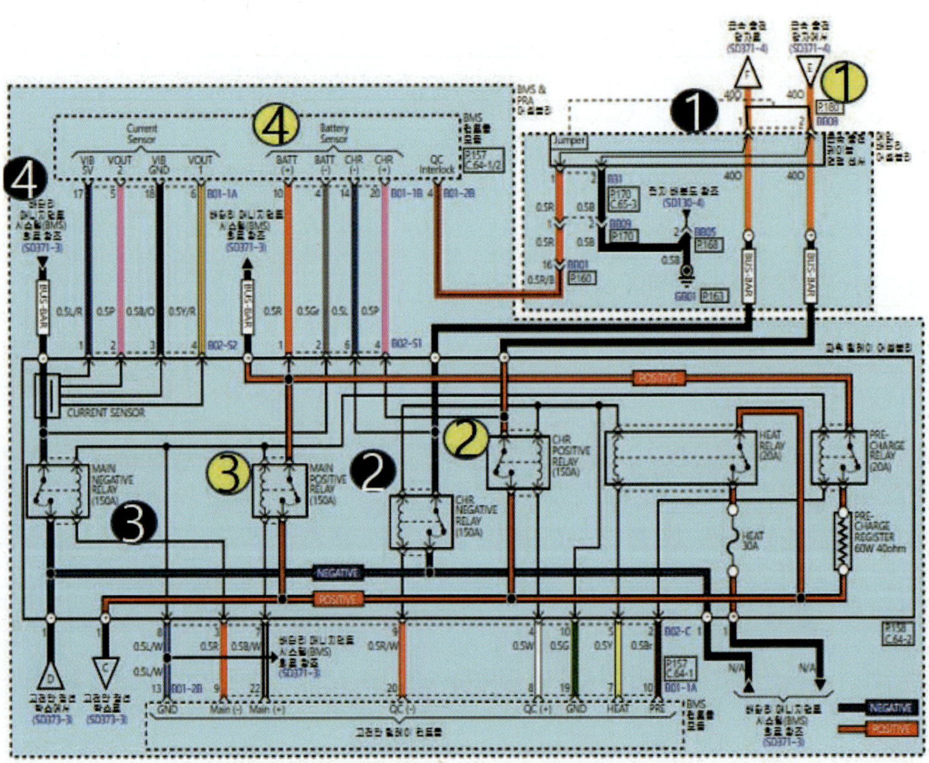

그림 221 파워 릴레이 회로(급속 충전)

회로도에서 보는 바와 같이, 급속 충전(아이오닉 2020년 이전 차량)은 급속 충전기 (+)단자는 커넥터 1에서 PRA의 차지 릴레이 2의 ON시 3번의 메인 릴레이를 경유해서 배터리 단지 (+)로 인가되어 충전 (−)단자는 배터리에서 4번에서 메인 릴레이 3번을 통과해서 2번 차지 릴레이를 경유 후 1번 고전압 배터리로 흐르게 된다. 급속 충전 시스템은 급속 충전 릴레이와 PRA 릴레이를 통해 고전압이 급속 충전 포트에 흐르지 않도록 보호한다.

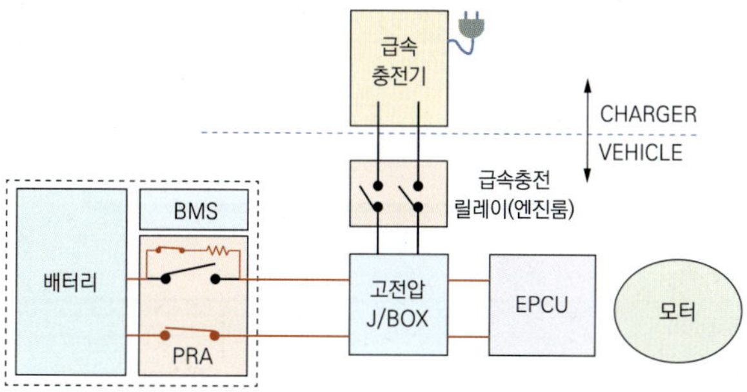

그림 222 급속 충전 시스템 보호 시스템

2020년 이후 코나의 경우는 완속 충전구와 급속 충전구의 위치가 자동차의 전면부에 위치함으로서 급속 충전기의 충전전압을 제어하는 QC릴레이가 고전압 정션블록에 위치하여 정션블록을 통과하여 고전압 배터리 어셈블리와 함께 장착된 PRA의 메인릴레이 (+), (−)릴레이를 경유해서 고전압을 충전하는 시스템으로 구성되어 있고, 완속 충전 또한 완속 충전 케이블에서 OBC를 통해 AC전원이 DC전원으로 변환되어 정션블록을 통해 PRA의 메인릴레이 (+), (−)를 경유 후 고전압 배터리가 충전되는 시스템이다.

4. 완속 충전 모드

완속 충전은 ICCU(OBC+LDC)를 통해서 220V 교류 전압을 직류 전압으로 변환 후, DC 800V로 승압하여 고전압 배터리를 충전하기 때문에 별도의 전환 변환 시스템인 OBC가 필요하다. 즉, 완속 충전기 → OBC → 고전압 정션블록 내 OBC퓨즈 → PRA내에 메인릴레이 → 고전압 배터리

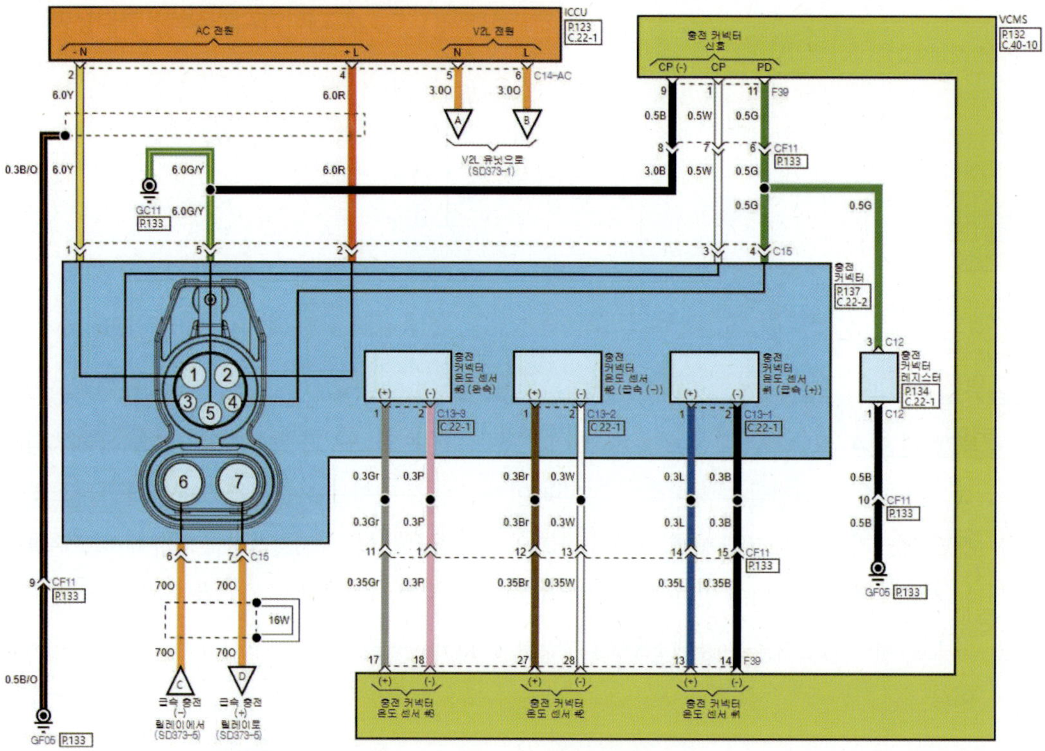

1. AC 전원 -N
2. AC 전원 +L
3. 충전 커넥터 신호 CP
4. 충전 커넥터 신호 PD
5. 접지
6. 급속 충전(-) 릴레이
7. 급속 충전(+) 릴레이

그림 223 아이오닉 5(NE EV) 2022년식 충전 회로도(VCMS/ICCU/V2L/CDM)

5. OS EV 콤보 충전 케이블 체결 및 통신상태 전압

(1) CP, PD신호

① OBC는 급속 또는 완속 충전 케이블 연결 및 충전 상태를 CP, PD신호로 확인

② CCM에는 CP신호만 확인

(2) CP(Control Pilot)

OBC와 충전기의 통신 상태를 확인하는 신호(충전기가 출력)

① 충전기 미 연결 : 0V

② 충전기 연결 또는 연결 대기 : 9V, +듀티

③ 충전 중 : 6V

④ 듀티 : 급속, 완속, 전류 등 충전에 관련된 정보를 담고 있다.

(3) PD(Proximity Detection)

OBC와 충전 케이블 연결 상태를 확인하는 신호(OBC가 출력)

① 충전 케이블 미 연결 : 4.5V

② 충전 케이블 연결 : 1.5V

③ 충전 케이블 언락 버튼 누름 : 2.5V

3 고전압 충전 시스템 구성부품

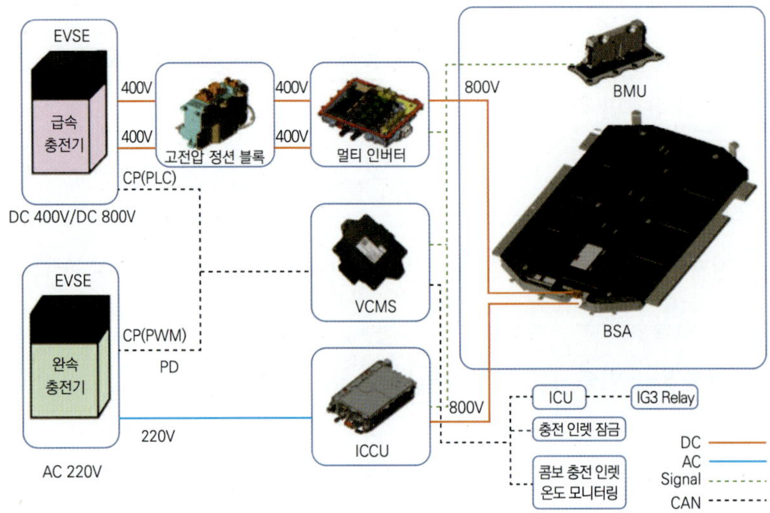

그림 224 고전압 충전 시스템 구성

1. 통합 충전기 및 컨버터 유닛(ICCU)

(1) 개요

고전압 배터리 충전 및 보조 배터리(12V) 충전 기능을 수행한다. 통합 충전 제어 유닛(ICCU)은 양방향 완속 충전기(OBC)와 저전압 직류 변환 장치(LDC)가 일체형으로 구성된 통합형 유닛이다.

① OBC(On Board Charger)

- 상용 전원인 AC전압을 DC전압으로 변환 후 승압하여 고전압 배터리 전력을 공급한다.
- 고전압 배터리 전력인 DC전압을 AC전압으로 변환 후 감압하여 차량 내/외부로 전원(110V/220V)을 제공한다.(V2L : Vehicle-to-Load)

② LDC(Low DC-DC Converter, 저전압 직류 변환 장치)

고전압 배터리의 전력(DC)을 보조 배터리(12V)의 전력(DC)으로 변환시킨다.(고전압 → 저전압)

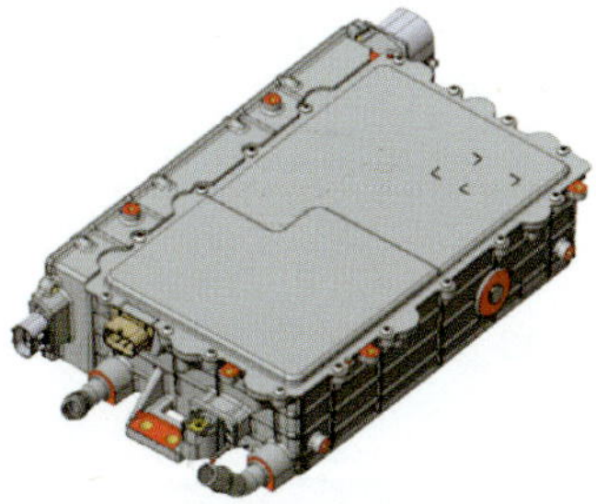

그림 225 통합 충전기 및 컨버터 유닛(ICCU)

③ 차량 탑재형 충전기(OBC) 제원

항목	제원
정격 전력(kW)	11
입력 전압(V)	AC 320~440
출력 전압 (V)	DC 360~826
냉각 방식	수냉식

④ 저전압 DC/DC 컨버터(LDC)

항목	제원
입력 전압(V)	360~826
출력 전압 (V)	12.8~15.1
정격 전력(kW)	1.8
냉각 방식	수냉식

(2) 통합 충전기 및 컨버터 유닛(ICCU) 탈거 및 장착

① ICCU 탈거

- 고전압 차단 절차를 수행한다.
- 모터 냉각수를 배출한다.
- 리어 시트를 탈거한다.
- 러기지 사이드 트림을 탈거한다.
- 장착 볼트를 푼 후, 접지를 탈거한다(체결 토크 : 0.8~1.0kgf · m).

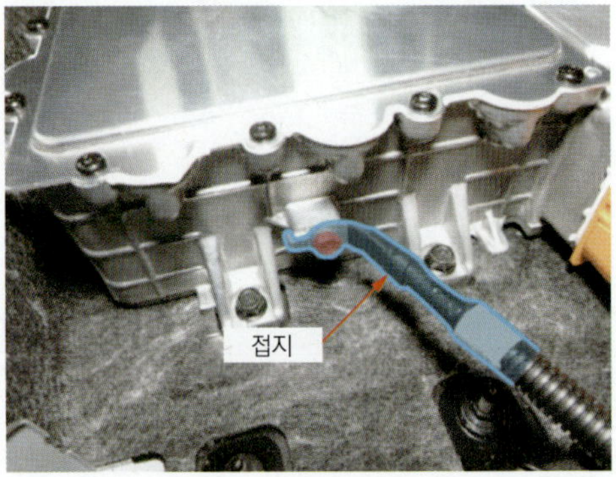

그림 226 접지 탈거

- ICCU AC 커넥터를 분리한다.

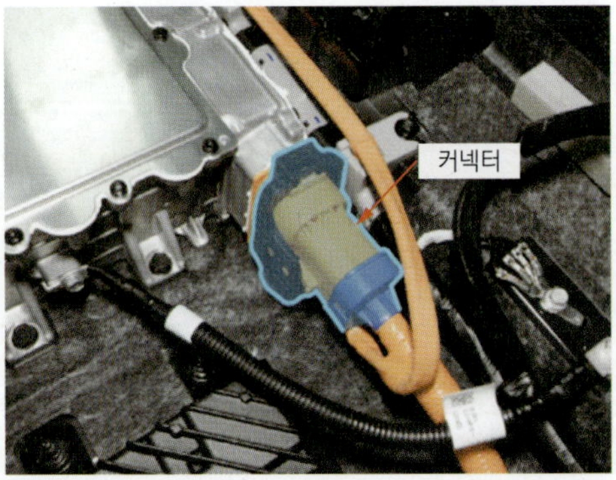

그림 227 AC 커넥터 분리

• ICCU DC 커넥터를 분리한다.

• ICCU 신호 커넥터를 분리한다.

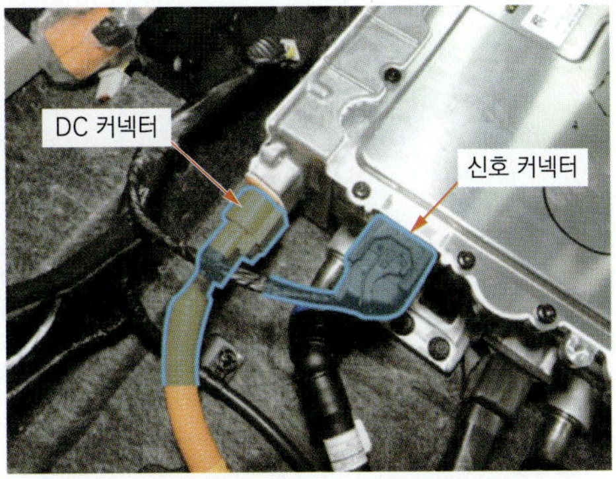

그림 228 ICCU DC 커넥터 및 신호 커넥터 분리

• 장착 볼트를 푼 후, LDC 플러스를 탈거한다(체결 토크 : 0.7~1.0kgf · m).

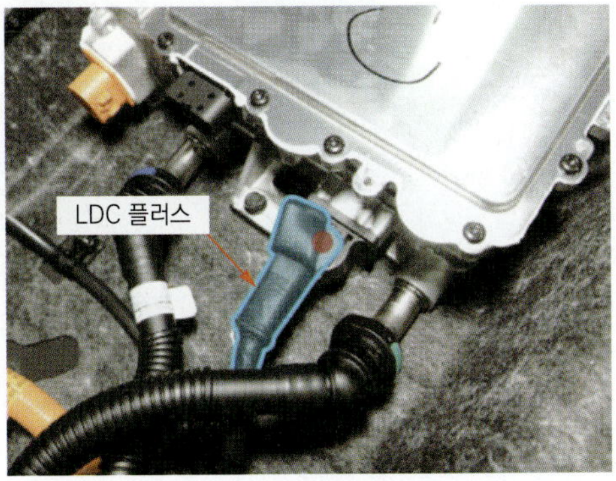

그림 229 LDC 플러스 탈거

• 냉각수 퀵-커넥터를 분리한다.

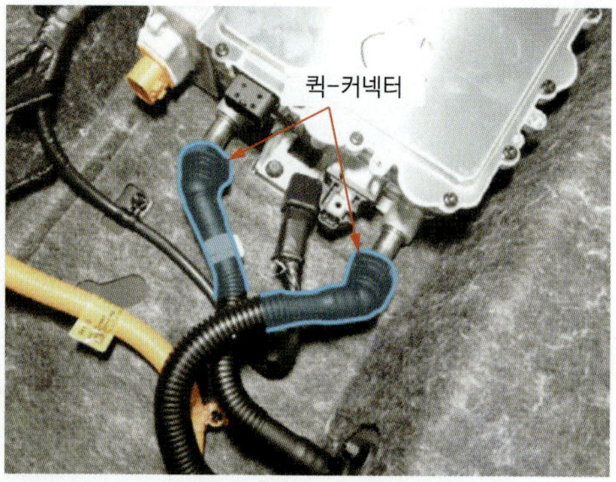

그림 230 퀵-커넥터 분리

• 장착 볼트를 푼 후, ICCU를 탈거한다.

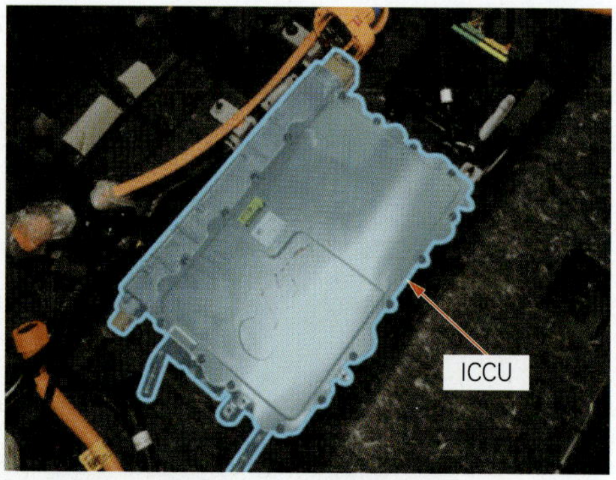

그림 231 ICCU 탈거

② ICCU 퓨즈 탈거

- 고전압 차단 절차를 수행한다.
- 리어 언더 커버를 탈거한다.
- ICCU 고전압 커넥터를 분리한다.

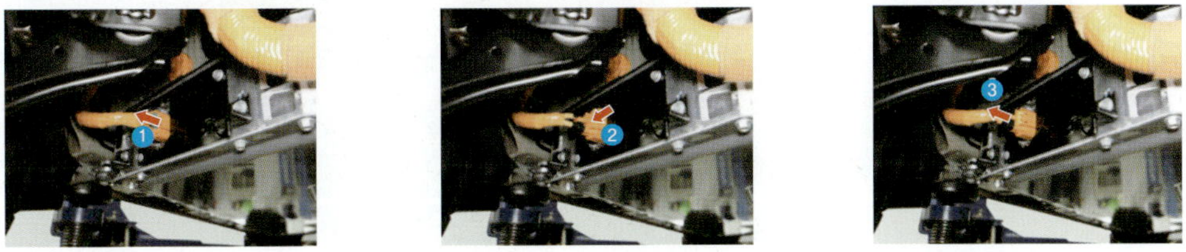

그림 232 ICCU 고전압 커넥터 분리

- ICCU 고전압 커넥터 어셈블리 커버를 탈거한다(체결 토크 : 0.8~1.2kgf · m).
- ICCU 퓨즈 커버를 탈거한다.

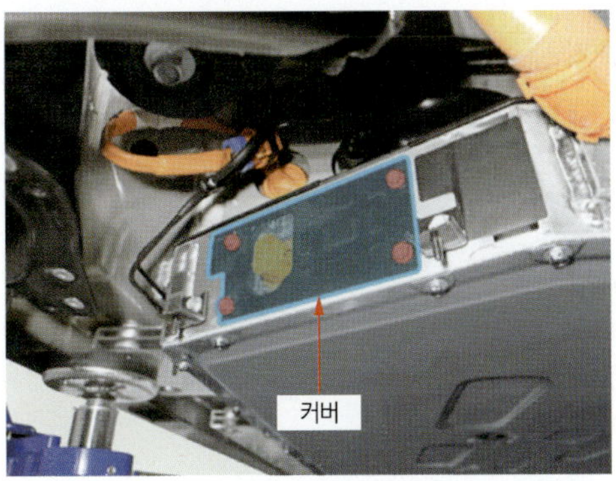

그림 233 커넥터 어셈블리 커버 탈거

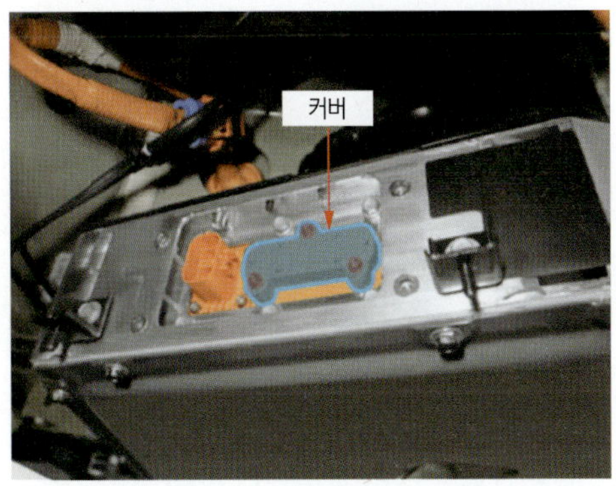

그림 234 퓨즈 커버 탈거

• ICCU 퓨즈를 탈거한다.

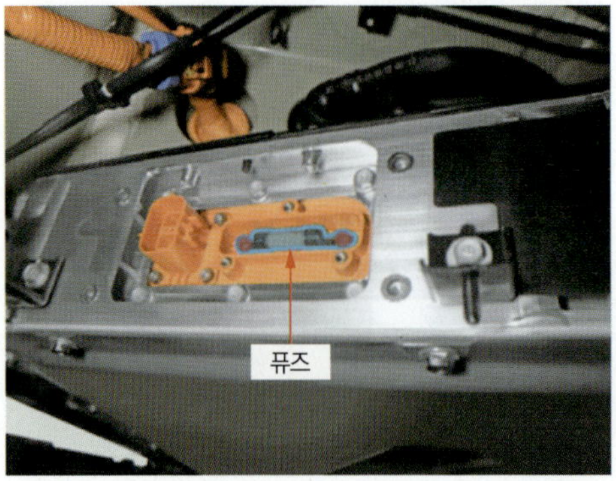

그림 235 퓨즈 탈거

③ ICCU 장착

• 장착은 탈거의 역순으로 진행한다.
• 냉각수 주입 후 누수 여부를 확인한다. 모터 냉각수를 주입한 후 진단기기를 이용하여 공기를 제거한다.

④ ICCU 퓨즈 장착

• 장착은 탈거의 역순으로 진행한다.
• 배터리 시스템 어셈블리 기밀 테스트를 수행한다.

2. 차량 충전 관리 시스템(VCMS)

그림 236 VCMS

VCMS(Vehicle Charging Management System) 제원

항목	제원
정격 전압(V)	DC 11~13
작동 전압(V)	DC 9~16
작동 전압(V)	-30~75

(1) 기능

① 충전

- AC 완속 충전 제어
- 인버터를 활용한 멀티입력(400V, 800V), DC 급속 충전 제어
- PLC 통신
- 인렛 잠금 및 온도 센싱

② V2L

- 양방향 ICCU(OBC)를 활용한 배터리 전력 공급 제어

③ PnC

- 충전시 자동 인증/결제/과금 진행되는 충전 인터페이스 기능
- PnC 기능을 위한 인증서 저장, 삭제 등 인증서 관리

참 고

1. CP(Control Pilto) : 충전기와 VCMS간 충전 관련 정보 송/수신
2. PD(Proximity Detection) : VCMS가 충전기 체결 감지
3. PLC(Power Line Communication) : 1개의 라인에 2개의 역할을 하는 신호를 보내는 통신 방법
4. PnC(Plug and Charge) : 간편 결제 시스템
5. V2L(Vehicle to Load) : 양방향 OBC를 활용하여 차량 내/외부로 일반 전기 전원(220V)을 제공

(2) 탈거 및 장착

① 고전압 차단 절차를 수행한다.

② 리어 시트를 탈거한다.

③ 러기지 사이드 트림(RH)를 탈거한다.

④ 차량 충전 관리 시스템 커넥터를 분리한다.

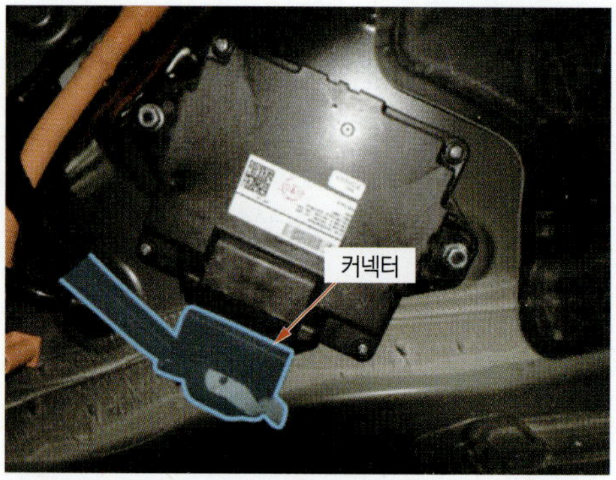

그림 237 커넥터 분리

⑤ 장착 너트를 푼 후, 차량 충전 관리 시스템을 탈거한다(체결 토크 : 0.8~1.2kgf · m).

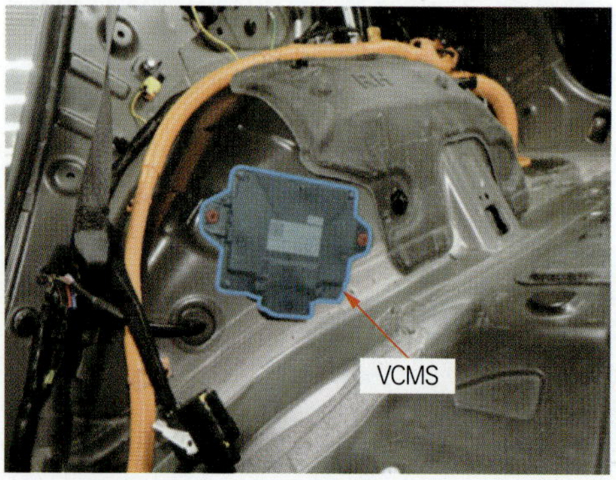

그림 238 VCMS 탈거

⑥ 장착은 탈거의 역순으로 진행한다.

3. 급속 충전 릴레이 어셈블리(QRA)

(1) 개요

급속 충전 릴레이 어셈블리(QRA : Quick charge relay assembly)는 고전압 정션 블록 내에 장착되어 있으며 (+)고전압 제어 메인 릴레이, (−)고전압 제어 메인 릴레이로 구성되어 있다. 그리고 BMU 제어 신호에 의해 고전압 배터리팩과 고전압 정션 블록 사이에서 DC 800V 고전압을 ON, OFF 및 제어한다. 급속 충전 릴레이 어셈블리(QRA) 작동 시에는 파워 릴레이 어셈블리(PRA : Power Relay Assembly)는 작동한다. 주요 기능으로는 급속 충전 시 공급되는 고전압을 배터리팩에 공급해주는 스위치 역할을 하며, 과충전이 되지 않도록 방지해주는 과충전 방지 역할을 한다.

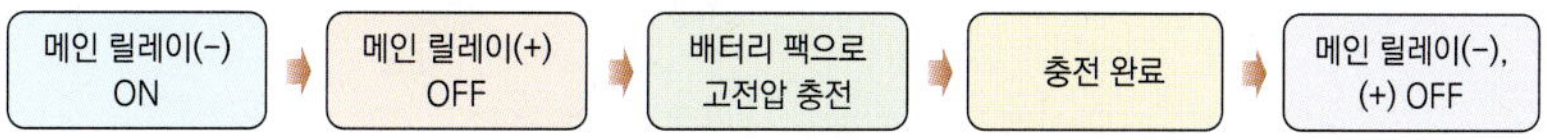

그림 239 급속 충전 실시 시 작동원리

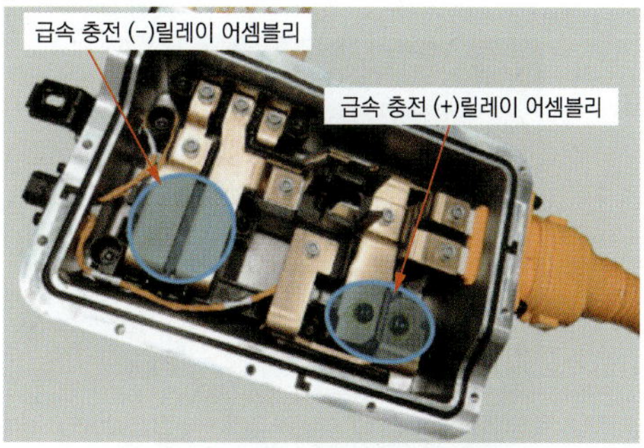

그림 240 급속 충전 릴레이 어셈블리

(2) 탈거

① 고전압 차단 절차를 수행한다.

② 리어 고전압 정션 블록을 탈거한다.

③ 고전압 정션 블록 어퍼 커버를 탈거한다(체결 토크 : 0.8~1.2kgf · m).

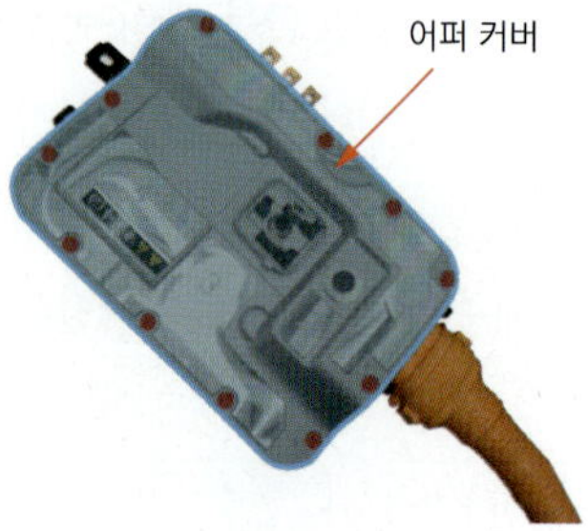

그림 241 어퍼 커버 탈거

④ 장착 볼트를 푼 후, 파워 케이블 버스바를 탈거한다(체결 토크 : 0.8~1.2kgf · m).

그림 242 파워 케이블 버스바 탈거

⑤ 버스바 장착 볼트를 탈거한다(체결 토크 : 0.8~1.2kgf · m).

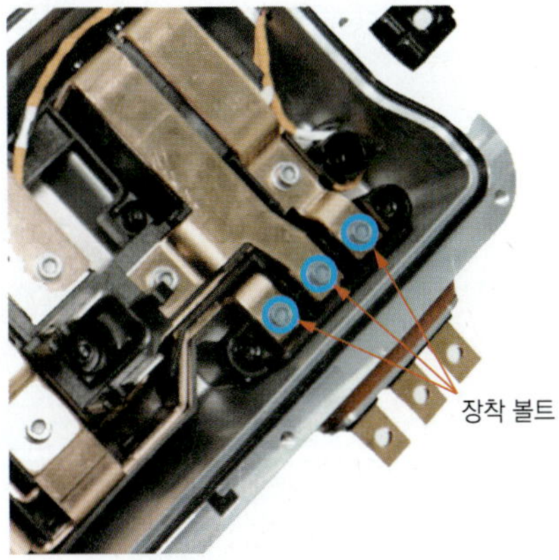

그림 243 버스바 장착 볼트 탈거

⑥ QRA 커넥터를 분리한다.

(a) QRA (−) (b)

그림 244 QRA 커넥터 분리

⑦ 장착 볼트를 푼 후, QRA 트레이를 탈거한다(체결 토크 : 0.8~1.2kgf · m).

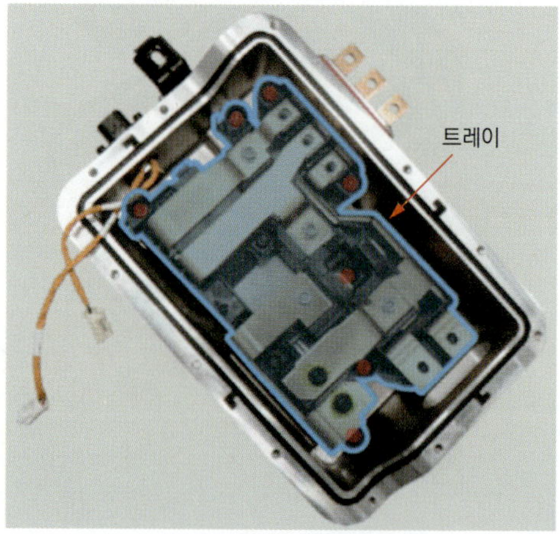

그림 245 QRA 트레이 탈거

⑧ 장착 볼트를 푼 후, QRA (+) 버스바를 탈거한다(체결 토크 : 0.8~1.2kgf · m).

⑨ 장착 너트를 푼 후, QRA (+)를 탈거한다(체결 토크 : 0.8~1.2kgf · m).

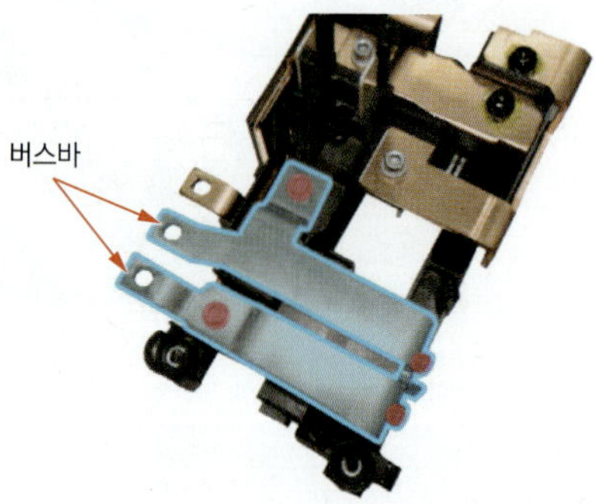

그림 246 QRA (+) 버스바 탈거

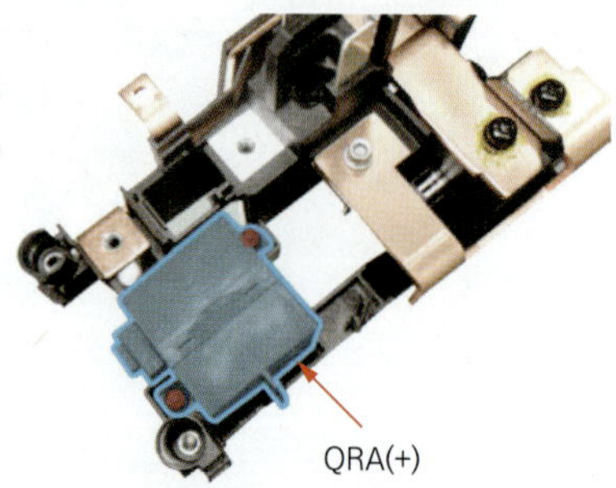

그림 247 QRA (+) 탈거

⑩ 장착 볼트를 푼 후, QRA (–) 버스바를 탈거한다(체결 토크 : 0.8~1.2kgf · m).

⑪ 장착 너트를 푼 후, QRA (–)를 탈거한다(체결 토크 : 0.8~1.2kgf · m).

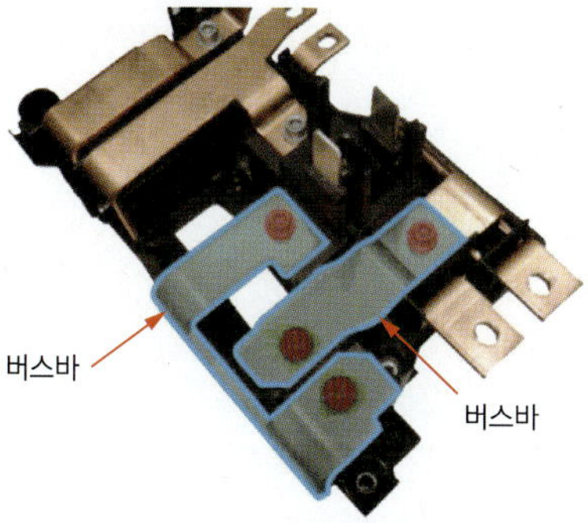

그림 248 QRA (-) 버스바 탈거

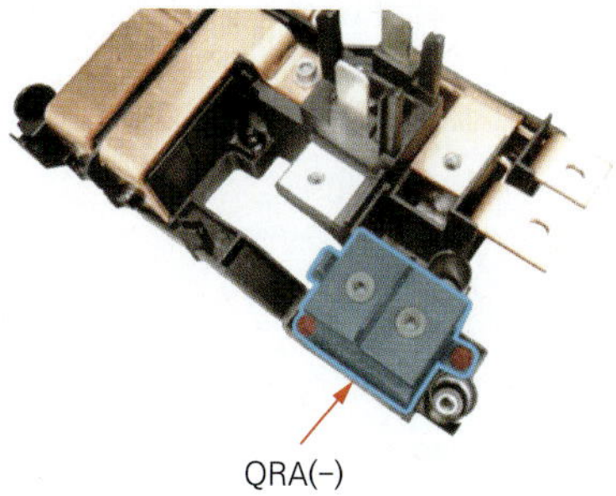

그림 249 QRA (-) 탈거

(3) 장착

버스바를 탈거한 후, (–)드라이버나 다른 도구를 사용하여 록 타이트를 제거한다. 이물질이나 록 타이트 잔여물로 인해 단자 간 접촉 불량이 발생할 수 있다.

① 장착은 탈거의 역순으로 진행한다. 릴레이 접점 부 버스바 체결 후, 록 타이트를 도포한다. 전면 어퍼 커버 조립 시, 개스킷이 정상적으로 조립될 수 있도록 주의한다.

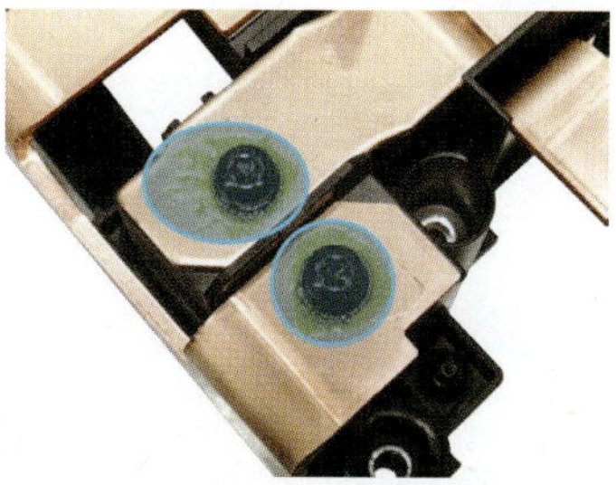
그림 250 록 타이트 도포

② 후륜 모터 및 감속기 시스템 기밀 점검을 수행한다.

4. 콤보 충전 인렛 어셈블리

(1) 개요

콤보 충전 인렛 어셈블리는 우측 후방 콤비네이션 램프 측에 위치해 있다. ICCB(전기차 휴대용 충전기, In-Cable Control Box)를 완속 충전 포트에 연결하거나 급속 충전 커넥터를 급속 충전 포트에 연결하면 충전이 시작된다.

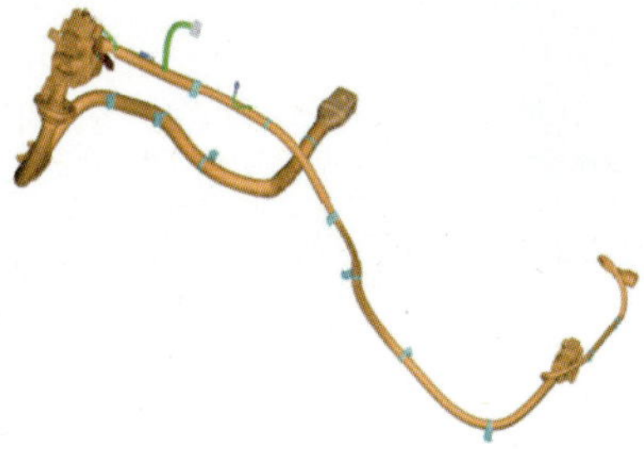

그림 251 콤보 충전 인렛 어셈블리

(2) 탈거 및 장착

① 고전압 차단 절차를 수행한다.

② 리어 시트를 탈거한다.

③ 러기지 사이드 트림을 탈거한다.

④ 급속 충전 커넥터 서비스 커버를 탈거한다(체결 토크 : 0.5~0.8kgf · m).

⑤ 급속 충전 커넥터를 분리한다(체결 토크 : 0.95~1.05kgf · m).

그림 252 급속 충전 커넥터 서비스 커버 탈거

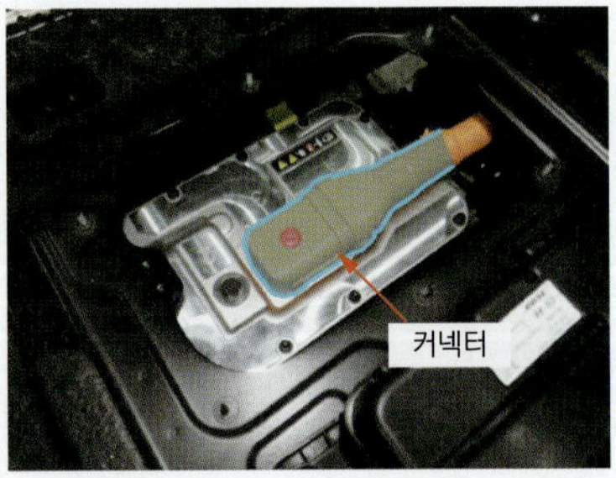

그림 253 커넥터 분리

⑥ 급속 충전 커넥터 장착 너트를 탈거한다.

⑦ 급속 충전 커넥터를 분리한다.

그림 254 장착 너트 탈거

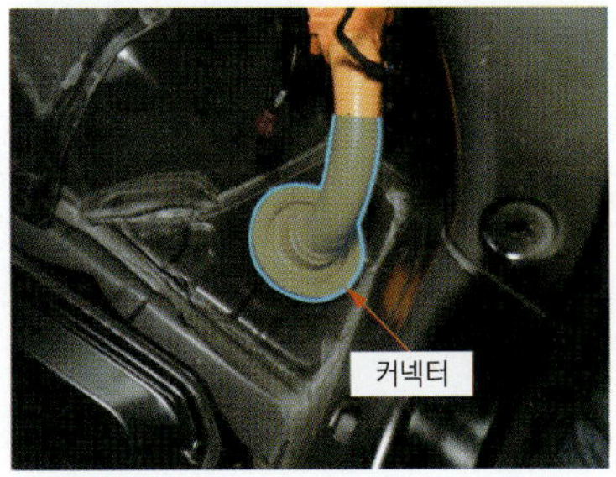

그림 255 커넥터 분리

⑧ ICCU AC커넥터를 분리한다.

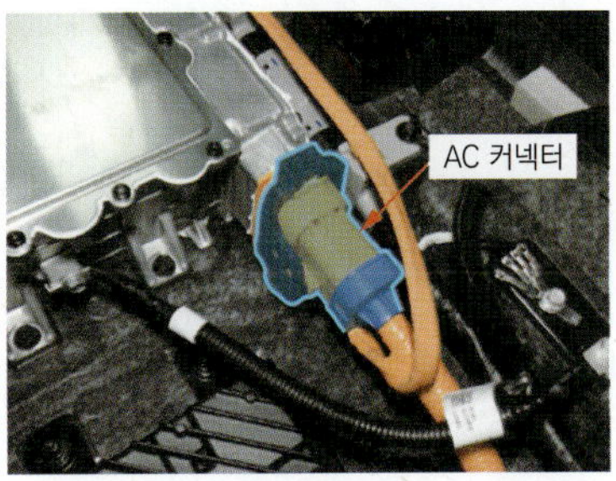

그림 256 AC커넥터 분리

⑨ 장착 볼트 및 너트를 푼 후, 충전 포트를 탈거한다(체결 토크 – 볼트 : 0.7~1.0kgf · m, 너트 : 1.1~1.4kgf · m).

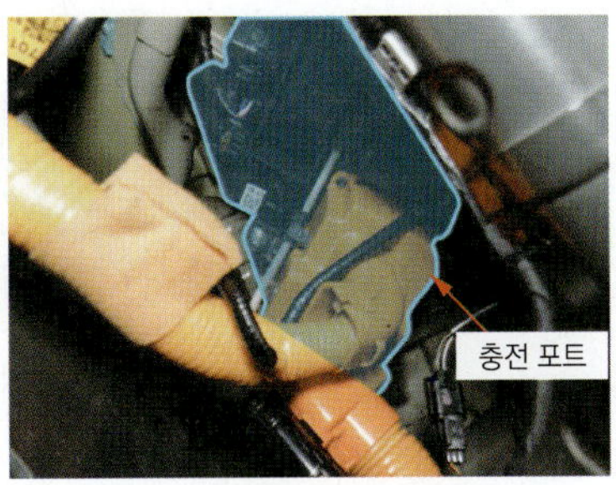

그림 257 충전 포트 탈거

⑩ 장착은 탈거의 역순으로 진행한다. 고전압 커넥터 장착이 안 되는 경우 핀이 휘어 있는지 확인을 하고, 고전압 커넥터를 강한 힘으로 가격하거나 강제 삽입하면 안 된다.

5. 완속 충전 케이블 잠금 액추에이터

(1) 개요

문이 잠겼을 때 액추에이터를 작동시켜 일반 충전 케이블 도난을 방지한다. 문이 잠금 해제된 경우에만 일반 충전 케이블을 연결할 수 있다. 그리고 케이블을 연결한 후 문이 잠기면 액추에이터에서 케이블을 분리할 수 없다.

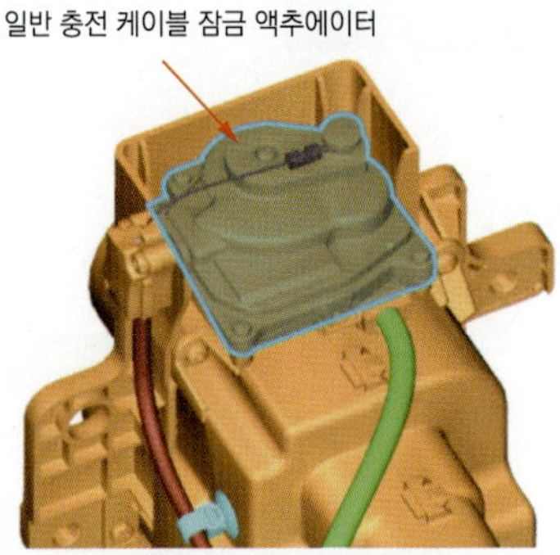

그림 258 완속 충전 케이블 잠금 액추에이터

(2) 탈거 및 장착

① 고전압 차단 절차를 수행한다.

② 콤보 충전 인렛 어셈블리를 탈거한다.

③ 완속 충전 케이블 잠금 액추에이터 커넥터를 분리한다.

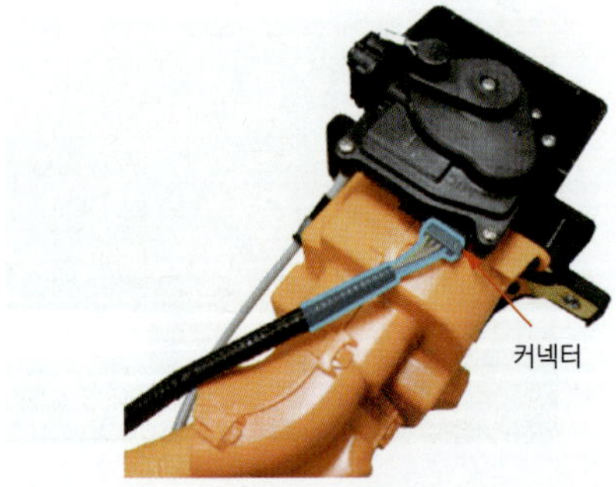

그림 259 액추에이터 커넥터 분리

④ 케이블을 분리한다. 케이블을 분리할 때, 아래 그림과 같이 화살표 방향으로 돌려 케이블을 분리한다.

그림 260 케이블 분리

⑤ 장착 스크류를 푼 후, 액추에이터를 탈거한다(체결 토크 : 0.12~0.18kgf · m).

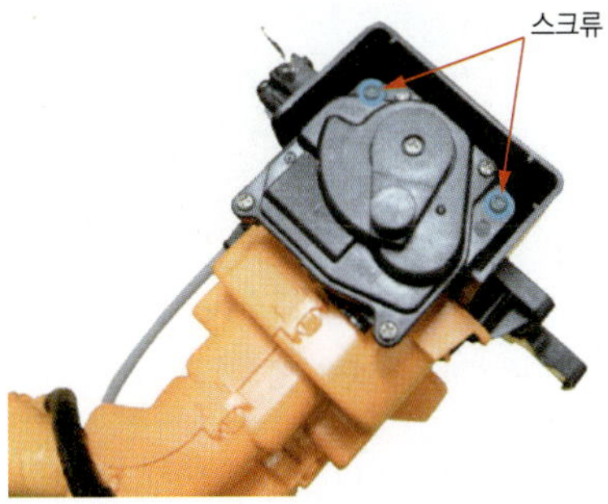

그림 261 스크류 탈거

⑥ 장착은 탈거의 역순으로 진행한다.

5 고전압 분배 시스템

1 고전압 정션 블록

고전압 배터리의 고전압 전력을 차량의 각 장치에 분배하는 장치이다.

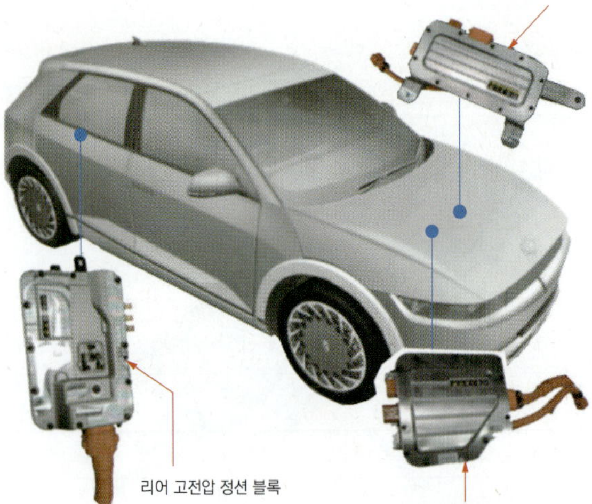

그림 262 고전압 분배 시스템 구성부품(아이오닉 5(NE EV) 2022년 식)

1. 프론트 고전압 정션 블록 기밀 점검

① 고전압 차단 절차를 수행한다.

② 프론트 트렁크를 탈거한다.

③ 전동식 에어컨 컴프레서 커넥터를 분리한다.

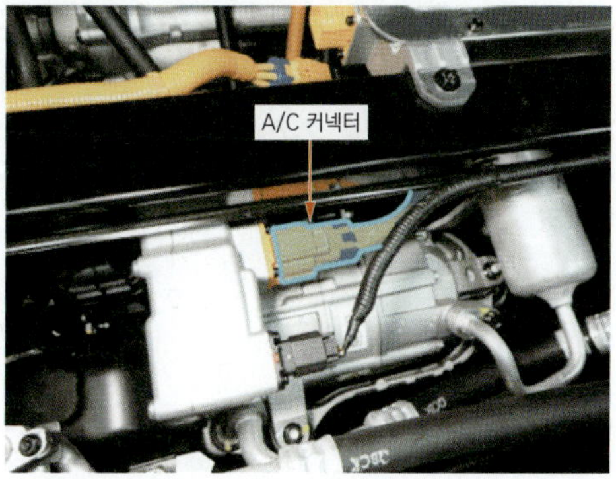

그림 263 전동식 에어컨 컴프레서 커넥터 분리

④ 고전압 커넥터를 분리한다.

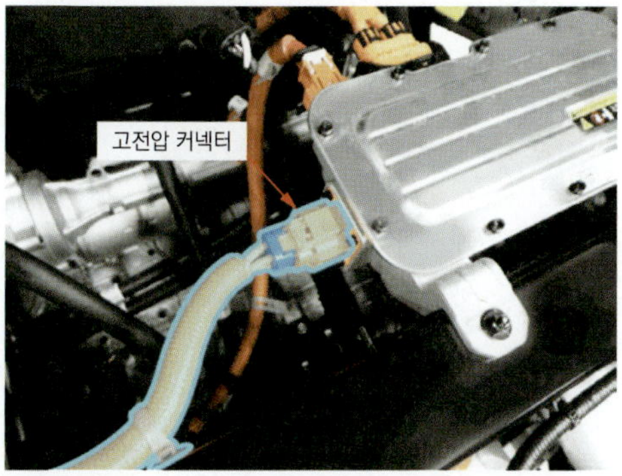

그림 264 고전압 커넥터 분리

⑤ 고전압 커넥터를 분리한다.

⑥ 배터리 PTC 히트 펌프 고전압 커넥터를 분리한다(PTC 히트 펌프 사양).

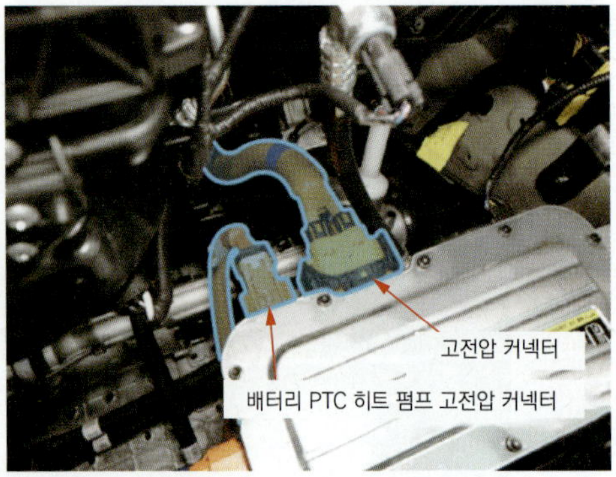

그림 265 고전압 커넥터, 배터리 PTC 히트 펌프 고전압 커넥터 분리

참 고

다음의 절차에 따라 배터리 PTC 히트 펌프 고전압 커넥터를 분리한다.

1. 잠금 핀을 화살표 방향으로 당긴다.
2. 잠금 클립을 화살표 방향으로 누른 뒤 커넥터를 당긴다.

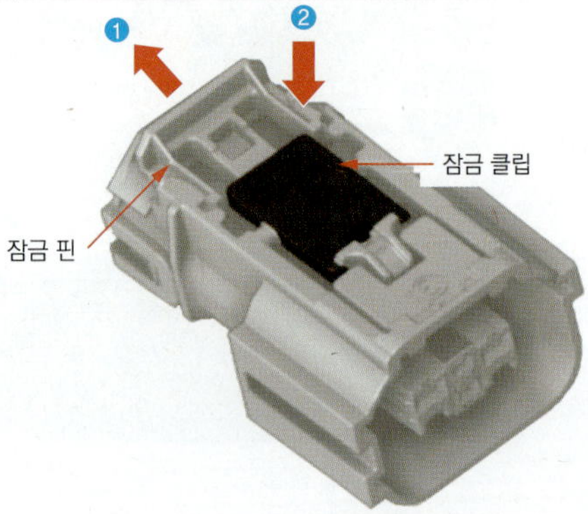

그림 266 잠금 핀, 잠금 클립

3. 잠금 클립을 화살표 방향으로 공구를 이용하여 들어 올린 후 화살표 방향으로 당겨 커넥터를 분리한다.

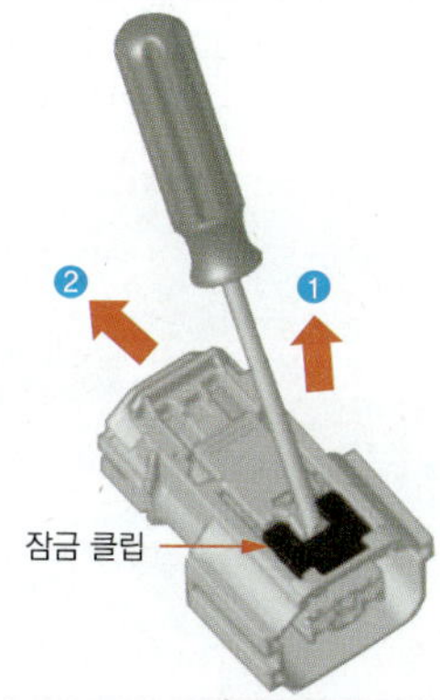

그림 267 커넥터 분리

⑦ 고전압 정션 블록에 기밀 유지 커넥터를 장착한다.

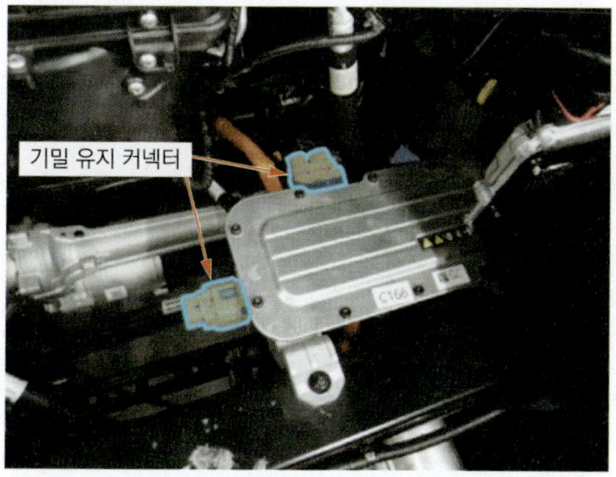

그림 268 기밀 유지 커넥터 장착

⑧ 고전압 정션 블록 압력 조정제와 평평한 곳에 기밀 점검 테스터기의 압력 조정제 어댑터를 연결한다. 기밀 점검 테스터기를 작동하고 난 후, 손을 떼어도 진공 압력에 의해 압력 조정제 어댑터는 떨어지지 않는다. 단, 압력 조정제 어댑터가 떨어질 경우 손으로 일정 시간 누르고 있어야 한다.

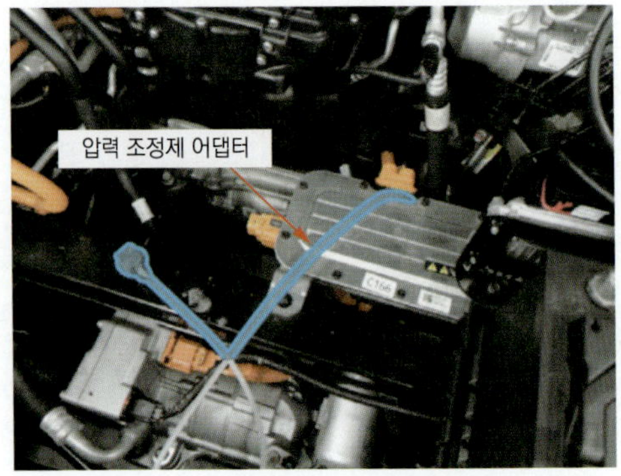

그림 269 압력 조정제 어댑터 연결

⑨ 진단기기를 이용하여 기밀 점검을 실시한다.

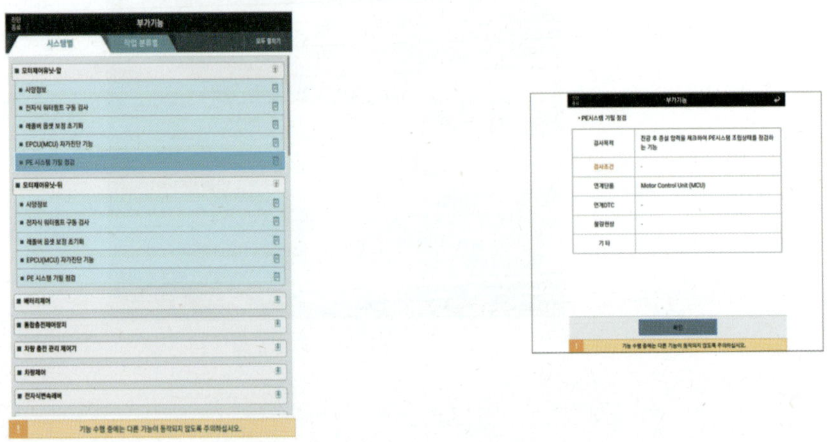

그림 270 진단기기 이용 기밀 점검 실시

⑩ 고전압 정션 블록 상단에 QR 코드를 스캔하거나 시스템 코드를 입력한다.

그림 271 QR 코드 스캔 또는 시스템 코드 입력

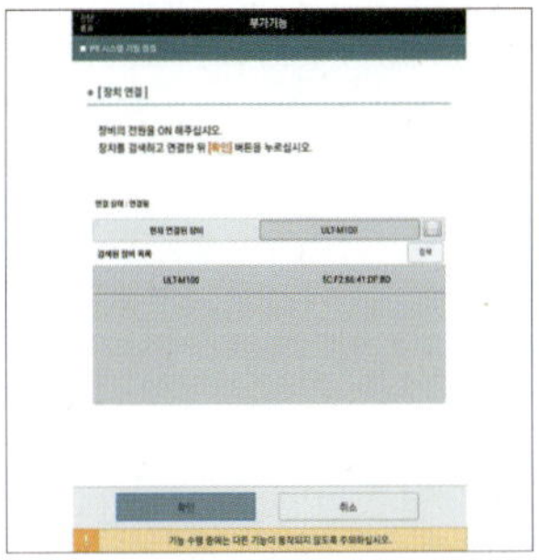

(a) 장비 전원 ON 후 확인 누름

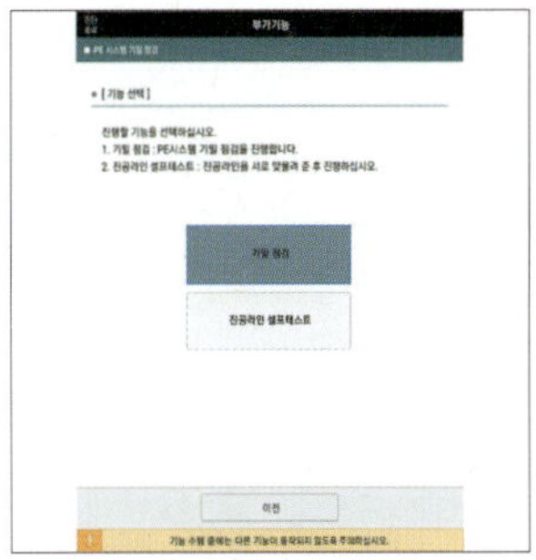

(b) 기능선택

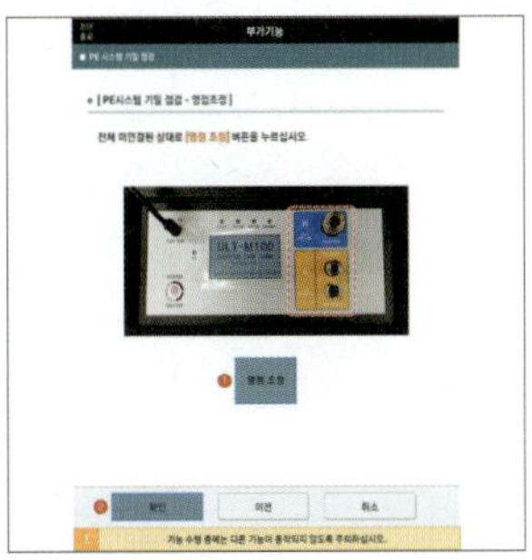

(c) 영점 조정 버튼 누른 후 확인 누름

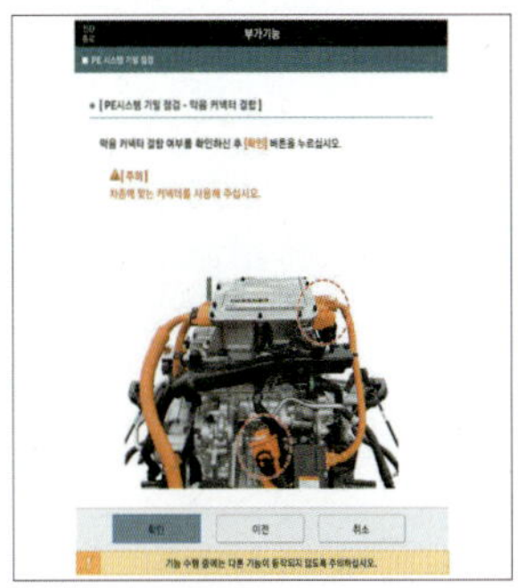

(d) 막음 커넥터 결합여부 확인 후 확인 누름

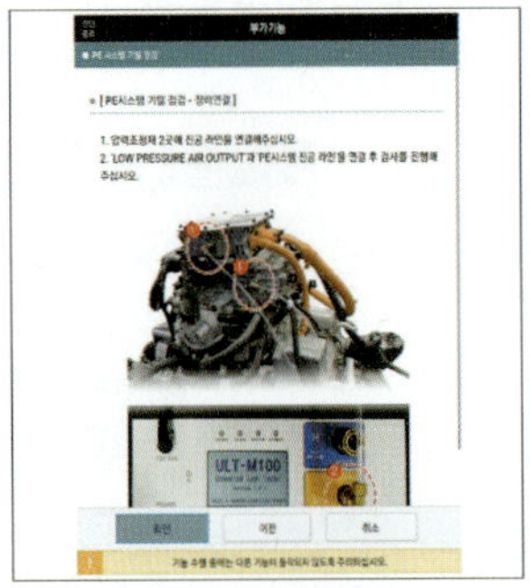

(e) 진공 라인 연결 후 확인 누름

(f) PE 시스템 기밀 점검 진행

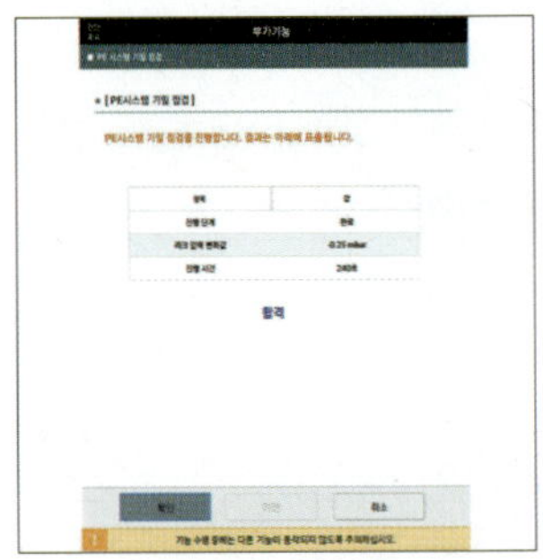

(g) PE 시스템 기밀 점검 완료

그림 272 PE 시스템 기밀 점검

⑪ PE 시스템의 기밀 누설 여부를 확인한다.

(a) 이상 없음(PASS)

(b) 이상 있음(FAIL)

그림 273 PE 시스템 기밀 누설 판정 기준

2. 프론트 고전압 정션 블록 탈거 및 장착

(1) 프론트 고전압 정션 블록(2WD)

① 고전압 차단 절차를 수행한다.

② 프론트 트렁크를 탈거한다.

③ 차량 제어 유닛(VCU)을 탈거한다.

④ 보조 배터리(12V) 및 배터리 트레이를 탈거한다.

⑤ 전동식 에어컨 컴프레서 커넥터를 분리한다.

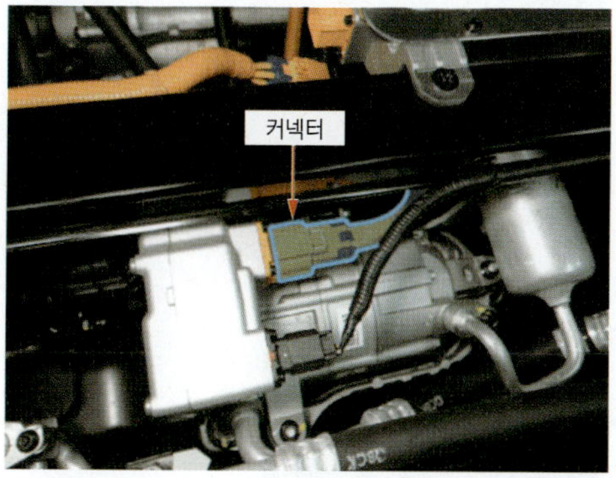

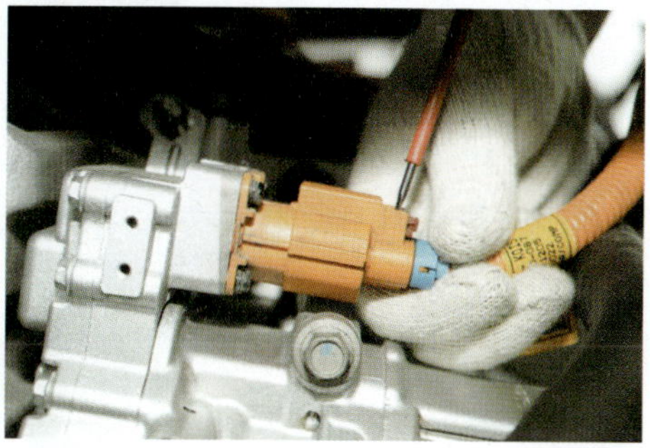

그림 274 전동식 에어컨 컴프레서 커넥터 분리

⑥ 고전압 커넥터를 분리한다.

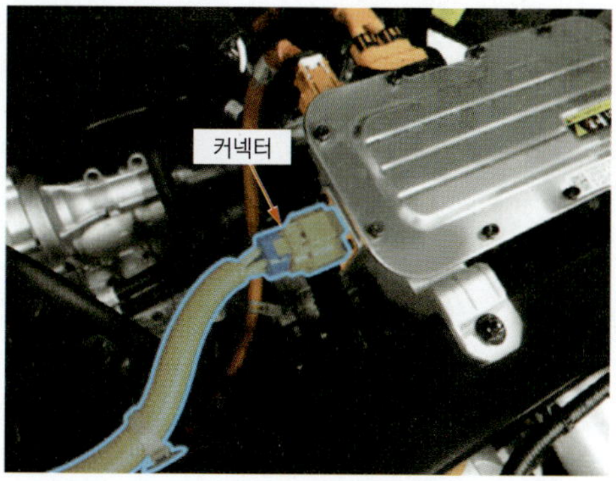

그림 275 고전압 커넥터 분리

⑦ 고전압 커넥터를 분리한다.

⑧ 배터리 PTC 히트 펌프 고전압 커넥터를 분리한다(PTC 히트 펌프 사양).

그림 276 고전압 커넥터, 배터리 PTC 히트 펌프 고전압 커넥터 분리

⑨ 고전압 정션 블록 신호 커넥터를 분리한다.

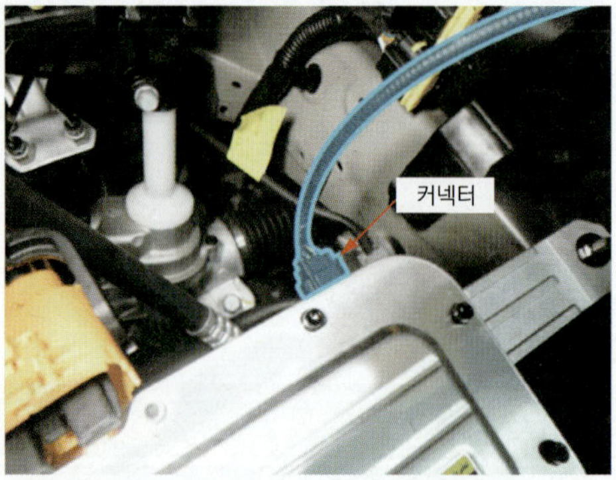

그림 277 고전압 정션 블록 신호 커넥터 분리

⑩ 장착 볼트를 풀고 고전압 정션 블록을 탈거한다(체결 토크 : 0.7~1.0kgf · m).

그림 278 고전압 정션 블록 탈거

⑪ 장착은 탈거의 역순으로 진행한다.

⑫ 프론트 고전압 정션 블록 기밀 점검을 수행한다(2WD).

(2) 프론트 고전압 정션 블록(AWD)

① 고전압 차단 절차를 수행한다.

② 프론트 트렁크를 탈거한다.

③ 프론트 언더 커버를 탈거한다.

④ 고전압 커넥터 커버를 탈거한다(체결 토크 : 0.8~1.2kgf · m).

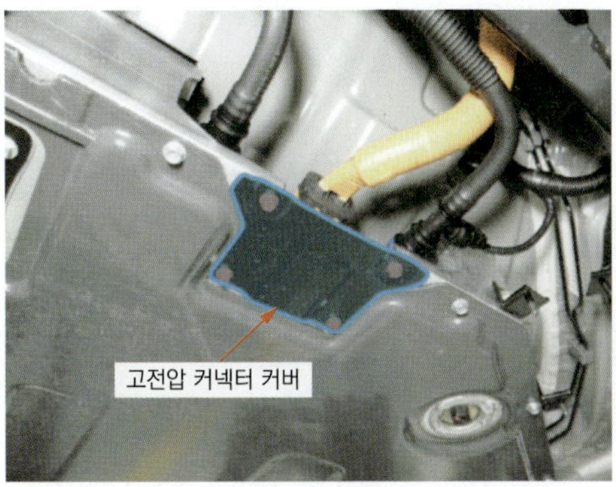

그림 279 고전압 커넥터 커버 탈거

⑤ 고전압 배터리 프론트 커넥터를 분리한다.

그림 280 고전압 배터리 프론트 커넥터 분리

⑥ 전동식 에어컨 컴프레서 커넥터를 분리한다.

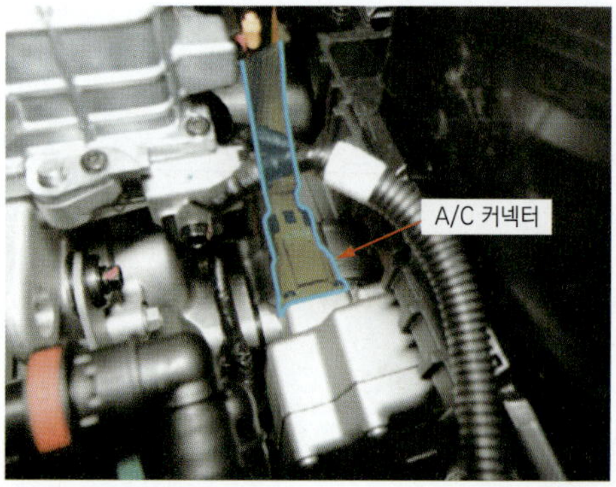

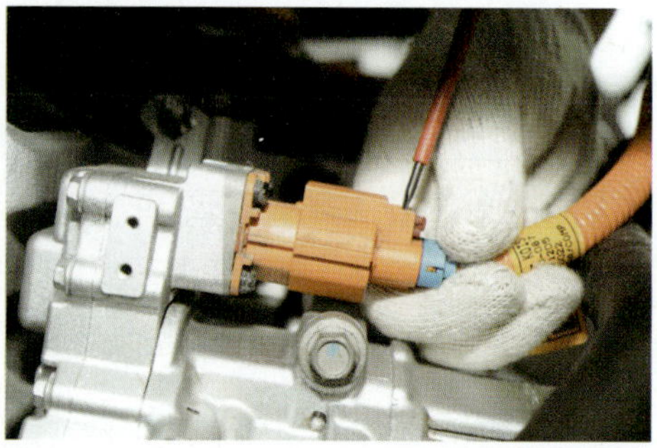

그림 281 전동식 에어컨 컴프레서 커넥터 분리

⑦ 와이어링 클립을 분리한다.

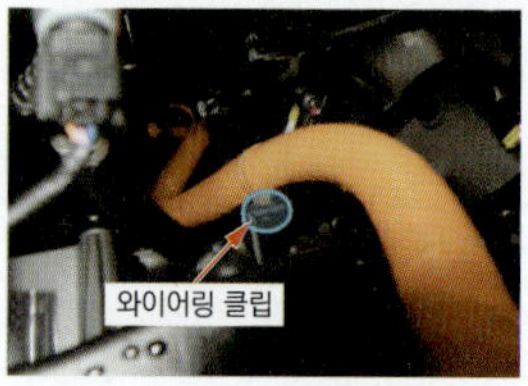

그림 282 와이어링 클립 분리

⑧ 와이어링 장착 볼트를 탈거한다(체결 토크 : 0.7~1.0kgf · m).

그림 283 와이어링 장착 볼트 탈거

⑨ 고전압 커넥터를 분리한다.

⑩ 배터리 PTC 히트 펌프 고전압 커넥터를 분리한다(PTC 히트 펌프 사양).

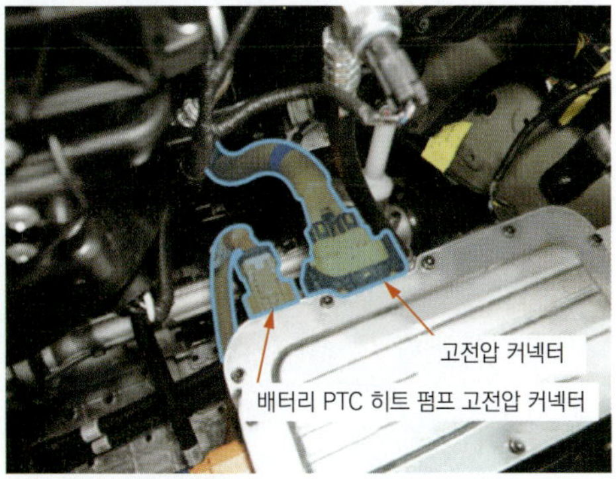

그림 284 고전압 커넥터, 배터리 PTC 히트 펌프 고전압 커넥터 분리

⑪ 고전압 정션 블록 신호 커넥터를 분리한다.

그림 285 고전압 정션 블록 신호 커넥터 분리

⑫ 장착 볼트를 풀고 서비스 커버를 탈거한다(체결 토크 : 0.4~0.6kgf · m).

그림 286 서비스 커버 탈거

⑬ 모터 인버터 & 고전압 정션 블록 체결 볼트를 탈거한다(체결 토크 : 0.7~1.0kgf · m).

그림 287 모터 인버터 & 고전압 정션 블록 체결 볼트 탈거

⑭ 장착 볼트를 풀고 고전압 정션 블록을 탈거한다(체결 토크 : 0.7~1.0kgf · m).

그림 288 고전압 정션 블록 탈거

⑮ 장착은 탈거의 역순으로 진행한다.

⑯ 전륜 모터 및 감속기 시스템 기밀점검을 수행한다.

(3) 리어 고전압 정션 블록

① 고전압 차단 절차를 수행한다.

② 리어 크로스 맴버를 탈거한다.

③ 와이어링 커넥터를 분리한다.

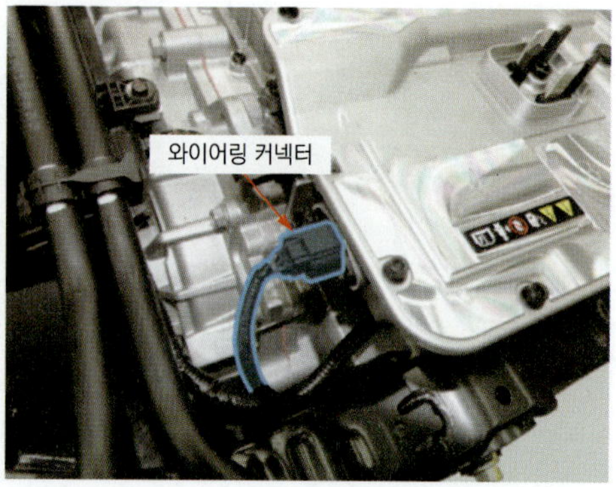

그림 289 와이어링 커넥터 분리

④ 장착 볼트를 푼 후, 고전압 케이블을 탈거한다(체결 토크 : 2.0~2.4kgf · m).

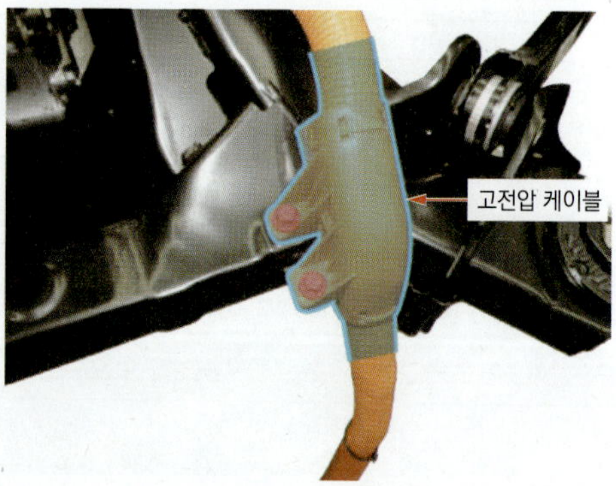

그림 290 고전압 케이블 탈거

⑤ 장착 볼트를 푼 후, 서비스 커버를 탈거한다.

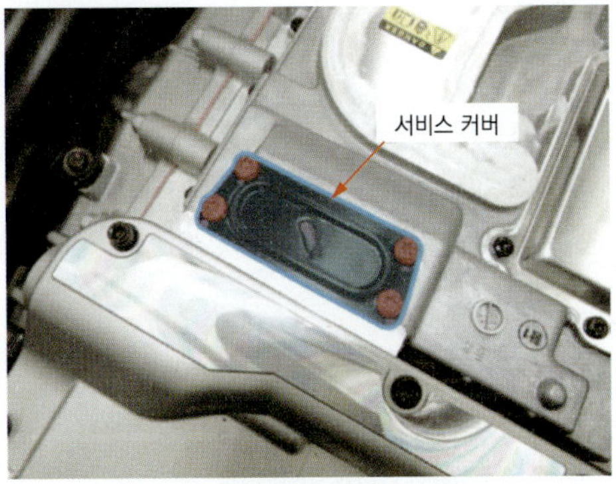

그림 291 서비스 커버 탈거

⑥ 모터 인버터 & 고전압 정션 블록 체결 볼트를 탈거한다(체결 토크 : 0.7~1.0kgf · m).

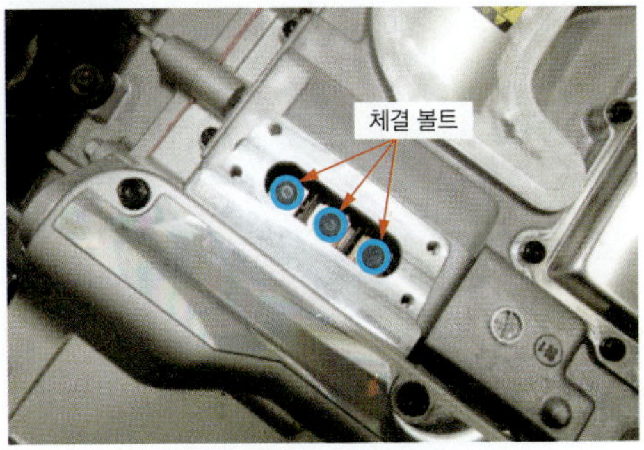

그림 292 고전압 정션 블록 체결 볼트 탈거

⑦ 리어 고전압 정션 블록 장착 볼트 & 너트를 탈거한다(체결 토크 : 2.0~2.4kgf · m).

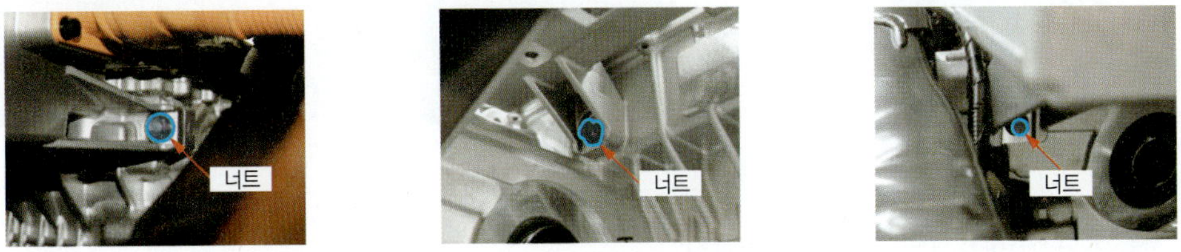

그림 293 리어 고전압 정션 블록 장착 볼트 & 너트 탈거

⑧ 장착은 탈거의 역순으로 진행한다.

⑨ 후륜 모터 및 감속기 시스템 기밀 점검을 수행한다.

2 파워 케이블

1. 탈거 및 장착

① 고전압 차단 절차를 수행한다.

② 리어 시트 어셈블리를 탈거한다.

③ 러기지 사이드 트림을 탈거한다.

④ ICCU DC커넥터를 분리한다.

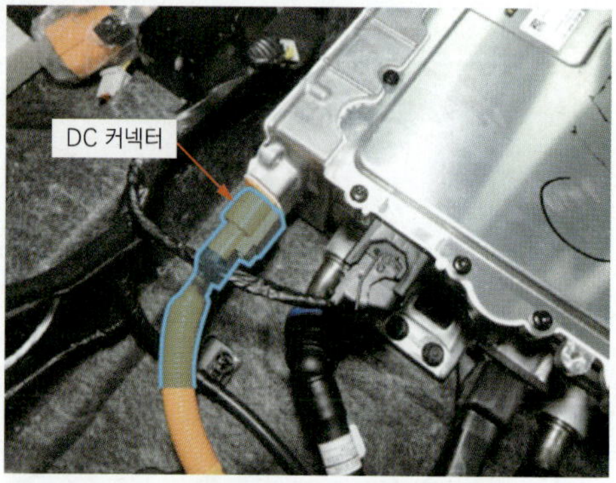

그림 294 ICCU DC커넥터 분리

⑤ 리어 언더 커버를 탈거한다.

⑥ ICCU 연결 커넥터를 분리한다.

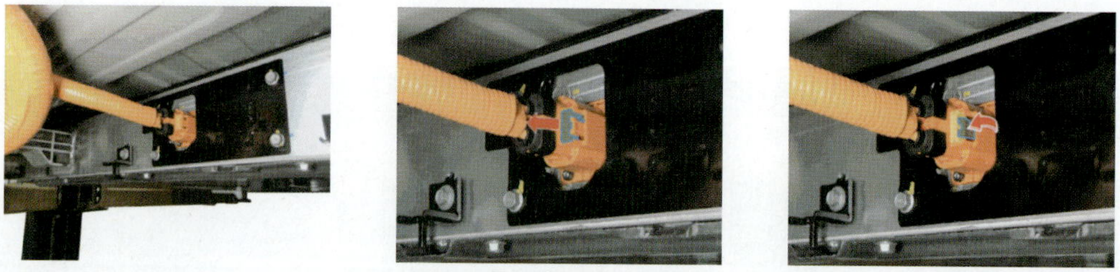

그림 295 ICCU 연결 커넥터 분리

⑦ 장착은 탈거의 역순으로 진행한다.

2. 고전압 장치 파손 및 피복 손상 시 절연저항 측정

일반적으로 절연 저항 측정법으로 측정해서 고전압의 절연이 파괴되는 것을 측정하여 절연이 파괴된 개소를 발견하는 방법이 있는데, 측정방식은 진단기기를 활용하는 방법과 메가 옴 테스터기를 활용하는 2가지 방식이 있다.

(1) 진단기기를 활용하는 방법

BMS를 클릭한 후 부가기능에서 절연파괴 부품 검사 모드에서 측정하면 된다.

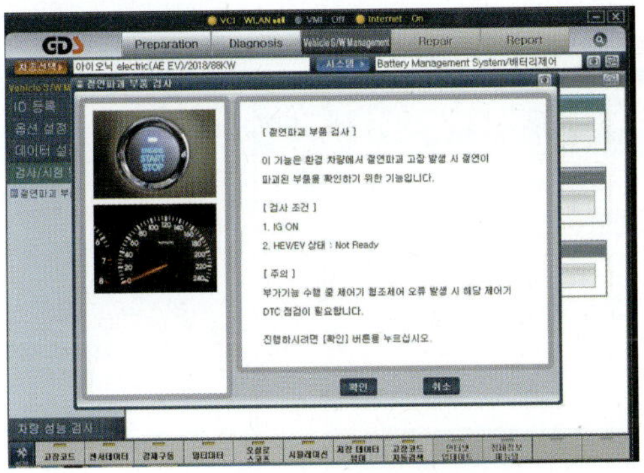

(a) 절연파괴 부품 검사 모드

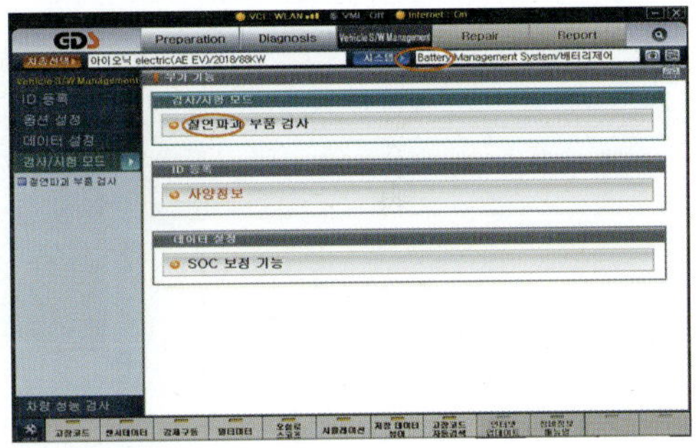

(b) 절연파괴 부품 검사 클릭

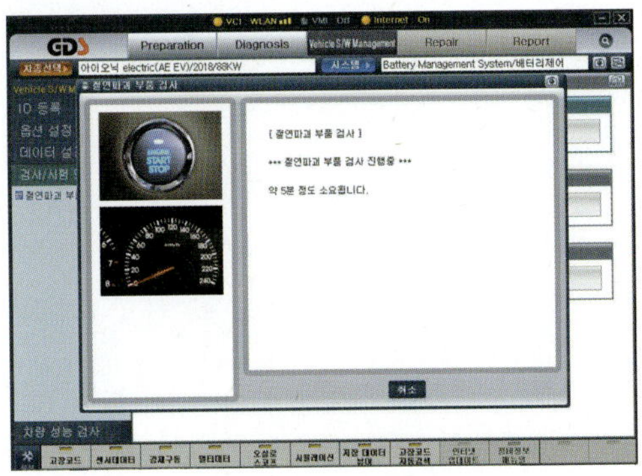

(c) 절연파괴 부품 검사 진행 중

그림 296 진단기기 활용

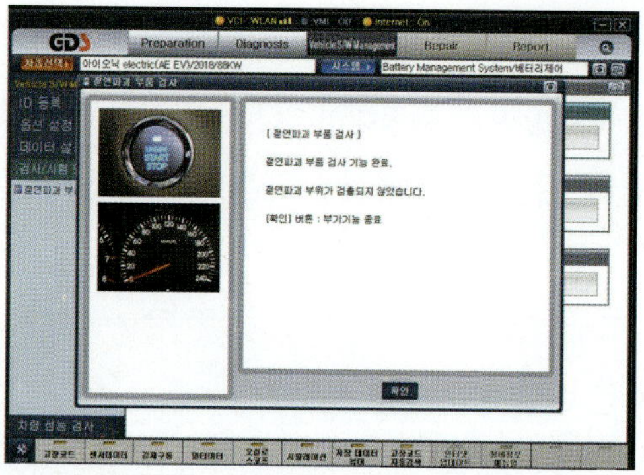

그림 297 절연파괴가 정상인 경우

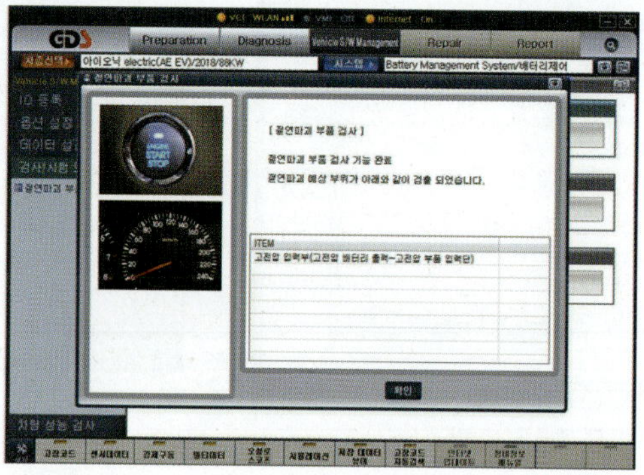

그림 298 고전압 케이블 절연이 파괴된 경우

(2) 메가 옴 테스터기로 고압 케이블 절연저항 점검

메가 옴 테스터기는 9V 전압을 500~1000V까지 승압하여 고전압 케이블에 전기를 자동으로 고전압 형태로 전압을 공급하여 고전압 케이블이 손상되어 절연이 파괴되면 전압이 차체로 인가되어 전압이 측정 장비에 측정되는 원리이다.

① 메가 옴 테스터기 사용 시 테스터기에서 고전압이 인가되므로 절연 장치를 착용한 후 측정을 해야 한다.

② 테스터기 사용은 한쪽 측정봉은 차체에 접지하고 다른 한쪽 검침봉은 측정하고자 하는 케이블에 삽입하여 측정한다.

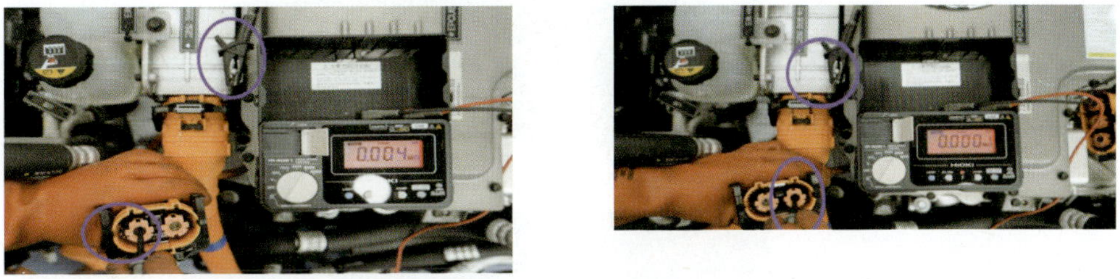

그림 299 절연파괴가 이루어진 경우

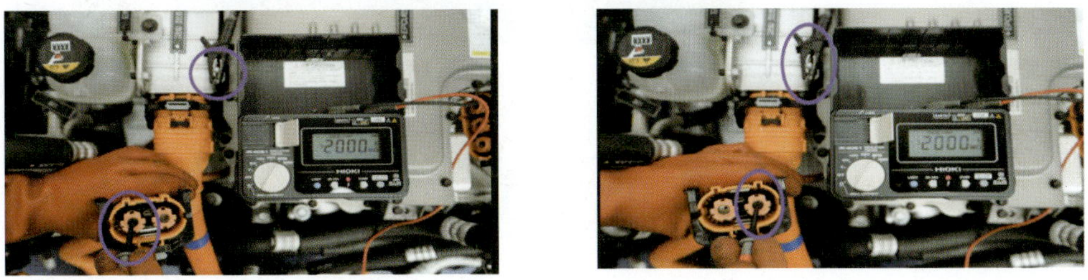

그림 300 절연파괴가 이루어지지 않는 경우

6 BMW i8 EV 고전압 차단절차

1 BMW i8 EV 고전압 차단절차

① 고전압 장비 절연공구를 활용하여 고전압 차단 절차에 의해 실행한다.

② 자동차의 KEY를 OFF한다(KEY를 자동차와 2미터 이상 이격한 후 KEY보관함에 보관).

③ 고전압 충전케이블이 완전이 분리되어야 하며 슬립모드(sleep mode)에서 start off 글씨조명 off를 확인한다.

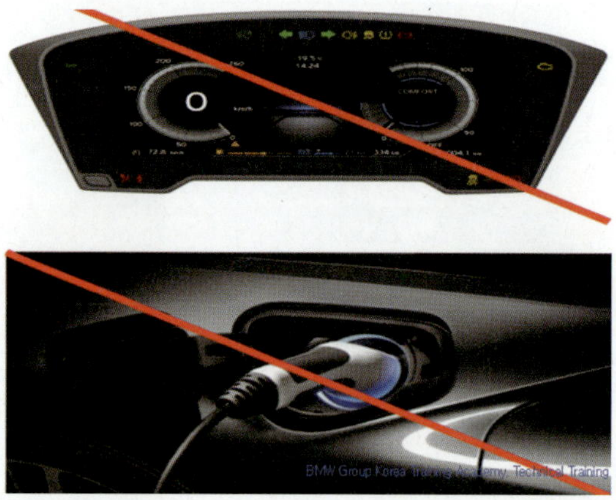

그림 301 EV 고전압 분리 전 점검사항

④ 그림 302에서 ①과 같이 고전압 안전커넥터를 분리한다.

⑤ 그림 302에서 ②와 같이 저전압(12V) BATTERY의 –단자를 탈거한 후 +단자를 탈거한다.

그림 302 저전압 커넥터 분리

⑥ 고전압 안전플러그를 off 위치로 이동 후 자물쇠를 체결 후 key를 보관함에 보관한다.

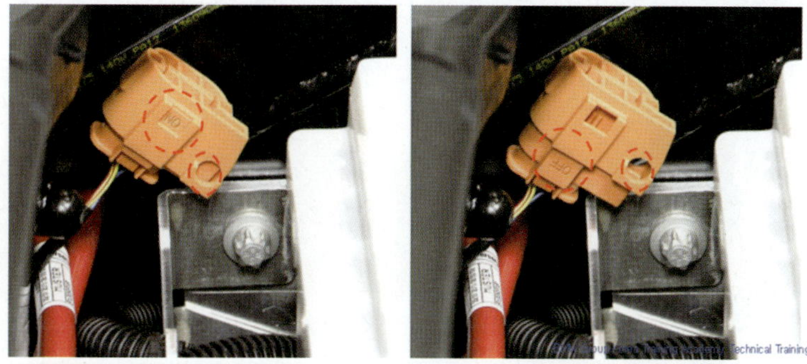

(a)

(b)

그림 303 안전플러그 해제(잠금)

⑦ 고전압 배터리(PRA 끝단)와 고전압 케이블을 분리한 후 고전압 측정 장비를 활용하여 고전압을 측정한 후 30V 이하가 측정되면 고전압 관련 정비를 실시하면 된다.

(a)

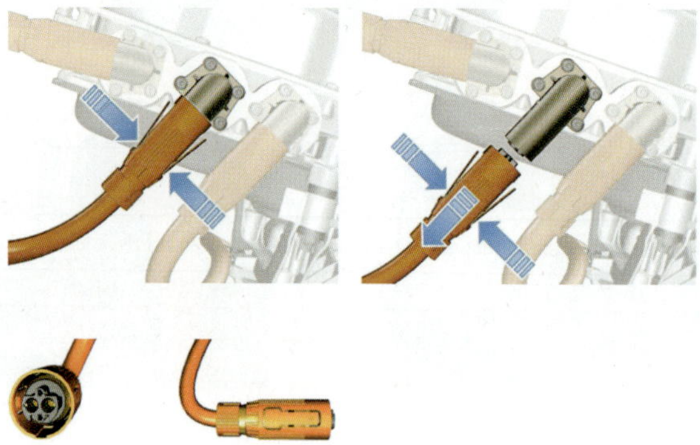

(b)

그림 304 고전압 커넥터 분리 방법

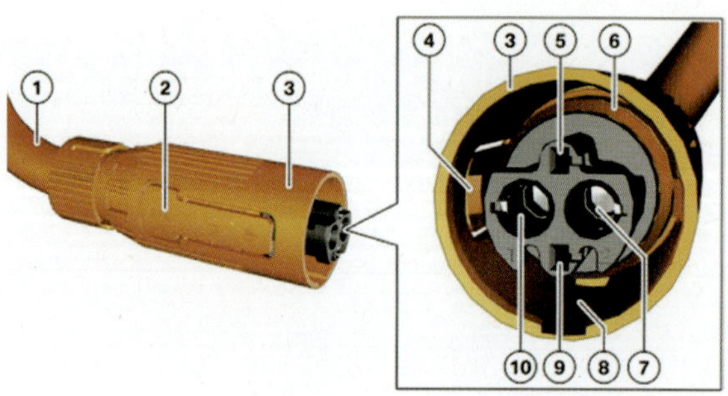

① 고전압 케이블
② 잠금 해제
③ 커넥터 하우징
④ 잠금 키
⑤ 연동회로 브릿지 1
⑥ 차폐
⑦ 고전압 단자 2
⑧ 맞춤 홈
⑨ 연동회로 브릿지 2
⑩ 고전압 단자 1

그림 305 BMW ,I8 EV 고전압 커넥터 구성

2 BMW i8 EV 자동차 구조

그림 306 BMW i8 고전압 배터리 유닛 모델

3 BMW i8 고전압 배터리 정비

1. 고전압 배터리 유닛의 구성부품

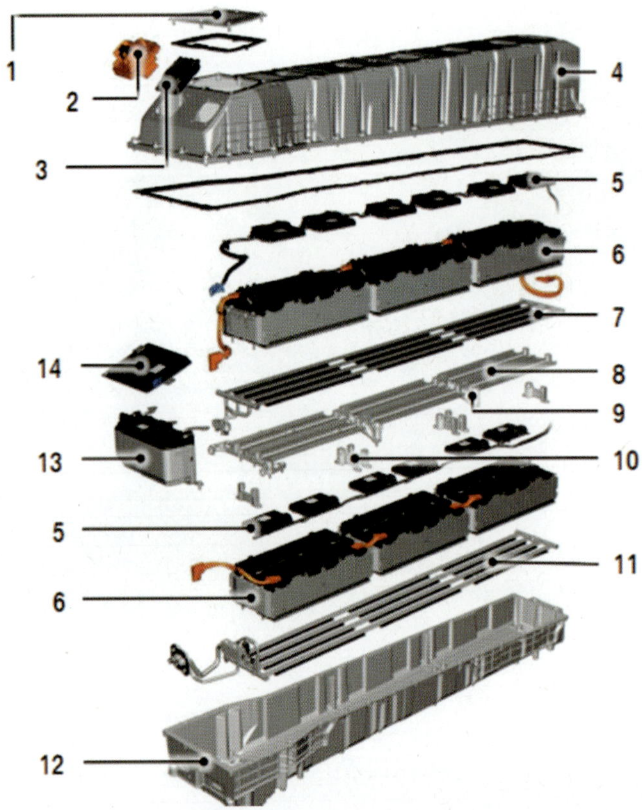

① 서비스 커버
② 고전압 연결
③ 환기 유닛
④ 하우징, 상단
⑤ CSC.(Cell Supervision Circuit)
⑥ 셀 모듈
⑦ 열교환기, 상단
⑧ 중간 라디에터
⑨ 모듈 브릿지
⑩ 모듈 커넥터
⑪ 열교환기, 하단
⑫ 하우징, 하단
⑬ 안전상자(Safety Box)
⑭ SME.(BatteryManagement Electronics)

그림 307 고전압 배터리 유닛의 구성부품

2. 고전압 배터리 유닛의 성능 - 기술자료

배터리 셀	96개 직렬연결 (16×6) 셀: 3.7V, 20AH
정격 전압	355.2V
최소/최대 전압	268V~393V
저장용량	7.1KW
사용가능 에너지	5.1KW
최대출력	105KW 단기간 20KW 연속
충전	3.7KW~2h
크기	1460×305×330mm
부피 및 무게	110L/98kg
냉매	R1234yf ECE R134a ROW

그림 308 고전압 배터리 유닛의 구성부품

3. 고전압 배터리 유닛 모듈 구성 - 기술자료

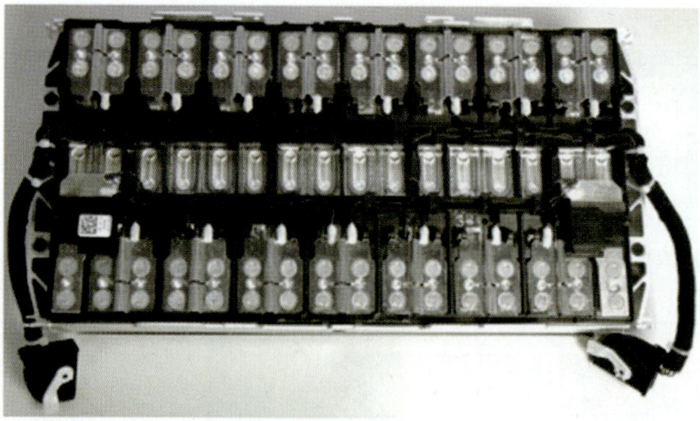

배터리 셀	3.7V/20AH
셀 모듈	59.2V/ 16개 셀
HV배터리	355.2V/6개셀 모듈

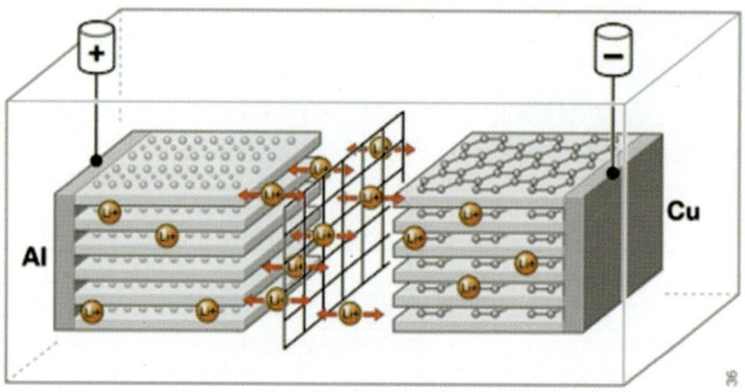

단자 +	NMC/LMO 혼합 (니켈, 망간, 코발트/리튬, 망간, 산소)
단자 −	흑연

그림 309 고전압 배터리 유닛 모듈 구성 및 재료

4. 고전압 배터리 유닛 모듈 설치 위치

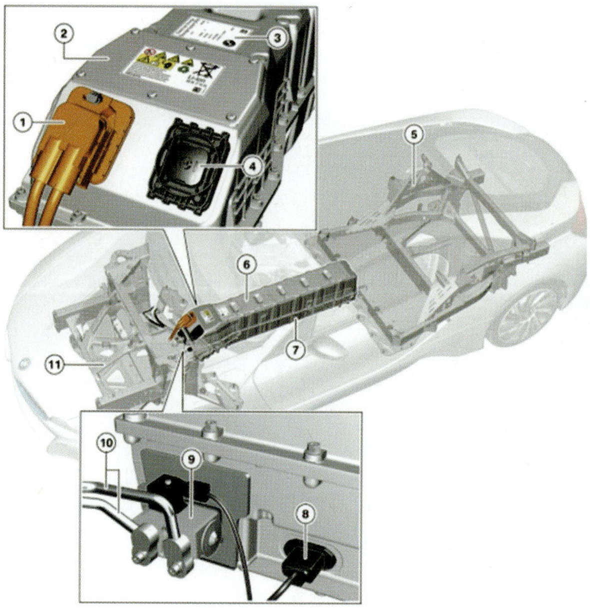

① 고전압 연결
② 고전압 배터리 서비스 커버
③ 기술정정보
④ 환기 유닛
⑤ 뒤 차축 모듈
⑥ 하우징, 상단
⑦ 하우징, 하단
⑧ 12V 시스템, 인터페이스
⑨ 팽창/차단 밸브
⑩ 냉매라인
⑪ 앞차축 모듈

그림 310 고전압 배터리 유닛 모듈 설치 위치

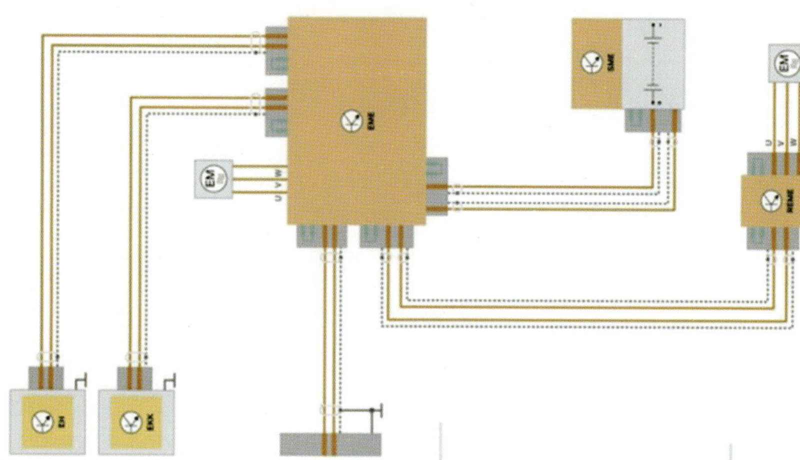

그림 311 고전압 배터리 회로도

5. 고전압 배터리 유닛 연결 커넥터

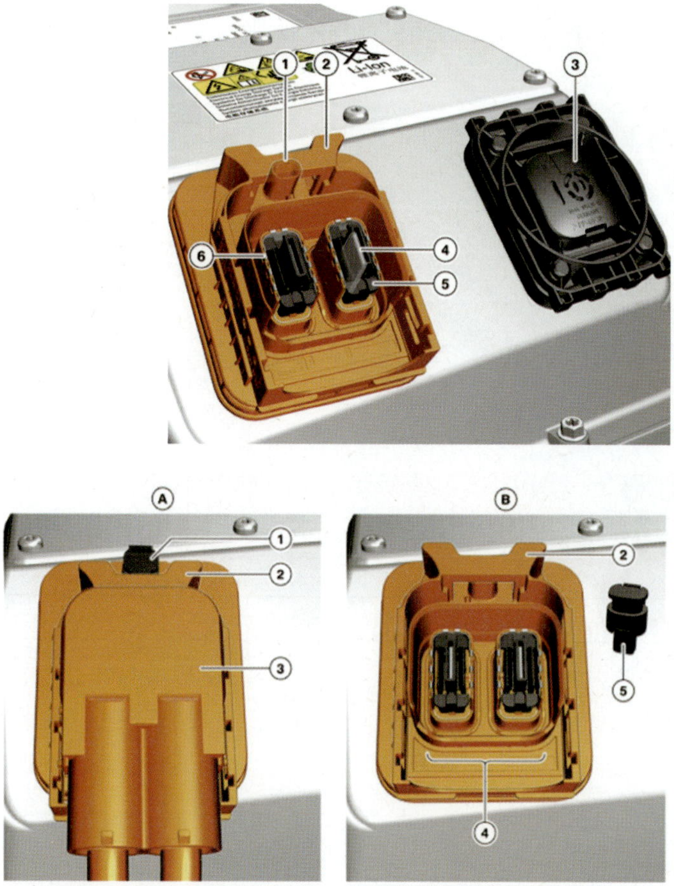

① 고전압 연동 회로 브릿지
② 슬라이드
③ 환기 유닛
④ 고전압 케이블 단자
⑤ 접점보호(플라스틱)
⑥ 차폐

Ⓐ 고전압 케이블 연결
Ⓑ 고전압 케이블 탈거

① 고전압 연동회로 브릿지
② 잠금장치(슬라이드)
③ 고전압 케이블 커넥터
④ 고전압 단자
⑤ 고전압 연동 브릿지

그림 312 고전압 배터리 유닛 연결 커넥터

6. 고전압 배터리 유닛 환기구

① BMW는 고전압 배터리의 냉각 시스템에 차량의 에어컨 시스템과 연동하여 냉각하는 시스템을 적용함으로써 베터리 내부에 결로 및 수증기 배출과 내 · 외부 압력조정을 위해 환기 유닛을 장착하고 있다.

① 환기 유닛
② 마운팅 볼트

① 가스켓
② 축
③ 다이어프램

그림 313 고전압 배터리 환기유닛

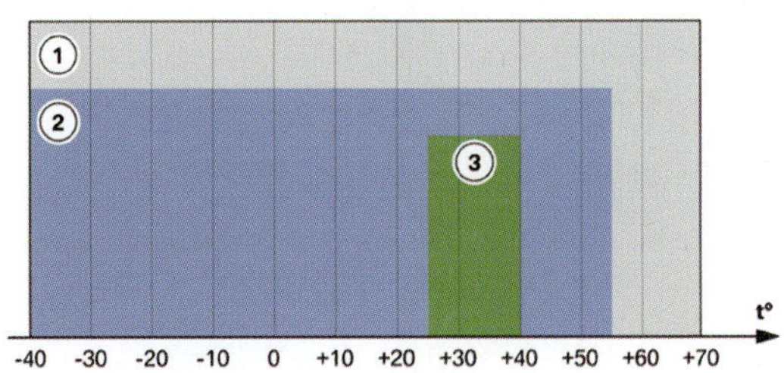

① 일반온도 범위(저장 공간)
② 고전압 배터리 작동 범위
③ 고전압 배터리 최적 작동범위

그림 314 고전압 배터리 환기 유닛 작동온도 범위

7. 고전압 배터리 유닛 냉각시스템

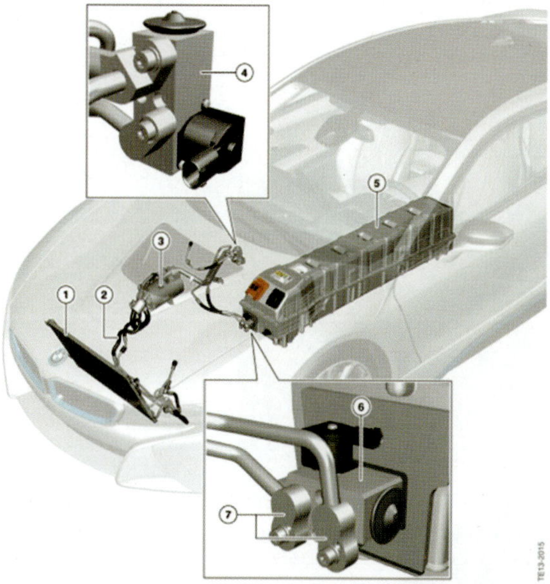
(a)

① 응축기
② 냉매라인
③ EKK
④ 팽창/차단 밸브
⑤ 고전압 배터리 유닛
⑥ 팽창/차단 밸브
⑦ 고전압 배터리 냉각연결

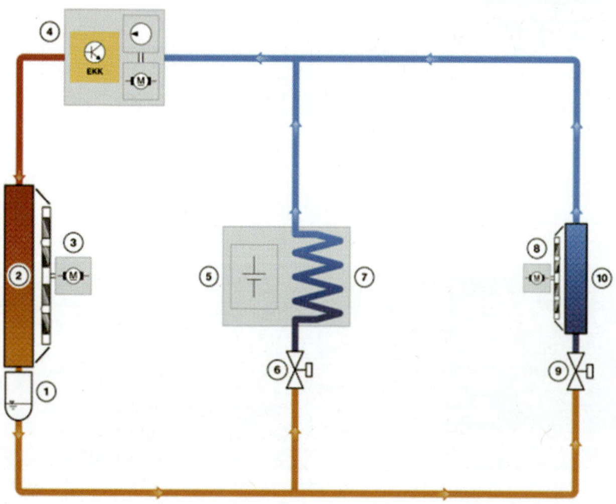

(b)

① 드라이어 플라스크
② 응축기
③ 전동팬
④ EKK
⑤ 고전압 배터리 유닛
⑥ 팽창/차단 밸브
⑦ 열교환기
⑧ 실내송풍기
⑨ 팽창, 차단 밸브(실내)
⑩ 증발기(실내)

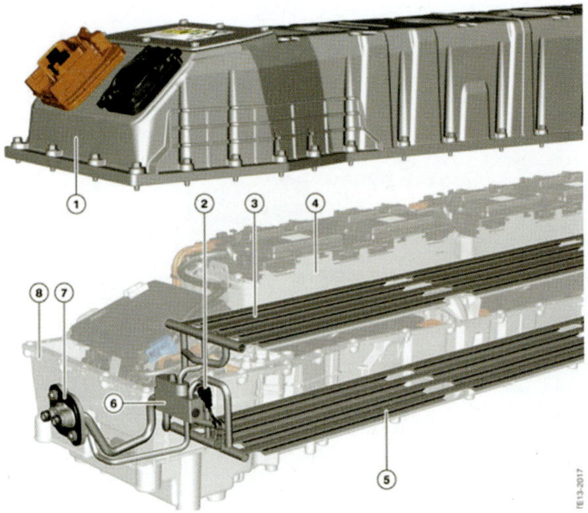

① 고전압 배터리 상단 하우징
② 냉매라인 온도 센서
③ 상단 열교환기
④ 셀 모듈
⑤ 하단 열교환기
⑥ 냉매분배장치
⑦ 팽창, 차단 밸브 플렌지
⑧ 고전압 배터리 하단 하우징
⑨ 알루미늄 열 교환기 적용
⑩ 열선 없음(엔진주행)
⑪ i3 열선, 고전압 적용

(c)

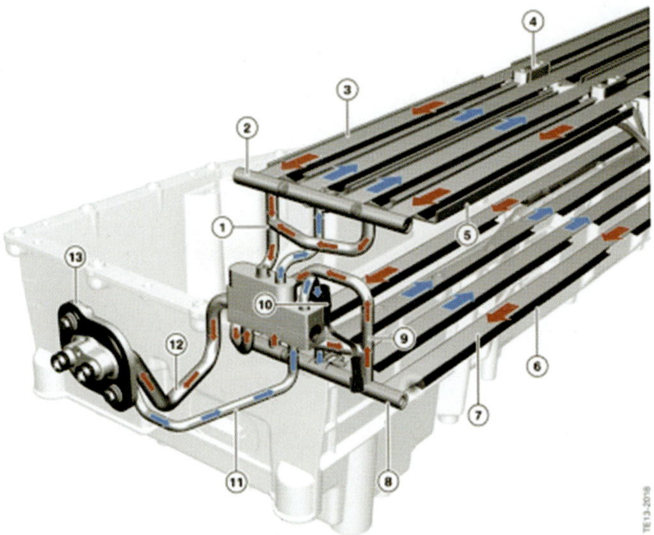

① 리턴라인 상단 열교환기
② 상단 냉매라인
③ 상단 열교환기
④ 셀 모듈 커넥터
⑤ 알루미늄 레일
⑥ 스프링 스트립
⑦ 하단 열교환기
⑧ 하단 냉매라인
⑨ 리턴라인 하단 열교환기
⑩ 냉매라인 온도 센서
⑪ 공급라인
⑫ 리턴라인
⑬ 팽창, 차단 밸브 플랜지

(d)

그림 315 고전압 배터리 냉각 시스템 및 회로

8. 고전압 배터리 유닛 냉각시스템 입출력 구성 부품

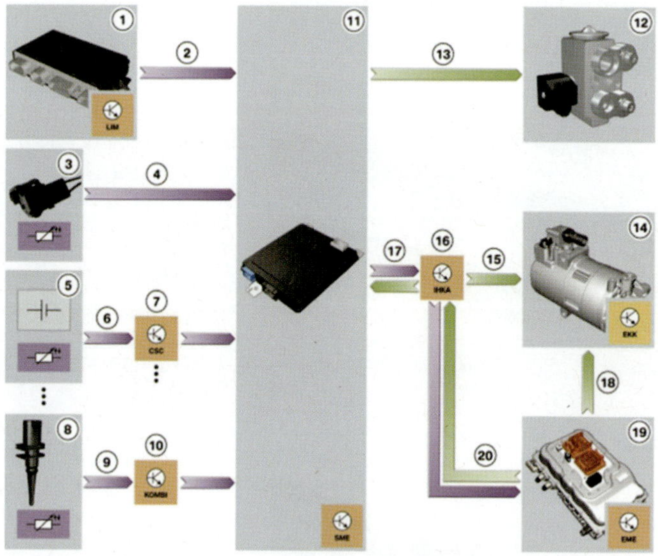

① Charging Interface Module.
② 고전압 배터리 충전 정보
③ 냉매 온도 센서
④ 냉매 온도 신호
⑤ 고전압 배터리 셀 온도 센서
⑥ 셀 모듈 온도(냉각 30℃~)
⑦ Cell Supervision Circuit
⑧ 외기 온도 센서
⑨ 외기 온도 신호
⑩ KOMBI
⑪ SME 컨트롤 유닛
⑫ 팽창, 차단 밸브
⑬ 팽창, 차단 밸브 작동 신호
⑭ EKK
⑮ EKK 작동 신호(LIN 버스)
⑯ IHKA
⑰ 냉각 요구
⑱ 고전압 공급
⑲ Electrical Machine Electronics
⑳ 고전압 요구

그림 316 고전압 배터리 유닛 냉각시스템 입출력 구성부품 설명

9. 고전압 배터리 유닛 셀 모듈 시리얼 번호

① 셀 모듈 관련 작업 시 시리얼 번호 28자리 숫자 ISTA 입력

7648787-01	부품번호+업데이트
11419110	공급업체
10.10.13	생산일
TZ:00076	Running No

그림 317 고전압 배터리 유닛 CSC 시리얼 번호 판독

10. 고전압 배터리 유닛 SAFETY BOX 구성 부품

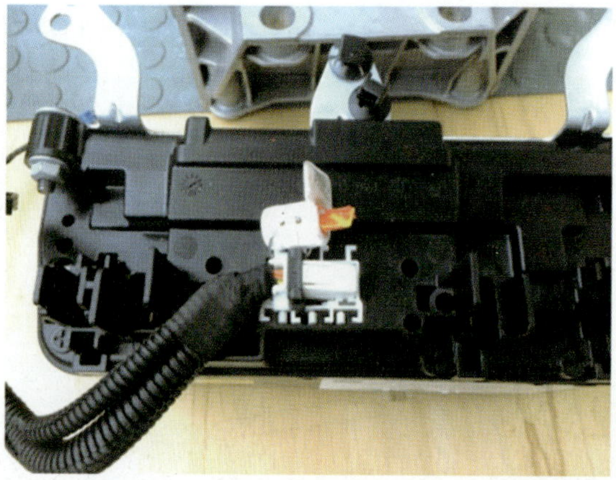

전류센서 -단자
안전퓨즈 +단자
고전압 스위치(+극, -극)
충전 스위치(Pre-Charge, ⊕극, 저항)
전압 센서(스위치 모니터링, 전체 배터리 전압 측정,
절연 저항 모니터링)
SME에 의해 제어(Local-CAN)
봉인 해제 금지
절연 모니터링 360V 커넥터

그림 318 고전압 배터리 유닛 SAFETY BOX 구성부품

그림 319 고전압 배터리 유닛, 데미지

11. 고전압 배터리 진단 및 분해, 조립 장비

그림 320 고전압 배터리 진단 및 분해, 조립 장비

12. 고전압 배터리 유닛 결함 판정

① 고전압 배터리의 진단과 작업은 고전압에 따른 위험 요소가 존재하므로 반드시 고전압 배터리 자격증 보유자가 교환 작업을 진행하여야 하며, 클리닝 또한 고전압 배터리 자격증을 보유한 정비사가 진행하여야 한다.

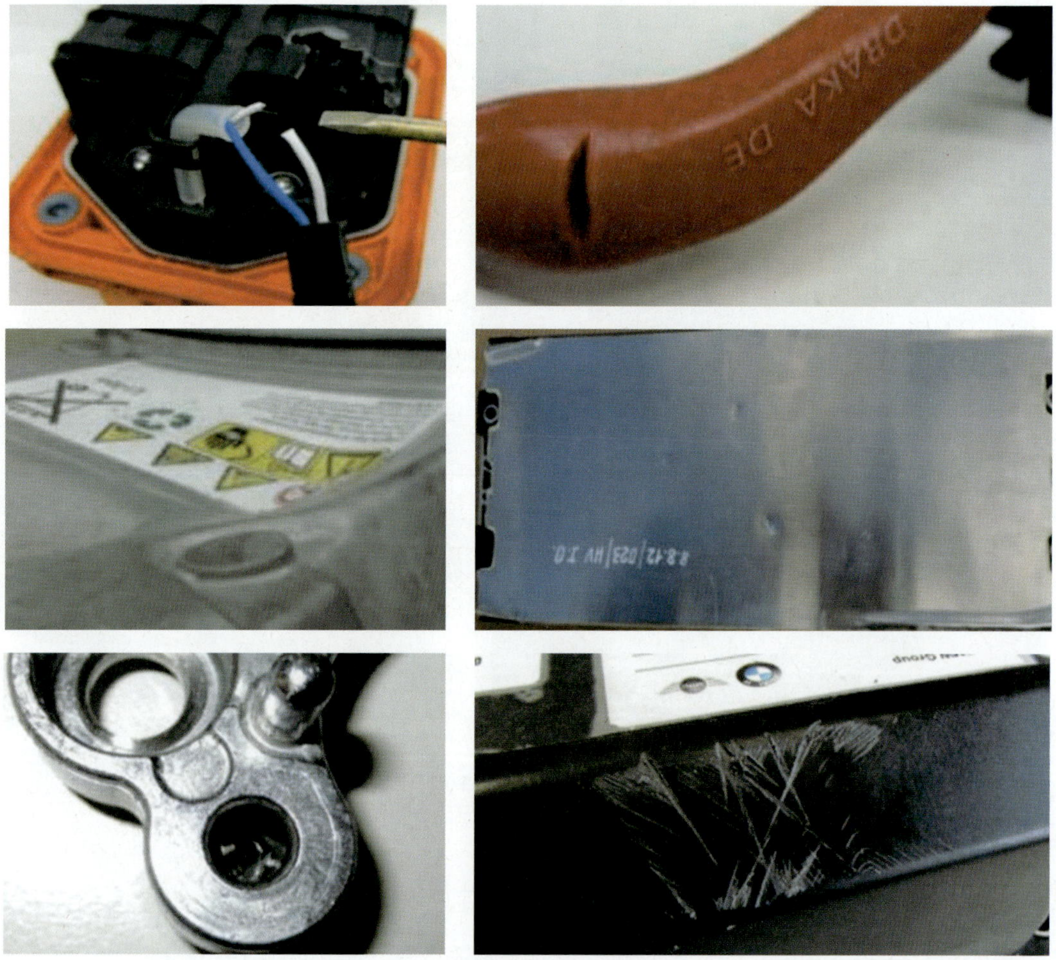

그림 321 고전압 배터리 유닛 결함 사항

13. 고전압 배터리 유닛 분해

① 고전압 안전절차에 의해 고전압을 차단한다.

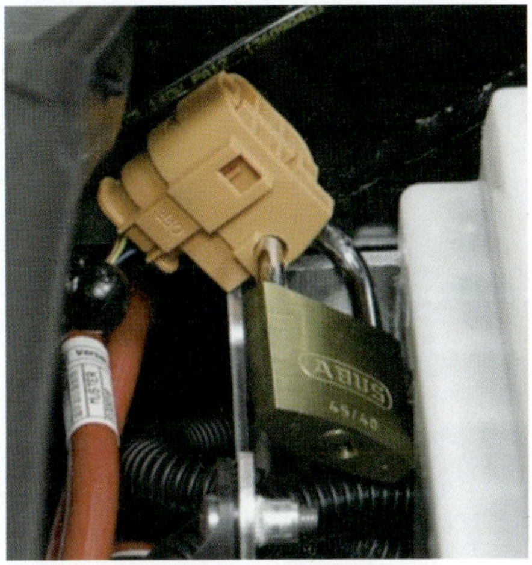

그림 322 고전압 안전절차에 의해 고전압을 차단

② 냉매가스 회수기를 설치한 후 냉매가스를 회수한다.

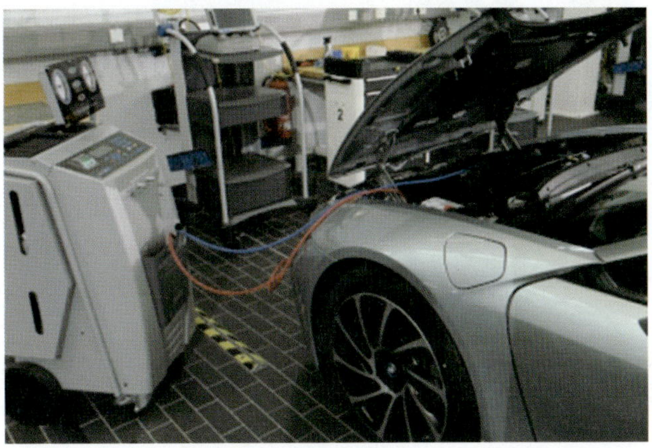

그림 323 냉매가스를 회수

③ 고전압 배터리 유닛의 고전압 케이블 및 고전압 커넥터를 탈거한다.

④ 냉매라인을 분리한다.

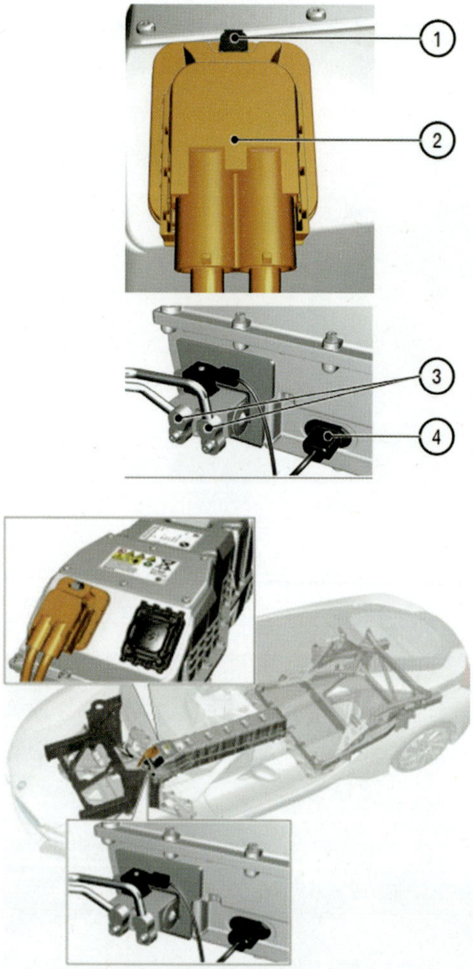

① 고전압 연동회로 브릿지
② 고전압 커넥터
③ 냉매라인
④ 12V 연결 커넥터

그림 324 고전압 케이블 및 고전압 커넥터를 탈거

⑤ 고전압 배터리 장착 볼트를 탈거한다(장착 볼트 탈거 시 4 정도의 볼트를 대각선으로 남긴 후 나머지 볼트를 분리한다).

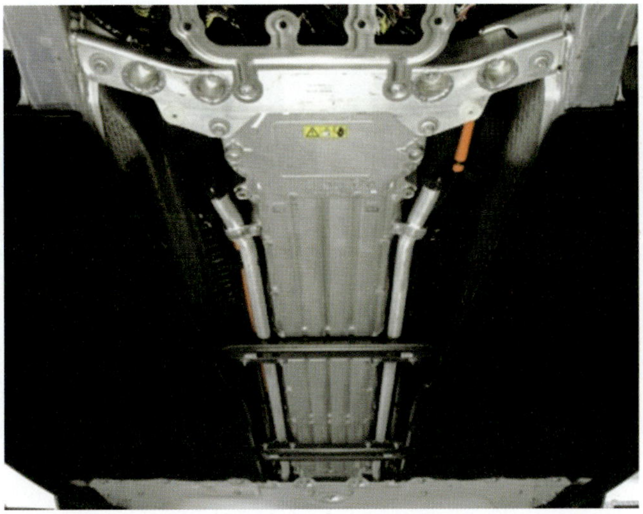

그림 325 고전압 배터리 장착 볼트를 탈거

⑥ 배터리 탈거용 지그를 활용하여 배터리에 장착한 후 남은 볼트를 분리하여 배터리를 분리한다.

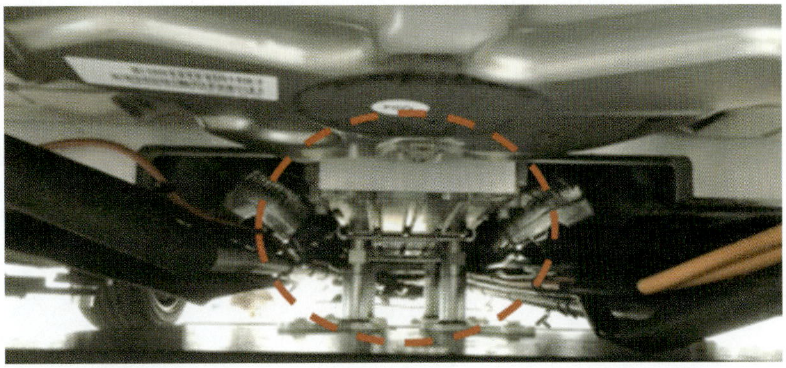

그림 326 남은 볼트를 분리하여 배터리를 분리

⑦ 교체가 필요한 모듈을 배터리팩에서 분리에 필요한 지그를 활용하여 분리한다(분리 작업 시 고전압 배터리 냉각, 난방핀의 손상되지 않도록 주의를 요한다).

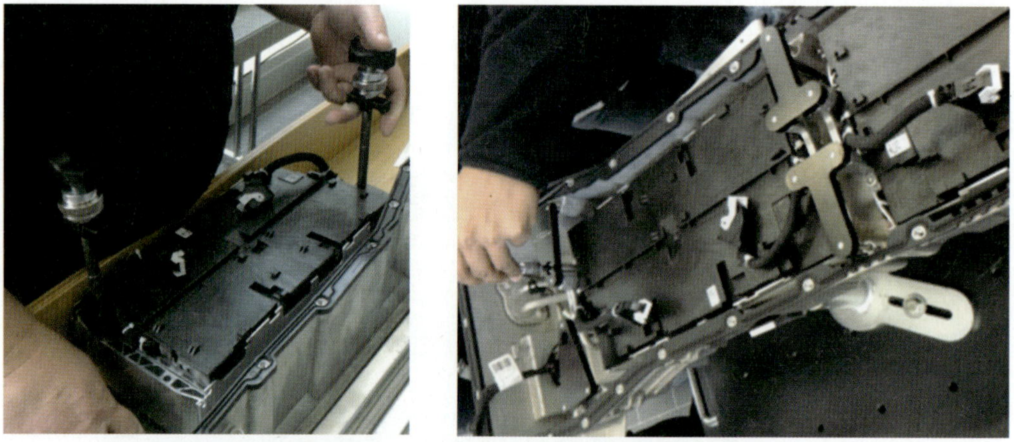

(a) (b)

그림 327 모듈을 배터리팩에서 분리에 필요한 지그를 활용하여 분리

⑧ 고전압 배터리의 열교환기는 핀 손상에 주의해서 작업이 진행되어야 한다.

열교환기 작업은 냉각수 및 에어컨 가스의 누출과 외부 충격에 의한 손상이 발생할 경우 교환하게 되며, 순수하게 배터리 모듈을 교환하는 경우라고 할지라도 열교환기의 상태를 면밀히 점검하여야 추후 열교환기 작업을 하는 일이 발생하지 않는다.

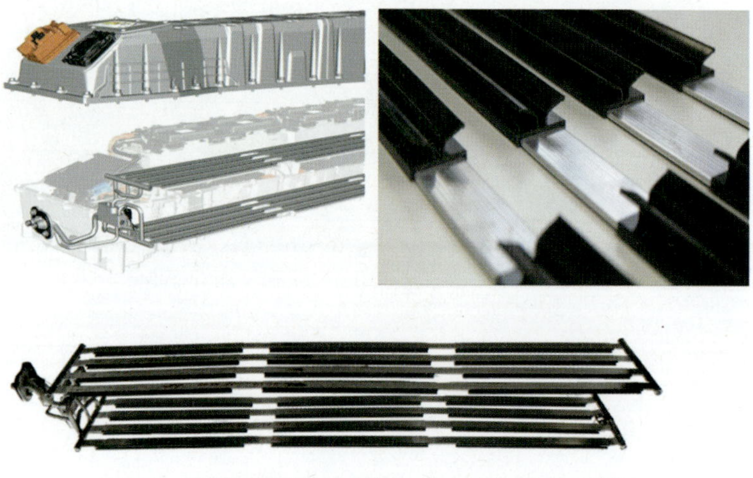

그림 328 고전압 배터리의 열교환기는 핀 손상에 주의해서 작업

⑨ 고전압 배터리 유닛의 셀 밸런싱 작업

고전압 배터리 셀에 문제가 발생하는 경우 셀 한 장만을 작업하는데는 다소 어려움이 있으므로, 모듈 단위로 교환 작업을 하는 것을 통념적으로 권장하고 있으므로 모듈별 교환 작업을 실시한다.

⑩ 모듈별로 교환 작업이 이루어질 경우 각각의 모듈에 전압이 상이하므로 충전 효율을 100% 발휘할 수 없다.

⑪ 모듈 또는 셀의 전압이 상이하면 충전 시에 최저 전압값을 가진 셀과 최고 전압값을 가진 셀에 초점을 맞추기가 어려운 문제점이 발생한다.

⑫ 최저값을 가진 셀에 충전 전압을 맞추어 충전하게 되면 최고값을 가지고 있던 셀은 유효 충전 전압보다 높게 되므로 과충전이 되어 폭발의 위험성이 높고 과충전에 의한 폭발의 위험성이 발생한다.

⑬ 만약 최고값을 가진 셀에 충전 전압을 맞추어 충전 시는 최저값을 가진 셀은 완전한 충전이 되지 않으므로 배터리 성능이 100% 충전이 되지 않아 자동차의 성능을 최적으로 발휘할 수 없게 된다.

⑭ 이러한 문제점을 해소하기 위해 배터리 셀이나 모듈 교체 작업을 하고자 하는 경우는 배터리를 분리하기 전에 진단기를 활용하여 배터리 셀당 전압값을 확인하고 배터리를 분리한 후 배터리 셀 밸런싱 장비를 활용하여 교체되는 셀 및 모듈을 교체되지 않는 배터리 모듈 및 셀과 같은 전압으로 맞추어 조립한다.

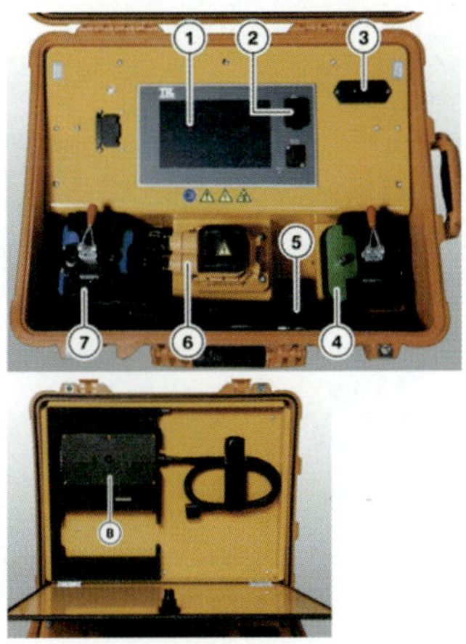

① 터치스크린
② USB(소프트웨어 업데이트)
③ 메인 스위치
④ 압력 어댑터(I01)
⑤ 연결선
⑥ 고전압 커넥터
⑦ 압력어탭터(I12)
⑧ 릴레이 상자

그림 329 고전압 배터리 유닛셀 밸런싱 테스터기

14. 고전압 배터리 유닛 조립

① 조립 과정은 분해의 역순으로 진행한다.

② 고전압 배터리 유닛을 장착 리프트에 정렬 후 리프팅하여 배터리 유닛의 볼트를 체결한다(볼트 체결 시 볼트를 전체적으로 삽입 후 완전 체결).

③ 냉, 난방 라인 연결.

④ 고전압 커넥터 연결.

⑤ 12V 커낵터 연결.

⑥ 진단기를 활용하여 진단 후 이상 유무를 파악.

⑦ 냉매 및 냉각수 주입 후 누설 유무 점검.

⑧ 고전압 배터리 충전(충전 중 이상음. 냄새 등으로 이상 발생 유무 점검).

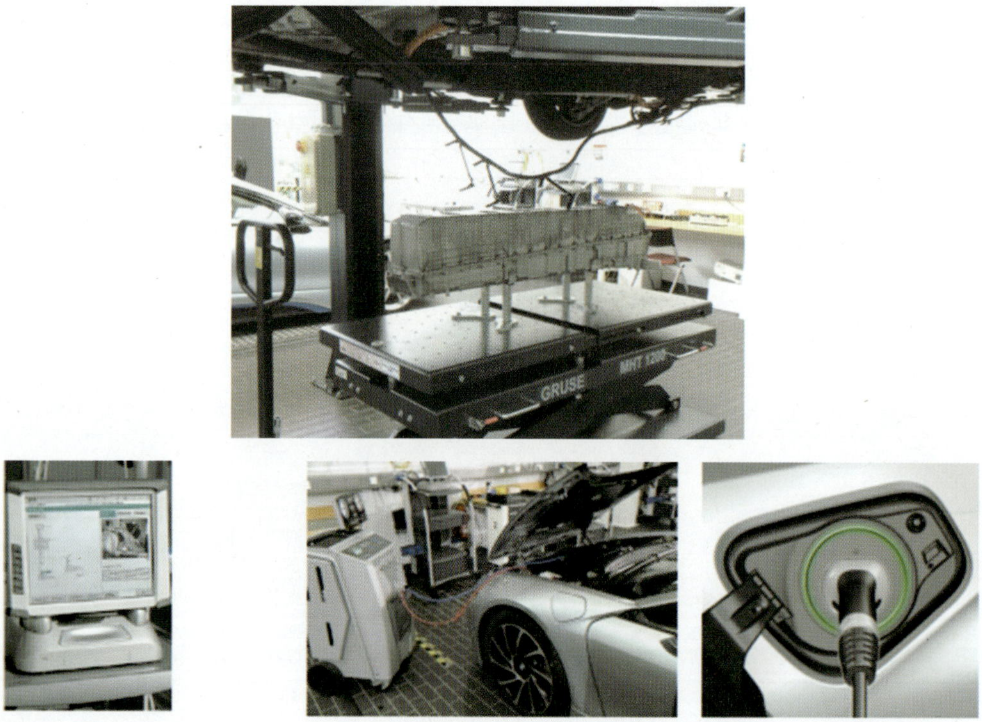

그림 330 고전압 배터리 유닛 조립

7 BMW I3 EV 고전압 특성

1 고전압 구성품

① BMW I3 EV의 기본적인 구성은 전동기가 차량 후면에 위치하므로 후륜 구동 형태를 가지고 있으며, 전반적으로 동력을 발생시키거나 제어하는 시스템이 차량의 후면에 위치하게 되며, 고전압 배터리는 차량 중심부 하부에 위치한 형태로 구성되었다.

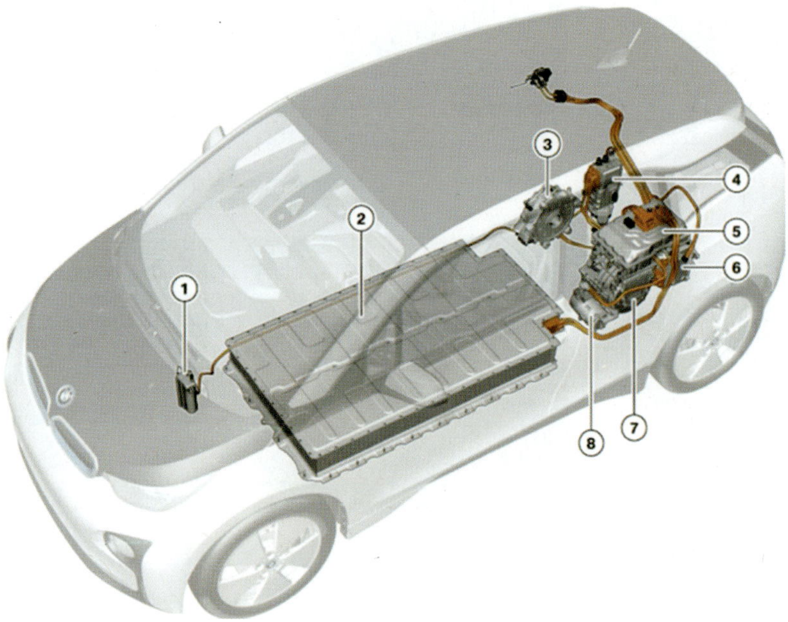

① EH
② 고전압 배터리
③ REM
④ REME
⑤ EME
⑥ KLE
⑦ EM
⑧ EKK

그림 331 BMW I3 EV 고전압 구성 부품 위치

2 고전압 전원차단

① BMW I3는 I8과 고전압 차단 방식은 같으나 고전압 차단 안전장치 페일세이프의 위치가 냉각수 통 옆에 위치되어 있다.

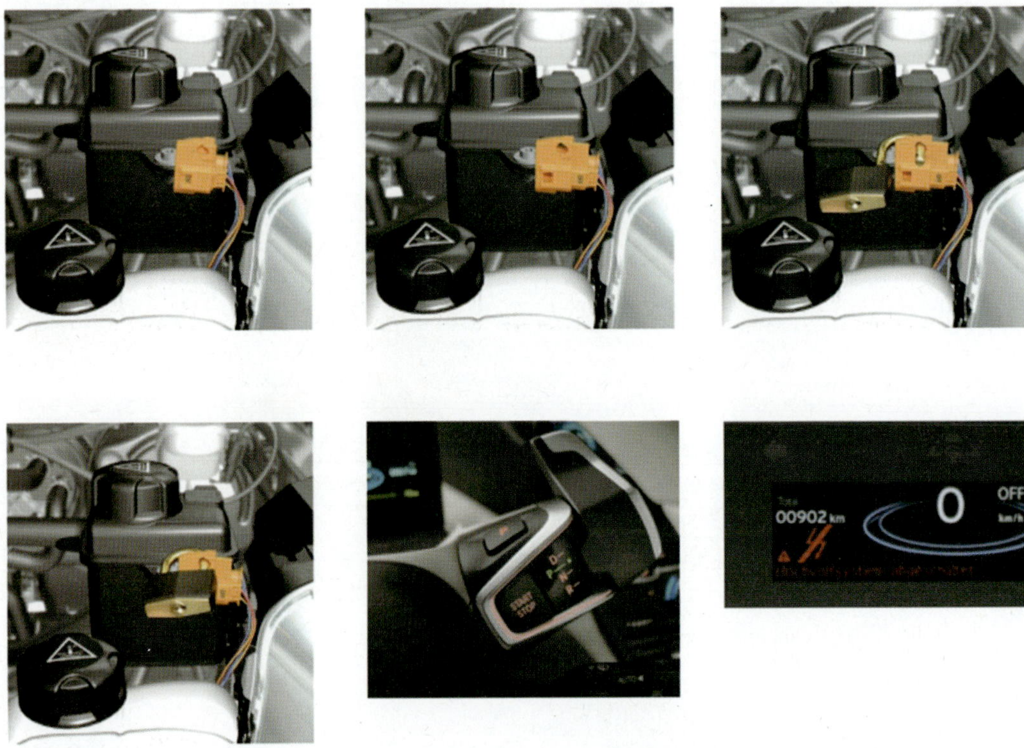

그림 332 BMW I3 고전압 차단 방법 및 위치

3 고전압 전원 커넥터 탈거 방법

① 고전압 커넥터를 탈거하기 위해서는 그림 (a)의 ①번 핀을 가장 먼저 탈거하여야 한다.

② ①번 핀은 고전압 커넥터의 고전압 절연 파괴를 감시하기 위해 설치된 페일세이프 기능으로 인터락 회로로 구성되었으며, 커넥터의 손상이나 헐거움으로 고전압이 누설되어 시스템 고장 및 감전을 방지하기 위해 설치된 안전장치이다.

③ 고전압 차단이 정상적으로 이루어지지 않을 경우에도 인터락 회로가 작동하면 고전압 배터리 시스템 중 PRA 릴레이가 작동하여 고전압이 차단되도록 하는 장치로 EV에서는 고전압 안전장치로 매우 중요한 역할을 수행하고 있다.

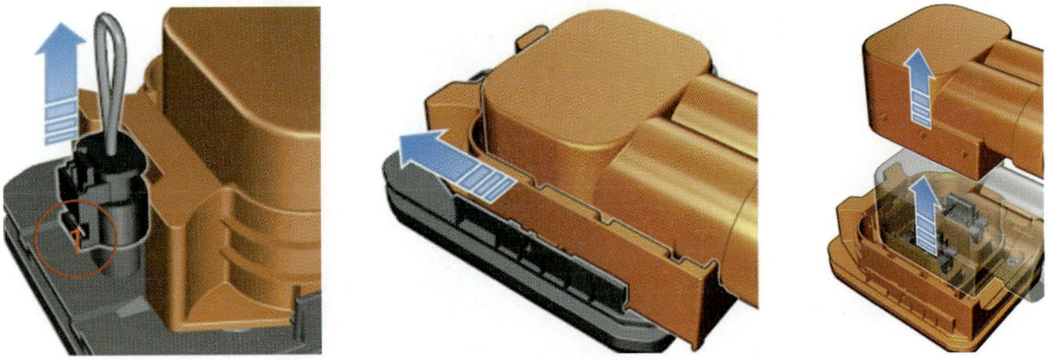

(a) (b) (c)

그림 333 고전압 커넥터 탈거

4 고전압 전원 커넥터 잠재전류 접지 라인

① 모든 고전압 구성 부품 및 하우징은 접지와 연결되어 있다.

② 접지를 통해 SME, 고전압 시스템 절연상태 측정 및 모니터링을 실시한다.

③ 접지 연결 불량 시 관련 시스템 작동 불량.

④ 작업 시 작업 매뉴얼을 숙지한 후 실시하여야 한다.

⑤ 부득이하게 작업자를 교체하여 작업 시 전 작업자의 작업내용을 충분히 전달받은 후 작업하여야 한다.

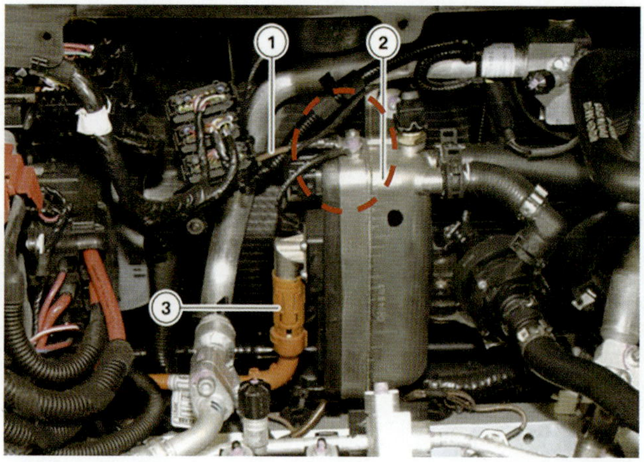

① 잠재전류 접지 라인
② 전기 히터 하우징
③ 고전압 커넥터

그림 334 고전압 전원 커넥터 잠재전류 접지 라인

5 고전압 유닛 제원

① 고전압 배터리 셀은 높은 안정성과 높은 사용주기를 가지고 있다.

② 알루미늄 하우징과 용접 마무리 배터리팩의 무게를 감소시켰다.

③ 모듈은 개별 셀 온도 및 전압을 제어한다.

④ 셀별 커넥터는 용접으로 이루어져 있다.

⑤ HV 성능 향상을 위해 차량의 냉난방 시스템과 연동하여 효율을 높이고 있으며 −10℃~50℃를 유지할 수 있다.

⑥ 셀당 전압은 3.75V이며 모듈은 12셀로 이루어져 있다. 배터리 시스템은 8개 모듈로 구성되었다(3.75V×12셀×8모듈=360V).

⑦ 셀당 용량은 60Ah이다(360V×60Ah=21,600W).

⑧ 구성 부품별 개별적으로 정비가 가능.

⑨ 12개 셀로 구성된 모듈별 정비가 가능.

⑩ 유지 보수비용이 절감된다.

⑪ 설계값은 10년에 150,000km로 설계되었으며 보증은 8년 100,000km이다.

⑫ 배터리의 70%까지를 용량 보증한다.

⑬ 낮은 위치에 설치되어 차량의 낮은 무게 중심을 갖는다.

⑭ 충분한 실내 공간을 확보할 수 있다.

⑮ 정비성 및 충돌 특성이 매우 뛰어나다.

⑯ 냉난방 시스템 적용으로 에어컨 가스 회수 등을 동반하는 작업을 진행하므로 배터리 시스템 작업에 불편함이 있다.

⑰ 환기조절 장치를 통한 배터리 시스템 내부의 결로 및 수분으로 인한 문제점을 감소시켰다.

⑱ 셀 온도 보정은 25~40℃를 유지하도록 시스템이 설계되어 배터리를 최적의 성능을 발휘할 수 있도록 하였다.

⑲ 셀 온도가 30℃ 이상이 되면 냉각 시스템이 작동한다.

⑳ 셀 온도가 20℃ 이하가 되면 고전압 배터리 열선 작동 전력을 요청하여 히팅을 시작한다.

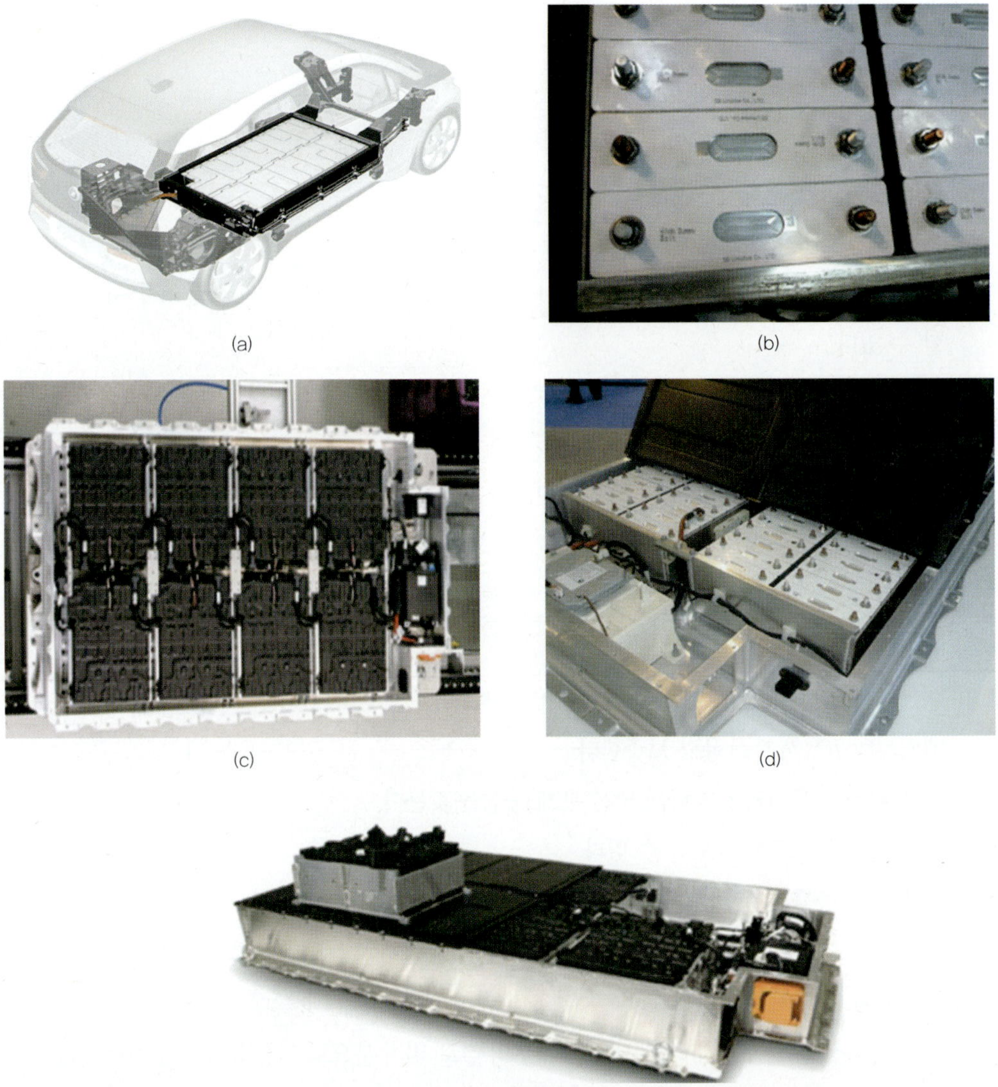

(a) (b) (c) (d) (e)

그림 335 고전압 배터리 구성

6 고전압 배터리 유닛의 구성 부품 위치

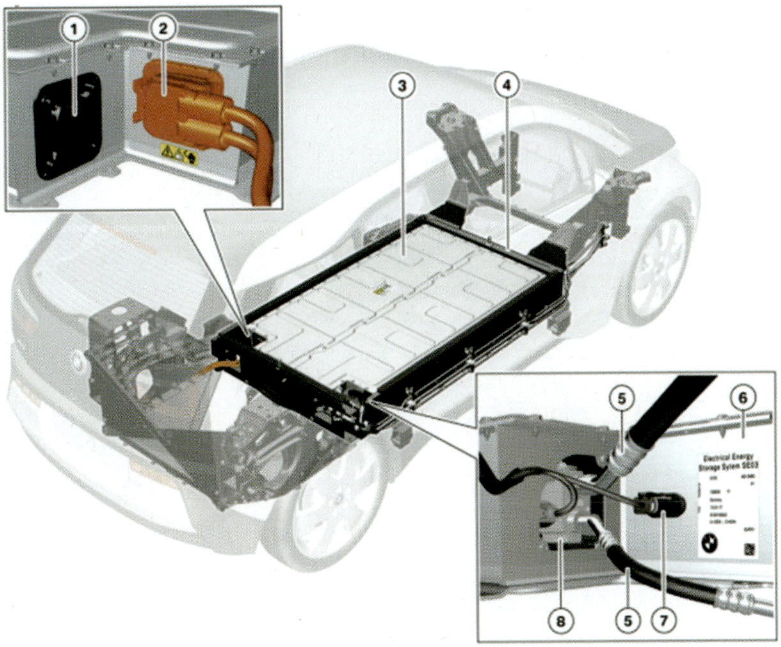

① 환기 구멍
② 고전압 연결 커넥터
③ 고전압 배터리 유닛
④ 프레임
⑤ 냉매라인
⑥ 라벨
⑦ 저전압 연결(12V)
⑧ 팽창, 차단 밸브(에어컨)

그림 336 고전압 배터리 유닛의 구성 부품 위치

7 고전압 유닛 탈거 및 조립

① 고전압 배터리 탈거는 고전압 차단 절차를 준수하여 고전압을 차단한 후 진행한다.

② 고전압 배터리 유닛 탈거는 I8 방법과 동일하게 진행하면 된다.

③ 고전압 배터리가 I8과는 장착 위치가 다르므로 고정 볼트 위치는 다르다.

④ 고정 볼트 26개를 분리한다.

⑤ 추가로 잠재 전류 접지 보트 위치를 필히 확인한 후 분리한다.

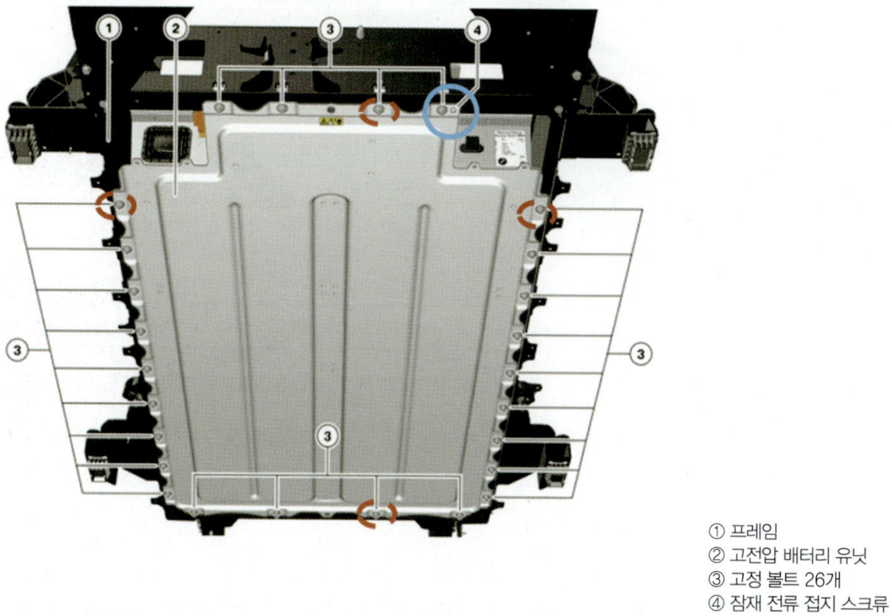

그림 337 고전압 유닛 탈거 및 조립

8 Mercedes-Benz GLC350e EV

1. HV 구성 부품 위치

① 4륜구동모터 적용.

① 고전압 배터리
② 후륜 구동모터
③ 전륜 구동모터
④ 고전압 배터리 제어 시스템

(a)

① 파워일렉트로닉스
② 냉,난방 콤프레서
③ 고전압 정션 블럭
④ 배터리 냉각수
⑤ HV, PTC 히터
⑥ 제어 시스템 냉각
⑦ 전동기
⑧ DC-DC 인버터

(b)

그림 338 HV 구성 부품

2. HV 구성 부품 후륜 구동 제어 구성 부품 위치

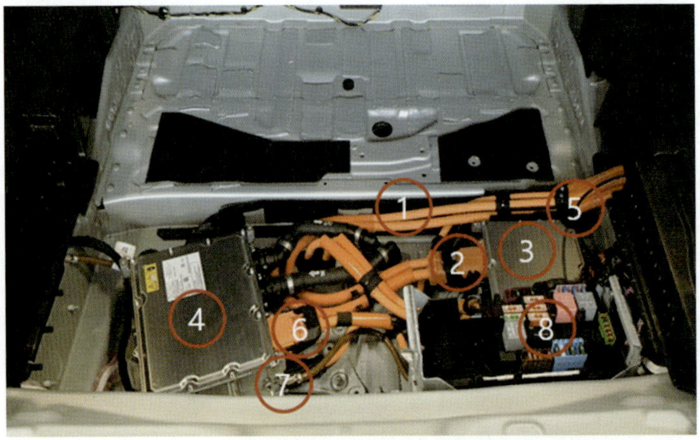

① DC 고전압 커넥터
② 급속 충전(DC) 커넥터
③ DC 컨트롤 박스
④ AC 충전(OBC)
⑤ 비상작동용 케이블
⑥ AC 고전압 케이블
⑦ 잠재 전류 접지
⑧ 12V 제어용 휴즈

그림 339 HV 구성 부품 위치

3. HV AC 충전기(OBC)

① AC을 공급받아 DC로 변환하는 장치.

② 기본적으로 EV 차량의 구동에 필요한 고전압 배터리는 DC로 구성되어 있다.

③ 차량의 충전은 급속 충전과 완속 충전으로 구분된다.

④ 급속 충전은 차량의 외부에 설치된 충전기기가 AC전원을 DC로 변환해 차량으로 공급하므로 별도의 변환장치가 불필요하므로 바로 배터리를 충전할 수 있다.

⑤ 완속 충전기의 경우는 외부에 설치된 충전기에서 AC전원을 차량으로 바로 보내게 되므로 배터리를 충전하기 위해서는 DC로 변환하여야 차량의 배터리를 충전할 수 있다.

⑥ 차량 내부에 설치된 인버터(OBC)는 외부에서 인가된 AC전압을 DC로 변환하여 배터리를 충전하게 된다.

⑦ OBC의 냉각은 냉각수를 이용하여 냉각한다.

⑧ 출력 전압은 7.4KW이다.

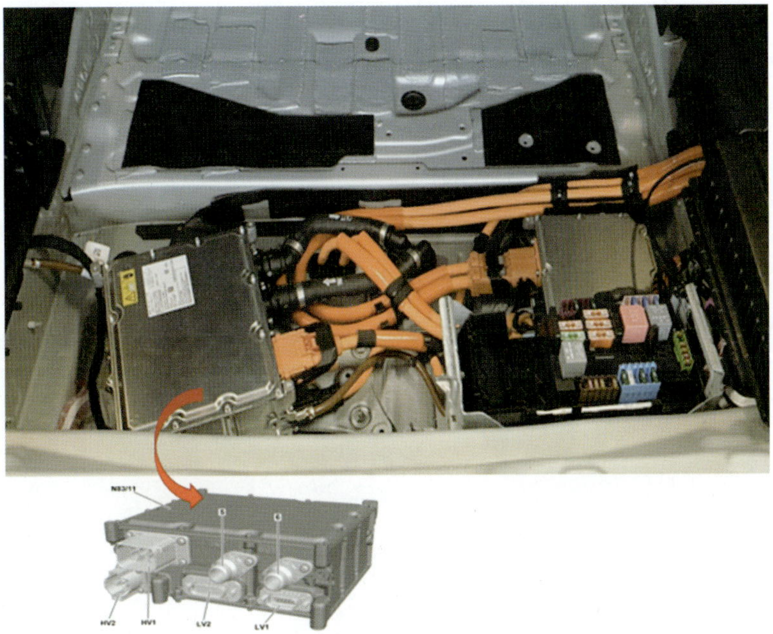

그림 340 OBC 구성 부품 위치

(1) HV DC-DC 구성부품 역할 및 작동범위

① EV 차량에서 사용되는 전압은 일반적으로 저전압인 12V와 차량 구동에 필요한 고전압으로 구성되어 있다.

② 구동에 필요한 고전압은 고전압 배터리를 통해 공급받는다.

③ 구동 외에 일반적으로 사용되는 액세서리, 통신 및 시스템을 작동시키는 전압은 저전압인 12V가 모든 역할을 한다.

④ EV 차량이더라도 저전압인 12V의 전압이 방전되거나 배터리가 최상의 상태를 갖추지 않으면 차량은 모든 기능을 상실하여 구동 및 운행이 되지 않는다.

⑤ EV 차량이더라도 고전압이 완충되어 고전압을 충분히 가지고 있는 상태에서도 12V 저전압이 방전된 경우는 차량의 시스템이 작동되지 않는 점을 염두에 두어야 한다.

⑥ EV 차량은 12V를 생산하는 별도의 알터네이터가 없다.

⑦ 12V에 필요한 전원은 고전압 배터리의 전압을 낮추어 저전압 배터리로 공급하여 충전하는 시스템으로 구성되어 있다.

⑧ 저전압으로 변환하는 장치를 DC-DC 컨버터라고 한다.

⑨ 고전압 배터리도 DC이고 저전압 배터리 또한 DC이므로 컨버터는 고전압을 저전압으로 변환만 하면 된다.

그림 341 DC-DC 컨버터 구성 부품 위치 및 역할

4. 고전압 정션 블록

① 고전압 정션 블록은 고전압 배터리로부터 PRA 통과 후 고전압 정션 블록으로 전원이 공급되는데, 이렇게 공급된 전원을 에어컨 컴프레서, DC-DC 컨버터, 배터리 PTC, 실내 PTC, EPCU 등으로 고전압을 분배하는 역할을 한다.

② 일반 저전압(12V)에 사용되는 퓨즈와 구분하여 고전압이 작동하는 구성 부품에도 시스템 보호를 위한 퓨즈가 설치되어 있다.

③ 고전압 정션 블록 내부에는 에어컨 컴프레서, DC-DC 컨버터, 실내 PTC HEATER, BATTERY PTC HEATERY의 퓨즈가 내장되어 있다.

④ 진단을 위해 회로점검 시험기를 활용하여 통전 유무를 확인하고 퓨즈의 단선 유무를 확인할 수 있다.

⑤ 단선 유무를 파악하기 위해 분해 후 통전 유무를 확인하는 방법과 고전압 배선의 입력부와 고전압 정션 블록에서 출력되는 배선의 끝단에서 측정하는 방법이 있다.

(a)

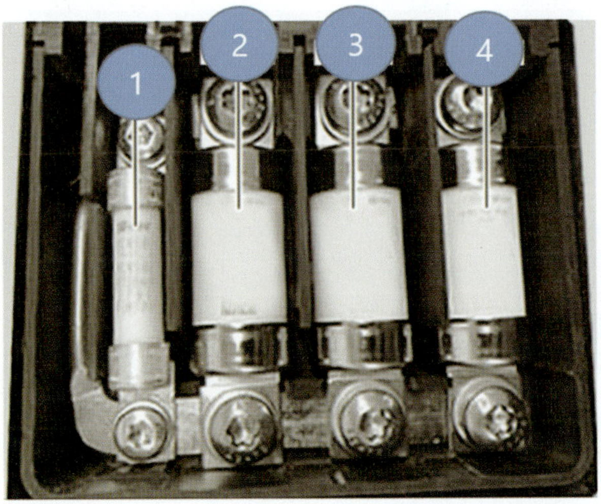

① 실내 PTC HEATER
② 에어컨 컴프레서
③ DC-DC 컨버터
④ BATTERY PTC HEATER

(b)

그림 342 고전압 정션 블록 위치 및 퓨즈

5. 고전압 배터리 사양

① 리듐 이온 배터리

② 베터리 총 무게 652kg

③ 셀수 384개(2×48/4×72)

④ 모듈 수 6개

⑤ 에너지 총량 80KWh

⑥ 최대 출력 360KW

⑦ 공칭 전압 349V(최대 408V)

⑧ 배터리 보증 8년 160,000km, 배터리 용량의 70% 보증

그림 343 고전압 배터리 사양

모터 및 감속기 시스템

03

모터 및 감속기 시스템

03
CHAPTER

학습 최종 목표

전기자동차 구동시스템 정비는 안정적인 구동력을 발생시키기 위하여 모터, 인버터, 감속기 등 시스템을 분석하고 정비, 검사하는 능력이다.

학습모듈의 내용 체계

학습	학습내용	핵심 단어
구동시스템 점검·진단하기	● 정비지침서를 활용하여 점검진단에 필요한 사전 준비를 할 수 있다. ● 진단 장비를 활용하여 구동시스템의 이상 부위를 파악할 수 있다. ● 파악된 결과를 분석하여 세부 고장 부위를 찾을 수 있다.	진단기, 모터, 감속기, 구동 시스템
구동시스템 수리·교환하기	● 정비지침서를 활용하여 수리 · 교환에 필요한 사전 준비를 할 수 있다. ● 정비지침서에 따라 구동시스템에 대한 안전수칙을 준수하여 작업을 실시할 수 있다. ● 정비지침서에 따라 수리 가능 여부를 판단하여 고장 부품을 수리 · 교환할 수 있다.	진단기, 모터, 감속기, 구동 시스템
구동시스템 검사하기	● 정비지침서를 활용하여 검사에 필요한 사전 준비를 할 수 있다. ● 진단 장비를 활용하여 수리 · 교환이 완료된 구동시스템을 검사할 수 있다. ● 성능 테스트를 통해 정상 작동 여부를 판정할 수 있다.	진단기, 모터, 감속기, 구동 시스템

안전유의사항 및 안전기기(장비. 공구)

- 능력 단위 전기자동차 구동시스템 정비는 구동시스템을 구성하는 각 부품(구동모터, 인버터, 감속기, 드라이브 샤프트 및 액슬 등)과 중립주차제어시스템의 고장 부위를 점검 · 진단하고 수리 · 교환한 후 검사하는 작업이다.
- 구동시스템 정비는 구동모터의 오일냉각에 대한 정비를 포함한다.
- 전기자동차 구동모터의 점검은 선간저항 검사, 절연저항 검사, 리졸버 보정 초기화 작업을 포함한다.
- 전기자동차 정비 시 다음의 전기자동차 시스템 일반 주의사항을 준수하여야 한다.
- 사고 전기자동차 취급 시 다음의 주의사항을 준수하여야 한다.
  - 고전압계 와이어링 및 커넥터는 오렌지색
  - 고전압계 부품에는 "고전압 경고" 라벨 부착
  - 고전압 보호장비 착용 없이 고전압 부품, 케이블, 커넥터 등을 만져서는 안 됨
  - 절연장갑, 보호안경, 안전복 및 안전화 착용
  - 전해질용 수건, 터미널 절연용 테이프, 고전압 절연저항 확인용 테스터 준비
  - 절연 피복이 손상된 케이블 접촉 금지
  - 자동차 침수 시 고전압 관련 부품 접촉 금지
  - 실내에 누출가스 유입 시 즉시 환기시키고, 안전한 장소로 대피
  - 누출 액체 피부 접촉 시 즉각 중화 후 흐르는 물, 소금물로 환부 세척

교수 방법

- 전기자동차 고전압 배터리, 전력통합제어장치 정비에 대한 학습자의 지식 보유 수준을 확인하고 주요 기능에 대해 간단히 설명한다.
- 전기자동차 고전압 배터리, 전력통합제어장치 정비에 대한 실습 재료 준비 상태를 확인하고, 학습자가 기능에 대하여 설명할 수 있도록 유도한다.
- 전기자동차 고전압 배터리, 전력통합제어장치 정비 관련 자료 조사를 위한 명확한 지침을 제공하고, 학습자가 객관적으로 자료를 정리할 수 있도록 지도한다.
- 전기자동차 고전압 배터리, 전력통합제어장치 정비에 대한 설명을 위해 동영상 자료를 이용하여 제시하면서 작동 원리에 대하여 설명한다.
- 실습자가 장비를 안전하게 조작하고 작동하는지 관찰하고 필요시 피드백을 제공한다.

- 전기자동차 고전압 배터리, 전력통합제어장치 정비에 대하여 토의하고 조사 결과를 발표하게 하고, 다른 학습자와 공유하도록 지도한다.
- 다음 학습 주제에 관하여 사전 연구 및 조사하여 발표하도록 과제를 제시하고, 학습 동기를 부여한다.

학습 방법

- 전기자동차 고전압 배터리, 전력통합제어장치 정비에 관한 내용을 정리하고 주요 내용은 사진, 그림 등과 함께 노트에 정리한다.
- 전기자동차 고전압 배터리, 전력통합제어장치 정비에 대한 자료를 인터넷으로 검색하여 내용별로 노트에 정리한다.
- 고전압 배터리, 전력통합제어장치 정비 방법에 대해 동료와 역할을 분담하여 토의하고 발표한다.
- 고전압 안전 지침을 준수하고 있는지 학습자 스스로 대조표를 활용하여 점검한다.
- 학습 시 주요 내용을 정리하고 의문점에 대해서는 질문을 통해 해결한다.

평가준거

- 평가자는 학습자가 학습목표를 성공적으로 달성하였는지를 평가해야 한다.
- 평가자는 다음 사항을 평가해야 한다.

학습내용	학습목표	성취수준		
		상	중	하
모터 및 감속기 시스템	- 정비지침서에 따라 고전압 위험성을 인지하고 안전장비를 착용할 수 있다.			
	- 정비지침서에 따라 고전압을 차단하고 안전하게 점검할 수 있다.			
	- 정비지침서에 따라 전력변환 장치 및 구동 장치를 점검할 수 있다.			
	- 정비지침서에 따라 전기자동차 특화시스템을 점검·진단할 수 있다.			

평가방법

● 서술형 시험

학습내용	학습목표	성취수준		
		상	중	하
모터 및 감속기 시스템	– 고전압 위험성 관련 숙지 여부			
	– 고전압 차단하는 작업 절차 여부			
	– 진단 장비를 사용하여 고전압 점검 · 진단 능력			
	– 전력변환 장치 및 구동 장치 점검 · 진단 능력			

● 평가자 체크리스트

학습내용	학습목표	성취수준		
		상	중	하
모터 및 감속기 시스템	– 고전압 위험성 관련 숙지 및 안전 작업 가능한 여부			
	– 고전압 차단하는 절차 가능한 여부			
	– 진단 장비를 사용하여 고전압 점검 · 진단 여부			
	– 전력변환 장치 및 구동 장치 점검 · 진단 여부			

● 피드백

1. 서술형 시험

– 하이브리드자동차 특화 시스템 점검, 진단에 필요한 관련 지식을 학습하고 중간, 기말고사 평가를 실시하여 성취수준이 낮은 학습자의 경우 미흡한 부분에 대해서는 중요 사항을 표시하여 설명해 주고 보고서를 제출하게 하여 학습성취도를 재평가한다.

– 성취수준이 높은 학습자의 경우에는 하이브리드자동차 특화 시스템 점검, 진단에 있어 차량진단 방법에 대한 심화 내용을 설명해준다.

2. 평가자 체크리스트

– 평가기준을 설명하고 성취수준이 낮은 학습자들에게는 정비지침서를 활용하여 미흡한 부분에 대해 학습 성취도를 달성할 수 있는 교육 여건을 제공한다.

– 성취수준이 높은 학습자의 경우는 하이브리드자동차 특화시스템 점검, 진단에 있어 차량진단 방법에 대한 심화 내용을 설명해 준다.

1 개요 및 작동원리

1 개요

EV에서는 전기 모터의 역할이 매우 중요하다. 구동모터는 배터리에 저장된 전기 에너지를 기계 에너지로 변환해 전기자동차에서 동력을 발생하는 장치로 높은 구동력과 출력으로 가속과 등판 및 고속 운전에 필요한 동력을 제공하며 소음이 거의 없는 정숙한 차량 운행을 제공한다. 현대차 그룹은 E-GMP 전기 모터의 성능을 강화하기 위해 기존 전기 모터보다 회전수를 높이는 방식을 택했다. 현대차 그룹의 최신 전용 전기차인 아이오닉 5와 EV6은 최고 15,000rpm의 회전수를 자랑한다.

그림 1 모터, 감속기, 인버터

전기차는 이러한 모터의 특성에 맞춰 변속기가 아닌 감속기를 사용한다. 변속기에서 변속단을 변경하는 경우는 고출력 필요시 저단으로 변경하는 경우와 고속 주행을 위해 고단으로 변경하는 경우가 있다. 전기차에서는 모터가 회전을 하는 순간부터 차를 움직이기 위한 토크가 발생하기 때문에 저단 기어가 필요 없으며, 최대 15,000rpm 이상 회전함으로써 고단 기어도 필요 없다. 결론적으로 전기차는 주행 상황에 맞춰 "변속"이 아닌 "모터 회전수"를 변경함으로써 저속부터 고속까지 모든 속도에 대응할 수 있다. 기아지동차 EV6 GT의 모터는 최대 21,000rpm까지 회전하기 때문에 정지 상태에서 최고속도 260km/h에 이르기까지 변속기 없이 감속기만으로 주행할 수 있는 것이다.

또한 감속 시에는 발전기로 전환되어 전기를 생산하여 고전압 배터리를 충전함으로써 연비를 향상시키고 주행 거리를 증대시킨다. 모터에서 발생한 동력은 회전자 축과 연결된 감속기와 드라이브 샤프트를 통해 바퀴에 전달된다.

아이오닉 5(NE EV) 2022년식 160kW 모터 및 감속기

항목	제원
모터 타입	매입형 영구자석 동기 모터(IPMSM)
감속기 기어비	10.65
최대 출력	160kW
최대 토크	350Nm
최대 회전 속도	15,000rpm
냉각 방식	유냉식

2 작동원리

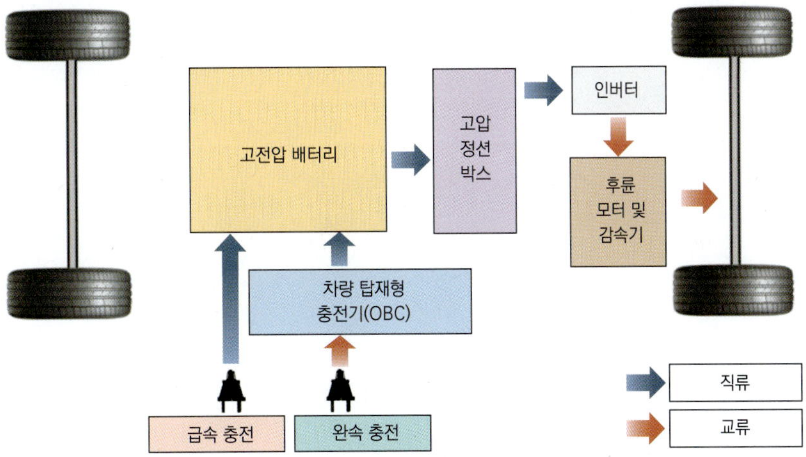

그림 2 2WD 작동원리

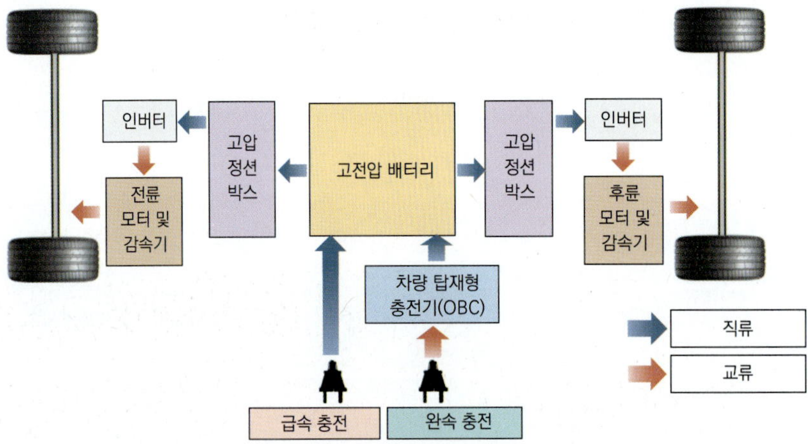
인버터
고압 정션 박스
고전압 배터리
고압 정션 박스
인버터
전륜 모터 및 감속기
후륜 모터 및 감속기
차량 탑재형 충전기(OBC)
직류
교류
급속 충전
완속 충전

그림 3 4WD 작동원리

2 언더커버 탈·부착

1 4WD 타입

① 프론트 언더 커버를 탈거한다(체결 토크 : 0.8~1.2kgf · m).

② 리어 언더 커버를 탈거한다(체결 토크 : 0.8~1.2kgf · m).

그림 4 프론트 언더 커버 탈거

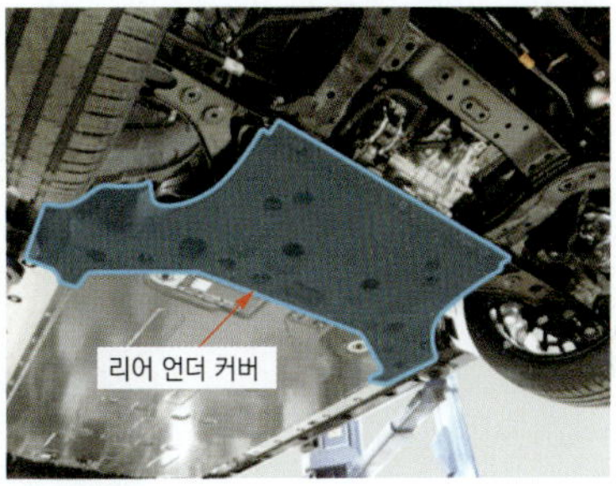

그림 5 리어 언더 커버 탈거

③ 장착은 탈거의 역순으로 진행한다.

2 2WD 타입

① 리어 언더 커버를 탈거한다(체결 토크 : 0.8~1.2kgf · m).

② 프론트 언더 커버를 탈거한다(체결 토크 : 0.8~1.2kgf · m).

그림 6 리어 언더 커버 탈거

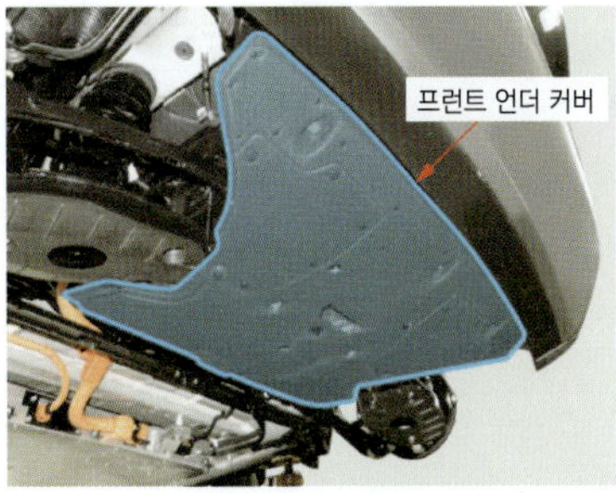

그림 7 프론트 언더 커버 탈거

③ 장착은 탈거의 역순으로 진행한다.

3 후륜 모터 및 감속기 어셈블리

1 탈거

① 고전압을 차단한다.

② 리어 언더 커버를 탈거한다.

③ 냉각수를 배출한다.

④ 워터 호스를 분리하여 후륜 모터 및 감속기 어셈블리 냉각수를 배출한다. 호스의 잘못된 연결을 방지하기 위해 표시를 해둔다.

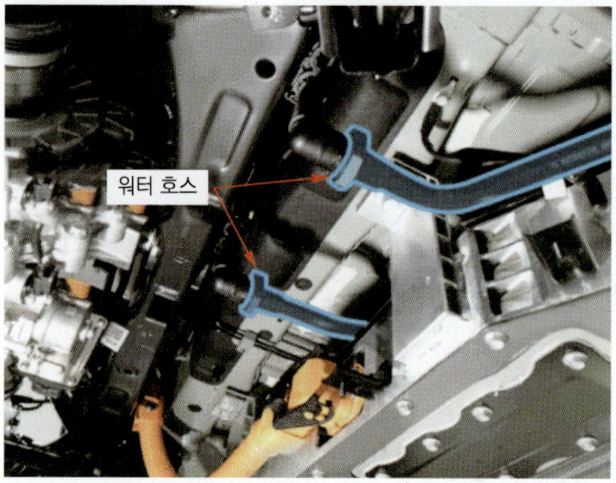

그림 8 워터 호스 분리

유의사항

1. 3웨이 밸브 호스를 분리할 때, 아래 그림과 같이 퀵 커넥터 클램프를 화살표 방향으로 누른 뒤 분리한다.
2. 퀵 커넥터 작업 시, 내부의 고무 씰을 만지거나 분리하지 않는다.

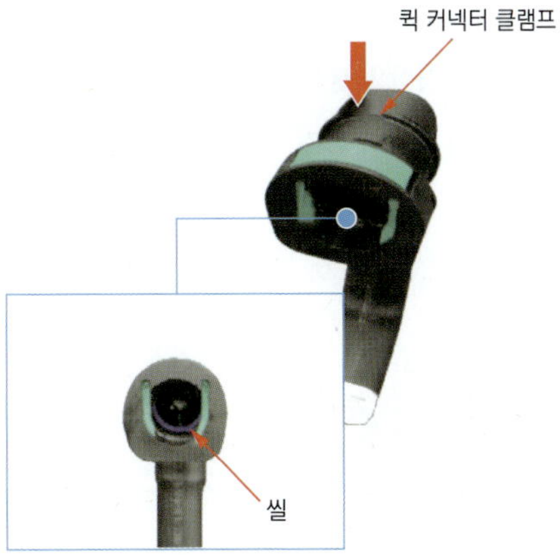

그림 9 3웨이 밸브 호스 분리

⑤ 리어 크로스 멤버를 탈거한다.

⑥ 리어 드라이브 샤프트(IDA)를 탈거한다.

⑦ 인버터 인렛 워터 호스, 인버터 아웃렛 워터 호스와 오일 쿨러 아웃렛 호스를 분리한다. 호스의 잘못된 연결을 방지하기 위해 표시를 해둔다.

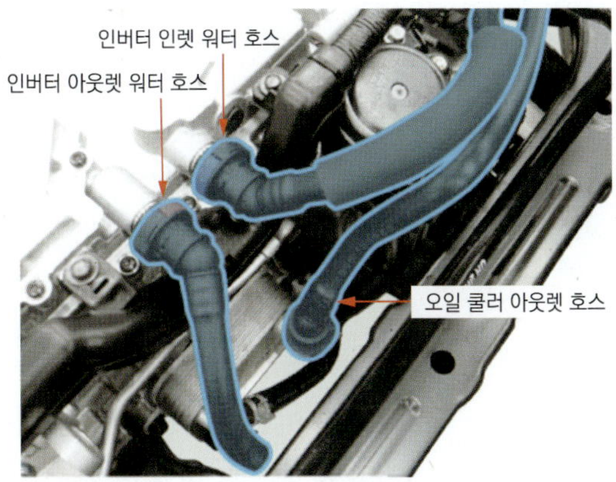

그림 10 인버터 인렛 워터 호스, 인버터 아웃렛 워터 호스, 오일 쿨러 아웃렛 호스 분리

⑧ 접지 케이블을 탈거한다.

⑨ 후륜 모터 및 감속기 어셈블리에서 메인 와이어링을 분리한다. 와이어링 커넥터의 잘못된 연결을 방지하기 위해 표시를 해둔다.

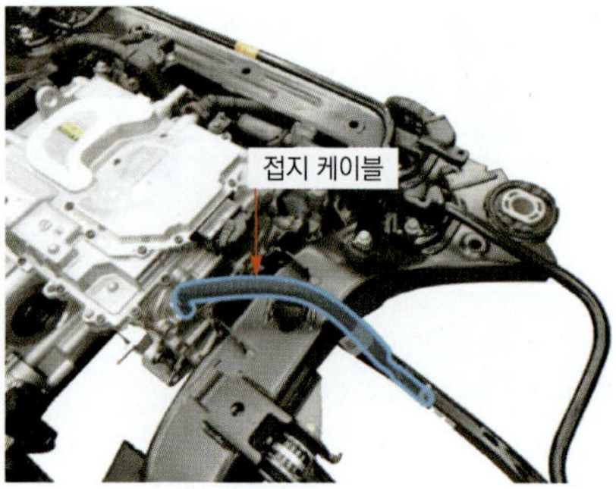

그림 11 접지 케이블 탈거

그림 12 메인 와이어링 분리

⑩ 후륜 모터 및 감속기 어셈블리 행어 위치를 확인하고 후륜 모터 및 감속기 어셈블리를 행어를 이용하여 잭을 연결한다.

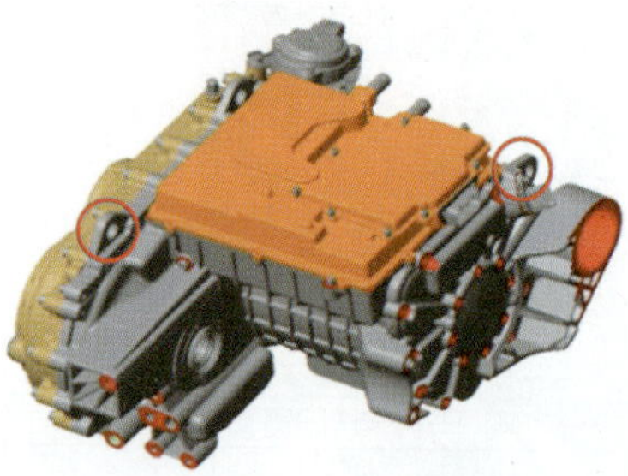

그림 13 행어 위치 확인

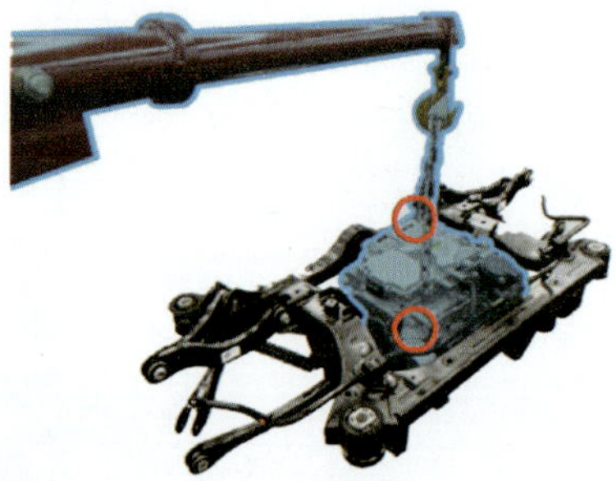

그림 14 잭 연결

⑪ 후륜 모터 및 감속기 어셈블리 마운팅 볼트를 탈거한다(체결 토크 – A : 11.0~13.0kgf · m, B : 6.6~8.5kgf · m, C : 18.0~20.0kgf · m).

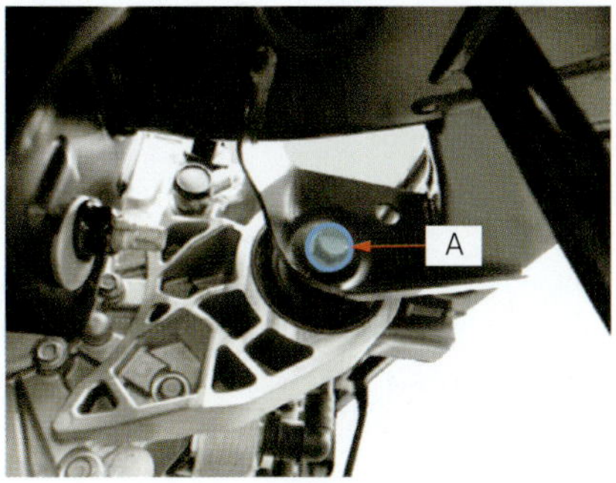

(a) 우측

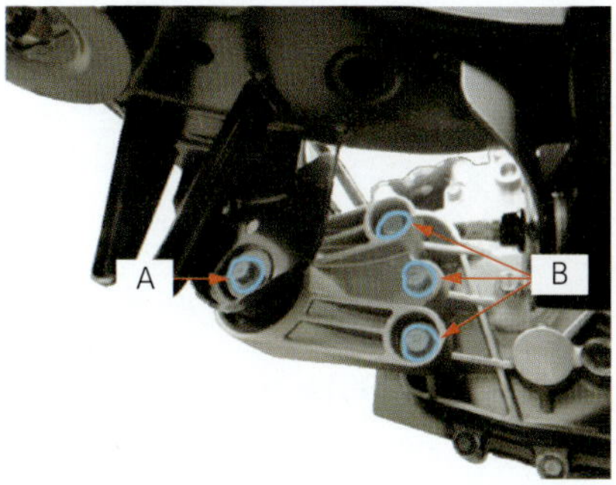

(b) 좌측

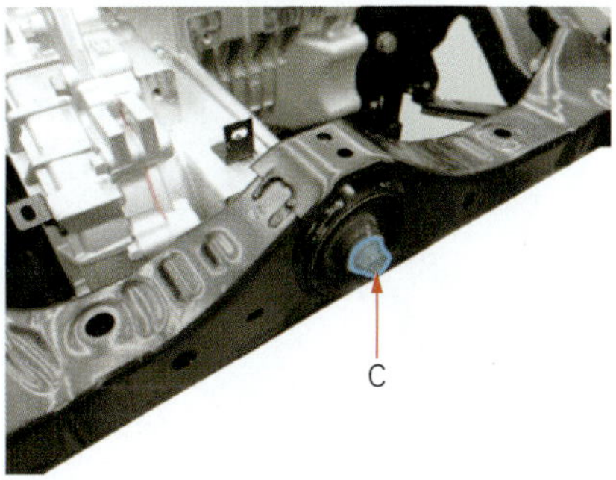

(c) 리어

그림 15 마운팅 볼트 탈거

⑫ 모터 및 감속기 어셈블리를 탈거하기 전에 호스 및 커넥터가 확실히 탈거되었는지 확인을 하고, 고전압 커넥터 부분 및 모터 및 감속기 어셈블리 기타 주변 장치에 손상되지 않도록 주의하면서 잭을 들어 올려 후륜 모터 및 감속기 어셈블리를 서브 프레임으로부터 분리한다.

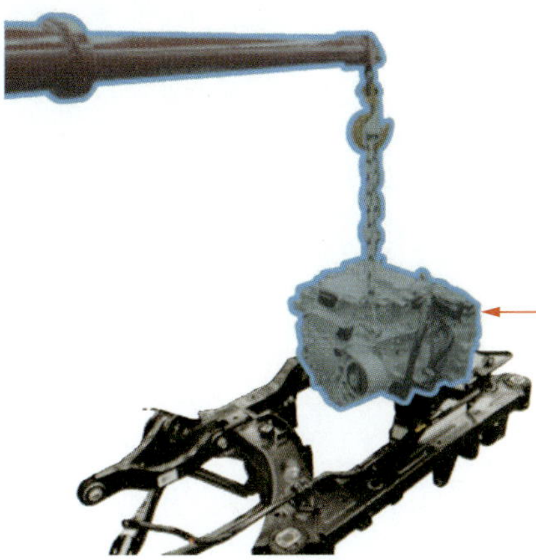

그림 16 후륜 모터 및 감속기 어셈블리, 서브 프레임에서 분리

2 점검

1. 선간 저항

① 고전압 정션 블록을 탈거한다.

② 인버터를 탈거한다.

③ 멀티 옴 미터기를 이용하여 각 선간(U, V, W)의 저항을 점검한다.

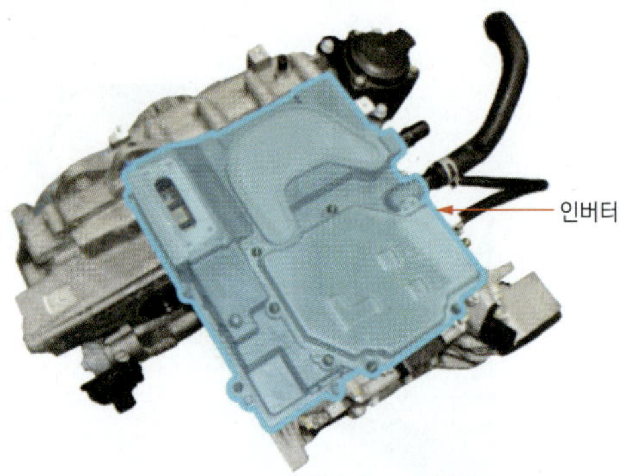

그림 17 인버터 탈거

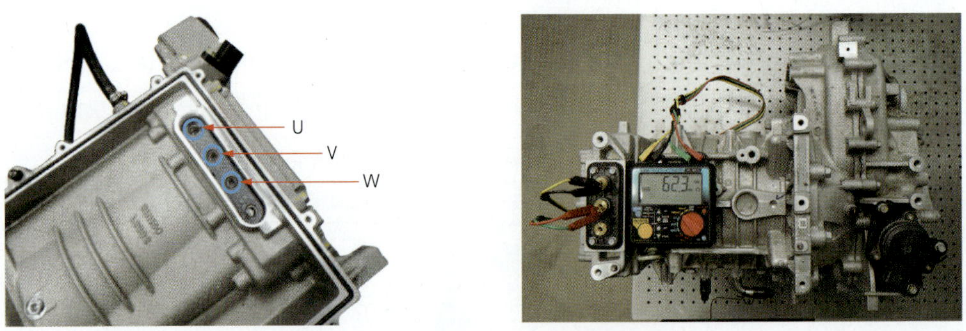

그림 18 U, V, W 위치 및 선간 저항 점검

아이오닉 5(NE EV) 2022년식 선간 저항

항목	점검 부위	규정값	비고
선간 저항 (Line-Line)	U-V	57.48~63.52mΩ	상온(20~20.08℃)
	V-W		
	W-U		

2. 절연 저항

① 고전압 정션 블록을 탈거한다.

② 인버터를 탈거한다.

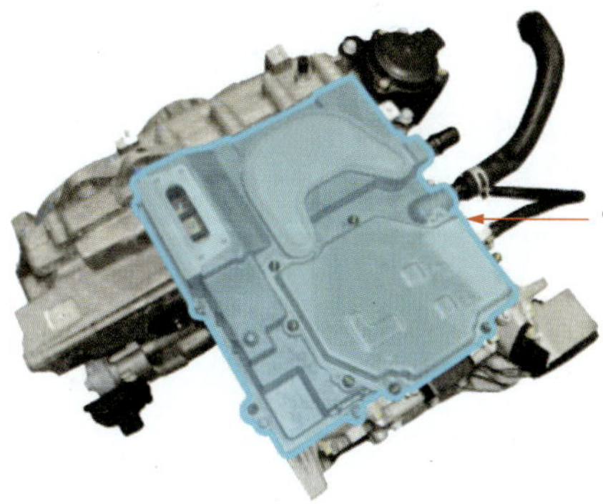

그림 19 인버터 탈거

③ 절연 저항 시험기를 이용하여 절연 저항을 점검한다.

- 절연 저항 시험기의 (−)단자와 하우징, (+)단자와 상(U, V, W)에 연결한다.
- 1분간 DC 1,000V를 인가하여 측정값을 확인한다.

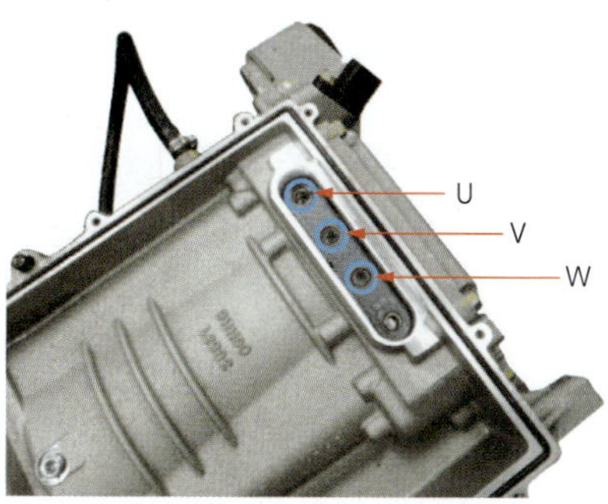

그림 20 U, V, W위치 및 절연저항 점검

아이오닉 5(NE EV) 2022년식 160kW 절연 저항

항목	점검 부위	규정값	비고
절연 저항	Housing−U	100MΩ 이상	DC 1,000V(1분간)
	Housing−V		
	Housing−W		

3. 절연 내력

① 고전압 정션 블록을 탈거한다.

② 인버터를 탈거한다.

③ 내전압 시험기를 이용하여 누설 전류를 점검한다.

- 내전압 시험기의 (−)단자와 하우징, (+)단자와 상(U, V, W)에 연결한다.
- 1분간 AC 2,200V를 인가하여 측정값을 확인한다.

아이오닉 5(NE EV) 2022년식 절연 내력

항목	점검 부위	규정값	비고
절연 저항	Housing-U	18mA 이하	AC 2,200V(1분간)
	Housing-V		
	Housing-W		

3 장착

① 장착은 탈거의 역순으로 진행한다.

② 냉각수 주입 시 진단기기를 이용하여 전자식 워터펌프(EWP)를 강제 구동시켜 공기빼기를 실시한다. 냉각수 주입 후 누수 여부를 확인한다.

③ 장착 완료 후 레졸버 옵셋 자동 보정 초기화를 진행하다. 모터 교환 후 레졸버 옵셋 자동 보정 초기화를 하지 않은 경우 최고 출력 저하 및 주행 거리가 짧아질 수 있다.

④ 후륜 모터 및 감속기 어셈블리를 장착 후, 기밀 점검을 실시한다.

4 기밀 점검

① 고전압 정션 박스에 씰링 커넥터를 장착한다(체결 토크 : 0.8~1.2kgf · m).

그림 21 고전압 정션 박스에 씰링 커넥터 장착

② 고전압 케이블에 씰링 커넥터를 장착한다.

그림 22 고전압 케이블에 씰링 커넥터 장착

③ 기밀 점검 테스터기의 압력 조정제 어댑터를 연결한다. 기밀 점검 테스터기를 작동하고 난 후, 손을 떼어도 진공압력에 의해 압력 조정제 어댑터는 떨어지지 않는다.

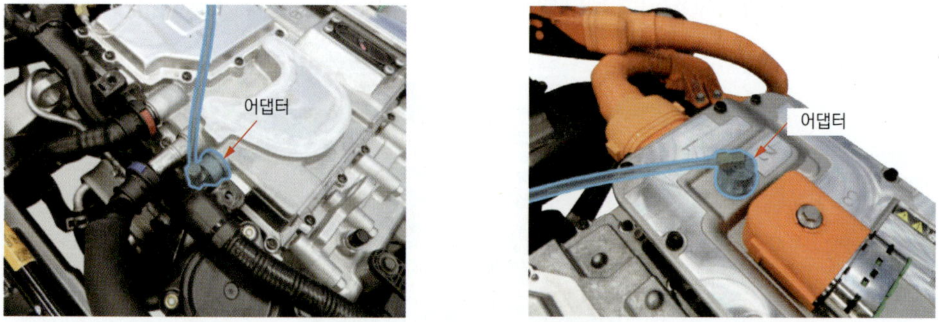

인버터 측(a)

(b) 고전압 정션 박스 측

그림 23 기밀 점검 테스터기의 압력 조정제 어댑터 연결

④ 진단기기를 이용하여 기밀 점검을 실시한다. 기밀 점검 시 기밀 테스터기와 압력 조정제 어댑터에 연결된 호스의 꺾임을 유의한다.

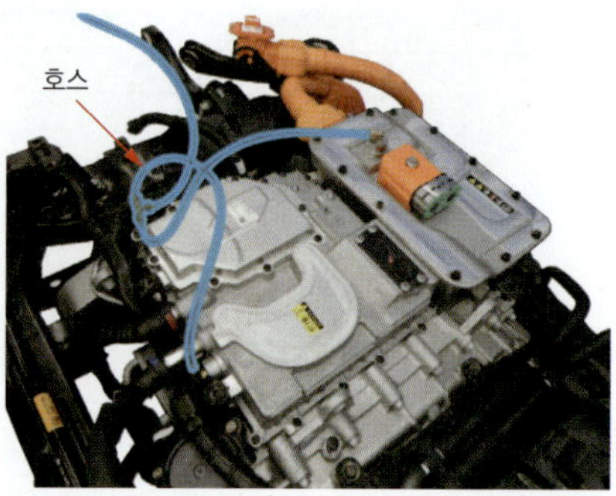

그림 24 호스 꺾임 유의

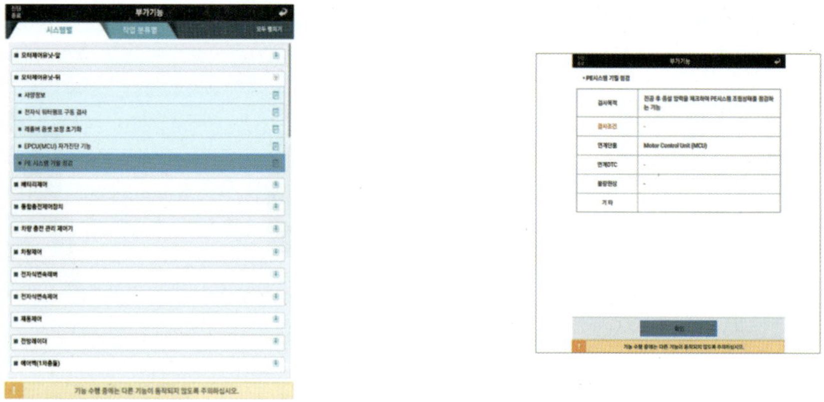

그림 25 PE 시스템 기밀 점검 클릭

⑤ 인버터 어셈블리 상단에 QR코드를 스캔하거나 시스템 코드를 입력한다.

(a) QR코드 스캔

(b) 시스템 코드 입력

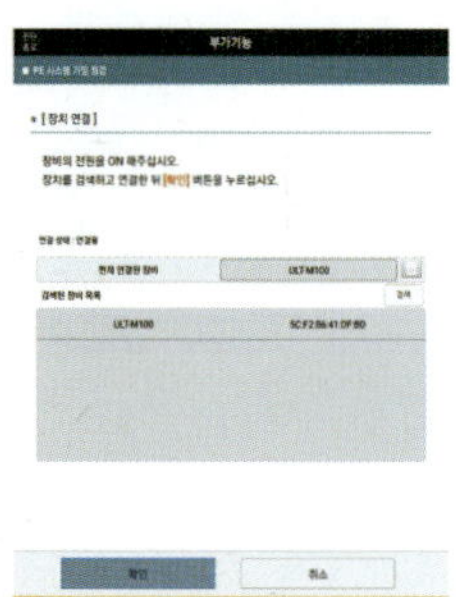

(c) 장치 연결

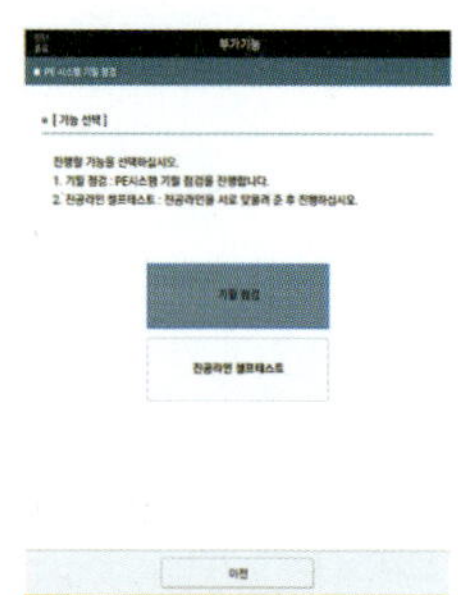

(d) 기능선택

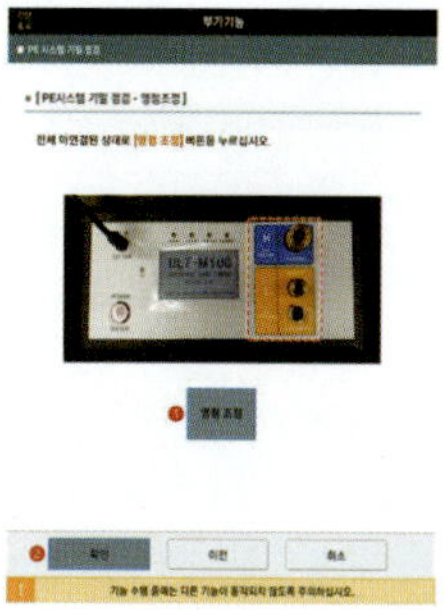

(e) 영점 조정

(f) 막음 커넥터 결합

(g) 장비 연결 후 확인 클릭

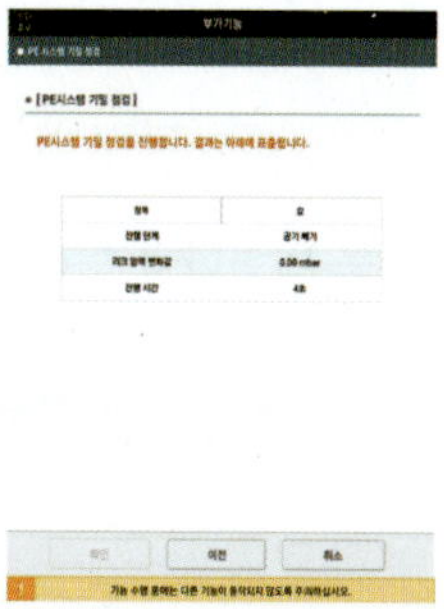

(h) 점검 진행

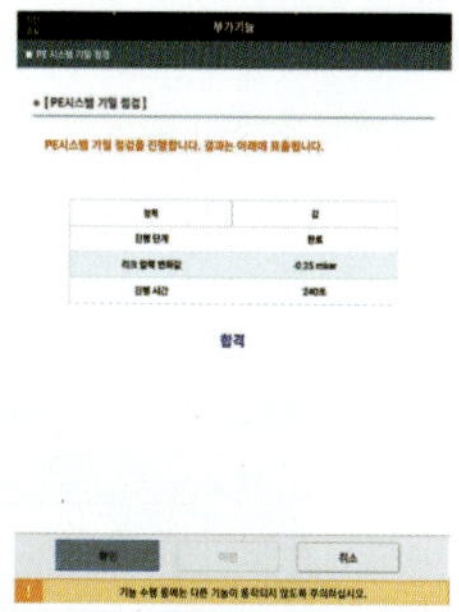

(i) 결과 표출

그림 26 PE 시스템 기밀 누설 점검

⑥ PE 시스템의 기밀 누설 여부를 확인한다.

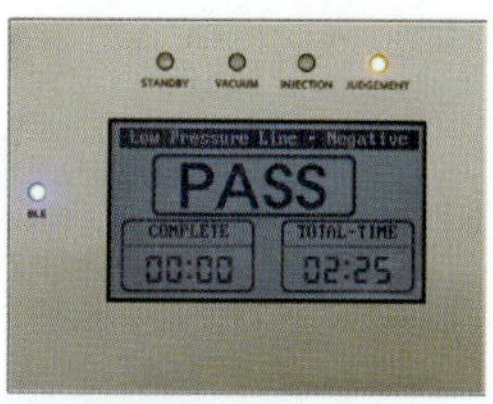

(a) 이상 없음(PASS)

(b) 이상 있음(FAIL)

그림 27 기밀 누설 여부 확인

5 후륜 모터 및 감속기 마운팅 탈거 및 장착

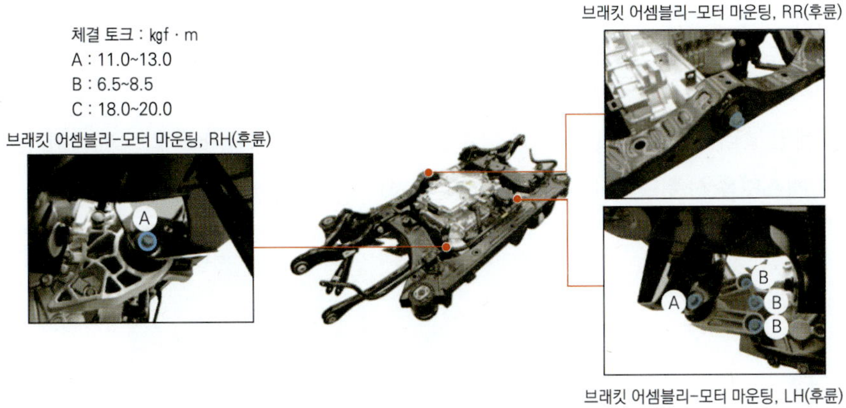

그림 28 후륜 모터 및 감속기 마운팅 구성 부품

① 리어 언더 커버를 탈거한다.

② 후륜 모터 및 감속기 어셈블리 하부에 잭을 받친다. 후륜 모터 및 감속기 어셈블리와 잭 사이에 나무 블록 등을 넣어 후륜 모터 및 감속기 어셈블리의 손상을 방지한다.

③ 후륜 모터 및 감속기 어셈블리 마운팅 브래킷을 탈거한다.

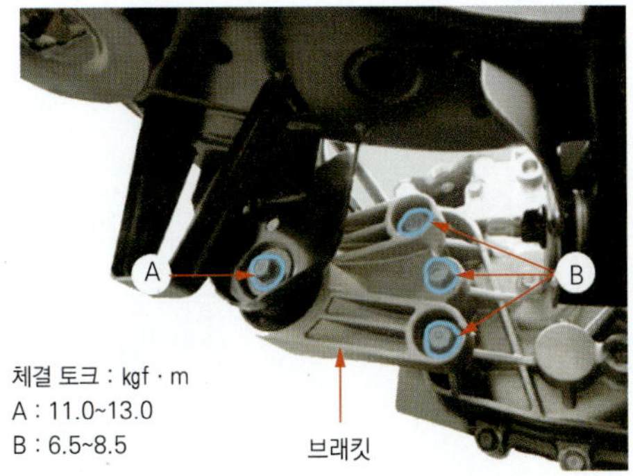

그림 29 후륜 모터 및 감속기 어셈블리 마운팅 브래킷 탈거

④ 장착은 탈거의 역순으로 진행한다.

6 후륜 모터 및 감속기 오일교환

① 오일 점검 시, 차량을 수평상태를 유지하고 차량과 함께 리프트를 올린다.

② 리어 언더 커버를 탈거한다.

③ 5.0L 이상의 비커를 준비한다.

④ 드레인 플러그를 풀고 10분 동안 준비된 비커에 오일을 배출하고 오일 배출이 완료되면 드레인 플러그 개스킷을 신품으로 교환하고(재사용 금지) 드레인 플러그를 장착한다.

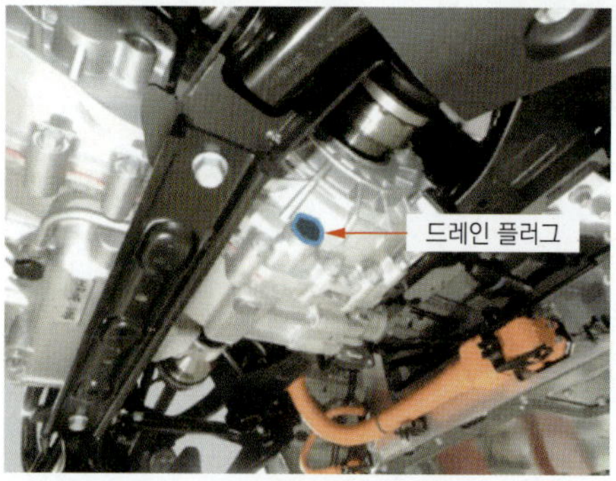

그림 30 드레인 플러그 위치

⑤ 필러 플러그를 탈거한다.

그림 31 필러 플러그 위치

⑥ 비커에 오일을 배출한 양만큼 규정 오일을 필러 플러그 홀에 주입한다.

⑦ 필러 플러그 개스킷을 신품으로 교환하고(재사용 금지) 필러 플러그를 장착한다(체결 토크 : 4.5~6.0kgf · m).

⑧ 리어 언더 커버를 장착한다.

7 모터 및 감속기 컨트롤 시스템

1 개요

1. 모터의 제어

모터의 형식은 영구자석형 동기 모터로서 회전자(Rotor) 위치 인식 및 학습하는 레졸버(Resolver) 센서가 장착되어 있고, 모터 및 전력제어장치(EPCU)교환 시 초기화 학습이 필요하다. 모터의 속도와 토크 제어는 PWM 방식으로 전압과 주파수를 동시에 가변 제어한다.

2. 모터 위치 센서

모터 제어를 위해서는 정확한 모터 회전자 절대 위치 검출이 필요하다. 레졸버를 이용한 회전자의 위치 및 속도 정보를 통하여 MCU는 최적으로 모터를 제어할 수 있게 된다. 레졸버는 리어 플레이트에 장착되며 모터의 회전자와 연결된 레졸버 회전자와 하우징과 연결된 레졸버 고정자로 구성되어 모터 내부의 회전자 위치를 파악한다.

그림 32 레졸버 센서

3. 모터 온도 센서

모터 온도는 모터 출력에 큰 영향을 미치므로 모터가 과열된 경우, 모터의 매입형 영구자석(IPM) 및 스테이터 코일이 변형되거나 그 성능에 영향을 미칠 수 있다. 이를 방지하기 위해 모터 온도 센서는 모터 코일에 조립되어 온도에 따라 모터 토크 보상 및 모터 과온 보호를 목적으로 모터 온도정보를 센싱하는 기능을 담당하다.

2 모터 위치 센서 및 모터 온도 센서 탈거 및 장착

① 고전압을 차단한다.

② 12V 보조 배터리 (−)터미널을 분리한다.

③ 리어 언더 커버를 탈거한다.

④ 모터 위치 및 온도 센서 커넥터를 분리한다. 와이어링 커넥터는 잘못된 연결을 방지하기 위해 표시를 해둔다.

그림 33 모터 위치 및 온도 센서 커넥터 분리

⑤ 모터 위치 및 온도 센서 마운팅 볼트를 탈거한다.

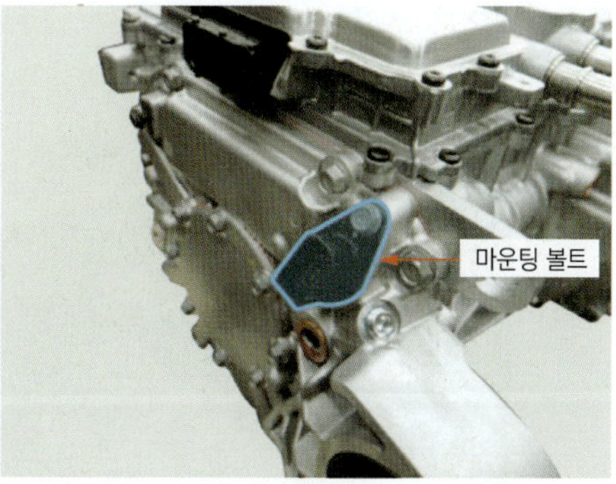

그림 34 모터 위치 및 온도 센서 마운팅 볼트 탈거

⑥ 커넥터를 분리하고 모터 위치 및 온도 센서를 탈거한다.

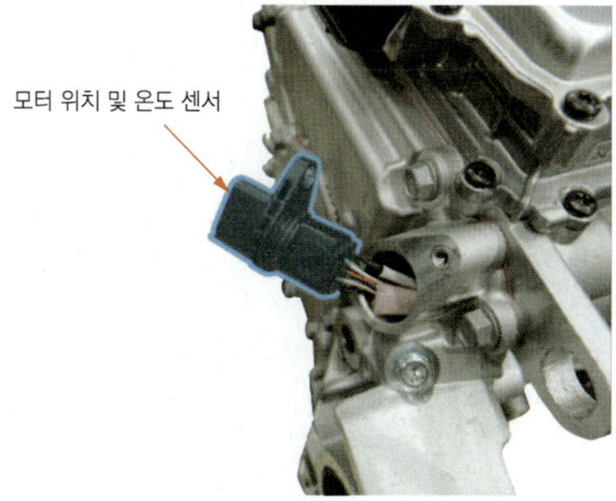

그림 35 모터 위치 및 온도 센서 탈거

⑦ 장착은 탈거의 역순으로 진행한다.

3 모터 위치 센서 및 모터 온도 센서 점검

① 모터 위치 및 온도 센서 커넥터를 분리한다.

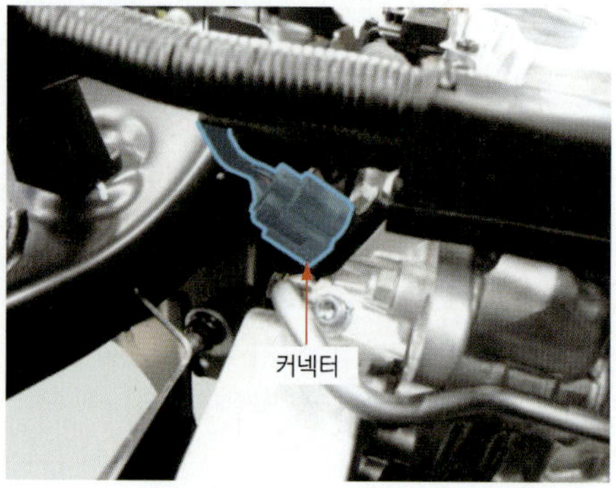

그림 36 모터 위치 및 온도 센서 커넥터 분리

② 멀티 테스터기를 이용하여 선간 저항을 점검한다.

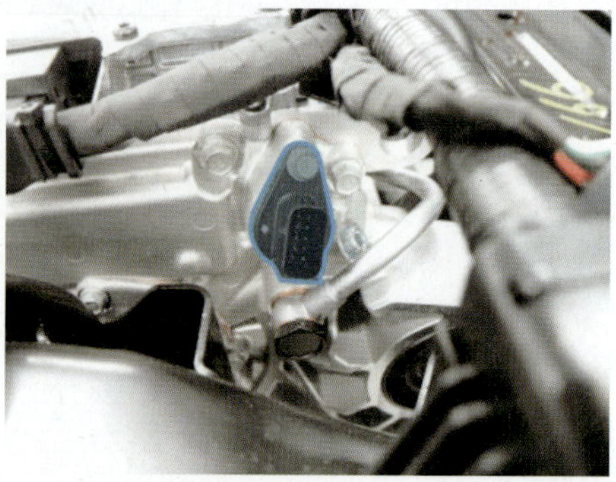

그림 37 모터 위치 및 온도 센서 핀 단자

모터 위치 및 온도 센서 핀 기능

핀 단자	핀 기능
1	SHIELD GND
2	REZ +
3	REZ S1
4	REZ S2
5	TEMP
6	SHIELD GND
7	REZ –
8	REZ S3
9	REZ S4
10	TEMP GND

모터 위치 및 온도 센서 점검

항목	점검 부위		규정값	비고
모터 온도 센서	선간 저항	5–10	18.1~20.8kΩ	Reference temperature : 20℃(68℉)
	절연 저항	5–Housing 5–U/V/W	More than 100MΩ	DC 500V, 5 seconds
	절연 내역	5–Housing	Below 0.5mA	AC 1600V, 1 seconds
모터 위치 센서	선간 저항	2–7	23.0Ω±7%	Reference temperature : 20℃(68℉)
		3–8	82.0Ω±7%	
		4–9	74.0Ω±7%	
	절연 저항	2–Housing	More than 100MΩ	DC 500V, 5 seconds
		3–Housing		
		4–Housing		

4 레졸버 옵셋 자동 조정 초기화

① 점화스위치 OFF, 자기진단 커넥터에 진단기기를 연결한다.

② 변속단 P위치 & 점화스위치 ON(Power 버튼 LED "Red"), "부가기능"모드를 선택한다.

③ 부가기능의 "레졸버 옵셋 자동 보정 초기화"항목을 수행한다.

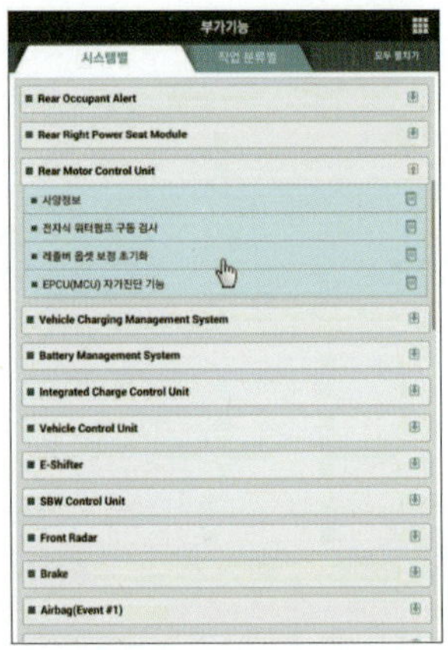

(a) 레졸버 옵셋 자동 보정 초기화 클릭

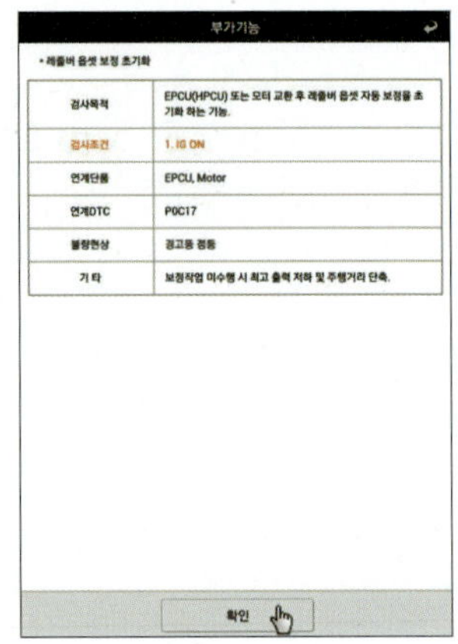

(b) 검사 조건 확인 후 확인 클릭

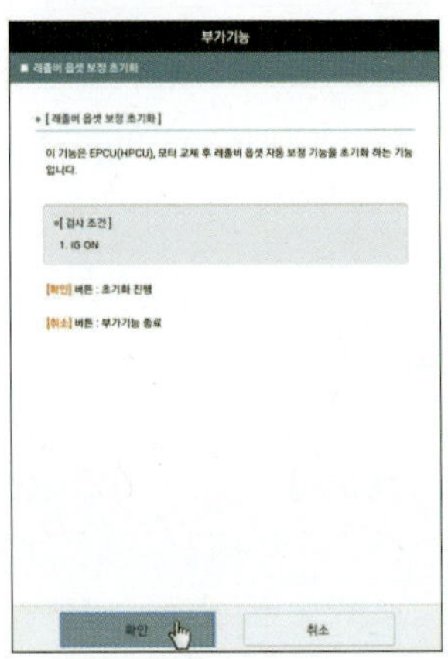

(c) 확인 클릭

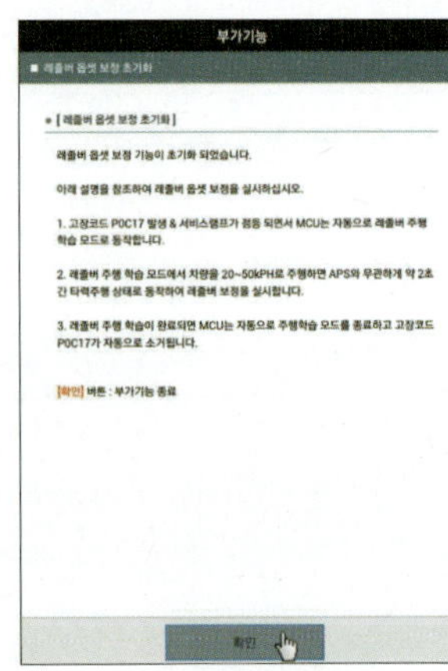

(d) 초기화 완료

그림 38 레졸버 옵셋 보정 초기화

8 SBW[Shift By Wire] 액추에이터 탈거 및 장착

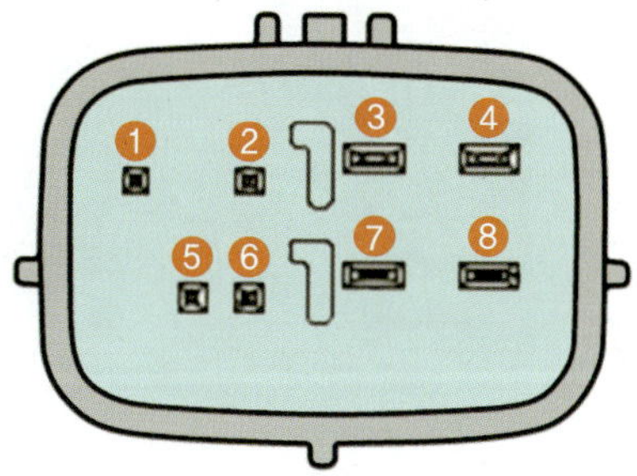

그림 39 SBW 액추에이터 커넥터

핀 번호	기능	비고
1	Encoder output A	–
2	Encoder output B	–
3	Motor power supply	–
4	Motor phase U	–
5	Encoder power supply	–
6	Encoder GND	–
7	Motor phase V	–
8	Motor phase W	–

① 후륜 모터 및 감속기 어셈블리를 탈거한다.

② 냉각수 퀵 커넥터 호스를 분리하고 와이어링 브라켓을 탈거한다.

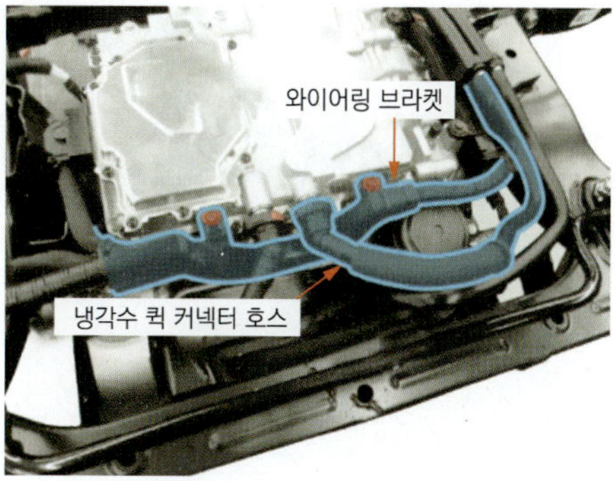

그림 40 냉각수 퀵 커넥터 호스 및 와이어링 브라켓 탈거

③ 냉각수 퀵 커넥터 호스를 분리한다.

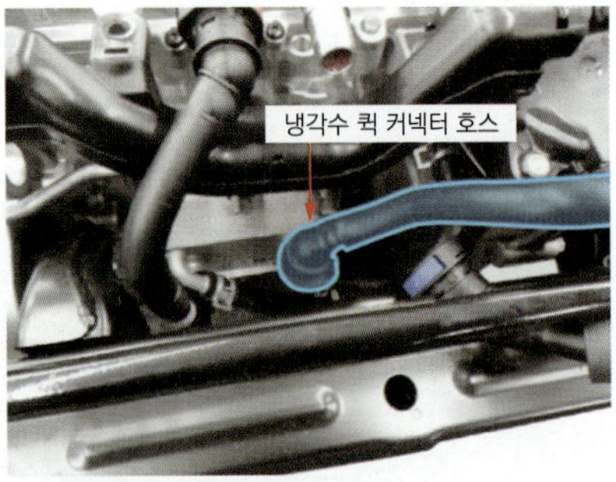

그림 41 냉각수 퀵 커넥터 호스 분리

④ SBW 액추에이터 커넥터를 분리한다.

그림 42 액추에이터 커넥터 분리

⑤ 볼트를 풀고 SBW 액추에이터를 탈거한다(체결 토크 : 2.0~2.7kgf · m).

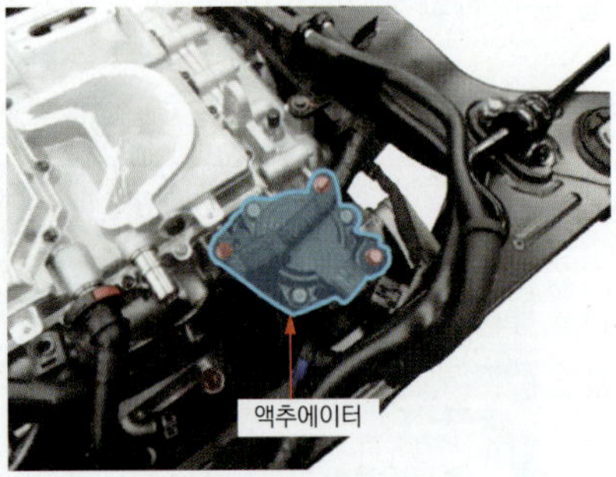

그림 43 액추에이터 탈거

⑥ 장착은 탈거의 역순으로 진행한다.

9 SBW(Shift By Wire) 레버 탈거 및 장착

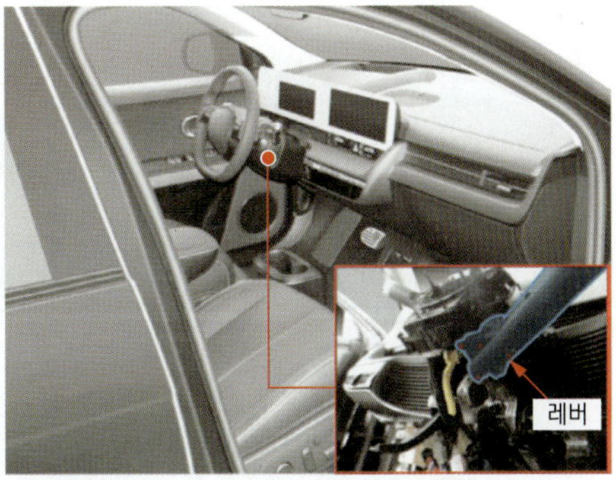

그림 44 SBW 레버 장착 위치

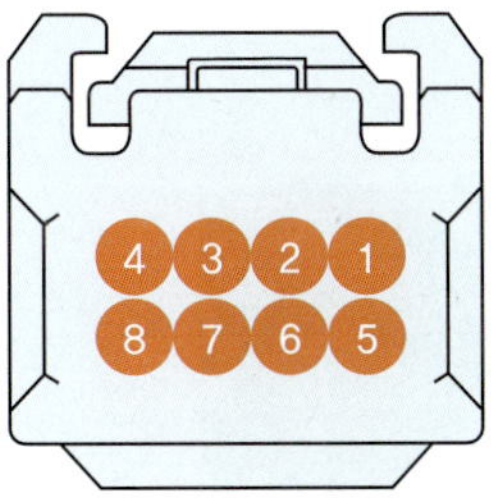

(a) 차량 측

(b) 레버 측

그림 45 SBW 레버 커넥터

핀 번호	기능	비고
1	IG 1	–
2	CAN#1_L	Main CAN(CAN FD Low)
3	CAN#1_H	Main CAN(CAN FD High)
4	GND	–
5	BAT+	–
6	–	–
7	CAN#2_H	Back up CAN(CAN FD High)
8	CAN#2_L	Back up CAN(CAN FD Low)

① 스티어링 컬럼 쉬라우드 패널을 탈거한다.

② 스티어링 휠을 탈거한다.

③ 다기능 스위치 커넥터를 분리한다.

그림 46 다기능 스위치 커넥터 분리

④ SBW 레버 커넥터를 분리한다.

그림 47 SBW 레버 커넥터 분리

⑤ 스크류를 풀고 SBW 레버를 탈거한다(체결 토크 : 0.05~0.15kgf · m).

그림 48 SBW 레버 탈거

⑥ 장착은 탈거의 역순으로 진행한다.

10 SBW(Shift By Wire) 제어 유닛 탈거 및 장착

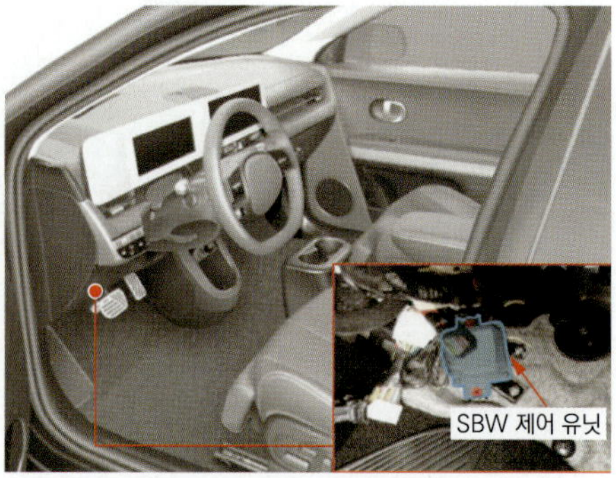

그림 49 SBW 제어 유닛 장착 위치

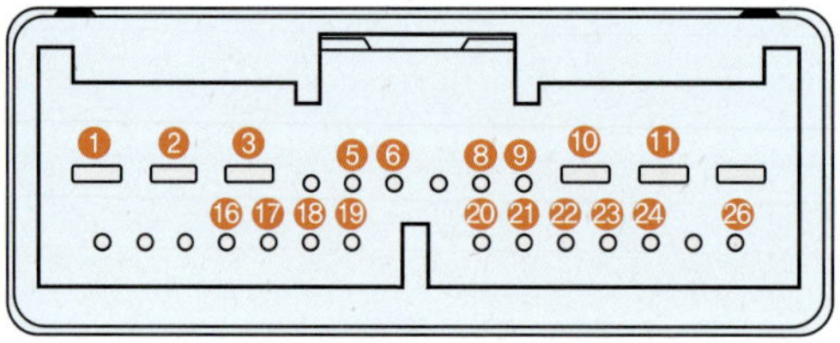

그림 50 SBW 제어 유닛 커넥터

핀 번호	기능
1	Phase_U
2	Phase_V
3	Phase_W
4	–
5	PARK_TX
6	PARK_RX
7	–
8	P-CAN High signal
9	P-CAN Low signal
10	Power Ground
11	Power Ground

핀 번호	기능
12	–
13	–
14	–
15	–
16	Motor power supply relay
17	Encoder sensor A
18	Encoder sensor B
19	Encoder sensor power
20	Encoder sensor ground
21	Signal ground
22	Signal ground
23	–
24	Ignition switch
25	–
26	Battery voltage direct

① 너트를 풀고 SBW 제어 유닛을 탈거한다(체결 토크 : 1.0~1.2kgf · m).

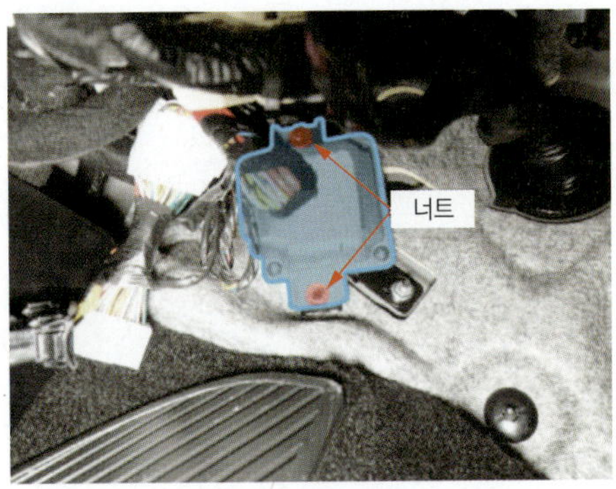

그림 51 너트 탈거

② SBW 제어 유닛 커넥터를 분리하고 SBW 제어 유닛을 탈거한다.

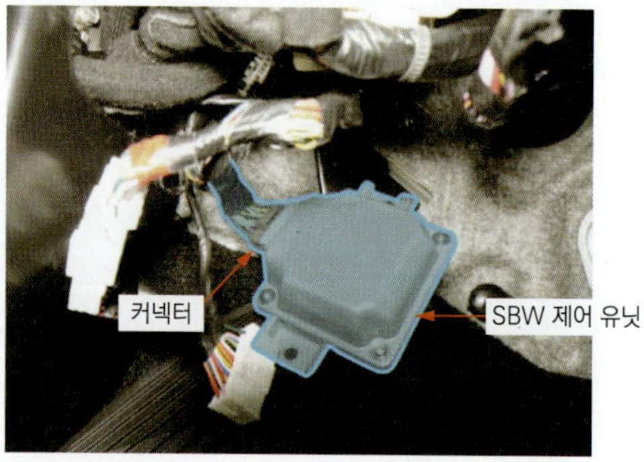

그림 52 SBW 제어 유닛 탈거

③ 장착은 탈거의 역순으로 진행한다.

11 오일 온도 센서 교환

오일 온도 센서 제원

항목		제원
센서 형식		NTC 서미스터
작동 전압		5V±0.25V
최대 저항		100mA
응답 시간	시험 매체 : 냉각수	MAX. 5sec
오일 온도 표		−40 to 150℃(−40 to 302℉)

오일 온도 센서 저항값

온도(℃)	저항(kΩ)		
	최저(MIN)	보통	최대
−40	41.74	48.14	54.54
−30	23.54	26.74	29.94
−20	14.13	15.48	16.83
−10	8.393	9.308	10.223
0	5.281	5.790	6.299
10	3.422	3.714	4.007
20	2.310	2.450	2.590
30	1.554	1.658	1.762
40	1.084	1.148	1.212
50	0.7729	0.8126	0.8524
60	0.5615	0.5865	0.6115
70	0.4154	0.4311	0.4469
80	0.3122	0.3222	0.3322
90	0.2382	0.2446	0.2510
100	0.1844	0.1884	0.1924
110	0.1451	0.1471	0.1491
120	0.1139	0.1163	0.1187
130	0.0908	0.0930	0.0953
140	0.0731	0.0752	0.0773
150	0.0594	0.0614	0.0634

① 리어 언더 커버를 탈거한다.

② 오일 온도 센서 커넥터를 분리한다.

그림 53 오일온도 센서 커넥터 분리

③ 오일 온도 센서 고정 볼트를 탈거하고 오일 온도 센서를 탈거한다.

그림 54 오일 온도 센서 탈거

④ 오일 온도 센서의 O-링을 신품으로 교환하고 장착은 탈거의 역순으로 진행한다.

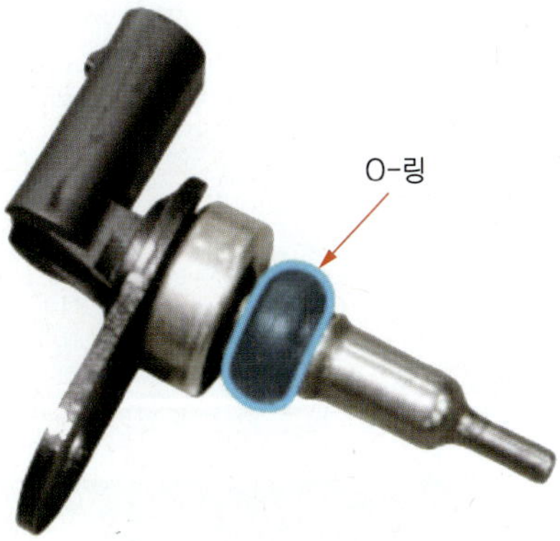

그림 55 O-링 교환

12 전동식 오일펌프(EOP : Electric Oil Pump) 탈거 및 장착

전동식 오일펌프는 전동모터에 의해 구동되는 오일펌프로서 시스템에서 필요로 하는 압력과 유량을 제공한다.

① 후륜 모터 및 감속기 오일을 배출한다.

② 리어 언더 커버를 탈거한다.

③ 전동식 오일펌프 커넥터를 분리한다.

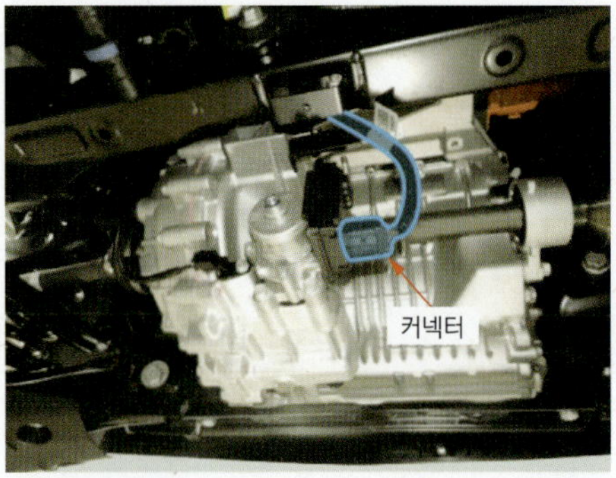

그림 56 오일펌프 커넥터 분리

④ 볼트를 풀고 전동식 오일펌프를 탈거한다.

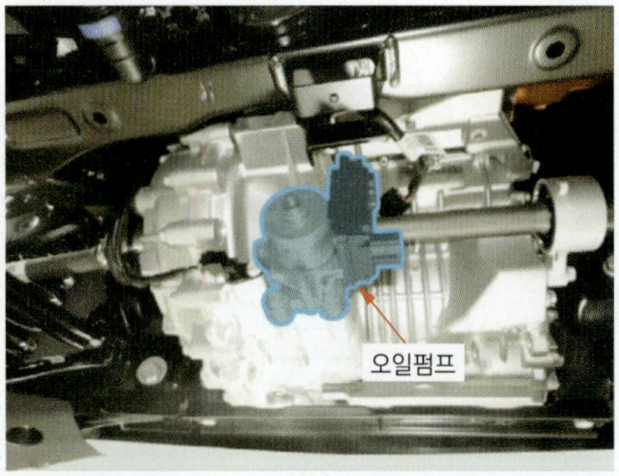

그림 57 오일펌프 탈거

⑤ 전동식 오일펌프의 오일 씰 및 O-링 신품으로 교환하고, 장착은 탈거의 역순으로 진행한다.

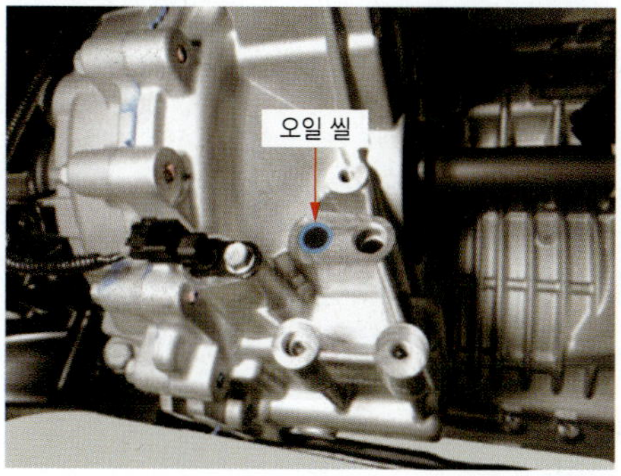

그림 58 오일 씰 및 O-링 교환

13 BMW I8 EV와 I3 EV 고전압 전동기

1 전동기 구조

① 낮은 자기력을 이용해 높은 토크 발생

② 낮은 전기에너지 소모

③ 최고출력 30초 지속

④ 과열로 인한 데미지 최소화

⑤ 냉각수를 이용한 냉각

⑥ 하우징 바깥쪽 나선 방향으로 냉각수 흐름

⑦ 작업 시 고온 주위

⑧ 2개의 온도 센서 장착(NTC) 스테이터 코일에 위치

⑨ 로터 위치 센서 장착. 생산 시 로터 위치 EM각자에 표시

⑩ 로터 위치는 EME에 저장됨

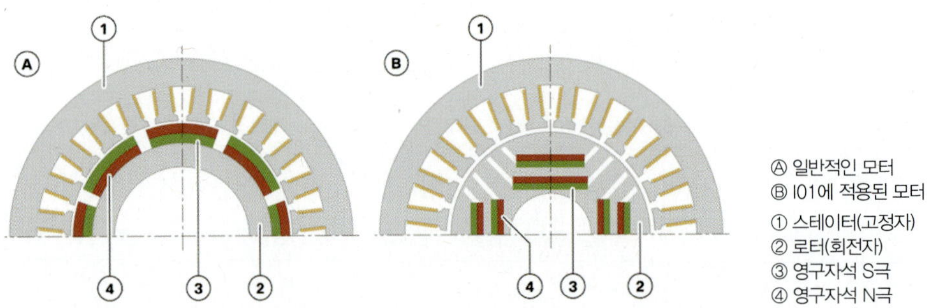

(a)

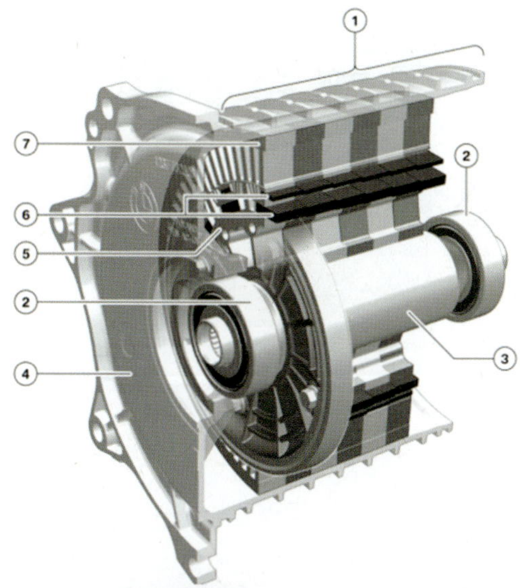

① 냉각수 통로
② 볼 베어링
③ 구동축
④ 안쪽 하우징
⑤ 로터(회전자/영구자석)
⑥ 영구자석
⑦ 스테이터 코일(고정자/코일)

(b)

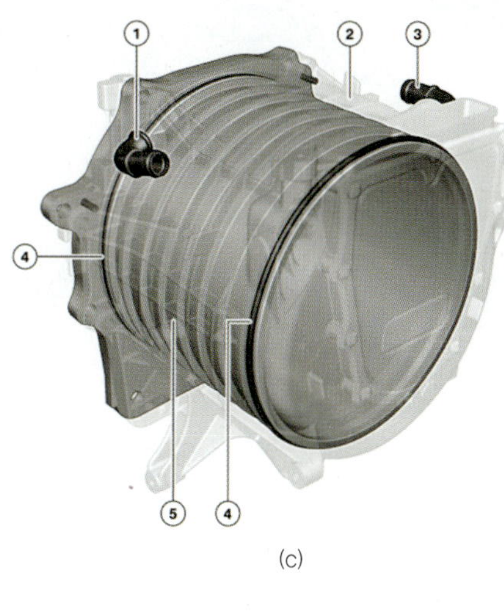

① 냉각수 입구
② 바깥쪽 하우징
③ 냉각수 출구
④ o-링
⑤ 냉각수 통로

(c)

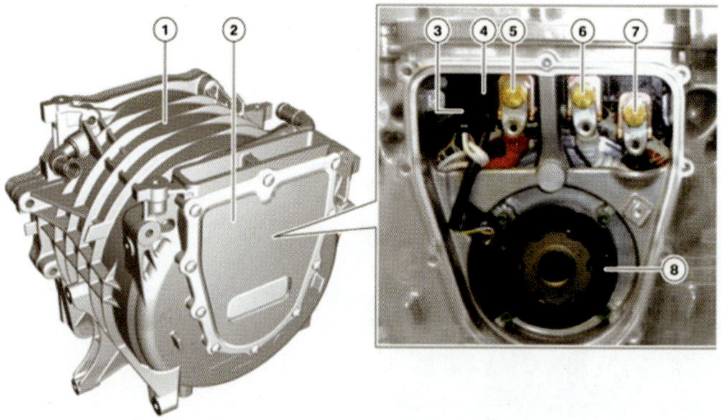

① 바깥쪽 하우징
② 하우징 커버
③ 로터 위치 센서 연결
④ 온도 센서
⑤ 고전압 연결 U
⑥ 고전압 연결 V
⑦ 고전압 연결 W
⑧ 로터 위치 센서

(d)

유의사항

하우징 분해 시 오링 및 스크류는 교환해서 사용.
로터 위치 센서는 위치를 조정교환이 불가능함.
EM 또는 EME 교환 시 로터 위치값 반드시 입력.

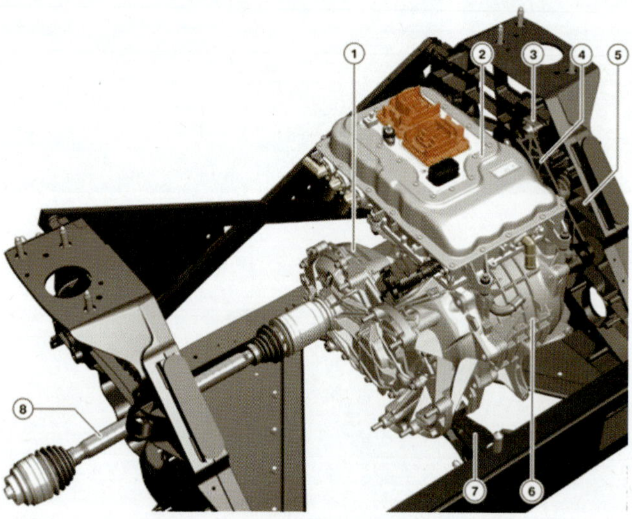

① 트랜스 미션
② EME
③ 전동기 서포트 암 베어링
④ 전동기 서포트 암
⑤ 뒤차축 모듈
⑥ Electrical Machine
⑦ 안티롤 바 링크
⑧ 출력축

(e)

참 고

EM은 완전밀폐되어 공기 및 수분으로부터 보호.
온도 차이에 따른 압력을 보상함.
전체 뒤 차축 탈거 후 EM 탈거 가능.

그림 59 BMW I3, I8 구조

2 고전압 구성 부품-인터페이스

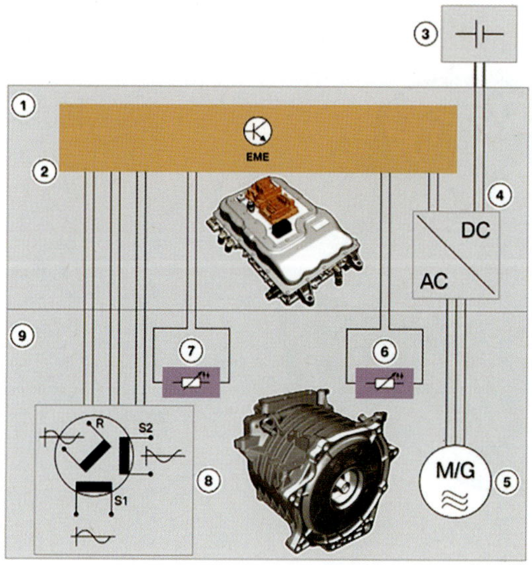

① EME
② EME 컨트롤 유닛
③ 고전압 배터리
④ 양방향 DC/AC컨버터
⑤ Electrical Machine
⑥ 스테이터 온도 센서
⑦ 스테이터 온도 센서
⑧ 로터 위치 센서
⑨ Electrical Machine. (전체)

그림 60 고전압 구성 부품-인터페이스

3 고전압 구성 부품-감속기

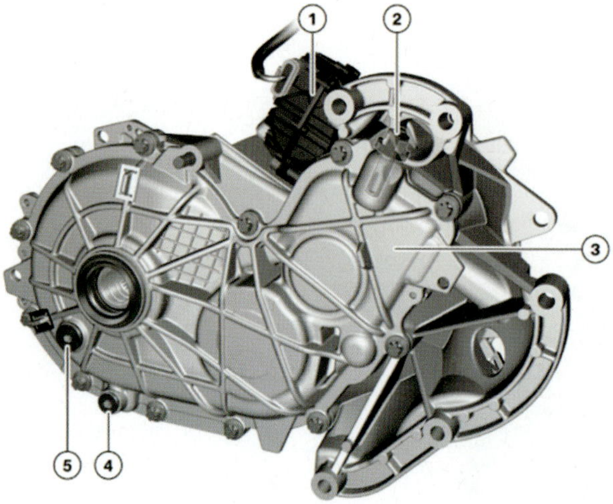

(a)

① 주차잠금 모듈
② 환기캡
③ 트랜스미션 하우징
④ 오일 배출 플러그
⑤ 오일 주입 플러그

참 고

오릴량 ; 0.5L .

오일 교체 필요 없음.

공기 냉각 방식으로 최고 120℃ 유지 가능.

압력 조정 환기 구멍이 있음.

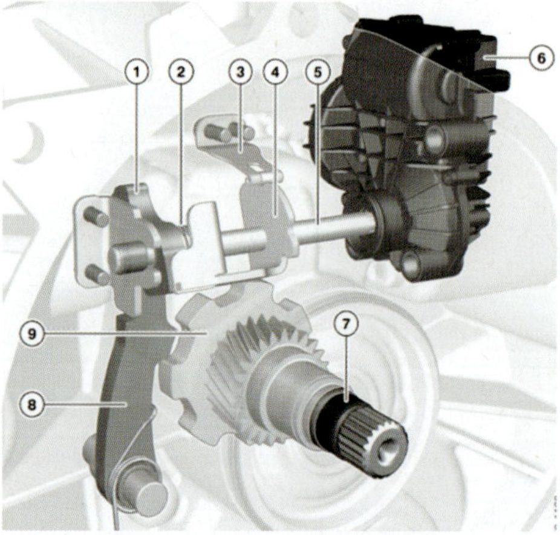

(b)

① 바
② 스프링
③ 고정 엘리먼트
④ 캠 디스크
⑤ 릴레이 축
⑥ 주차 잠금 모듈
⑦ 트랜스미션 입력 축
⑧ 주차 잠금 풀
⑨ 주차 잠금 기어

그림 61 고전압 구성 부품-감속기

4 고전압 구성 부품-전기디지털 모터 전자 (EDME. ELECTRICAL DIGITAL MOTOR ELECTRONICS) 연결

① 12V 전원공급으로 작동

② 가속페달 모듈

③ 제동등

④ LIN BUS

⑤ 전동팬

⑥ BDC

⑦ PT-CAN

⑧ PT-CAN2

⑨ FlexRay

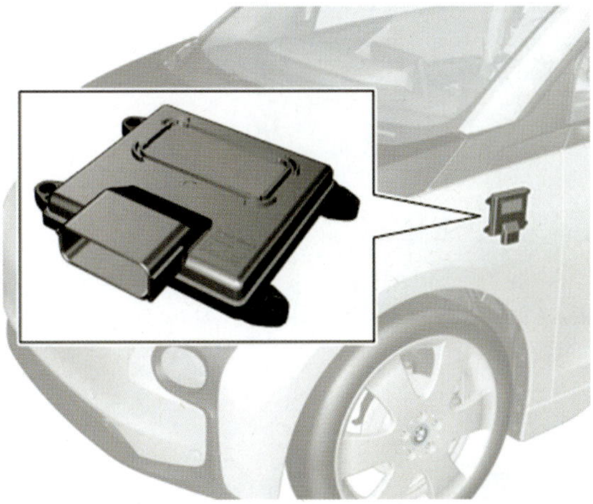

EDME 역할
① 토크 조정
② 작동 프로그램
③ 변속
④ 12V 전원관리
⑤ 열관리
⑥ 진공펌프 활성화
⑦ 오류관리 및 긴급작동

그림 62 고전압 구성 부품-전기디지털 모터 전자

5 고전압 구성 부품-전동기 컨트롤러 (EME, ELECTRICAL MACHINE ELECTRONICS.)

① EM 메인 콘트롤 유닛으로 트렁크에 위치.

② 양방향 DC/AC 컨버터 역할을 함(최고 400V DC/최고 360V AC).

③ DC–DC컨버터(12V 저전압 충전).

④ EME 하우징 분해 불가능.

⑤ EME 탈거를 위해선 전체 드라이브 유닛을 탈거해야 함.

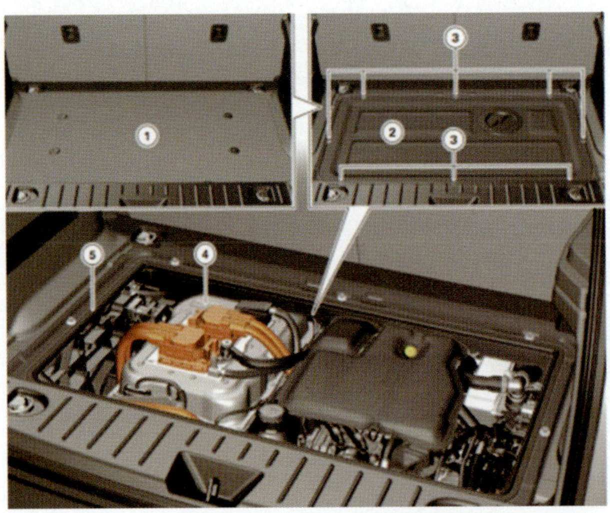

① 트렁크 트림
② 커버
③ 고정 볼트
④ EME
⑤ 가스켓

(a)

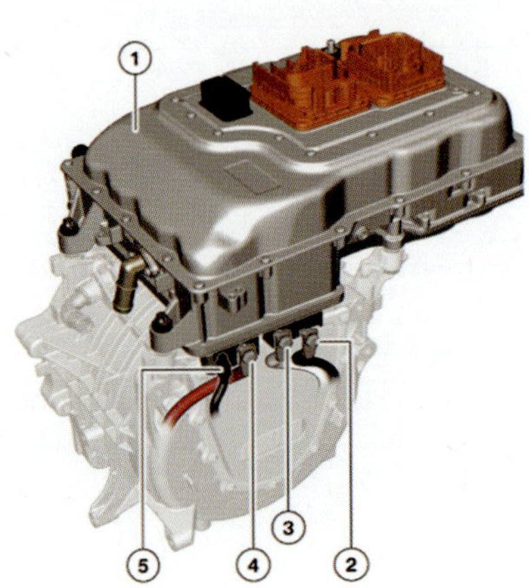

① EME
② 고전압 스테이터 코일 1
③ 고전압 스테이터 코일 2
④ 고전압 스테이터 코일 3
⑤ 저전압 커넥터

(b)

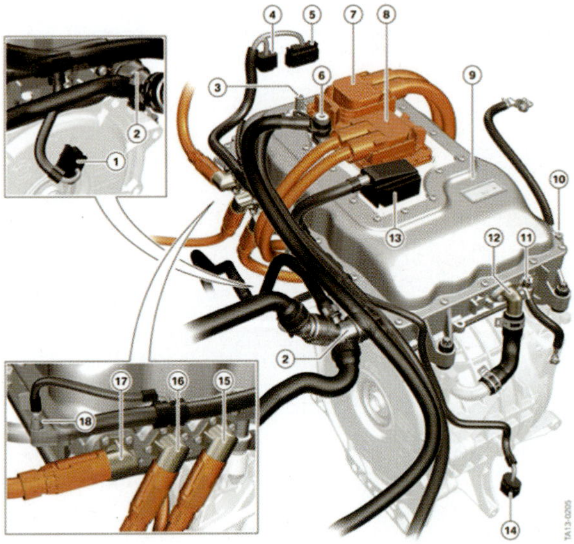

① 전원공급
② 냉각수 공급 라인
③ 출력, DC/DC 컨버터 12V ⊖
④ 저전압 커넥터
⑤ 저전압 커넥터
⑥ 출력, DC/DC 컨버터 12V ⊕
⑦ 고전압 케이블-베터리
⑧ 고전압 케이블(REME)
⑨ EME 하우징
⑩ 잠재 전류 접지 라인
⑪ 잠재 전류 접지 라인
⑫ 냉각수 리터 라인
⑬ 저전압 커넥터 EME
⑭ 저전압 커넥터 EMK
⑮ 고전압 커넥터 EMK
⑯ RH전압 커넥터 EH
⑰ 고전압 케이블 AC 충전
⑱ 접지 연결

(c)

그림 63 고전압 구성 부품-전동기 컨트롤러

6 고전압 구성 부품- EME 고전압 연결

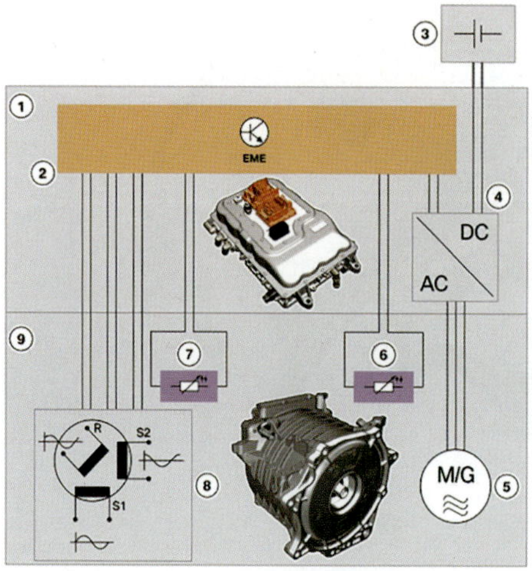

① KLE
② Electrical Machine
③ 고전압 배터리
④ REME
⑤ REM
⑥ 12V 배터리
⑦ EKK
⑧ 전기 히터
⑨ EME
⑩ EME, 양방향 DC/AC 컨버터
⑪ 과전류 퓨즈 KLE
⑫ 과전류 퓨즈 EH
⑬ 과전류 퓨즈 EKK
⑭ EME, DC/DC 컨버터

(a)

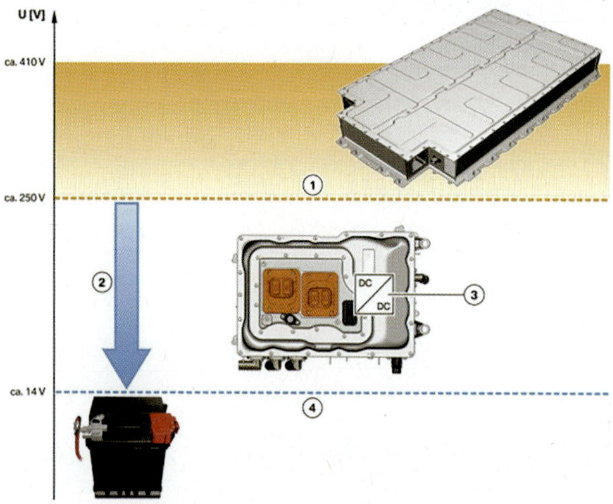

① 고전압 시스템 전압. 약 250V~410V.
② 감압.
③ EME, DC/DC 컨버터.
④ 저전압 시스템 전압. 약 14V.

- 12V 배터리 통한 고전압 배터리 충전 불가능.
- 한 방향으로만 작동.

(b)

그림 64 고전압 구성 부품- EME 고전압 연결

7 고전압 구성 부품- DC/AC 컨버터 작동원리

① 양방향 DC/AC 전원을 교환해서 출력하는 기능을 가진 컨버터 역할을 수행

② 75KW 출력(최고 125KW)

③ 온도 모니터링(출력 제어)

④ 출력 저하 및 온도 초과 시 경고등 점등

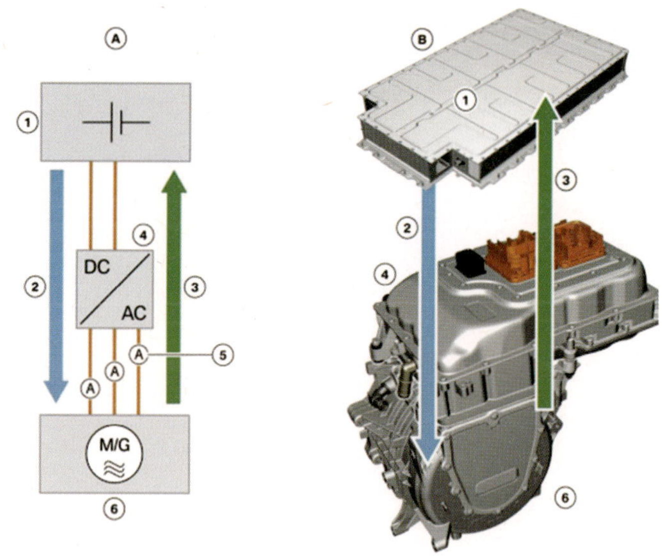

① 고전압 배터리
② 모터 역할
③ 발전기 역할
④ 양방행 DC/AC 컨버터
⑤ 전류 센서
⑥ Electrical Machine

그림 65

차량 제어 시스템

04
CHAPTER

학습 최종 목표

전기자동차 고전압 분배시스템 정비는 전원 분배기 역할을 유지하기 위하여 고전압의 흐름을 분석하고 정비, 검사하는 능력이다.

학습모듈의 내용 체계

학습	학습내용	핵심 단어
고전압 분배시스템 점검·진단하기	● 정비지침서를 활용하여 점검진단에 필요한 사전 준비를 할 수 있다. ● 진단 장비를 활용하여 고전압 전류 흐름의 이상 부위를 파악할 수 있다. ● 파악된 결과를 분석하여 세부 고장 부위를 찾을 수 있다.	고전압 배터리, 정션 박스, EPCU, OBC, 퓨즈, PRA, 고전압 분배시스템
고전압 분배시스템 수리·교환하기	● 정비지침서를 활용하여 수리 · 교환에 필요한 사전 준비를 할 수 있다. ● 정비지침서에 따라 고전압 분배시스템에 대한 안전수칙을 준수하여 작업을 실시할 수 있다. ● 정비지침서에 따라 수리 가능 여부를 판단하여 고장 부품을 수리 · 교환할 수 있다.	고전압 배터리, 정션 박스, EPCU, OBC, 퓨즈, PRA, 고전압 분배시스템
고전압 분배시스템 검사하기	● 정비지침서를 활용하여 검사에 필요한 사전 준비를 할 수 있다. ● 진단 장비를 활용하여 수리 · 교환이 완료된 고전압 분배시스템을 검사할 수 있다. ● 성능 테스트를 통해 정상 작동 여부를 판정할 수 있다.	고전압 배터리, 정션 박스, EPCU, OBC, 퓨즈, PRA, 고전압 분배시스템

안전유의사항 및 안전기기(장비. 공구)

- 능력단위 전기자동차 고전압 분배시스템 정비는 고전압 배터리의 고전압을 차량 내 각 장치(구동모터, 에어컨 컴프레서, PTC 히터, 인버터, 220V 지원장치 등)로 분배하는 것을 정비 또는 검사하는 작업이다.
- 고전압 분배시스템을 정비 또는 검사하기 전에 반드시 서비스 인터록 커넥터(또는 안전 플러그)를 분리하여 고전압을 차단하도록 한다.
- 금속성 물질은 고전압 단락을 유발하여 차량과 인명을 손상시키므로 작업 전에 반드시 몸에서 제거한다.
- 고전압 단자 간 전압이 30V 이하(또는 제작회사가 지시하는 전압 이하)임을 확인한다.
- 고전압 정션 박스 탈착 시 볼트가 내부에 유입되지 않도록 주의한다.
- 고전압 커넥터 연결 시 필요 이상의 힘을 가하거나 강제로 체결하지 않는다.
- 전기자동차 정비 시 다음의 전기자동차 시스템 일반 주의사항을 준수하여야 한다.
- 사고 전기자동차 취급 시 다음의 주의사항을 준수하여야 한다.
  - 고전압계 와이어링 및 커넥터는 오렌지색
  - 고전압계 부품에는 "고전압 경고" 라벨 부착
  - 고전압 보호장비 착용 없이 고전압 부품, 케이블, 커넥터 등을 만져서는 안됨
  - 절연장갑, 보호안경, 안전복 및 안전화 착용
  - 전해질용 수건, 터미널 절연용 테이프, 고전압 절연저항 확인용 테스터 준비
  - 절연 피복이 손상된 케이블 접촉 금지
  - 자동차 침수 시 고전압 관련 부품 접촉 금지
  - 실내에 누출가스 유입 시 즉시 환기시키고, 안전한 장소로 대피
  - 누출 액체 피부 접촉 시 즉각 중화 후 흐르는 물, 소금물로 환부 세척

교수 방법

- 전기자동차 고전압 배터리, 전력통합제어장치 정비에 대한 학습자의 지식 보유 수준을 확인하고 주요 기능에 대해 간단히 설명한다.
- 전기자동차 고전압 배터리, 전력통합제어장치 정비에 대한 실습 재료 준비 상태를 확인하고 학습자가 기능에 대하여 설명할 수 있도록 유도한다.

- 전기자동차 고전압 배터리, 전력통합제어장치 정비 관련 자료 조사를 위한 명확한 지침을 제공하고 학습자가 객관적으로 자료를 정리할 수 있도록 지도한다.
- 전기자동차 고전압 배터리, 전력통합제어장치 정비에 대한 설명을 위해 동영상 자료를 이용하여 제시하면서 작동 원리에 대하여 설명한다.
- 실습자가 장비를 안전하게 조작하고 작동하는지 관찰하고 필요시 피드백을 제공한다.
- 전기자동차 고전압 배터리, 전력통합제어장치 정비에 대하여 토의하고 조사 결과를 발표하게 하고 다른 학습자와 공유하도록 지도한다.
- 다음 학습 주제에 관하여 사전 연구 및 조사하여 발표하도록 과제를 제시하고, 학습 동기를 부여한다.

학습방법

- 전기자동차 고전압 배터리, 전력통합제어장치 정비에 관한 내용을 정리하고 주요 내용은 사진, 그림 등과 함께 노트에 정리한다.
- 전기자동차 고전압 배터리, 전력통합제어장치 정비에 대한 자료를 인터넷으로 검색하여 내용별로 노트에 정리한다.
- 고전압 배터리, 전력통합제어장치 정비 방법에 대해 동료와 역할을 분담하여 토의하고 발표한다.
- 고전압 안전 지침을 준수하고 있는지 학습자 스스로 대조표를 활용하여 점검한다.
- 학습 시 주요 내용을 정리하고 의문점에 대해서는 질문을 통해 해결한다.

평가준거

- 평가자는 학습자가 학습목표를 성공적으로 달성하였는지를 평가해야 한다.
- 평가자는 다음 사항을 평가해야 한다.

학습내용	학습목표	성취수준		
		상	중	하
차량 제어 시스템	- 정비지침서에 따라 고전압 위험성을 인지하고 안전장비를 착용할 수 있다.			
	- 정비지침서에 따라 고전압을 차단하고 안전하게 점검할 수 있다.			
	- 정비지침서에 따라 전력변환 장치 및 구동장치를 점검할 수 있다.			
	- 정비지침서에 따라 전기자동차 특화시스템을 점검 · 진단할 수 있다.			

평가방법

● 서술형 시험

학습내용	학습목표	성취수준		
		상	중	하
차량 제어 시스템	– 고전압 위험성 관련 숙지 여부			
	– 고전압 차단하는 작업 절차 여부			
	– 전력변환 장치 및 구동장치 점검 · 진단 능력			
	– 진단 장비를 활용하여 특화시스템 진단 능력			

● 평가자 체크리스트

학습내용	학습목표	성취수준		
		상	중	하
모터 및 감속기 시스템	– 고전압 위험성 관련 숙지 및 안전 작업 가능한 여부			
	– 고전압 차단하는 절차 가능한 여부			
	– 진단 장비를 사용하여 고전압 점검 · 진단 여부			
	– 진단 장비를 활용하여 제어시스템 진단 여부			

● 피드백

1. 서술형 시험

– 하이브리드자동차 특화 시스템 점검, 진단에 필요한 관련 지식을 학습하고 중간, 기말고사 평가를 실시하여 성취수준이 낮은 학습자의 경우 미흡한 부분에 대해서는 중요 사항을 표시하여 설명해 주고 보고서를 제출하게 하여 학습성취도를 재평가한다.

– 성취수준이 높은 학습자의 경우에는 하이브리드자동차 특화 시스템 점검, 진단에 있어 차량진단 방법에 대한 심화 내용을 설명해준다.

2. 평가자 체크리스트

– 평가기준을 설명하고 성취수준이 낮은 학습자들에게는 정비지침서를 활용하여 미흡한 부분에 대해 학습 성취도를 달성할 수 있는 교육 여건을 제공한다.

– 성취수준이 높은 학습자의 경우는 하이브리드자동차 특화시스템 점검, 진단에 있어 차량진단 방법에 대한 심화 내용을 설명해 준다.

1 차량 제어 시스템의 개요

1 전력제어장치(EPCU)

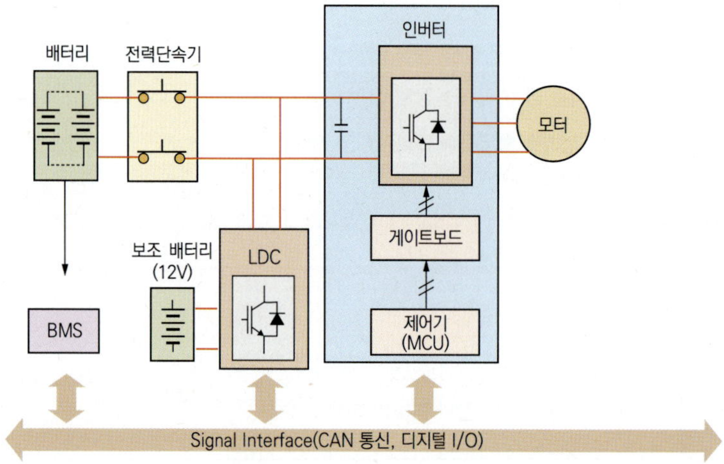

그림 1 전력 제어 장치 개요

전기차는 기본적으로 모터 + 배터리로 이루어져 있다. 여기에 자동차 전력제어장치(EPCU : Electric Power Control Unit)는 모터의 제어와 함께 차량의 전반적인 움직임을 제어 컨트롤하는 장치로써 전기차에서 매우 중요한 부품 중 하나로써 이것은 기존 내연기관 차량의 ECU(Electronic Control Unit), TCU(Transmission Control Unit)들과 비슷한 기능들을 한다. EPCU는 인버터(MCU(Moter Control Unit) + LDC(Low voltage DC DC Converter) + VCU(Vehicle Control Unit)로 이루어져 있다.

2 차량 제어 시스템 제어

전기차 차량이 운행되면서 차량 제어 시스템은 모터 구동 제어, 회생제동 제어, 공조 부하 제어, 전장 부하 전원(12V) 공급 제어 등으로 나눌 수 있다.

1. 모터 구동 제어

모터 구동제어는 VCU((Vehicle Control Unit), BMS(Battery Management System), MCU(Motor Control Unit) 등으로 이루어진다. VCU는 배터리 가용 파워 모터 가용 토크 운전자의 요구(APS, BRAKE S/W, SHIFT LEVER)를 고려한 모터 토크 지령을 계산하며 BMS는 VCU의 모터 토크 지령 계산을 위한 배터리 가용 파워, SOC(Stat Of Charge, 배터리 충전상태) 정보를 제공한다, MCU는 VCU의 모터 토크 지령 계산을 위한 모터 가용 토크를 제공하고 VCU로부터 수신한 모터 토크 지령을 구현하기 위해 Inverter PWM(Pulse Width Modulation) 신호를 생성한다.

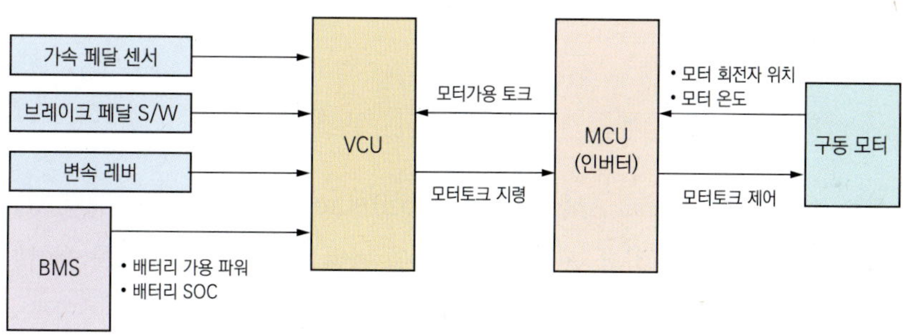

그림 2 모터 구동 제어

2. 회생제동 제어

회생제동 제어는 AHB(Active Hydraulic Booster)는 운전자 요구에 따른 총 제공량 연산 및 이를 유압 제동량과 회생제동 요청량으로 분배 회생제동 실행 양(VCU)을 모니터링하여 유압 제공량을 보정한다. VCU는 회생제동 요청량(AHB), 배터리 가용 파워(BMS) 및 모터 가용 토크를 고려하여 회생제동을 위한 모터 충전 토크 지령 연산, 실제 모터 출력 토크(MCU)를 이용하여 회생제동 실행 양을 연산한다.

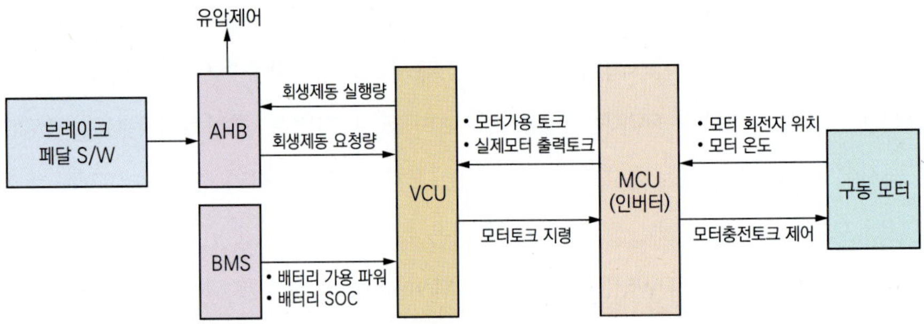

그림 3 회생제동 제어

3. 공조 부하 제어

공조 부하 제어는 FATC(Full Automatic Temperature Control)는 운전자의 냉난방 요구 시 VCU에 AC/PTC 요청 파워를 송신하고 VCU의 허용 파워 범위 내에서 공조 부하를 제어한다. BMS는 이때 배터리 가용 파워 SOC 정보를 제공하고 VCU는 배터리 정보 및 FATC 요청 파워를 이용하여 최종 FATC 허용 파워를 송신한다.

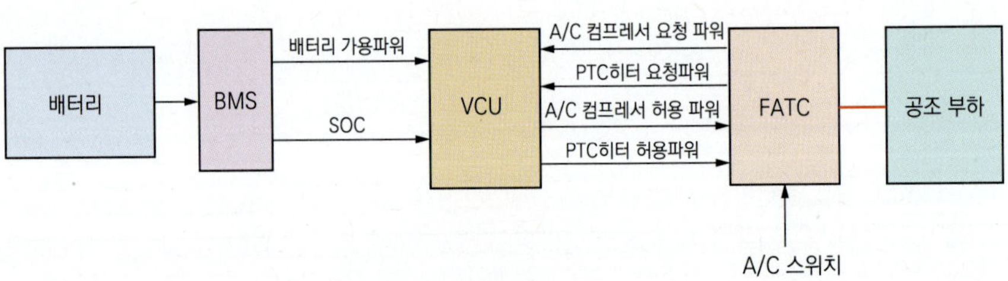

그림 4 공조 부하 제어

4. 전장 부하 전원(12V) 공급 제어

전장 부하 전원(12V) 공급 제어는 BMS가 배터리 가용 파워, SOC 정보를 제공하고 VCU는 배터리 정보 및 차량 상태에 따른 LDC ON/OFF 및 동작 모드를 결정한다. LDC는 VCU의 명령에 따라 고전압을 저전압으로 변환하여 차량 전장에 전원 공급을 한다.

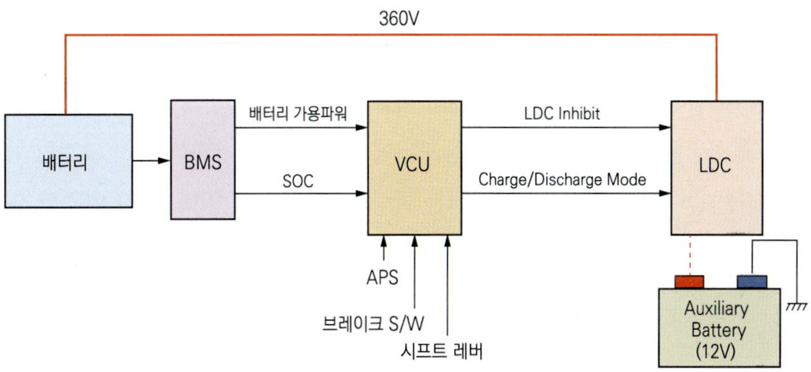

그림 5 전장 부하 전원(12V) 공급 제어

끝으로 DTE(Distance To Empty, 남은 배터리로 갈수 있는 거리 계산)에 대해 알아보면 이것을 계산하는 방식은 VCU가 배터리 가용 에너지, 도로 정보 등을 계산하며 BMS는 배터리 가용 에너지 정보를 제공한다. AVN(Audio, Video, Navigation)은 목적지까지의 도로 정보를 제공하여 DTE를 표시한다. 이러한 모든 과정이 이루어진 후 클러스터에 표시된다.

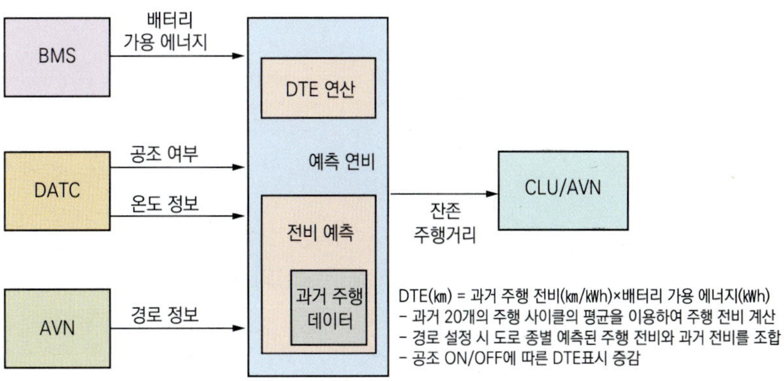

그림 6 DTE 계산 과정

2 인버터 어셈블리

1 개요

인버터는 전기차의 구동모터를 구동시키기 위한 장치로서 고전압 배터리의 직류(DC) 전력을 모터 구동을 위한 교류(AC) 전력으로 변환시켜 유도 전동기를 제어한다. 즉, 고전압 배터리로부터 받은 직류(DC) 전원(+, −)을 이용하여 3상 교류(AC) 전원(U, V, W)으로 변환시킨 후에 제어보드에서 입력받은 신호로 3상 AC전원을 제어함으로써 구동모터를 구동시킨다. 가속 시에는 고전압 배터리에서 구동모터로 에너지를 공급하고, 감속 시에는 구동모터에서 발생한 에너지를 다시 고전압 배터리에 충전함으로써 주행거리를 증대시킨다. 또한, 인버터는 쿨링 팬 및 전자식 워터펌프(EWP)를 제어한다.

인버터 주요 제어 기능

분류	항목	내용	주요 항목
제어 기능	토크 제어	– 회전자 자속의 위치에 따라 고정자의 전류의 크기와 방향을 독립적으로 제어하여 토크 발생	– 전류 제어 – 회전자 위치 및 속도 검출
	과온 제한	– 인버터 및 모터의 제한 온도 초과 시 출력 제한	– 인버터 및 온도에 따라 최대 출력 제한
보호 기능	고장 검출	– 외부 인터페이스 관련 문제점 검출 – 인버터 내부 고장 검출	– 인버터 외부 연결 관련 고장 검출 – 성능 관련 고장 검출 – 인버터 하드웨어 고장 검출
협조 제어	차량 운전 제어	– 차량에서 필요한 정보 타제어기와 통신	– 요구 토크, 배터리 상태, EWP등 정보 수신 – 인버터 상태 정보 송신

2 인버터 제어

1. 모터 구동 제어

인버터는 차량 제어 유닛(VCU : Vehicle Control Unit)의 모터 토크 지령 계산을 위하여 모터 가용 토크를 제공하고 VCU로부터 수신한 모터 토크 지령을 구현하기 위하여 인버터 펄스 폭 변조(PWM : Pulse Width Modulation) 신호를 생성한다.

2. 회생 제동 제어

인버터는 차량 제어 유닛(VCU)의 모터 토크 지령 계산을 위하여 모터 가용 토크와 실제 모터 출력 토크를 제공하고 VCU로부터 수신한 모터 토크 지령을 구현하기 위하여 인버터 펄스 폭 변조(PWM) 신호를 생성한다.

3 탈거 및 장착

1. 탈거

① 리어 크로스 멤버를 탈거한다.

② 리어 고전압 정션 박스를 탈거한다.

③ 인버터 커넥터를 분리한다.

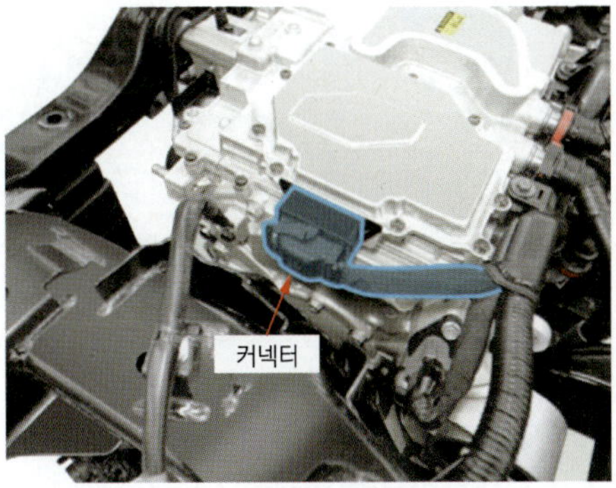

그림 7 인버터 커넥터 분리

④ 인버터 인렛 워터 호스와 오일 쿨러 인렛 호스를 분리한다.

그림 8 인버터 인렛 워터 호스와 오일 쿨러 인렛 호스 분리

⑤ 와이어링 브라켓 고정 볼트를 탈거한다(체결 토크 : 1.0~1.2kgf · m).

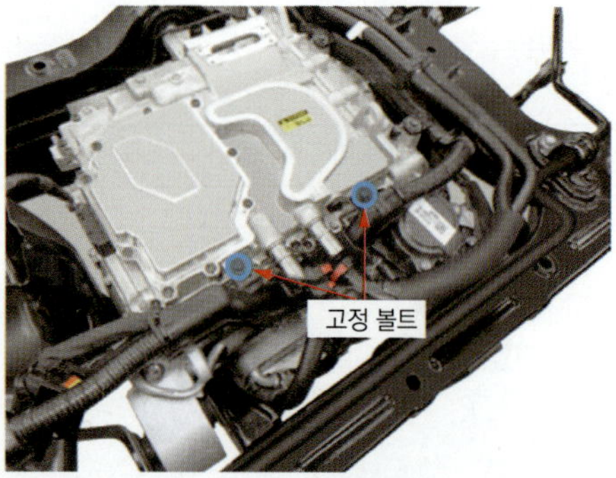

그림 9 고정 볼트 탈거

⑥ 고정 볼트를 풀고 인버터 어셈블리를 탈거한다.

그림 10 인버터 어셈블리 탈거

2. 장착

① 장착은 탈거의 역순으로 진행한다.

② 인버터 어셈블리 장착 시, 인버터 어셈블리 장착 볼트는 재사용하지 않는다.

③ 인버터 어셈블리 개스킷은 메탈 개스킷이므로 휘어지지 않도록 주의하고 개스킷은 항상 신품을 사용한다.

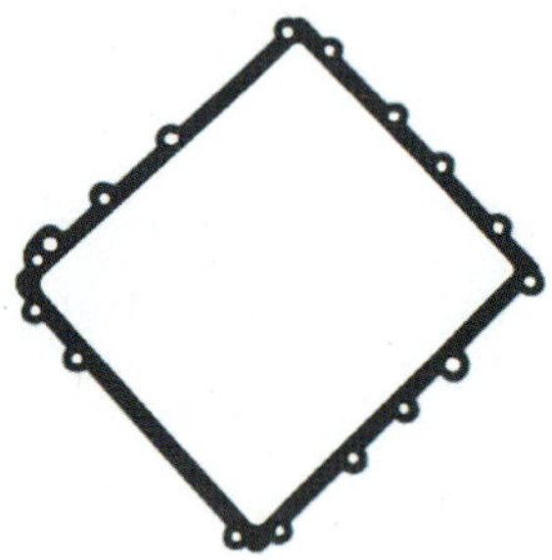

그림 11 인버터 개스킷

④ 인버터 어셈블리를 장착 후 기밀점검을 실시한다.

3 저전압 직류 변환 장치(LDC)

1 개요

대부분의 전기차에는 Alternator(발전기)가 없다. 그러므로 전장 부하 전원(12V) 공급 제어 시스템이 이루어진다. 고전압 배터리의 전기(DC 360V)를 LDC(Low voltage DC-DC Converter, 저전압 직류 변환 장치)를 거쳐 저전압으로(DC 12V) 변환되면서 차량에서 사용되는 전자기기들에 전력을 공급한다. 보조 배터리도 충전하는 일을 겸하고 있고 현대/기아에서 출시한 전기차에는 유틸리티 모드라는 것을 지원하는데 이 모드로 지원하면 LDC를 거쳐 차량의 전자기기를 운영하는 것이다. 그러므로 장시간 내부 전자기기들을 이용하여도 방전의 염려가 없다. LDC의 작동과 작동모드는 차량 제어 유닛(VCU)에 제어되고, LDC는 EPCUU 어셈블리 내부에 구성되어 있다.

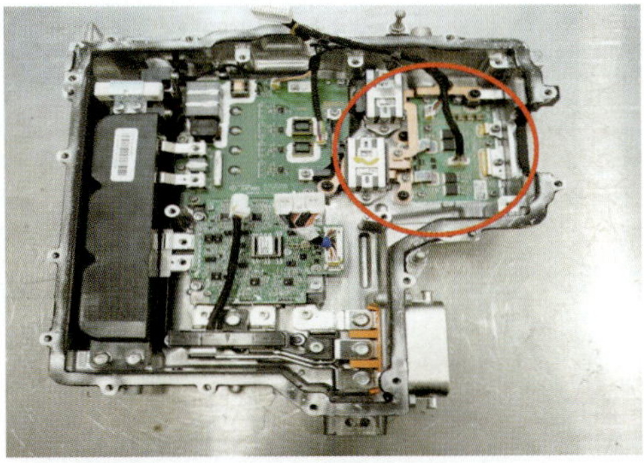

그림 12 EPCU 내의 LDC

2 직류 변환 시스템 역할 및 기능

저전압을 공급하는 시점은 보조배터리 전압이 낮아지는 경우(전류센서)에 고전압 배터리에서 PRA을 통해 EPCU 내의 LDC에서 저전압을 출력한다. 고전압 배터리 SOC값이 255%가 출력되면 배터리 센서 학습이 되지 않는 경우이므로 학습을 해야 하는데, 배터리 학습은 KEY OFF 상태로 3시간 유지하면 된다.

1. 입력

고전압 배터리 기본형(360V), 고전압 배터리 도심형(360V)

2. 출력

보조 배터리(12V)

3. 용도

보조 배터리 충전 및 전장 부하 전원 공급

4. 특성

Idle stop 시 전원 공급 가능하고, 온도 특성은 정 출력이다.

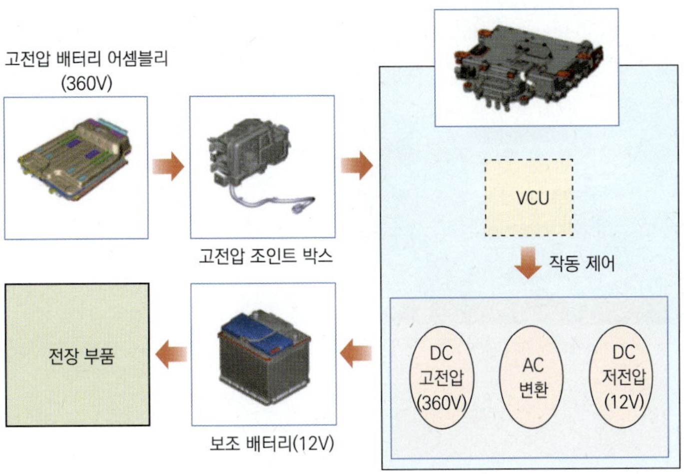

그림 13 직류 변환 시스템 흐름도

4 보조 배터리(12V)

1 보조 배터리 구성

1. 배터리

① CMP(Closed Maintenance Free) 배터리는 보수가 필요 없고 배터리 셀 캡을 탈거할 수 없다.

② CMP 배터리는 보수를 위해 물을 보충할 필요가 전혀 없다.

③ CMP 배터리는 커버의 작은 벤트 홀을 제외하고 완전히 밀봉되어 있다.

2. 배터리 센서

배터리 센서는 전기 장비의 액추에이터에 공급되는 전압의 차이를 감지하고 보조 배터리의 입력/출력 전류도 감지한다.

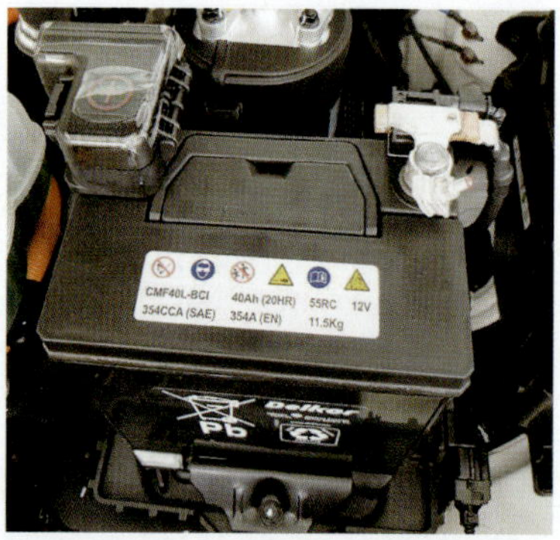

그림 14 보조 배터리(12V)

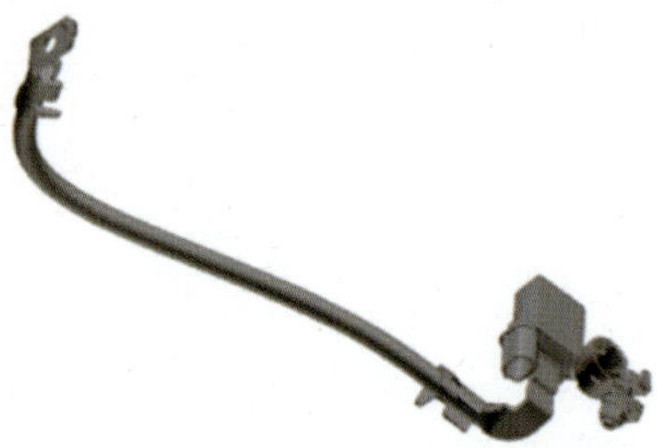

그림 15 배터리 센서

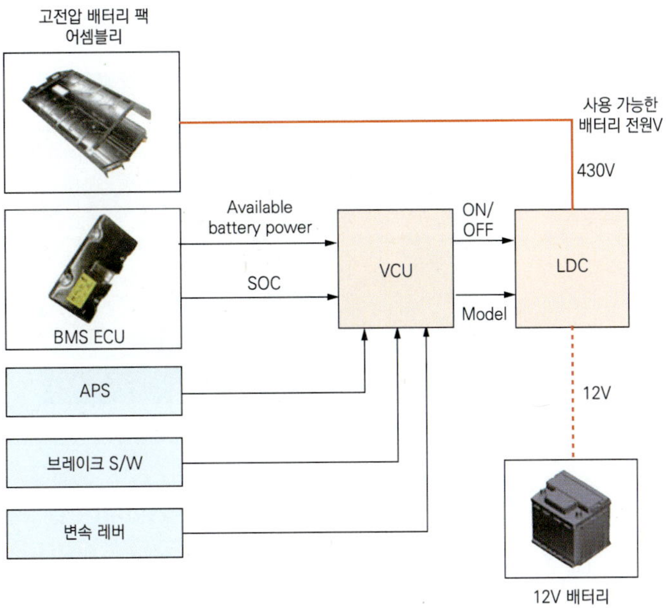

그림 16 전기 구성 요소 전원(12V) 공급 흐름

2 탈거 및 장착

1. 배터리

① 점화스위치를 OFF한다.

② 프론트 트렁크를 탈거한다.

③ 보조 12V배터리 (–)단자를 분리한다(체결 토크 : 0.8~1.0kgf · m).

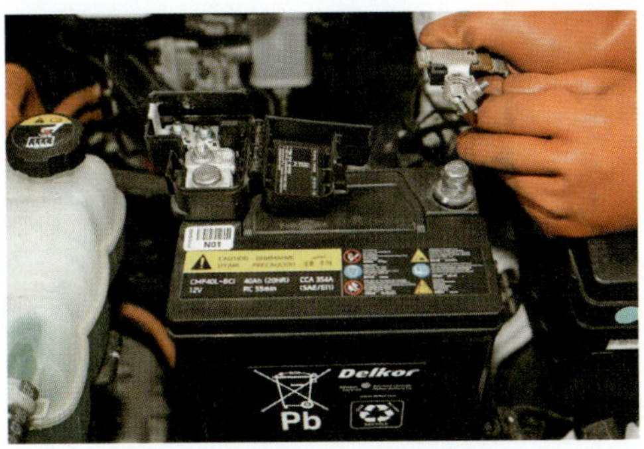

그림 17 보조 배터리 (-)단자 분리

④ 보조 12V 배터리 (+)단자를 분리한다(체결 토크 : 0.8~1.0kgf · m).

그림 18 보조 배터리 (+)단자 분리

⑤ 배터리 클램프 고정 나사를 탈거하고 배터리 클램프를 탈거한다(체결 토크 : 0.9~1.4kgf · m).

⑥ 보조 12V 배터리를 탈거한다.

그림 19 배터리 클램프 탈거

그림 20 보조 배터리 탈거

⑦ 탈거 절차의 역순으로 장착하고, 배터리 장착 시 배터리 고정 브라켓을 정확히 장착한다.

2. 배터리 트레이

① 보조 12V 배터리를 탈거한다.

② 차량 제어 유닛을 탈거한다.

③ 배터리 트레이 고정 볼트를 탈거하고, 배터리 트레이를 탈거한다(체결 토크 : 0.9~1.4kgf · m).

그림 21 배터리 트레이 탈거

④ 탈거의 역순으로 장착한다.

3. 보조 배터리 센서

① 점화 스위치를 OFF한다.

② 프론트 트렁크를 탈거한다.

③ 보조 12V 배터리 (–)단자를 분리한다(체결 토크 : 0.8~1.0kgf · m).

④ 배터리 센서 커넥터를 분리한다.

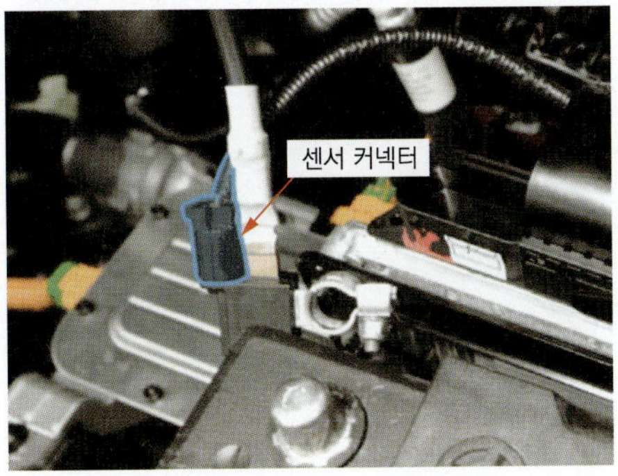

그림 22 배터리 센서 커넥터 분리

⑤ 배터리 센서를 탈거한다(체결 토크 : 2.7~3.3kgf · m).

그림 23 배터리 센서 탈거

⑥ 탈거의 역순으로 장착한다.

유의사항

배터리 센서가 장착된 차량의 경우 배터리를 교체하거나 재충전할 때 배터리 센서가 손상되지 않도록 주의한다.

1. 배터리를 교체할 때는 이전에 설치한 배터리와 동일한 유형, 용량 및 브랜드를 사용해야 한다. 차량을 다른 유형의 배터리로 교체하는 경우 배터리 센서가 비정상적인 것으로 인식할 수 있다.
2. 배터리의 음극 기둥에 접지 케이블을 설치할 때 클램프를 지정된 토크로 조여야 한다. 과도한 체결은 PCB 내부 회로와 배터리 단자를 손상시킬 수 있다.
3. 배터리를 재충전할 때 부스터 배터리의 음극 단자를 차체에 접지한다.

3 배터리 검사

1. 차량 암전류 검사

① 전기 장치를 OFF하고, 점화 스위치를 OFF한다.

② 후드를 제외한 모든 문을 닫고 잠근다.

- 후드 스위치 커넥터를 분리한다.
- 트렁크 리드를 닫는다.
- 문을 닫거나 문 스위치를 탈거한다.

③ 차량의 전기 시스템이 슬립 모드로 전환될 때까지 몇 분 동안 기다린다. 차량의 암전류를 정확하게 측정하려면 모든 전기 시스템이 슬립 모드에 있어야 한다. 최소 1시간 또는 많아야 하루 정도 걸린다. 그러나 대략적인 값은 10~20분 후에 측정할 수 있다.

④ 배터리 (−)단자와 접지 케이블 사이에 전류계를 직렬로 연결한 다음, 배터리 (−)단자로부터 클램프를 천천히 분리한다.

유의사항

전류계의 리드선은 배터리 (−)단자와 접지 케이블로부터 떨어져 나가지 않도록 주의하여 배터리가 리셋되는 것을 방지한다. 배터리가 재설정된 경우 배터리 케이블을 다시 연결한 다음 시동하거나 점화 스위치를 10초 이상 ON으로 끈다. 1번부터 절차를 반복하여 검사 중에 배터리가 재설정되는 것을 방지하려면 다음과 같이 작업을 한다.

1. 배터리 (−)단자와 접지 케이블 사이에 점프 케이블을 연결한다.
2. 배터리 (−)단자로부터 접지 케이블을 분리한다.
3. 배터리 (−)단자와 접지 케이블 사이에 전류계를 연결한다.
4. 점프 케이블을 분리한 후 전류계의 전류값을 읽는다.

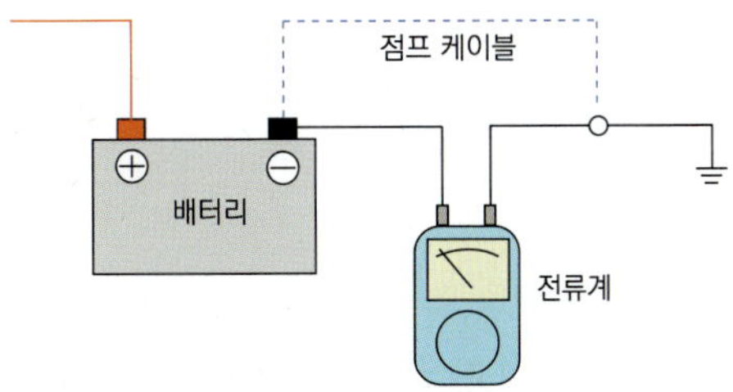

그림 24 전류계 연결 방법

⑤ 전류계의 전류값을 읽는다. 암전류가 한계값을 초과하면 퓨즈를 하나씩 제거하고 암전류를 확인하여 비정상 회로를 찾는다. 의심되는 전류 요구량 회로 퓨즈만 다시 연결하고 암전류 요구량이 한계값 아래로 떨어질 때까지 회로에 연결된 구성 요소를 하나씩 제거하여 의심되는 장치를 찾는다(한계값(10~20분 후) : 50mA).

2. 저전압(보조 배터리) 진단기기 이용하여 점검

진단장비의 VCU-LDC시스템에서 부가 기능을 선택하여 LDC 활성화 테스트를 통해 13.5V가 출력되는지 확인한다. 센서 출력 전압과 입력 전압(13.5V)이 비슷하여야 하며 만약 출력 전압과 입력 전압에 차이가 많다면 보조배터리 관련 배선을 점검해야 한다.

그림 25 진단기기 이용하여 점검

4 배터리 센서 재보정 절차 및 세척

1. 배터리 센서 재보정 절차

배터리 음극 케이블을 다시 연결한 후 AMS 기능은 시스템이 안정화될 때까지 약 4시간 동안 작동하지 않는다. AMS 기능이 장착된 차량을 수리하는 동안 음극(-)배터리 케이블이 분리된 경우 수리를 완료한 후 배터리 센서 재보정 절차를 수행해야 한다.

① 점화스위치를 ON 또는 OFF한다.

② 후드와 모든 도어를 닫은 상태에서 약 4시간 동안 차량을 주차한다.

2. 세척

① 점화스위치와 모든 액세서리를 "OFF"한다.

② 배터리 센서 커넥터를 탈거한다(음극 먼저).

③ 차량에서 배터리를 탈거한다. 전해액으로부터 피부를 보호하기 위해 배터리 케이스에 금이 가거나 누출이 발생할 경우 주의해야 하며, 배터리를 제거할 때는 가정용 장갑이 아닌 두꺼운 고무장갑을 착용해야 한다.

④ 배터리 트레이에서 전해액 손실로 인한 손상이 있는지 검사하고, 산성 손상이 있을 경우 깨끗한 따뜻한 물과 베이킹 소다 용액으로 주변을 청소한다. 강한 솔로 문지르고 베이킹 소다와 물을 적신 천으로 닦아낸다.

⑤ 배터리 상부를 베이킹 소다 수용액으로 세척한다.

⑥ 배터리 케이스를 검사하고 커버에 균열이 없는지 확인한다. 균열이 있으면 배터리를 교체한다.

⑦ 적절한 도구를 이용하여 배터리 포스트 부분을 청소한다.

⑧ 적절한 도구를 이용하여 배터리 터미널 클램프 안쪽 면을 청소하고 손상된 케이블이나 파손된 터미널 클램프는 교환한다.

⑨ 차량에 배터리를 장착한다.

⑩ 연결하고 단자 상단이 포스트의 상단과 같은 높이에 있는지 확인한다.

⑪ 터미널 너트를 견고하게 체결한다.

⑫ 체결 후 접촉 부분에 광물질 그리스를 도포한다.

5 차량 제어 유닛(VCU)

1 개요

차량 제어 유닛(VCU : Vehicle Control Unit)은 EPCU에서 중요한 부품 중 하나이다. 차량 제어를 하는 데 있어 모든 관여를 한다. 구동모터 제어, 회생제동 제어, 공조 부하 제어, 전장 부하 전원 공급 제어, 클러스터 표시, DTE(Distance to Empty), 예약/원격 충전/공조, 아날로그/디지털신호 처리 및 진단 등 차량을 운행하는 데 있어 매우 중요한 일을 한다. 이것을 정리하면 아래와 같다.

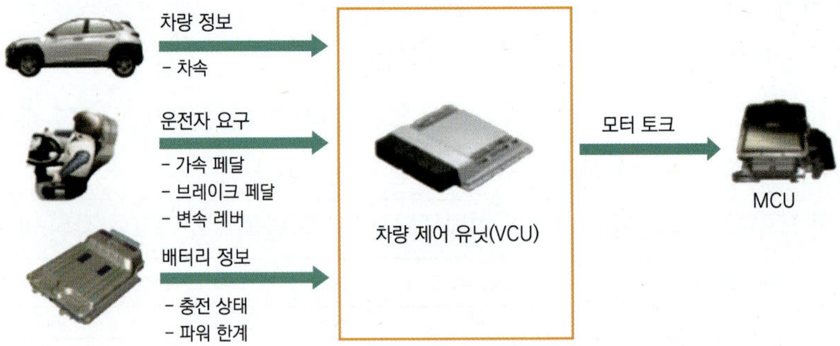

그림 26 VCU(차량 제어 유닛)의 개요

주요 기능	주요 항목
구동모터 제어	배터리 가용 파워, 모터 가용 토크, 운전자 요구(APS, Brake SW, Shift Lever)를 고려한 모터 토크 지령 계산
회생제동 제어	회생제동을 위한 모터 충전 토크 지령 계산, 회생제동 실행량 연산
공조 부하 제어	배터리 정보 및 FATC 요청 파워를 이용하여 최종 FATC 허용 파워 송신
전장 부하 전원공급 제어	배터리 정보 및 차량 상태에 따른 LDC ON/OFF 및 동작 모드 결정
클러스터 표시	구동 파워, 에너지 Flow, ECO Level, Power Down, Shift Level Position, Service Lamp 및 Ready Lamp 점 등 요청
DTE (Distance to Empty)	배터리 가용 에너지, 과거 주행 전비를 기반으로 차량의 주행 가능 거리를 표시, AVN을 이용한 경로 설정 시 경로의 전비 추정을 통해 DTE 표시 정확도 향상
예약/원격 충전/공조	TMU와의 연동을 통해 Center/스마트폰을 통한 원격 제어, 운전자의 작동 시각 설정을 통한 예약 기능 수행
아날로그/디지털 신호처리 및 진단	APS, 브레이크 스위치, 시프트 레버, 에어백 전개 신호처리 및 진단

2 탈거 및 장착

① 보조 12V 배터리를 탈거한다.

② 차량 제어 유닛(VCU) 커넥터를 분리한다.

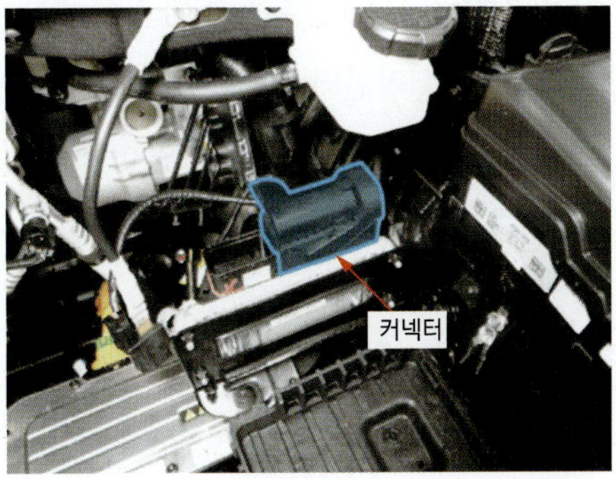

그림 27 차량 제어 유닛 커넥터 탈거

③ 차량 제어 유닛(VCU)를 탈거한다(체결 토크 : 1.0~1.2kgf · m).

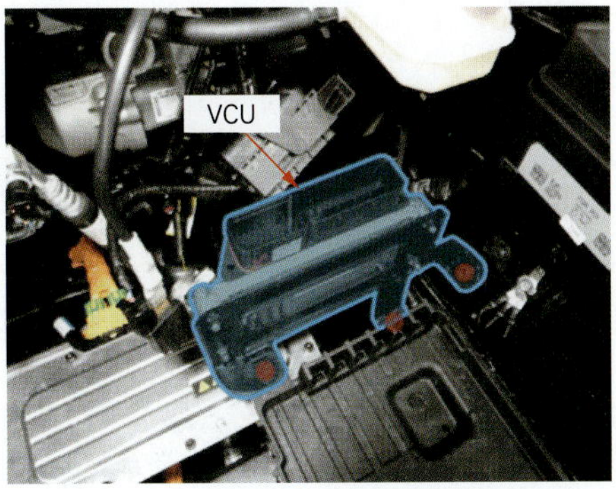

그림 28 차량 제어 유닛 탈거

④ 탈거 절차의 역순으로 장착한다.

6 커페시터(Capacitor)

1 개요

커페시터(Capacitor)는 일명 축전기, 콘덴서 등으로 표기되며 도체에 다량의 전하를 일시적으로 저장하는 전기 부품으로 보통 2장의 서로 절연된 금속 또는 전기 전도도가 큰 도체를 전극으로 하고, 그 사이에 절연체를 넣어 이 사이에서 생긴 정전 용량을 이용한다. 사용하는 유전체의 종류에 따라 공기 콘덴서, 진공 콘덴서, 가스입 콘덴서, 액체 콘덴서, 운모 콘덴서, 종이 콘덴서, 금속화 종이 콘덴서, 자기 콘덴서, 유기막 콘덴서, 전해 콘덴서 등으로 나눈다.

전기자동차에서는 EPCU 내부에 장착되어 내부회로 보호 및 VDC에 의해 작동되는 전동기의 작동이 원활하게 작동되기 위해 장착되었으며 고전압이 PRA에 의해 차단되더라도 고전압이 배터리의 전압이 수분에서 수십 초 동안 잔류되고 있으며, 재작회사의 특성에 따라 상이하지만 대략 5분에서~20분 사이에 전압이 자가 방전되도록 설계되어 있다.(국내 현대, 기아자동차의 경우 커페시터 전압을 기동전동기로 방출하므로 1분 이내에 방전이 가능하다. 현대자동차 고전압 정비 매뉴얼에는 5분 후 커페시터 전압을 측정한 후 완전방전(30V 이하)이 확인된 후 고전압에 관련된 작업을 실시해야 한다.)

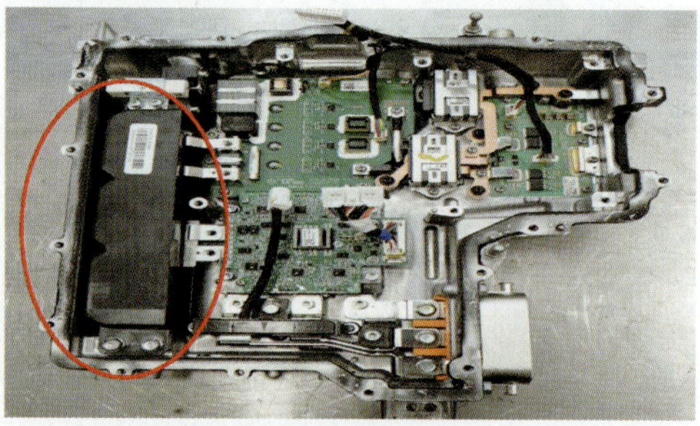

그림 29 EPCU 내의 커페시터

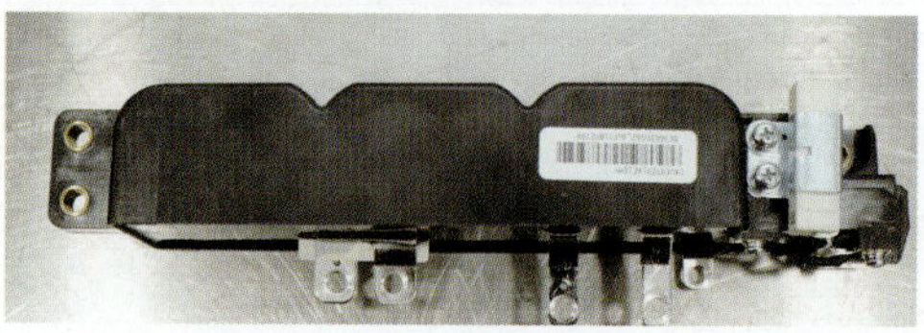

그림 30 커페시터

2 고전압 및 커페시터 전압차단을 진단기기를 활용하여 진단

진단기기를 활용하여 커페시터 전압을 측정할 수 있는데 커페시터 전압을 측정하면 고전압이 차단되는 것을 알 수 있다. 진단 장비를 활용하여 진단하고자 하는 경우 커페시터는 EPCU 내부에 설치되어 있으므로 커페시터 전압을 활성화한 후 강재 구동모드에서 매인릴레이 ON/OFF를 실시하면서 커페시터 전압을 측정하여 커페시터 전압을 확인한다. 하지만 진단기기를 활용하여 고전압 및 커페시터 전압을 측정한 경우라 할지라도 고전압 작업 전에는 반드시 멀티테스터기를 활용하여 고전압 및 커페시터 전압이 30V 이하인지를 확인한 후 고전압 작업을 실시한다. 진단기기에서 커페시터 전압 측정방법은 시스템 선택에서 배터리 제어를 선택하고 인버터 커페시터 전압을 확인한다.

그림 31 시스템 선택

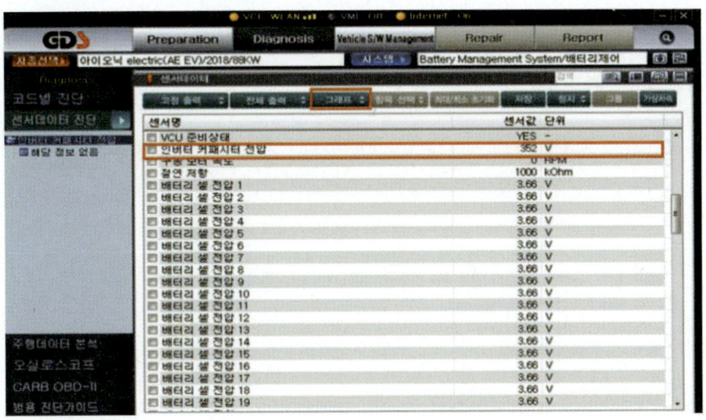

그림 32 인버터 커페시터 전압 확인

냉각 시스템

05

냉각 시스템

05
CHAPTER

학습 최종 목표

전기자동차 열관리 시스템 정비는 고전압 배터리 및 고전압 부품의 전열량을 최적으로 유지하기 위해 시스템을 분석하고 정비, 검사하는 능력이다.

학습모듈의 내용 체계

학습	학습내용	핵심 단어
냉각 시스템 점검 · 진단하기	● 정비지침서를 활용하여 점검진단에 필요한 사전 준비를 할 수 있다. ● 진단 장비를 활용하여 냉각의 이상 부위를 파악할 수 있다. ● 파악된 결과를 분석하여 세부 고장 부위를 찾을 수 있다.	HPC, 냉각 호스, 공랭식, 수랭식, 라디에이터
냉각 시스템 수리 · 교환하기	● 정비지침서를 활용하여 수리 · 교환에 필요한 사전 준비를 할 수 있다. ● 정비지침서에 따라 냉각 시스템에 대한 안전수칙을 준수하여 작업을 실시할 수 있다. ● 정비지침서에 따라 수리 가능 여부를 판단하여 고장 부품을 수리 · 교환할 수 있다.	HPC, 냉각 호스, 공랭식, 수랭식, 라디에이터
냉각 시스템 검사하기	● 정비지침서를 활용하여 검사에 필요한 사전 준비를 할 수 있다. ● 진단 장비를 활용하여 수리 · 교환이 완료된 고전압 분배 시스템을 검사할 수 있다. ● 성능 테스트를 통해 정상 작동 여부를 판정할 수 있다.	고전압 배터리, 정션 박스, EPCU, OBC, 퓨즈, PRA, 고전압 분배 시스템

안전유의사항 및 안전기기(장비. 공구)

- 능력단위 전기자동차 열관리 시스템 정비는 PE 관련 부품냉각과 고전압 배터리 열관리로 구분된다.
- 열관리 시스템 관련 점검 시 누수 여부를 확인하기 위하여 기밀테스트를 수행한다.
- 전기자동차 정비 시 다음의 전기자동차 시스템 일반 주의사항을 준수하여야 한다.
- 사고 전기자동차 취급 시 다음의 주의사항을 준수하여야 한다.
  - PE 관련 열관리는 EPCU, OBC, 구동모터, EWP(Electric Water Pump) 등을 대상으로 한다.
  - 고전압 배터리 열관리는 고전압 배터리 내부 부품을 대상으로 한다.
  - 고전압계 와이어링 및 커넥터는 오렌지색
  - 고전압계 부품에는 “고전압 경고” 라벨 부착
  - 고전압 보호장비 착용 없이 고전압 부품, 케이블, 커넥터 등을 만져서는 안 됨
  - 절연장갑, 보호안경, 안전복 및 안전화 착용
  - 전해질용 수건, 터미널 절연용 테이프, 고전압 절연저항 확인용 테스터 준비
  - 절연 피복이 손상된 케이블 접촉 금지
  - 자동차 침수 시 고전압 관련 부품 접촉 금지
  - 실내에 누출가스 유입 시 즉시 환기시키고, 안전한 장소로 대피
  - 누출 액체 피부 접촉 시 즉각 중화 후 흐르는 물, 소금물로 환부 세척

교수 방법

- 전기자동차 고전압 배터리, 전력통합제어장치 정비에 대한 학습자의 지식 보유 수준을 확인하고 주요 기능에 대해 간단히 설명한다.
- 전기자동차 고전압 배터리, 전력통합제어장치 정비에 대한 실습 재료 준비 상태를 확인하고 학습자가 기능에 대하여 설명할 수 있도록 유도한다.
- 전기자동차 고전압 배터리, 전력통합제어장치 정비 관련 자료 조사를 위한 명확한 지침을 제공하고 학습자가 객관적으로 자료를 정리할 수 있도록 지도한다.
- 전기자동차 고전압 배터리, 전력통합제어장치 정비에 대한 설명을 위해 동영상 자료를 이용하여 제시하면서 작동 원리에 대하여 설명한다.
- 실습자가 장비를 안전하게 조작하고 작동하는지 관찰하고 필요시 피드백을 제공한다.

- 전기자동차 고전압 배터리, 전력통합제어장치 정비에 대하여 토의 및 조사 결과를 발표하게 하고 다른 학습자와 공유하도록 지도한다.
- 다음 학습 주제에 관하여 사전 연구 및 조사하여 발표하도록 과제를 제시하고, 학습 동기를 부여한다.

학습방법

- 전기자동차 특화시스템 수리, 교환에 대한 내용을 정리하고 주요 내용은 사진, 그림 등과 함께 노트에 정리한다.
- 전기자동차 특화시스템 수리, 교환에 대한 자료를 인터넷으로 검색하여 내용별로 노트에 정리한다.
- 전기자동차 특화시스템 수리, 교환에 대해 동료와 역할을 분담하여 토의하고 발표한다.
- 고전압 안전 지침을 준수하고 있는지 학습자 스스로 체크리스트를 활용하여 점검한다.
- 학습 시 주요 내용을 정리하고 의문점에 대해서는 질문을 통해 해결한다.

평가준거

- 평가자는 학습자가 학습목표를 성공적으로 달성하였는지를 평가해야 한다.
- 평가자는 다음 사항을 평가해야 한다.

학습내용	학습목표	성취수준		
		상	중	하
냉각 시스템	– 정비지침서에 따라 고전압 위험성을 인지하고 안전장비를 착용할 수 있다.			
	– 정비지침서에 따라 고전압을 차단하고 안전수칙을 준수하며 수리할 수 있다.			
	– 전기자동차 관련 부품들의 점검 결과에 따라 부품 교환 여부를 결정할 수 있다.			
	– 정비지침서에 따라 안전수칙을 준수하면서 문제의 부품을 교환할 수 있다.			

평가방법

● 서술형 시험

학습내용	학습목표	성취수준		
		상	중	하
냉각 시스템	– 고전압 위험성 인지 및 안전장비 착용 가능 여부			
	– 고전압을 차단하고 안전수칙 준수 여부			
	– 점검 결과에 따라 전기자동차 부품 교환 능력			
	– 정비지침서에 따라 분해조립 절차에 따라 정비 능력			

● 평가자 체크리스트

학습내용	학습목표	성취수준		
		상	중	하
냉각 시스템	– 고전압 위험성 인지 및 안전장비 착용 가능 여부			
	– 고전압을 차단하고 안전수칙 준수 여부			
	– 점검 결과에 따라 전기자동차 부품 교환 가능 여부			
	– 정비지침서에 따라 분해조립 절차에 따라 정비 가능 여부			

● 피드백

1. 서술형 시험

– 하이브리드자동차 특화 시스템 점검, 진단에 필요한 관련 지식을 학습하고 중간, 기말고사 평가를 실시하여 성취수준이 낮은 학습자의 경우 미흡한 부분에 대해서는 중요 사항을 표시하여 설명해 주고 보고서를 제출하게 하여 학습성취도를 재평가한다.

– 성취수준이 높은 학습자의 경우에는 하이브리드자동차 특화 시스템 점검, 진단에 있어 차량진단 방법에 대한 심화 내용을 설명해준다.

2. 평가자 체크리스트

– 평가기준을 설명하고 성취수준이 낮은 학습자들에게는 정비지침서를 활용하여 미흡한 부분에 대해 학습 성취도를 달성할 수 있는 교육 여건을 제공한다.

– 성취수준이 높은 학습자의 경우는 하이브리드자동차 특화시스템 점검, 진단에 있어 차량진단 방법에 대한 심화 내용을 설명해 준다.

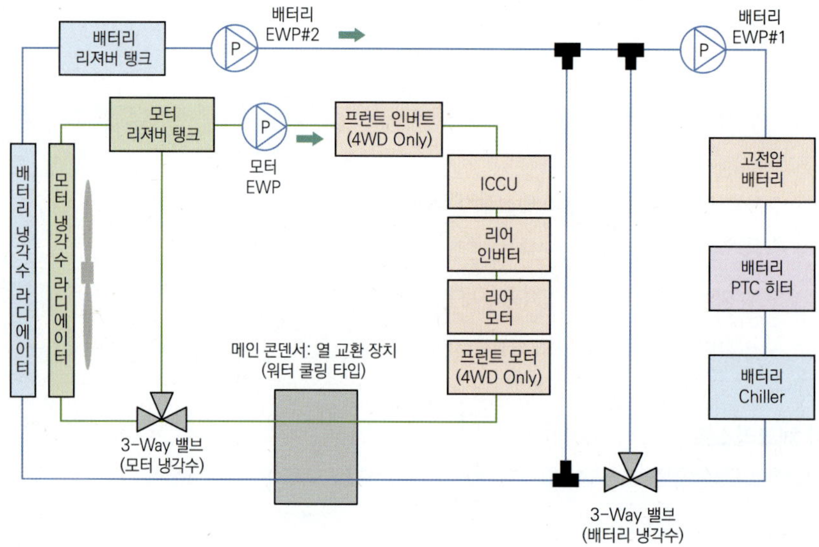

(a) Heat Pump 사양

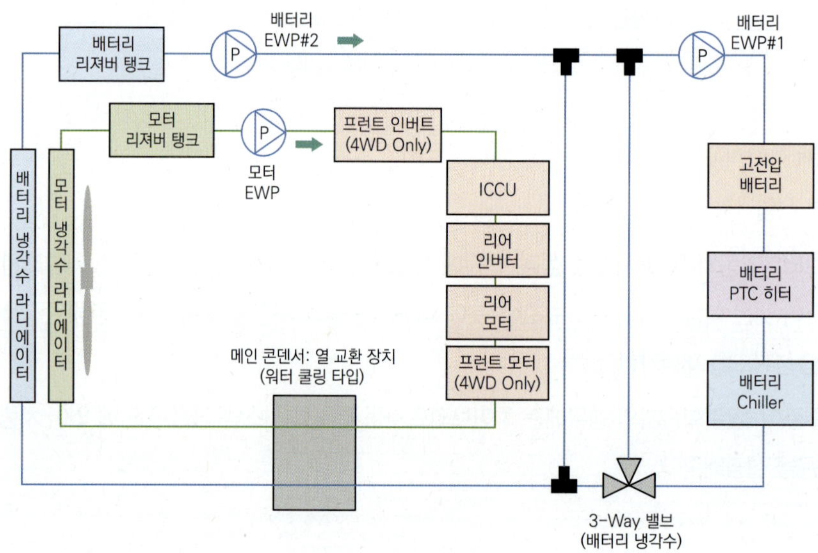

(b) Heat Pump 미 적용

그림 1 냉각수 흐름도

1 쿨링 팬

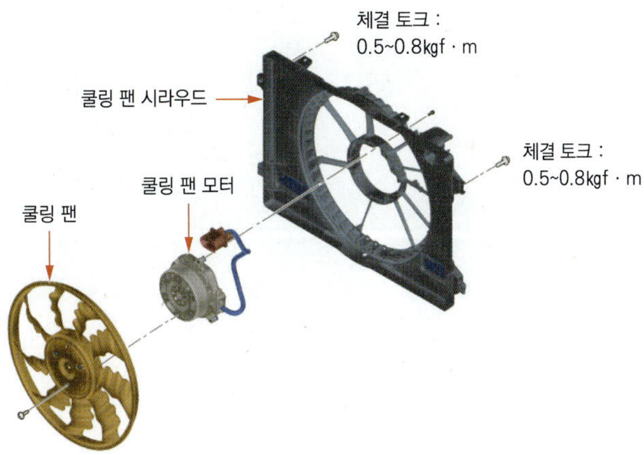

그림 2 쿨랭 팬

1 탈거 및 장착

① 배터리 (−)터미널을 분리하고, 고전압을 차단한다.

② 프론트 트렁크를 탈거한다.

③ 배터리 (+)터미널을 분리한다.

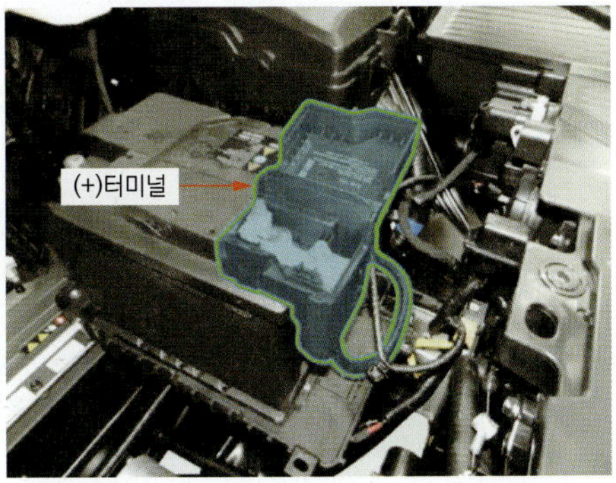

그림 3 (+)터미널 분리

④ 쿨링 팬 커넥터를 분리한다.

그림 4 쿨링 팬 커넥터를 분리

⑤ 쿨링 팬 시라우드에서 쿨링 팬 커넥터를 분리한다.

그림 5 시라우드에서 쿨링 팬 커넥터 분리

⑥ 쿨링 팬에서 라디에이터 상부 호스를 분리한다.

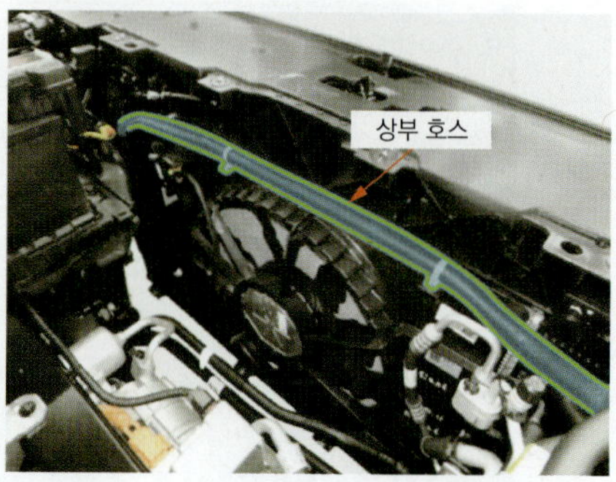

그림 6 라디에이터 상부 호스 분리

⑦ 쿨링 팬 고정 볼트를 풀고, 쿨링 팬 어셈블리를 탈거한다(체결 토크 : 0.5~0.8kgf · m).

그림 7 쿨링 팬 어셈블리 탈거

⑧ 장착은 탈거의 역순으로 진행한다.

2 팬 모터 점검

① 점화스위치 "OFF", 자기진단 커넥터에 진단기기를 연결한다.

② 변속단 P위치 & 점화스위치 "ON"(Power 버튼 LED "Red"), "강제구동" 기능을 선택한다.

③ 쿨링 팬 모터를 강제구동시킨다. 팬 모터 강제구동에는 저속 및 고속 2가지 기능이 있다.

④ 팬 모터 저속 점검

- 강제구동 기능의 "팬 모터 저속" 항목을 수행한다.

그림 8 "팬 모터 저속" 항목 수행

• 시작버튼을 눌러 강제구동을 실시한다.
• 쿨링 팬의 작동을 육안으로 확인한다.
• 정지 버튼을 눌러 강제구동을 정지시킨다.

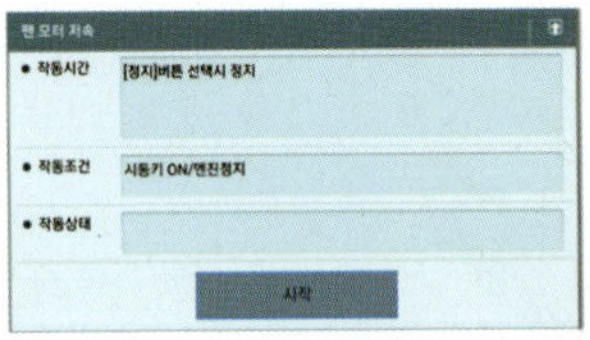

그림 9 강제구동 실시

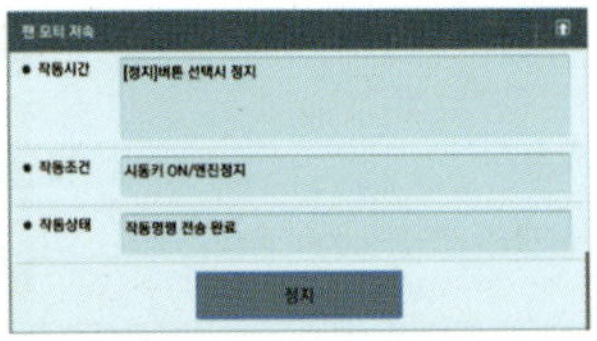

그림 10 강제구동 정지

⑤ 팬 모터 고속 점검

• 강제구동 기능의 "팬 모터 고속" 항목을 수행한다.

그림 11 "팬 모터 고속" 항목 수행

• 시작버튼을 눌러 강제구동을 실시한다.
• 쿨링 팬의 작동을 육안으로 확인한다.
• 정지 버튼을 눌러 강제구동을 정지시킨다.

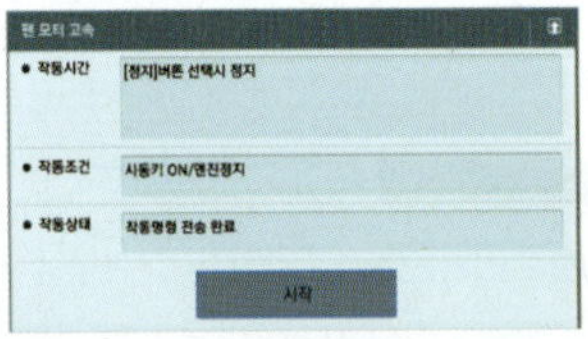

그림 12 강제구동 실시

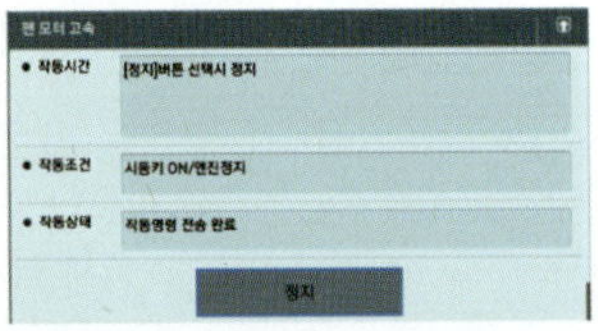

그림 13 강제구동 정지

2 라디에이터 탈거 및 장착

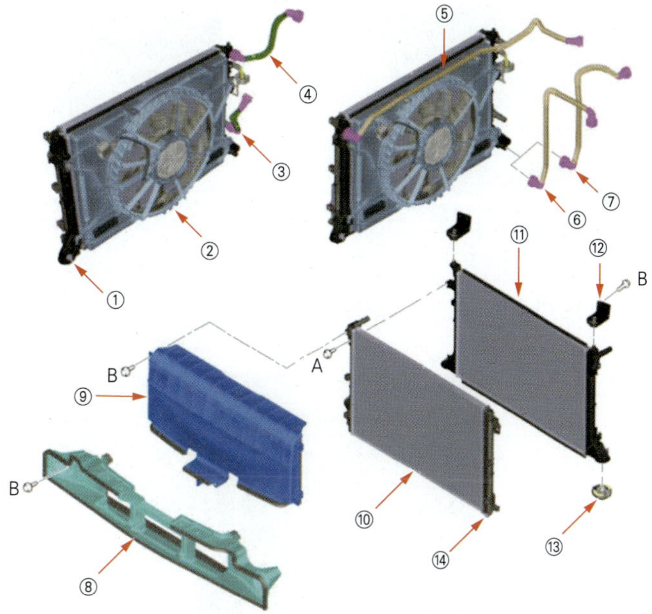

① 전장 및 모터 라디에이터 드레인 플러그
② 쿨링 팬
③ 고전압 배터리 라디에이터 하부 호스
④ 고전압 배터리 라디에이터 상부 호스
⑤ 전장 모터 라디에이터 상부 호스
⑥ 전장 및 모터 라디에이터 하부호스(히트펌프 미적용)
⑦ 전장 및 모터 라디에이터 하부호스(히트펌프 적용)
⑧ 라디에이터 하부 에어가드
⑨ 라디에이터 상부 에어가드
⑩ 고전압 배터리 라디에이터
⑪ 전장 및 모터 라디에이터
⑫ 라디에이터 상부 마운팅 브라켓
⑬ 라디에이터 하부 마운팅
⑭ 고전압 배터리 라디에이터 드레인 플러그 체결토크(kgf · m)
A : 0.5~0.8, B : 0.8~1.2

그림 14 라디에이터 구성

① 쿨링 팬 어셈블리를 탈거한다.

② 모터 라디에이터 드레인 플러그를 열어 냉각수를 배출한다.

③ 고전압 배터리 라디에이터 드레인 플러그를 열어 냉각수를 배출한다.

④ 프론트 범퍼 빔을 탈거한다.

⑤ 후드 랫치 어셈블리를 탈거한다.

⑥ 라디에이터 상부 에어가드를 탈거한다(체결토크 : 0.8~1.2kgf · m).

⑦ 라디에이터 하부 에어가드를 탈거한다(체결토크 : 0.8~1.2kgf · m).

그림 15 라디에이터 상부 에어가드 탈거 그림 16.

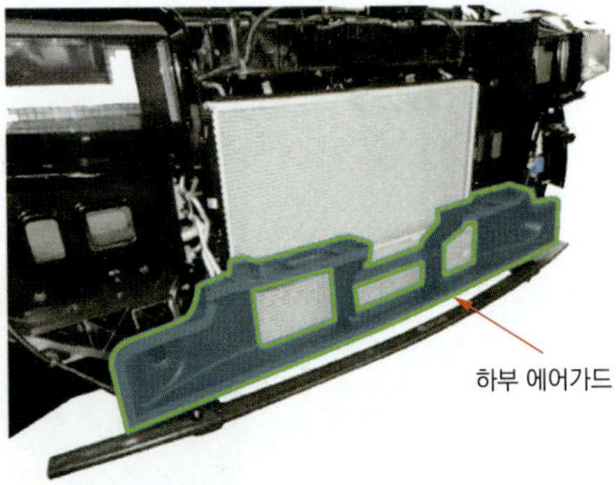

그림 16 라디에이터 하부 에어가드 탈거

⑧ 에어컨 냉매 파이프 마운팅 볼트를 탈거한다(체결토크 : 0.5~0.8kgf · m).

그림 17 에어컨 냉매 파이프 마운팅 볼트 탈거

⑨ 라디에이터에서 콘덴서를 분리한다(체결토크 : 0.5~0.8kgf · m).

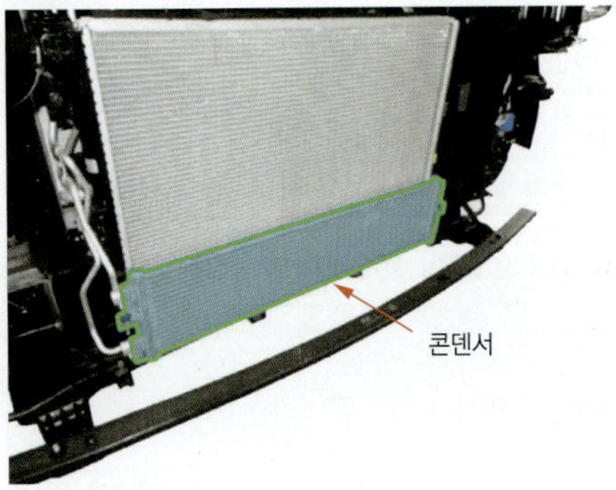

그림 18 콘덴서 분리

⑩ 모터 라디에이터 상부 호스를 분리한다.

⑪ 모터 라디에이터 하부 호스를 분리한다.

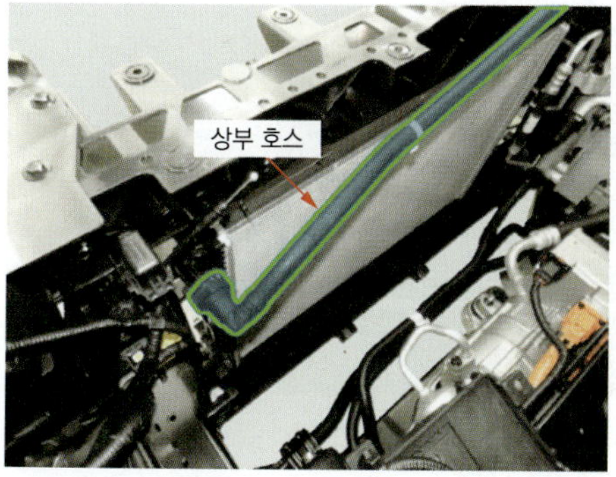

그림 19 모터 라디에이터 상부 호스 분리

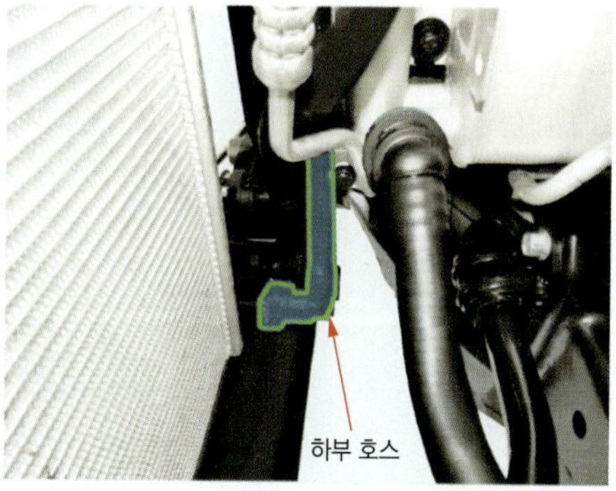

그림 20 모터 라디에이터 하부 호스 분리

⑫ 고전압 배터리 라디에이터 상부 호스를 분리한다.

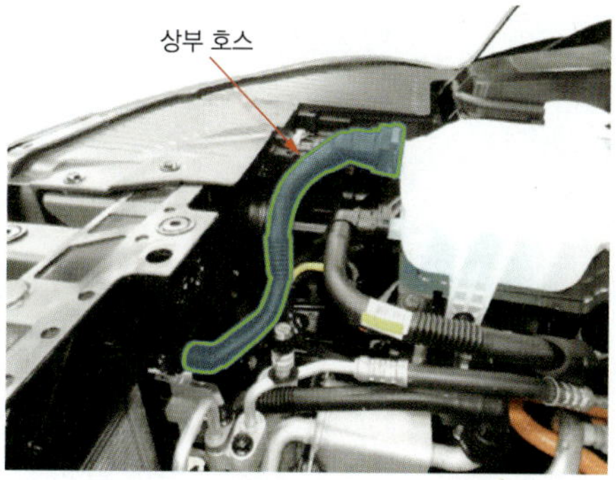

그림 21 고전압 배터리 라디에이터 상부 호스 분리

⑬ 고전압 배터리 라디에이터 하부 호스를 분리한다.

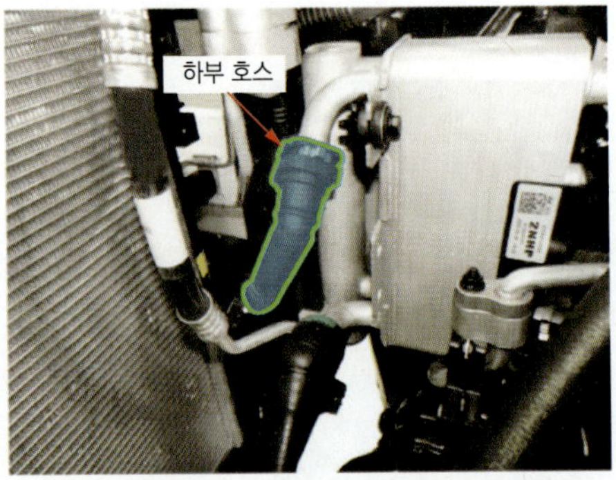

그림 22 고전압 배터리 라디에이터 하부 호스 분리

⑭ 라디에이터 상부 마운팅 브라켓을 탈거한다(체결토크 : 0.8~1.2kgf · m).

(a) LH

(b) RH

그림 23 마운팅 브라켓 탈거

⑮ 모터 라디에이터와 고전압 배터리 라디에이터를 같이 탈거한다.

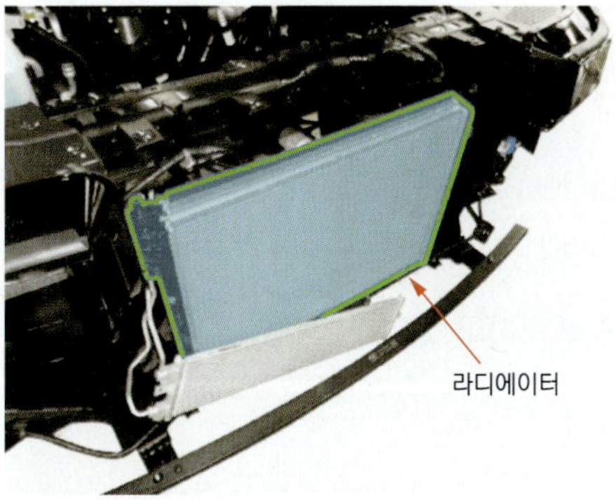

그림 24 모터 라디에이터와 고전압 배터리 라디에이터 탈거

⑯ 라디에이터 마운팅 볼트를 풀고, 고전압 배터리 라디에이터를 탈거한다(체결토크 : 0.5~0.8kgf · m).

⑰ 모터 라디에이터를 탈거한다.

그림 25 고전압 배터리 라디에이터 및 모터 라디에이터 탈거

⑱ 장착은 탈거의 역순으로 진행한다.

⑲ 모터 냉각수를 주입한다.

⑳ 고전압 배터리 냉각수를 주입한다.

3 액티브 에어플랩(AAF)

1 개요

액팁 에어플랩(Active Air Flap)은 차량 전면 범퍼의 상/하단에 에어플랩(공기 덮개)을 통해 공기 흐름을 제어하고 차량 내부 부품을 효율적으로 냉각시키는 장치로 연비 향상에 도움을 주는 장치로 지능형 공기유동 제어기(AAF)로 표기하고 있다.

2 작동원리

액티브 에어플랩(AAF)은 시동에 준하는 차량 조건을 만족할 때 작동된다.

시동 조건	차량 상태	AAF 작동
시동 버튼 1회	ACC ON	×
시동 버튼 2회	IG 1	×
브레이크+시동버튼	IG 2	○
메인 배터리 충전	IG 3	○
보조 배터리 충전	IG 3	○
솔라루프 작동	IG 3	○
원격 시동	IG 2	○

주행 중 작동 조건은 PE시스템 주요 부품의 온도 조건을 우선으로 차속에 맞춰 작동된다.

(1) 주요 시스템

인버터, 히트 싱크, IGBT, 모터, LDC, 배터리, OBC, A/C, HEAT PUMP

(2) 다단 제어

차량 조건에 따라 플랩의 열림량을 조절한다.

① CLOSE

② 1st OPEN : 25%

③ 2nd OPEN : 50%

④ F/OPEN : 100%

AAF 제원

항목	제원
작동 온도	−40~85℃
작동 전압	DC 9~16V
정격 전압	DC 12V
정격 전류(무 부하)	600mA 이하

3 액티브 에어플랩(AAF) 탈거 및 장착

① 배터리 (−)터미널을 분리하고, 고전압을 차단한다.

② 프론트 범퍼를 탈거한다.

③ 액티브 에어플랩(AAF) 컨트롤 유닛 커넥터를 분리한다.

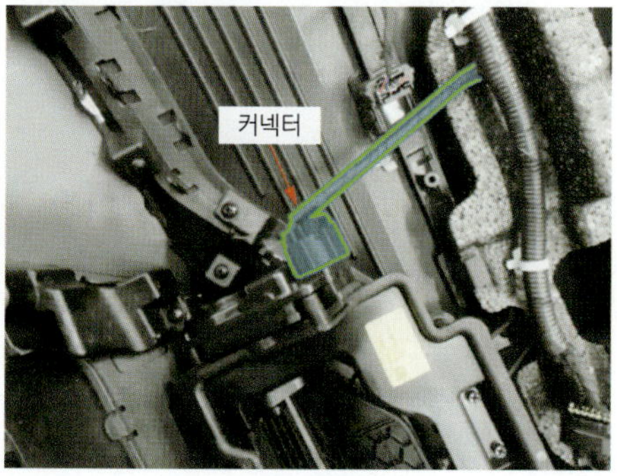

(a) LH

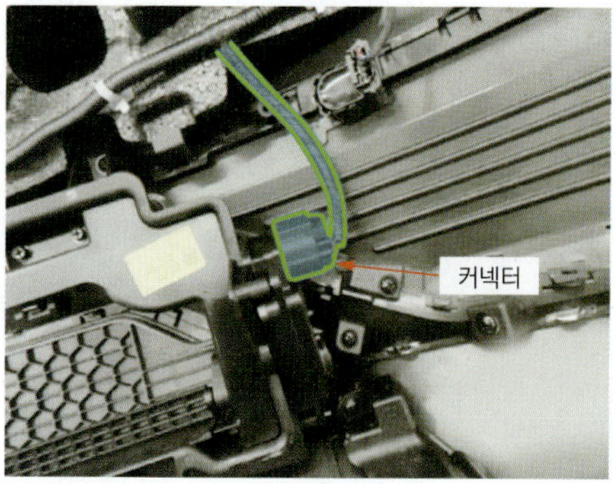

(b) RH

그림 26 컨트롤 유닛 커넥터 분리

④ 액티브 에어플랩(AAF)를 탈거한다(체결토크 : 0.8~1.0kgf · m). 외부 이물질이 플랩 사이에 끼어 있는지 점검한다.

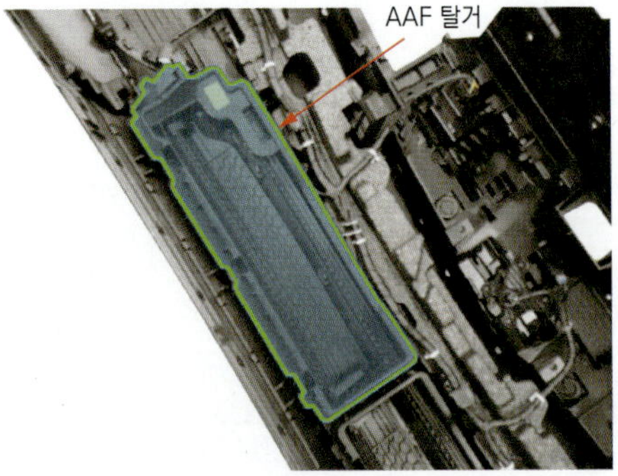

(a) LH

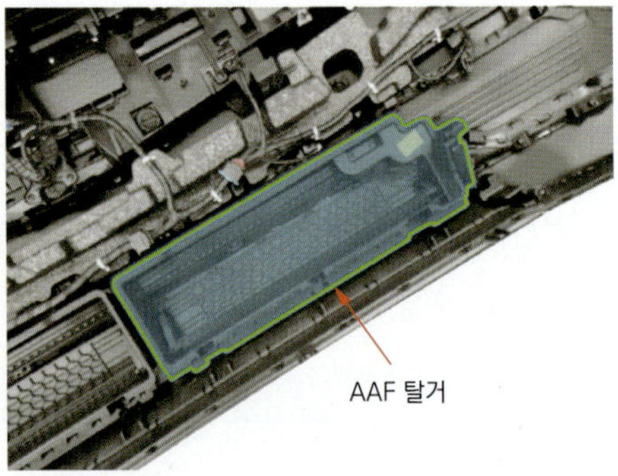

(b) RH

그림 27 액티브 에어플랩(AAF) 탈거

⑤ 장착은 탈거의 역순으로 진행한다.

4 액티브 에어플랩(AAF) 액추에이터 탈거 및 장착

① 액티브 에어플랩(AAF) 액추에이터를 탈거한다.

(a) LH

(b) RH

그림 28 액티브 에어플랩(AAF) 액추에이터 탈거

② 장착은 탈거의 역순으로 진행한다.

4 모터 냉각 시스템

1 냉각수 교환 및 공기빼기

전기차 관련 냉각 시스템과 라디에이터가 뜨거울 때는 고온, 고압의 냉각수가 분출되어 화상을 입을 수 있으니 압력 캡을 절대로 열지 않는다. 관련 장치들이 충분히 냉각된 상태일 때 개방한다.

주 의

1. 냉각수 교환 시 냉각수가 전기 장치 등에 묻지 않도록 주의한다.
2. 서로 다른 상표의 냉각수를 혼합하여 사용하지 않는다.
3. 냉각수를 보충하거나 교환 시 압력 캡 라벨과 리저버 탱크의 냉각수 색깔을 확인하고, 순정 냉각수를 사용한다.
4. 저전도 냉각수 압력 캡은 정비사만 탈거하도록 한다.
5. 저전도 냉각수는 물과 희석하여 사용하지 않는다. 물과 섞이지 않도록 주의한다.
6. 녹 방지제를 첨가하여 사용하지 않는다.

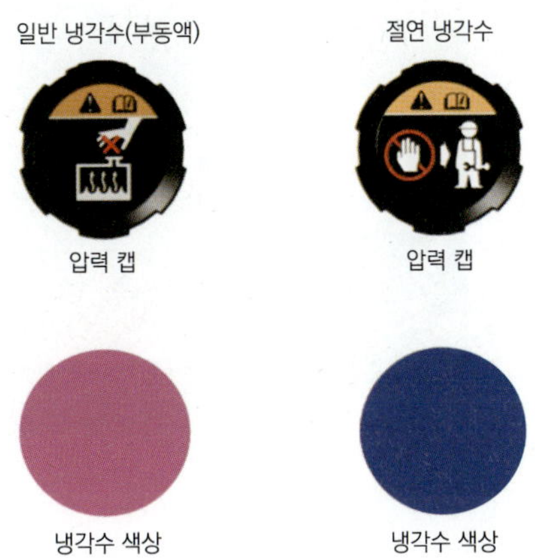

그림 29 일반 냉각수(부동액)과 절연 냉각수 비교

① 배터리와 배터리 라디에이터의 열이 식었는지 확인한다.

② 리저버 탱크 압력 캡을 연다.

그림 30 리저버 탱크 압력 캡 개방

③ 프론트 언더 커버를 탈거한다.

④ 드레인 플러그를 풀고 냉각수를 배출한다.

그림 31 드레인 플러그

⑤ 냉각수 배출이 완료되면 라디에이터 드레인 플러그를 잠근다.

⑥ 부동액과 물 혼합액(45~50%)을 모터 리저버 탱크에 천천히 채운다. 냉각수의 농도가 60% 이상인 경우 냉각 효과를 감소시킬 수 있으므로 권장하지 않는다.

모터 냉각수 용량

냉각수		제원	
		160kW(2WD)	70kW+160kW(4WD)
일반형	히트 펌프 미적용 사양	약 6.4L	약 6.8L
	히트 펌프 적용 사양		
항속형	히트 펌프 미적용 사양		
	히트 펌프 적용 사양		

⑦ 진단기기 부가기능의 "전자식 워터 펌프 구동" 항목을 아래 순서대로 수행한다. 전자식 워터 펌프(EWP : Electric Water Pump) 강제 구동 시, 배터리 방전을 막기 위해 12V 배터리를 충전시키면서 작업한다.

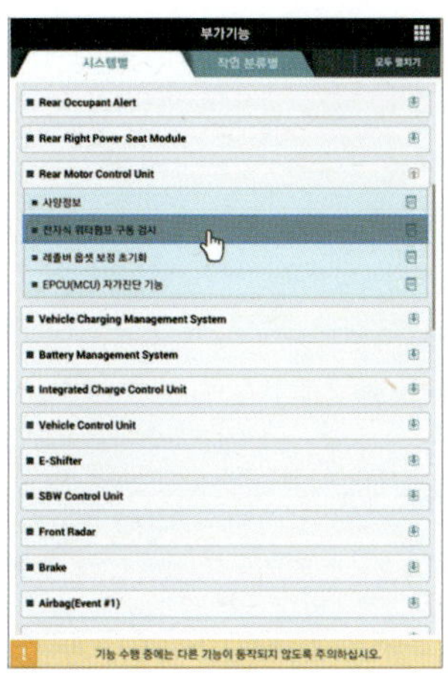

(a)

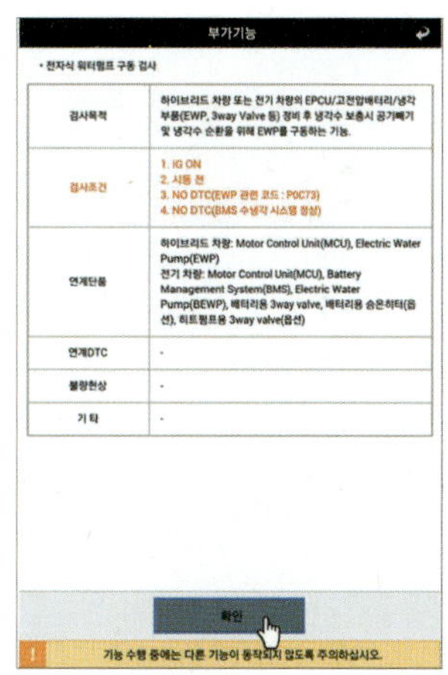

(b)

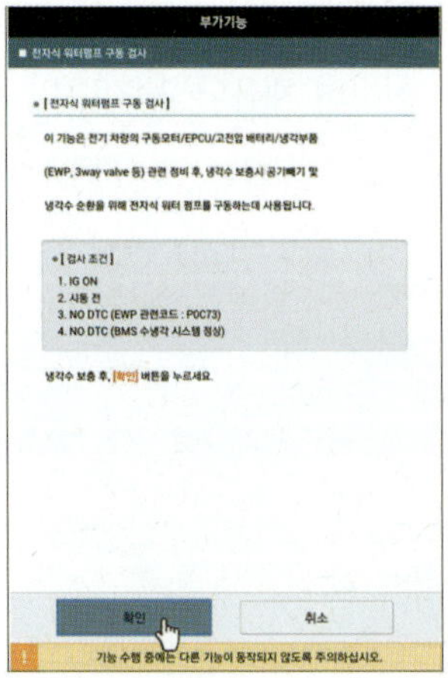

(c)

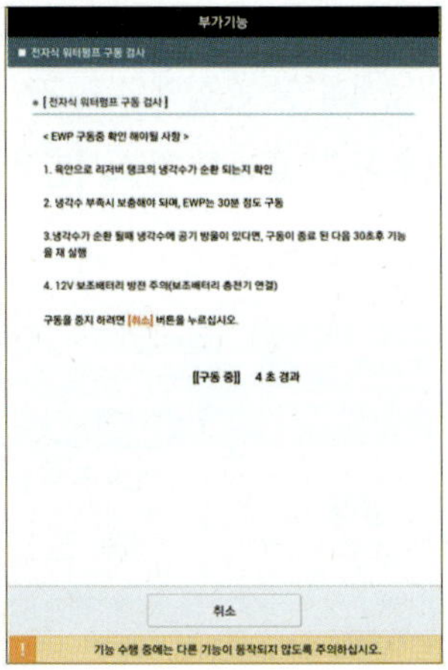

(d)

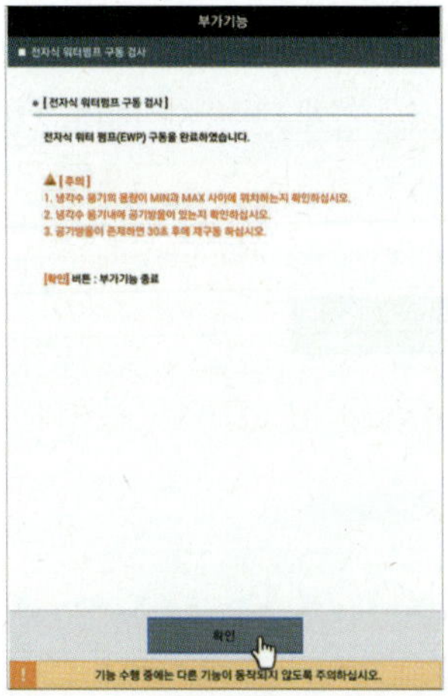

(e)

그림 32 전자식 워터 펌프 구동

⑧ 전자식 워터 펌프(EWP)가 작동하고 냉각수가 순환하면 모터 냉각수 리저버 탱크를 통해 냉각수를 보충한다. 전자식 워터 펌프(EWP)가 냉각수 없는 상태에서 작동되면 베어링 마찰로 인해 손상될 수 있으므로 주의한다.

⑨ 전자식 워터 펌프(EWP) 작동 중 소음이 적어지고 리저버 탱크에서 더 이상 공기방울이 발생하지 않으면 냉각 시스템의 공기빼기는 완료된 것이다.

유의사항

1. 전자식 워터 펌프(EWP)는 1회 강제구동으로 약 30분간 작동되나 필요시, 공기빼기가 완료될 때까지 수회 반복하여 작동시켜야 한다.
2. 공기빼기가 완료된 후, 전자식 워터 펌프(EWP)가 작동하는 동안 리저버 탱크의 냉각수가 공기방울 발생 없이 잘 순환되는지 육안으로 리저버 탱크 내부를 확인한다. 만일 냉각수 흐름이 원활하지 않거나 공기방울이 여전히 발생되면 6~8항을 반복한다.

⑩ 공기빼기가 완료되면 전자식 워터 펌프(EWP)의 작동을 멈추고, 리저버 탱크의 "MAX"선까지 냉각수를 채운 후 압력 캡을 잠근다. 냉각수가 완전히 식었을 때, 냉각 시스템 내부공기 배출 및 냉각수 보충이 가장 용이하게 이루어지므로, 냉각수 교환 후 2~3일 정도는 리저버 탱크의 냉각수 용량을 재확인한다.

⑪ 차량시동 후, 냉각 호스 및 파이프 연결부위 누수여부를 점검한다.

⑫ 프론트 언더 커버를 장착한다.

2 리저버 탱크 탈거 및 장착

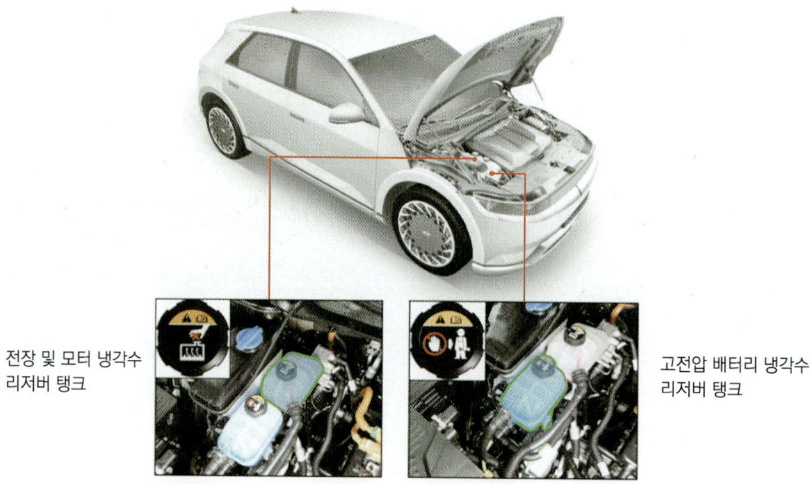

그림 33 리저버 탱크 설치 위치

① 프론트 트렁크를 탈거한다.

② 고전압 배터리 리저버 탱크를 탈거한다.

③ 모터 리저버 탱크에서 인렛 호스를 분리한다.

그림 34 인렛 호스 분리

유의사항

1. 퀵 커넥터 호스 탈거 시, 퀵 커넥터 클램프를 위로 잡아당기고 분리한다.

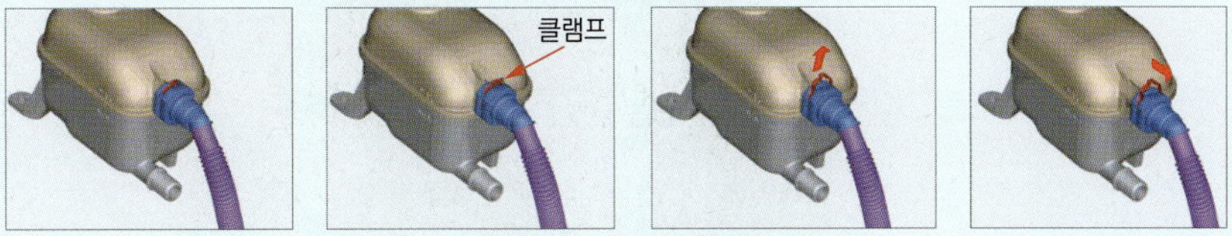

그림 35 퀵 커넥터 호스 탈거 순서

2. 퀵 커넥터 타입 호스 작업 시, 커넥터 내부의 고무 씰을 만지거나 탈거하지 않는다.
3. 퀵 커넥터 장착 시 "클릭"니플 음이 들릴 때까지 장착한다.

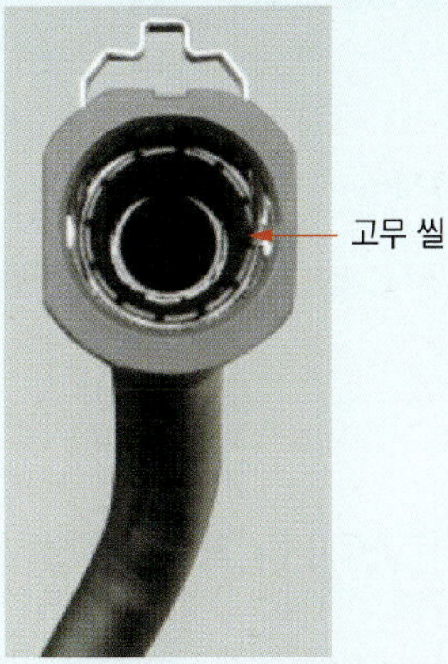

그림 36 고무 씰 위치

④ 모터 리저버 탱크를 탈거한다.

- 모터 리저버 탱크 아웃렛 호스를 분리한다.
- 모터 리저버 탱크를 탈거한다(체결토크 : 0.8~1.2kgf · m).

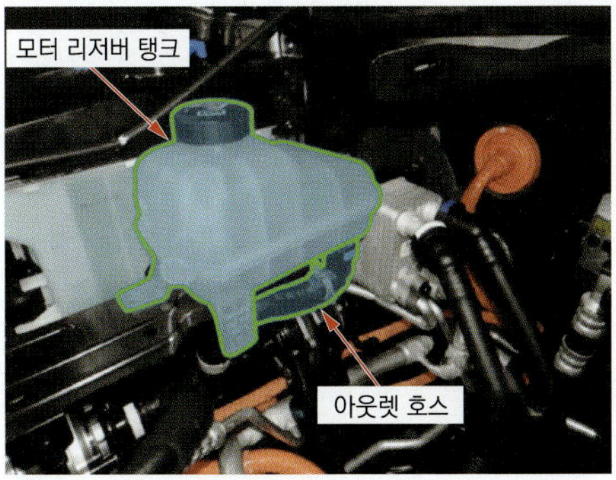

그림 37 모터 리저버 탱크 탈거

⑤ 리저버 탱크 브라켓을 탈거한다(체결토크 : 0.8~1.2kgf · m).

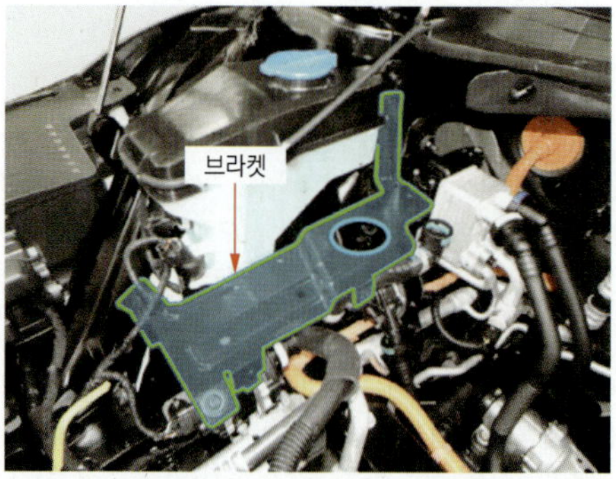

그림 38 리저버 탱크 브라켓 탈거

⑥ 장착은 탈거의 역순으로 진행한다.

⑦ 전장 및 모터 냉각수를 주입한다. 냉각수 주입 시 진단기기를 이용하여 공기빼기 작업을 진행한다.

3 전자식 워터 펌프(EWP) 탈거 및 장착

전자식 워터 펌프(EWP)는 모터 시스템(통합 충전 및 컨버터 유닛(ICCU), 인버터, 모터 및 감속 기어 오일 쿨러)의 냉각 회로 냉각수를 순환시킨다.

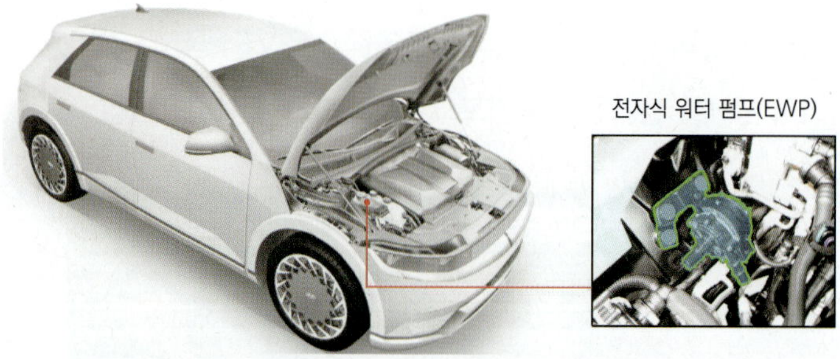

그림 39 전자식 워터 펌프(EWP) 설치 위치

전자식 워터 펌프(EWP) 제원

항목	제원	비고
형식	워터 펌프	전기식(BLDC)
작동 전압	9~16V	–
작동 조건	LIN control	–
용량	1.43kgf/cm²/14LPM(분당 리터)/13.5~14.5V	–
정격 전류	Max 10A	–
최대 전류	Max 15A	
작동 온도 조건	–40~135℃	–40~275℉

① 리저버 탱크 브라켓을 탈거한다.

② 전자식 워터 펌프(EWP) 인렛 호스를 분리한다.

그림 40 인렛 호스 분리

③ 전자식 워터 펌프(EWP) 아웃렛 호스를 분리한다.

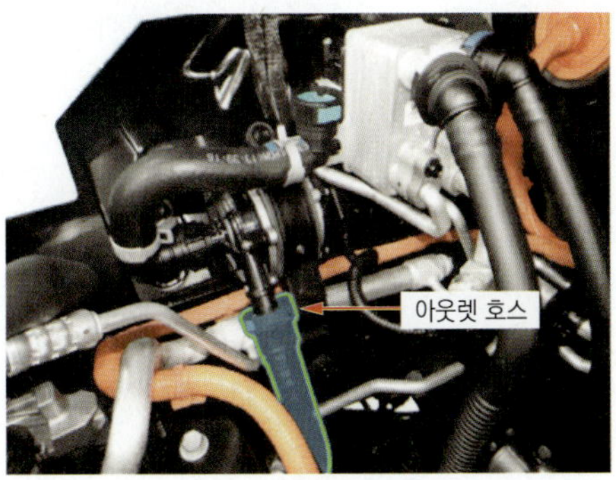

그림 41 아웃렛 호스 분리

④ 전자식 워터 펌프(EWP) 커넥터를 분리한다.

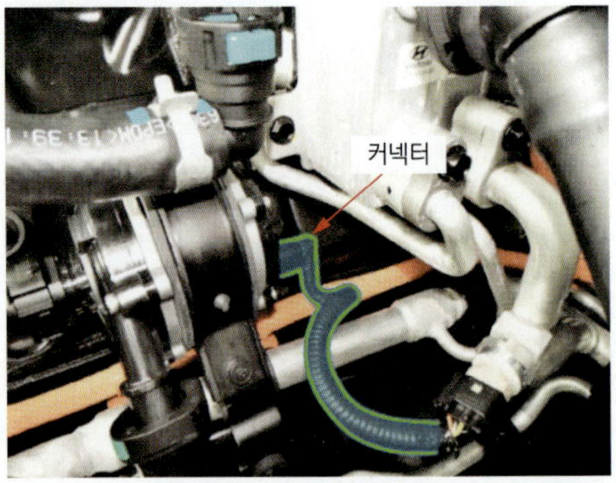

그림 42 커넥터 분리

⑤ 전자식 워터 펌프(EWP)를 탈거한다(체결토크 : 0.8~1.2kgf · m).

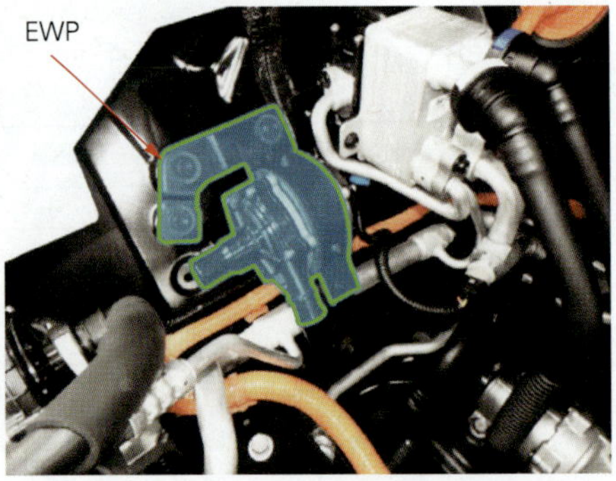

그림 43 전자식 워터 펌프(EWP) 탈거

⑥ 장착은 탈거의 역순으로 진행한다.

⑦ 전장 및 모터 냉각수를 주입한다. 냉각수 주입 시 진단기기를 이용하여 공기빼기 작업을 진행한다.

4 리어 모터 및 감속기 오일 쿨러 탈거 및 장착

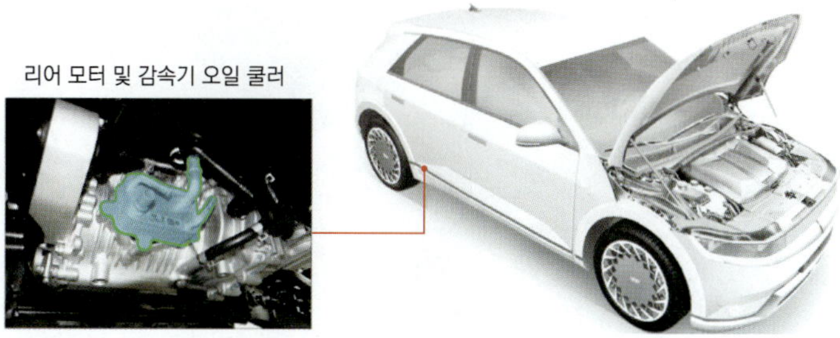

그림 44 리어 모터 및 감속기 오일 쿨러 설치 위치

① 리어 언더 커버를 탈거한다.

② 리어 모터오일 쿨러 냉각수 인렛 호스를 분리하고, 냉각수를 배출한다.

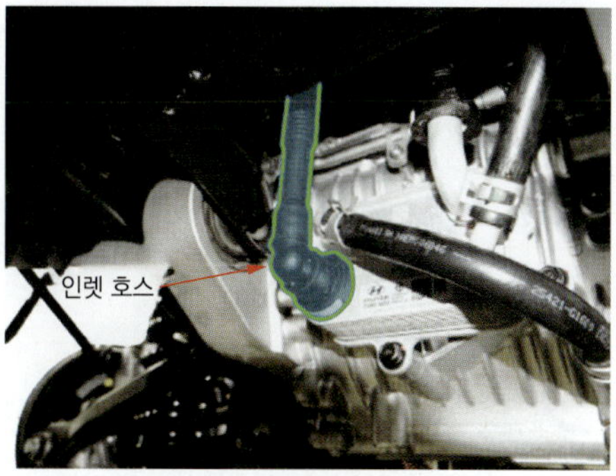

그림 45 인렛 호스 분리

유의사항

1. 호스 탈거 시 퀵 커넥터의 클램프를 누른 상태에서 탈거한다.
2. 퀵 커넥터 타입 호스 작업 시, 커넥터 내부의 고무 씰을 만지거나 탈거하지 않는다.
3. 퀵 커넥터 장착 시 "클릭"니플 음이 들릴 때까지 장착한다.

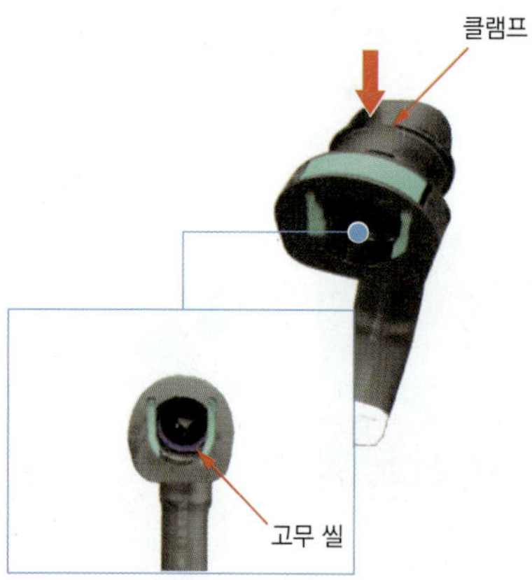

그림 46 퀵 커넥터 탈거

③ 오일 쿨러에서 오일 호스를 분리한다.

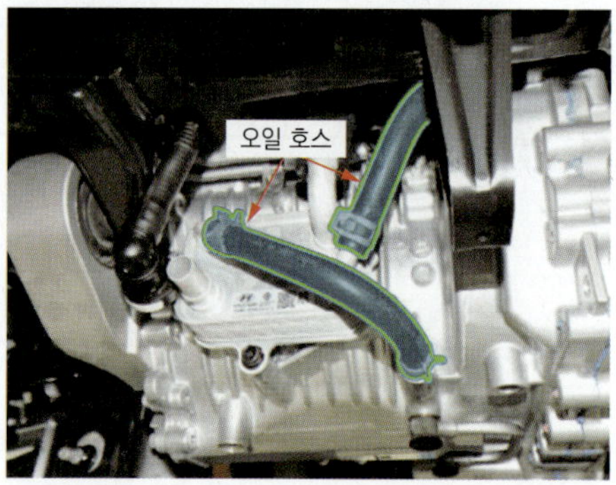

그림 47 오일 호스 분리

④ 리어 모터 오일 쿨러 냉각수 아웃렛 호스를 분리한다.

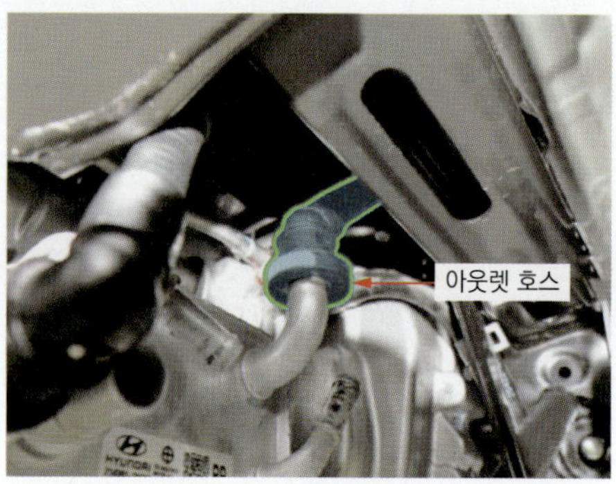

그림 48 아웃렛 호스 분리

⑤ 장착 볼트 및 너트를 풀고, 리어 오일 쿨러를 탈거한다(체결토크 : 0.7~1.0kgf · m).

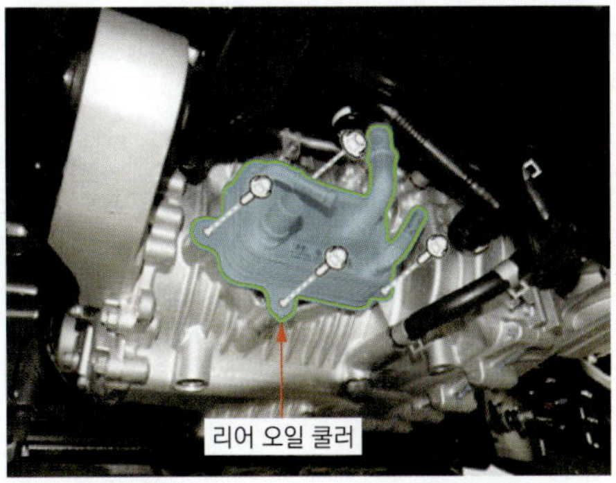

그림 49 리어 오일 쿨러 탈거

⑥ 장착은 탈거의 역순으로 진행한다.

5 3웨이 밸브

히트 펌프 작동시 라디에이터로 가는 냉각수를 바이패스시켜 히트 펌프의 난방성능을 향상시킨다.

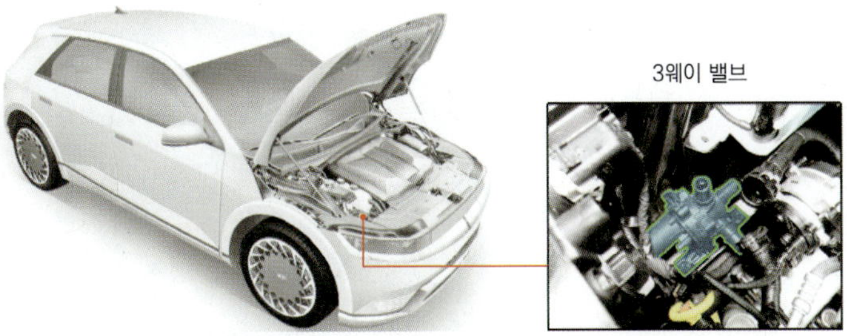

그림 50 3웨이 밸브 설치 위치

그림 51 3웨이 밸브

1. 작동원리

히트 펌프용 3웨이 밸브는 전압인가 시, 전자식 액추에이터가 볼 밸브를 회전시키고 볼의 각도에 따라 냉각수의 출입구가 결정된다.

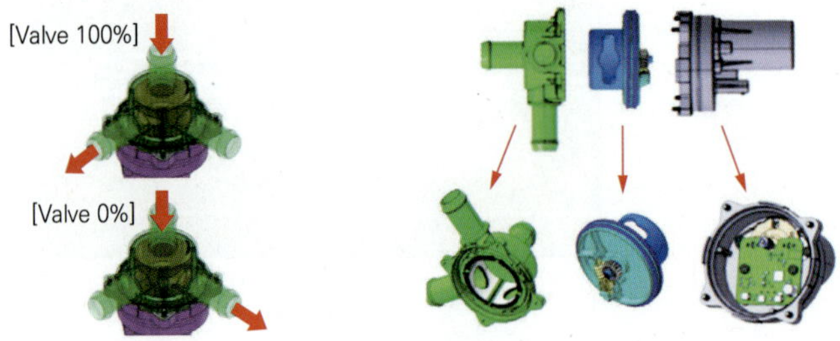

그림 52 3웨이 밸브 작동원리

2. 탈거 및 장착

① 리저버 탱크 브라켓을 탈거한다.

② 3웨이 밸브 호스를 분리한다. 3웨이 밸브 호스 탈거 시, 퀵 커넥터의 클램프를 누른 상태에서 탈거한다. 퀵 커넥터 타입 호스 작업 시 커넥터 내부의 고무 씰을 만지거나 탈거하지 않는다.

그림 53 3웨이 밸브 호스 분리(1)

③ 3웨이 밸브 호스를 분리한다.

그림 54 3웨이 밸브 호스 분리(2)

④ 3웨이 밸브 커넥터를 분리한다.

그림 55 3웨이 밸브 커넥터 분리

⑤ 장착 너트를 풀고 3웨이 밸브를 탈거한다(체결토크 : 0.9~1.4kgf · m).

그림 56 3웨이 밸브 탈거

⑥ 장착은 탈거의 역순으로 진행한다.

⑦ 전장 및 모터 냉각수를 주입한다. 냉각수 주입 시, 진단기기를 이용하여 공기빼기 작업을 진행한다.

5 고전압 배터리 냉각 시스템

1 냉각수 교환 및 공기빼기

① 배터리와 배터리 라디에이터가 식었는지 확인한다.

② 리저버 탱크 압력 캡을 연다.

그림 57 리저버 탱크 압력 캡 개방

③ 프론트 언더 커버를 탈거한다.

④ 프론트 범퍼 어셈블리를 탈거한다.

⑤ 라디에이터 하부 에어가드를 탈거한다(체결토크 : 0.8~1.2kgf · m).

그림 58 에어가드 탈거

⑥ 드레인 플러그를 풀고 냉각수를 배출한다.

그림 59 드레인 플러그 탈거

⑦ 냉각수 배출이 완료되면 라디에이터 드레인 플러그를 잠근다.

⑧ 고전압 배터리 냉각수 리저버 탱크를 통해 저전도 냉각수를 채워준다.

고전압 배터리 냉각수 용량

저전도 냉각수		제원	
		160kW(2WD)	70kW+160kW(4WD)
일반형	히트 펌프 미적용 사양	약 8.8L	약 8.8L
	히트 펌프 적용 사양	약 9.4L	약 9.4L
항속형	히트 펌프 미적용 사양	약 11.2L	약 11.7L
	히트 펌프 적용 사양	약 11.6L	약 11.9L

⑨ 진단기기 강제구동의 "배터리 EWP구동"을 수행한다. 전자식 워터 펌프(EWP) 강제 구동시, 배터리 방전을 막기 위해 12V 배터리를 충전시키면서 작업한다.

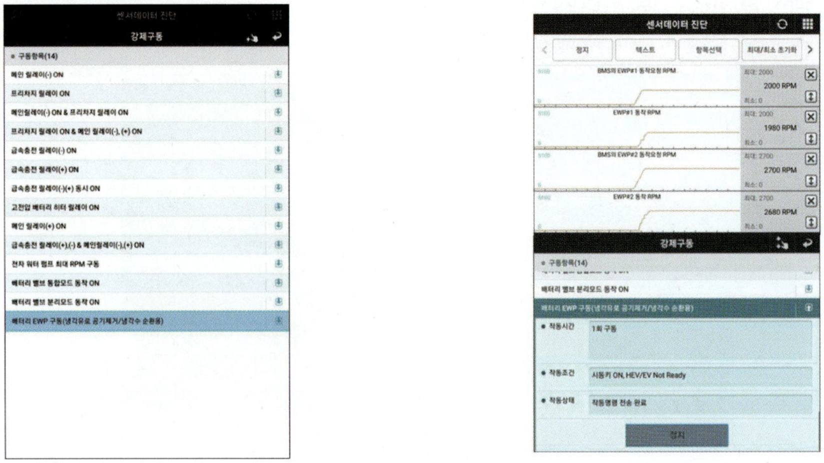

그림 60 배터리 EWP구동

⑩ 전자식 워터 펌프(EWP)가 작동하고 냉각수가 순환하면 고전압 배터리 냉각수 리저버 탱크를 통해 냉각수를 보충한다. 전자식 워터 펌프가 냉각수 없는 상태에서 작동되면 베어링 마찰로 인해 손상될 수 있으므로 주의한다.

⑪ 전자식 워터 펌프(EWP) 작동 중 소음이 적어지고 리저버 탱크에서 더 이상 공기 방울이 발생하지 않으면 냉각 시스템의 공기빼기는 완료된 것이다.

유의사항

1. 전자식 워터 펌프(EWP)는 1회 강제구동으로 약 30분간 작동되나 필요시, 공기빼기 완료될 때까지 수회 반복하여 작동시켜야 한다.
2. 공기빼기가 완료된 후, 전자식 워터 펌프(EWP)가 작동하는 동안 리저버 탱크의 냉각수가 공기방울 발생 없이 잘 순환되는지 육안으로 리저버 탱크 내부를 확인한다. 만일 냉각수 흐름이 원활하지 않거나 공기방울이 여전히 발생되면 6~8항을 반복한다.

⑫ 공기빼기가 완료되면 전자식 워터 펌프(EWP)의 작동을 멈추고, 리저버 탱크의 "MAX"선까지 냉각수를 채운 후 압력 캡을 잠근다. 냉각수가 완전히 식었을 때, 냉각 시스템 내부공기 배출 및 냉각수 보충이 가장 용이하게 이루어지므로, 냉각수 교환 후 2~3일 정도는 리저버 탱크의 냉각수 용량을 재확인한다.

⑬ 차량시동 후, 냉각 호수 및 파이프 연결부위 누수여부를 점검한다.

⑭ 장착은 탈거의 역순으로 진행한다.

2 리저버 탱크 탈거 및 장착

① 프론트 트렁크를 탈거한다.

② 고전압 배터리 냉각수를 배출한다.

③ 고전압 배터리 리저버 탱크 호스를 분리한다.

- 고전압 배터리 리저버 탱크 인렛 호스를 리저버 탱크로부터 분리한다.
- 고전압 배터리 리저버 탱크 아웃렛 호스를 리저버 탱크로부터 분리한다.

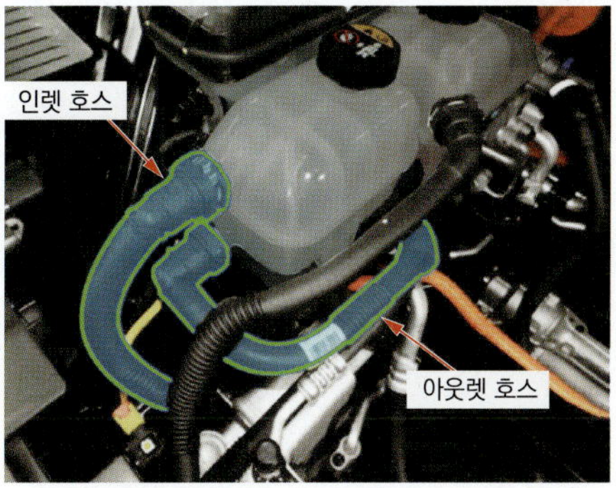

그림 61 리저버 탱크 인렛 호스 및 아웃렛 호스 분리

④ 고전압 배터리 리저버 탱크를 탈거한다(체결토크 : 0.8~1.2kgf · m).

그림 62 리저버 탱크 탈거

⑤ 장착은 탈거의 역순이다.

⑥ 고전압 배터리 냉각수를 주입한다. 냉각수 주입 시, 진단기기를 이용하여 전자식 워터 펌프를(EWP)를 강제 구동시켜 공기빼기 작업을 진행한다.

3 전자식 워터 펌프(EWP) 탈거 및 장착

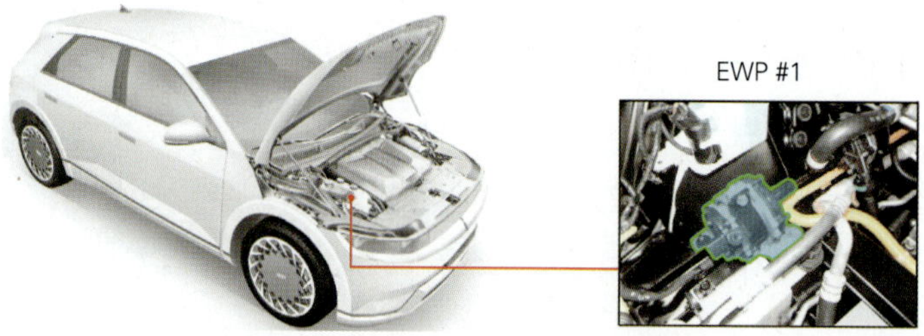

그림 63 전자식 워터 펌프(EWP) #1 설치 위치

전자식 워터 펌프(EWP) 제원

항목	제원	비고
형식	원심 펌프	전자식(BLDC)
작동 전압	9~16V	–
작동 조건	LIN control	1000~4000RPM
용량	0.663kgf/cm^2	0.663kgf/cm^2
정격 전류	Max 6.5A	–
작동 온도 조건	-40~135℃	-40~275℉

1. 고전압 배터리 EWP #1 탈거 및 장착

① 고전압을 차단한다.

② 프론트 트렁크를 탈거한다.

③ 프론트 언더 커버를 탈거한다.

④ 모터 냉각수를 배출한다.

⑤ 고전압 배터리 냉각수를 배출한다.

⑥ 모터 리저버 탱크를 탈거한다.

⑦ 고전압 배터리 리저버 탱크를 탈거한다.

⑧ 전자식 워터 펌프(EWP) 인렛 호스를 분리한다.

그림 64 인렛 호스 분리

⑨ 전자식 워터 펌프(EWP) 커넥터를 분리한다.

그림 65 커넥터 분리

⑩ 칠러 브라켓 체결 볼트를 탈거한다.

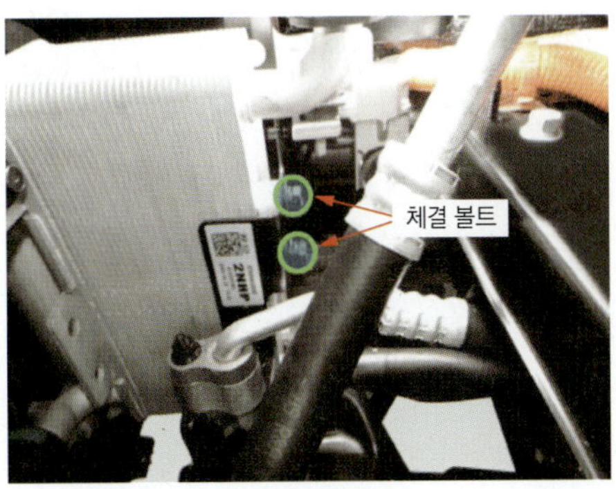

그림 66 칠러 브라켓 체결 볼트 탈거

⑪ 전자식 워터 펌프(EWP) 아웃렛 호스를 분리한다.

그림 67 아웃렛 호스 분리

⑫ 전자식 워터 펌프 고정 볼트를 탈거하고 전자식 워터 펌프(EWP)를 탈거한다(체결토크 : 0.8~1.2kgf · m).

그림 68 전자식 워터 펌프(EWP) 탈거

⑬ 전자식 워터 펌프(EWP) 브라켓을 탈거한다.

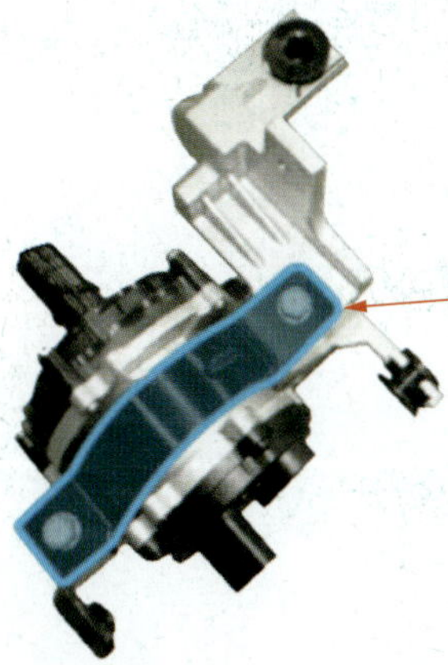

그림 69 전자식 워터 펌프(EWP) 브라켓 탈거

⑭ 장착은 탈거의 역순이다.

⑮ 모터 냉각수를 주입한다. 냉각수 주입 시, 진단기기를 이용하여 전자식 워터 펌프를(EWP)를 강제 구동시켜 공기빼기 작업을 진행한다.

⑯ 고전압 배터리 냉각수를 주입한다. 냉각수 주입 시, 진단기기를 이용하여 전자식 워터 펌프를(EWP)를 강제 구동시켜 공기빼기 작업을 진행한다.

2. 고전압 배터리 EWP #2 탈거 및 장착

① 고전압을 차단한다.

② 프론트 트렁크를 탈거한다.

③ 고전압 배터리 냉각수를 배출한다.

④ 고전압 배터리 전자식 워터 펌프(EWP) 인렛 호스를 분리한다.

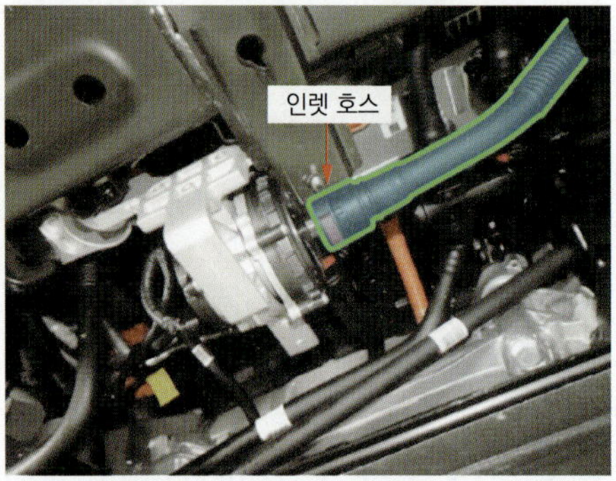

그림 70 인렛 호스 분리

⑤ 고전압 배터리 전자식 워터 펌프(EWP) 커넥터를 분리한다.

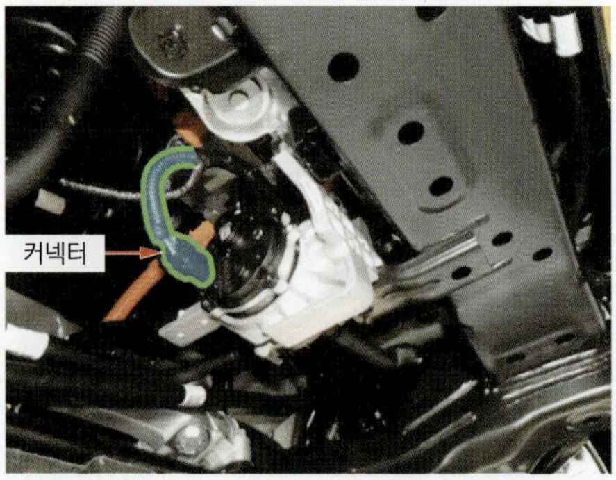

그림 71 커넥터 분리

⑥ 고전압 배터리 전자식 워터 펌프 고정 볼트를 탈거하고 고전압 배터리 전자식 워터 펌프(EWP)를 탈거한다(체결토크 : 1.8~2.2kgf · m).

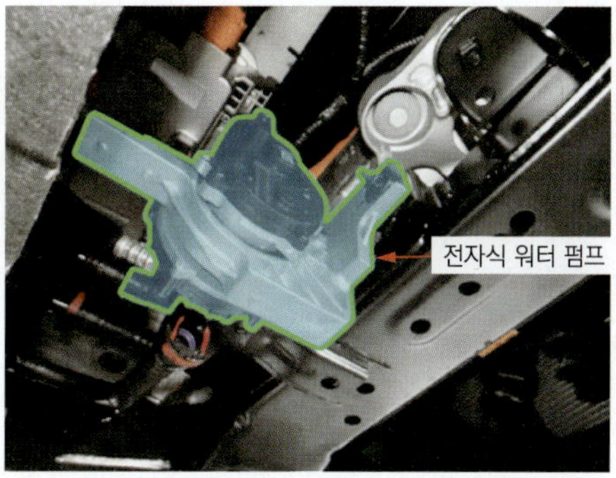

그림 72 전자식 워터 펌프(EWP) 탈거

⑦ 장착은 탈거의 역순으로 한다.

⑧ 고전압 배터리 냉각수를 주입한다. 냉각수 주입 시 진단기기를 이용하여 전자식 워터 펌프(EWP)를 강제 구동시켜 공기빼기 작업을 진행한다.

4 3웨이 밸브 탈거 및 장착

그림 73 3웨이 밸브 설치 위치

① 고전압을 차단한다.

② 프론트 언더 커버를 탈거한다.

③ 고전압 배터리 냉각수를 배출한다.

④ 3웨이 밸브 커넥터를 분리한다.

그림 74 커넥터 분리

⑤ 3웨이 밸브 인렛 호스를 분리한다.

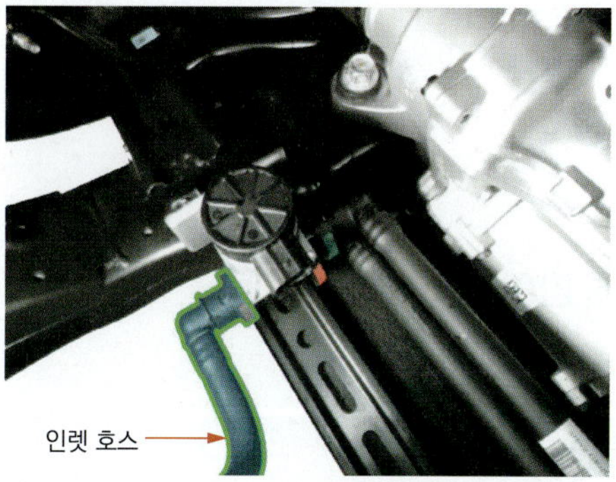

그림 75 인렛 호스 분리

⑥ 3웨이 밸브 아웃렛 호스를 분리한다.

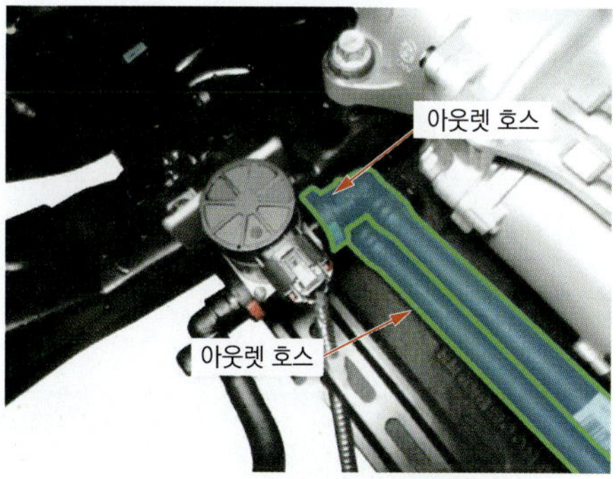

그림 76 아웃렛 호스 분리

⑦ 고전압 배터리 3웨이 밸브를 탈거한다.

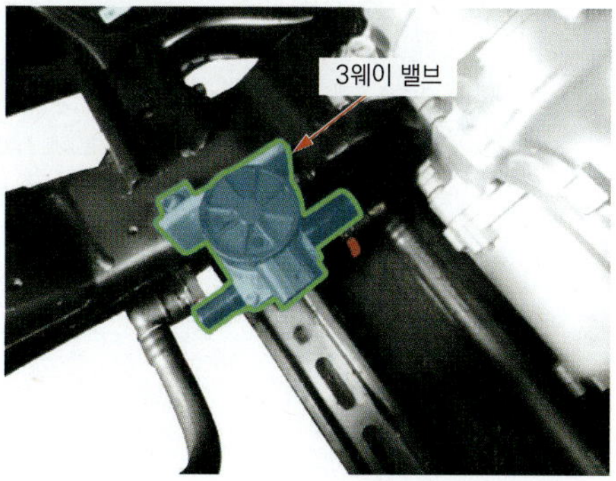

그림 77 3웨이 밸브 탈거

⑧ 장착은 탈거의 역순이다.

⑨ 고전압 배터리 냉각수를 주입한다. 냉각수 주입 시, 진단기기를 이용하여 전자식 워터 펌프를(EWP)를 강제 구동시켜 공기빼기 작업을 진행한다.

5 냉각수 분배 파이프 탈거 및 장착

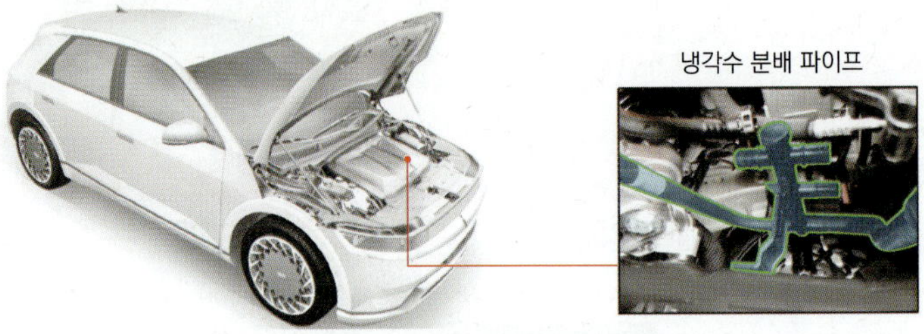

그림 78 냉각수 분배 파이프 설치 위치

① 프론트 언더 커버를 탈거한다.

② 고전압 배터리 냉각수를 배출한다.

③ 고전압 배터리 냉각수 인렛 호스를 분리한다.

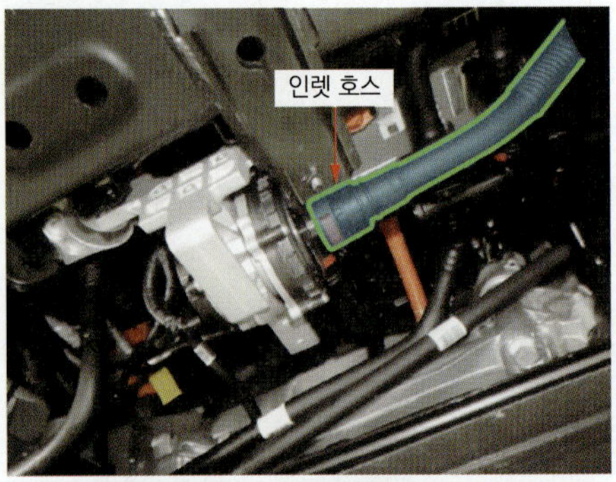

그림 79 고전압 배터리 냉각수 인렛 호스 분리

④ 3웨이 밸브 아웃렛 호스를 분리한다.

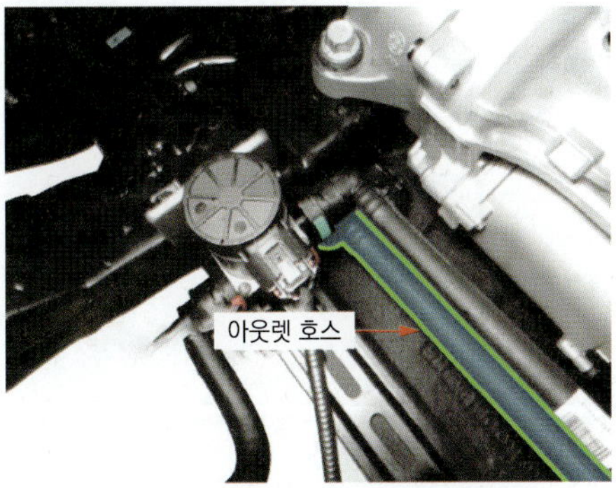

그림 80 3웨이 밸브 아웃렛 호스 분리

⑤ 고전압 배터리 냉각수 호스를 분리한다.

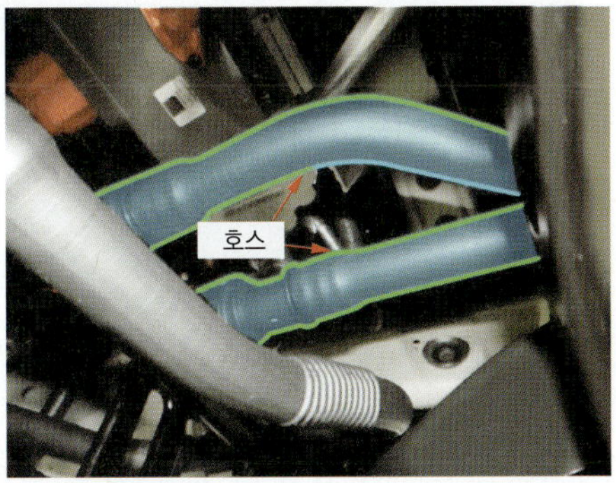

그림 81 고전압 배터리 냉각수 호스 분리

⑥ 고전압 배터리 냉각수 파이프를 탈거한다.

그림 82 고전압 배터리 냉각수 파이프 탈거

⑦ 장착은 탈거의 역순으로 한다.

⑧ 고전압 배터리 냉각수를 주입한다. 냉각수 주입 시 진단기기를 이용하여 전자식 워터 펌프(EWP)를 강제 구동시켜 공기빼기 작업을 진행한다.

6 PTC 히트 펌프

1. PTC 히트 펌프 탈거 및 장착

그림 83 PTC 히트 펌프 설치 위치

① 배터리 (−)터미널을 분리하고, 고전압을 차단한다.

② 프론트 트렁크를 탈거한다.

③ 프론트 언더 커버를 탈거한다.

④ 고전압 배터리 라디에이터 드레인 플러그를 열어 냉각수를 배출한다.

⑤ 프론트 고전압 정션 박스에서 PTC 히트 펌프 커넥터를 분리한다.

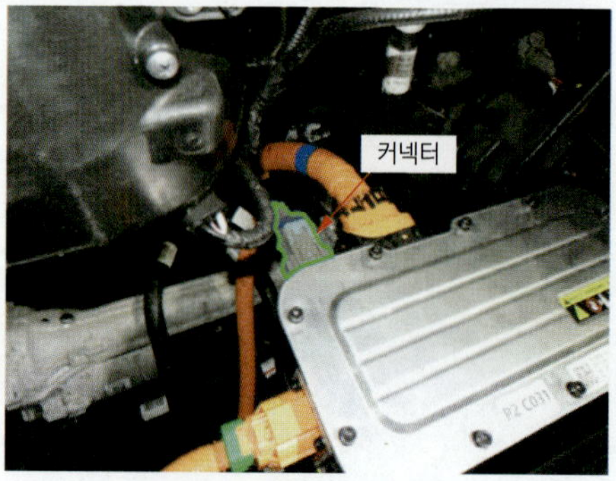

그림 84 PTC 히트 펌프 커넥터 분리

⑥ PTC 히트 펌프 냉각수 인렛 호스를 분리한다.

그림 85 인렛 호스 분리

⑦ PTC 히트 펌프 접지 볼트를 탈거하고, 접지 케이블을 분리한다(체결토크 : 1.1~1.4kgf · m).

그림 86 접지 케이블 분리

⑧ PTC 히트 펌프 냉각수 아웃렛 호스를 분리한다.

그림 87 아웃렛 호스 분리

⑨ PTC 히트 펌프 온도 센서 커넥터를 분리한다.

⑩ 고전압 배터리 PTC 히트 펌프를 탈거한다.

그림 88 온도 센서 커넥터 분리

그림 89 PTC 히트 펌프 탈거

⑪ 장착은 탈거의 역순으로 한다.

⑫ 고전압 배터리 냉각수를 주입한다. 냉각수 주입 시 진단기기를 이용하여 전자식 워터 펌프(EWP)를 강제 구동시켜 공기빼기 작업을 진행한다.

2. PTC 히트 펌프 퓨즈 탈거 및 장착

① 배터리 (−)터미널을 분리하고, 고전압을 차단한다.

② 프론트 트렁크를 탈거한다.

③ 배터리와 배터리 트레이를 탈거한다.

④ 고전압 정션 박스 커버를 탈거한다(체결토크 : 0.8~1.2kgf · m).

그림 90 고전압 정션 박스 커버 탈거

⑤ 장착 너트를 풀고, 히트 펌프 퓨즈를 탈거한다(체결토크 : 0.4~0.6kgf · m). 버스 바를 분리한 후, (-)드라이버 또는 기타 공구를 사용하여 록 타이트를 제거 및 단자 간 접촉이 원활하도록 이물질을 제거한다.

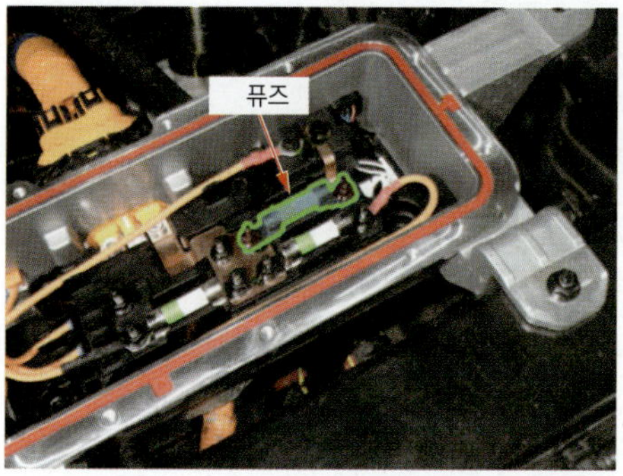

그림 91 히트 펌프 퓨즈를 탈거

그림 92 록 타이트 제거

⑥ 장착은 탈거의 역순으로 진행한다. 퓨즈에 버스 바를 장착한 후 록 타이트를 도포하고 규정 토크로 장착한다.

3. PTC 히트 펌프 릴레이 탈거 및 장착

① 배터리 (-)터미널을 분리하고, 고전압을 차단한다.
② 프론트 트렁크를 탈거한다.
③ 배터리와 배터리 트레이를 탈거한다.
④ 고전압 정션 박스 커버를 탈거한다(체결토크 : 0.8~1.2kgf · m).
⑤ 장착 너트를 풀고, 히트 펌프 퓨즈를 탈거한다(체결토크 : 0.4~0.6kgf · m).
⑥ 릴레이 버스 바 장착 볼트를 탈거한다(체결토크 : 0.8~1.2kgf · m). 버스 바를 분리한 후, (-)드라이버 또는 기타 공구를 사용하여 록 타이트를 제거 및 단자 간 접촉이 원활하도록 이물질을 제거한다.
⑦ 릴레이 케이블 장착 볼트를 탈거한다(체결토크 : 0.8~1.2kgf · m).

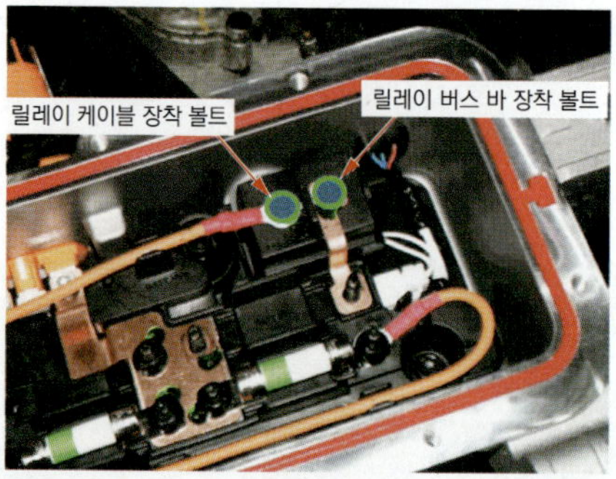

그림 93 릴레이 버스 바 장착 볼트 및 릴레이 케이블 장착 볼트 탈거

⑧ PTC 히트 펌프 릴레이 커넥터를 분리한다.

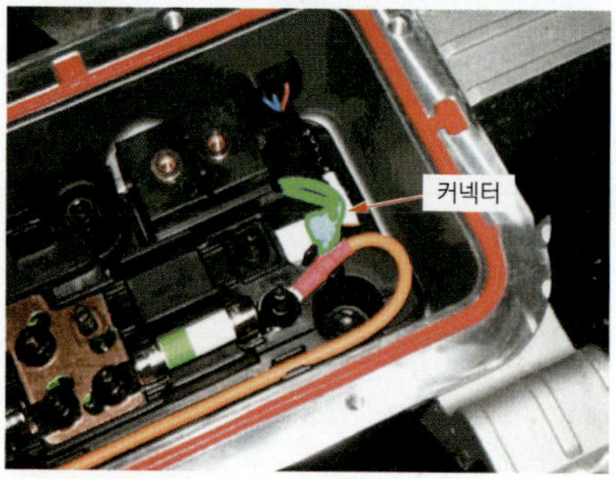

그림 94 커넥터 분리

⑨ 장착 너트를 풀고, PTC 히트 펌프 릴레이를 탈거한다(체결토크 : 0.8~1.2kgf · m).

그림 95 PTC 히트 펌프 릴레이 탈거

⑩ 장착은 탈거의 역순으로 진행한다. 퓨즈에 버스 바를 장착한 후 록 타이트를 도포하고 규정 토크로 장착한다.

7 냉각수 온도 센서 탈거 및 장착

1. 냉각수 인렛 온도 센서 #1

① 프론트 언더 커버를 탈거한다.

② 고전압 배터리 라디에이터 드레인 플러그를 열어 냉각수를 배출한다.

③ 고전압 배터리 냉각수 인렛 온도 센서 커넥터를 분리한다.

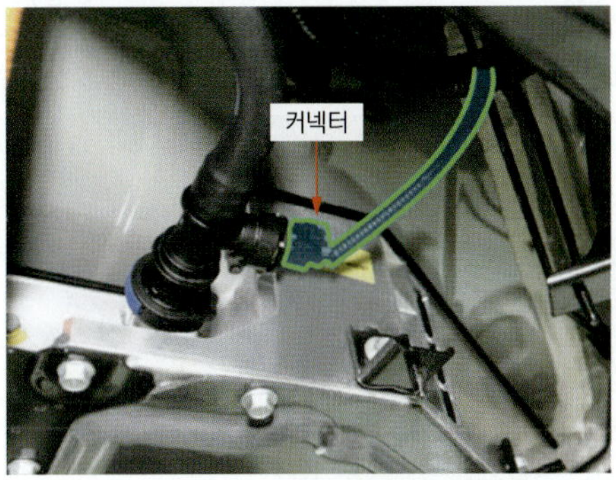

그림 96 커넥터 분리

④ 고전압 배터리 냉각수 온도 센서를 탈거한다.

- 고전압 배터리 냉각수 인렛 온도 센서 고정 핀을 탈거한다.
- 고전압 배터리 냉각수 인렛 온도 센서를 탈거한다.

⑤ 장착은 탈거의 역순으로 한다.

⑥ 고전압 배터리 냉각수를 주입한다. 냉각수 주입 시, 진단기기를 이용하여 전자식 워터 펌프(EWP)를 강제 구동시켜 공기빼기 작업을 진행한다.

2. 냉각수 인렛 온도 센서 #2

① 프론트 언더 커버를 탈거한다.

② 고전압 배터리 라디에이터 드레인 플러그를 열어 냉각수를 배출한다.

③ 고전압 배터리 냉각수 온도 센서를 탈거한다.

- 고전압 배터리 냉각수 인렛 온도 센서 커넥터를 분리한다.
- 고전압 배터리 냉각수 인렛 온도 센서 고정 핀을 탈거한다.
- 고전압 배터리 냉각수 인렛 온도 센서를 탈거한다.

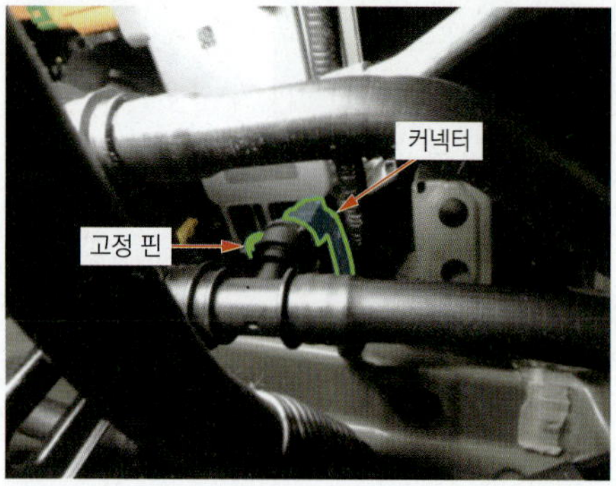

그림 97 냉각수 온도 센서 #2 탈거

④ 장착은 탈거의 역순으로 한다.

⑤ 고전압 배터리 냉각수를 주입한다. 냉각수 주입 시 진단기기를 이용하여 전자식 워터 펌프(EWP)를 강제 구동시켜 공기빼기 작업을 진행한다.

3. 냉각수 인렛 온도 센서 #3

① 프론트 언더 커버를 탈거한다.

② 고전압 배터리 라디에이터 드레인 플러그를 열어 냉각수를 배출한다.

③ 고전압 배터리 냉각수 온도 센서를 탈거한다.

- 고전압 배터리 냉각수 인렛 온도 센서 커넥터를 분리한다.
- 고전압 배터리 냉각수 인렛 온도 센서 고정핀을 탈거한다.
- 고전압 배터리 냉각수 인렛 온도 센서를 탈거한다.

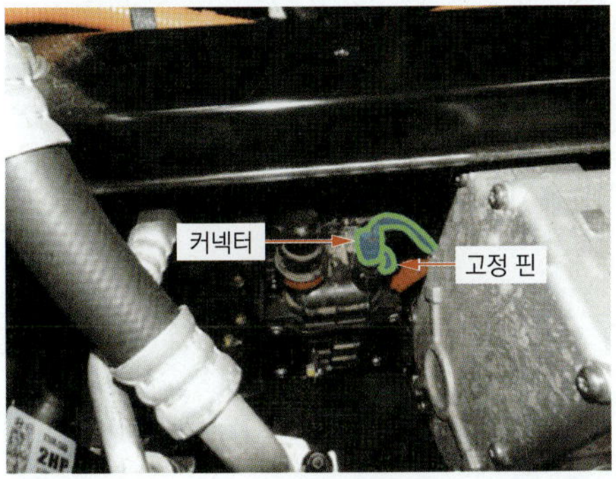

그림 98 냉각수 온도 센서 #3 탈거

④ 장착은 탈거의 역순으로 한다.

⑤ 고전압 배터리 냉각수를 주입한다. 냉각수 주입 시 진단기기를 이용하여 전자식 워터 펌프(EWP)를 강제 구동시켜 공기빼기 작업을 진행한다.

에어컨 및 히터 시스템

06

에어컨 및 히터 시스템

06
CHAPTER

학습 최종 목표

전기자동차 열관리 시스템 정비는 고전압 배터리 및 고전압 부품의 전열량을 최적으로 유지하기 위해 시스템을 분석하고 정비, 검사하는 능력이다.

학습모듈의 내용 체계

학습	학습내용	핵심 단어
에어컨 및 히터 시스템 점검 · 진단하기	● 정비지침서를 활용하여 점검진단에 필요한 사전 준비를 할 수 있다. ● 진단 장비를 활용하여 에어컨 및 히터의 이상 부위를 파악할 수 있다. ● 파악된 결과를 분석하여 세부 고장 부위를 찾을 수 있다.	HPC, 냉각 호스, 공랭식, 수랭식, 라디에이터
에어컨 및 히터 시스템 수리 · 교환하기	● 정비지침서를 활용하여 수리 · 교환에 필요한 사전 준비를 할 수 있다. ● 정비지침서에 따라 에어컨 및 히터 시스템에 대한 안전수칙을 준수하여 작업을 실시할 수 있다. ● 정비지침서에 따라 수리 가능 여부를 판단하여 고장 부품을 수리 · 교환할 수 있다.	HPC, 냉각 호스, 공랭식, 수랭식, 라디에이터
에어컨 및 히터 시스템 검사하기	● 정비지침서를 활용하여 검사에 필요한 사전 준비를 할 수 있다. ● 진단 장비를 활용하여 수리 · 교환이 완료된 에어컨 및 히터 시스템을 검사할 수 있다. ● 성능 테스트를 통해 정상 작동 여부를 판정할 수 있다.	HPC, 냉각 호스, 공랭식, 수랭식, 라디에이터

안전유의사항 및 안전기기(장비. 공구)

- 능력단위 전기자동차 열관리 시스템 정비는 PE 관련 부품냉각과 고전압 배터리 열관리로 구분된다.
- 열관리 시스템 관련 점검 시 누수 여부를 확인하기 위하여 기밀테스트를 수행한다.
- 전기자동차 정비 시 다음의 전기자동차 시스템 일반 주의사항을 준수하여야 한다.
- 사고 전기자동차 취급 시 다음의 주의사항을 준수하여야 한다.
  - PE 관련 열관리는 EPCU, OBC, 구동모터, EWP(Electric Water Pump) 등을 대상으로 한다.
  - 고전압 배터리 열관리는 고전압 배터리 내부 부품을 대상으로 한다.
  - 고전압계 와이어링 및 커넥터는 오렌지색
  - 고전압계 부품에는 "고전압 경고" 라벨 부착
  - 고전압 보호장비 착용 없이 고전압 부품, 케이블, 커넥터 등을 만져서는 안 됨
  - 절연장갑, 보호안경, 안전복 및 안전화 착용
  - 전해질용 수건, 터미널 절연용 테이프, 고전압 절연저항 확인용 테스터 준비
  - 절연 피복이 손상된 케이블 접촉 금지
  - 자동차 침수 시 고전압 관련 부품 접촉 금지
  - 실내에 누출가스 유입 시 즉시 환기시키고, 안전한 장소로 대피
  - 누출 액체 피부 접촉 시 즉각 중화 후 흐르는 물, 소금물로 환부 세척

교수 방법

- 전기자동차 고전압 배터리, 전력통합제어장치 정비에 대한 학습자의 지식 보유 수준을 확인하고 주요 기능에 대해 간단히 설명한다.
- 전기자동차 고전압 배터리, 전력통합제어장치 정비에 대한 실습 재료 준비 상태를 확인하고 학습자가 기능에 대하여 설명할 수 있도록 유도한다.
- 전기자동차 고전압 배터리, 전력통합제어장치 정비 관련 자료 조사를 위한 명확한 지침을 제공하고 학습자가 객관적으로 자료를 정리할 수 있도록 지도한다.
- 전기자동차 고전압 배터리, 전력통합제어장치 정비에 대한 설명을 위해 동영상 자료를 이용하여 제시하면서 작동 원리에 대하여 설명한다.
- 실습자가 장비를 안전하게 조작하고 작동하는지 관찰하고 필요시 피드백을 제공한다.

- 전기자동차 고전압 배터리, 전력통합제어장치 정비에 대하여 토의 및 조사 결과를 발표하게 하고 다른 학습자와 공유하도록 지도한다.
- 다음 학습 주제에 관하여 사전 연구 및 조사하여 발표하도록 과제를 제시하고, 학습 동기를 부여한다.

학습방법

- 전기자동차 특화시스템 수리, 교환에 대한 내용을 정리하고 주요 내용은 사진, 그림 등과 함께 노트에 정리한다.
- 전기자동차 특화시스템 수리, 교환에 대한 자료를 인터넷으로 검색하여 내용별로 노트에 정리한다.
- 전기자동차 특화시스템 수리, 교환에 대해 동료와 역할을 분담하여 토의하고 발표한다.
- 고전압 안전 지침을 준수하고 있는지 학습자 스스로 체크리스트를 활용하여 점검한다.
- 학습 시 주요 내용을 정리하고 의문점에 대해서는 질문을 통해 해결한다.

평가준거

- 평가자는 학습자가 학습목표를 성공적으로 달성하였는지를 평가해야 한다.
- 평가자는 다음 사항을 평가해야 한다.

학습내용	학습목표	성취수준		
		상	중	하
에어컨 및 히터 시스템	- 정비지침서에 따라 고전압 위험성을 인지하고 안전장비를 착용하고 수리할 수 있다.			
	- 정비지침서에 따라 고전압을 차단하고 안전수칙을 준수하며 수리할 수 있다.			
	- 전기자동차 관련 부품들의 점검 결과에 따라 부품 교환 여부를 결정할 수 있다.			
	- 정비지침서에 따라 안전수칙을 준수하면서 문제의 부품을 교환할 수 있다.			

평가방법

● 서술형 시험

학습내용	학습목표	성취수준		
		상	중	하
에어컨 및 히터 시스템	– 고전압 위험성 인지 및 안전장비 착용 가능 여부			
	– 고전압을 차단하고 안전수칙 준수 여부			
	– 점검 결과에 따라 전기자동차 부품 교환 능력			
	– 정비지침서에 따라, 분해조립 절차에 따라 정비 능력			

● 평가자 체크리스트

학습내용	학습목표	성취수준		
		상	중	하
에어컨 및 히터 시스템	– 고전압 위험성 인지 및 안전장비 착용 가능 여부			
	– 고전압을 차단하고 안전수칙 준수 여부			
	– 점검 결과에 따라 전기자동차 부품 교환 가능 여부			
	– 정비지침서에 따라, 분해조립 절차에 따라 정비 가능 여부			

● 피드백

1. 서술형 시험

– 하이브리드자동차 특화 시스템 점검, 진단에 필요한 관련 지식을 학습하고 중간, 기말고사 평가를 실시하여 성취수준이 낮은 학습자의 경우 미흡한 부분에 대해서는 중요 사항을 표시하여 설명해 주고 보고서를 제출하게 하여 학습성취도를 재평가한다.

– 성취수준이 높은 학습자의 경우에는 하이브리드자동차 특화 시스템 점검, 진단에 있어 차량진단 방법에 대한 심화 내용을 설명해준다.

2. 평가자 체크리스트

– 평가기준을 설명하고 성취수준이 낮은 학습자들에게는 정비지침서를 활용하여 미흡한 부분에 대해 학습 성취도를 달성할 수 있는 교육 여건을 제공한다.

– 성취수준이 높은 학습자의 경우는 하이브리드자동차 특화시스템 점검, 진단에 있어 차량진단 방법에 대한 심화 내용을 설명해 준다.

1 에어컨

1 에어컨 개요 및 작동원리

에어컨의 구성은 기본적으로 냉각모드(에어컨 모드), 냉각모드(배터리 냉각모드), 냉각모드(A/C+배터리 냉각모드)로 되어 있다. 냉매가 각 부품 사이를 순환하면서 액체 → 기체 → 액체로 연속적으로 변하여 냉방효과를 발휘할 수 있도록 해준다.

1. 냉각모드(에어컨 모드)

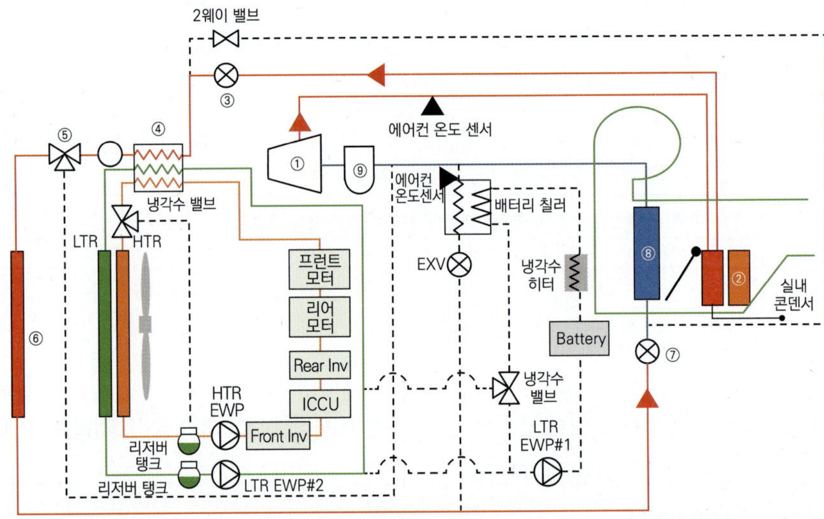

그림 1 냉각모드(에어컨 모드)

① 전동식 에어컨 컴프레서

전동 모터로 구동되면 저온 저압가스 냉매를 고온 고압가스로 만들어 실내 콘덴서로 보낸다.

② PTC 히터

실내 난방을 위한 고전압 전기히터

③ EXV

냉방모드에서는 냉매를 바이패스시킨다.

④ R/D 수냉 콘덴서

고온 고압가스 냉매를 응축시켜 고온 고압의 액상 냉매로 만든다.

⑤ 3웨이 밸브

냉매를 콘덴서로 이동하게 제어한다.

⑥ 콘덴서

R/D 수냉 콘덴서에서 응축한 냉매를 한 번 더 응축시켜 준다.

⑦ SOL-TXV

고온 고압의 액상 냉매를 저온 저압으로 바꾸어 주어 상변화에 용이하도록 한다.

⑧ 이베퍼레이터

냉매의 증발되는 효과를 이용하여 공기를 냉각한다.

⑨ 어큐뮬레이터

컴프레서로 기체 냉매만 유입될 수 있게 냉매의 기체/액체를 분리한다.

2. 냉각모드(배터리 냉각모드)

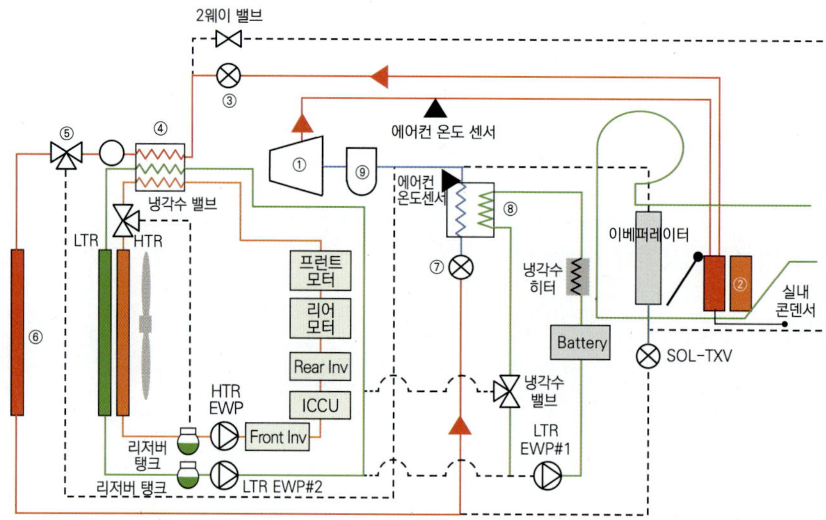

그림 2 냉각모드(배터리 냉각모드)

① 전동식 에어컨 컴프레서

전동 모터로 구동되면 저온 저압가스 냉매를 고온 고압가스로 만들어 실내 콘덴서로 보낸다.

② PTC 히터

실내 난방을 위한 고전압 전기히터

③ EXV

냉방모드에서는 냉매를 바이패스시킨다.

④ R/D 수냉 콘덴서

고온 고압가스 냉매를 응축시켜 고온 고압의 액상 냉매로 만든다.

⑤ 3웨이 밸브

냉매를 콘덴서로 이동하게 제어한다.

⑥ 콘덴서

R/D 수냉 콘덴서에서 응축한 냉매를 한 번 더 응축시켜 준다.

⑦ EXV

고온 고압의 액상 냉매를 열 교환하여 냉각수 온도를 낮춘다.

⑧ 칠러

배터리 냉각수와 냉매가 열 교환하여 냉각수 온도를 낮춘다.

⑨ 어큐뮬레이터

컴프레서로 기체 냉매만 유입될 수 있게 냉매의 기체/액체를 분리한다.

3. 냉각모드(A/C+배터리 냉각모드)

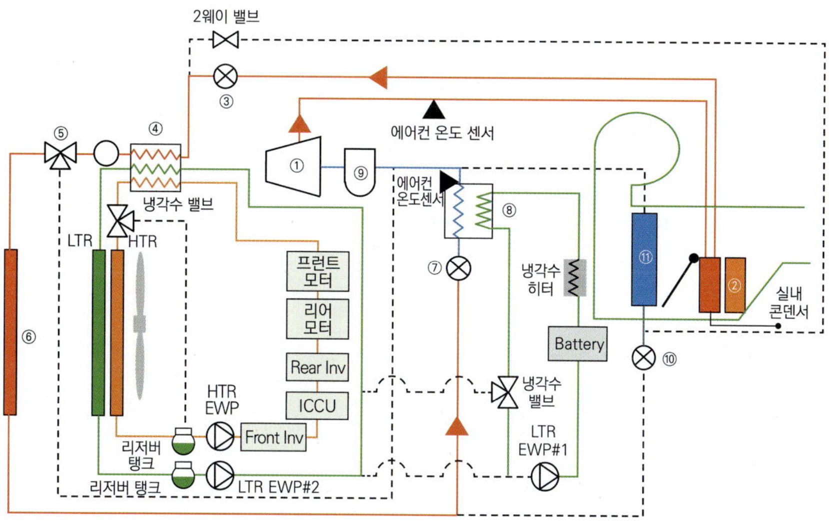

그림 3 냉각모드(A/C+배터리 냉각모드)

① 전동식 에어컨 컴프레서

전동 모터로 구동되면 저온 저압가스 냉매를 고온 고압가스로 만들어 실내 콘덴서로 보낸다.

② PTC 히터

실내 난방을 위한 고전압 전기히터

③ EXV

냉방모드에서는 냉매를 바이패스시킨다.

④ R/D 수냉 콘덴서

고온 고압가스 냉매를 응축시켜 고온 고압의 액상 냉매로 만든다.

⑤ 3웨이 밸브

냉매를 콘덴서로 이동하게 제어한다.

⑥ 콘덴서

R/D 수냉 콘덴서에서 응축한 냉매를 한 번 더 응축시켜 준다.

⑦ EXV

고온 고압의 액상 냉매를 열 교환하여 냉각수 온도를 낮춘다.

⑧ 칠러

배터리 냉각수와 냉매가 열 교환하여 냉각수 온도를 낮춘다.

⑨ 어큐뮬레이터

컴프레서로 기체 냉매만 유입될 수 있게 냉매의 기체/액체를 분리한다.

⑩ SOL-TXV

고온 고압의 액상 냉매를 저온 저압으로 바꾸어 주어 상변화에 용이하도록 한다.

⑪ 이베퍼레이터

냉매의 증발되는 효과를 이용하여 공기를 냉각한다.

2 냉매의 누설 점검

냉매의 누설이 의심스럽거나 연결 부위를 분해 또는 탈거 작업을 했을 때에는 전자 누설 감지기로 누설 시험을 시행한다.

① 연결 부위의 토크를 점검하여 너무 느슨하면 체결 토크로 조인 후에 누설 감지기로 가스의 누설을 점검한다.

② 연결 부위를 다시 조인 후에도 누설이 계속되면 냉매를 배출시키고 연결 부위를 분리시켜 접촉면의 손상을 점검하여 조금이라도 손상이 되었으면 신품으로 교환한다.

③ 컴프레서 오일을 점검하여 필요시에는 오일을 보충한다.

④ 계통을 충전시키고 가스 누설을 점검하여 이상이 없으면 계통을 진공시킨 후 충전한다.

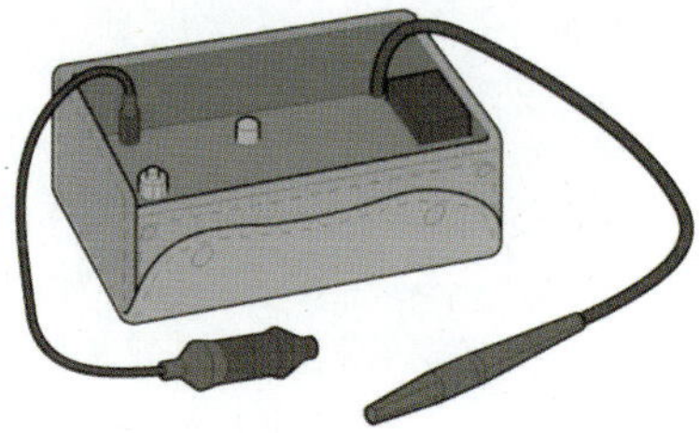

그림 4 전자 누설 감지기

3 냉매 회수/재생/충전/진공

1. R-1234yf회수/재생/충전기 장착

① 프론트 트렁크를 탈거한다.

② 냉매 충전 장비는 평평한 곳에 설치한다. 평평한 곳에 설치해야 냉매 회수가 용이하고 특히 냉매를 정확하게 주입할 수 있다. R-1234yf 회수/재생/충전기를 고압 서비스 포트와 저압 서비스 포트에 장비 제조업자의 지시에 따라 연결한다.

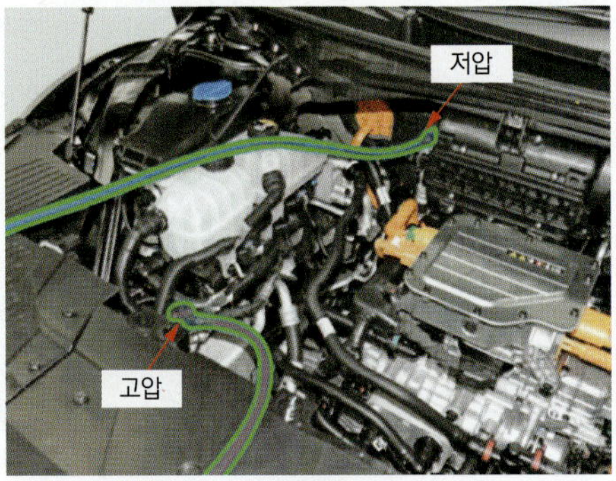

그림 5 고 · 저압 서비스 포트에 연결

2. 냉매 회수 작업

① 고압 및 저압 밸브를 개방한 상태에서 R-1234yf 회수/재생/충전기를 이용하여 냉매를 회수한다. 냉매를 너무 빨리 회수하면 컴프레서 오일이 계통으로 빠져나온다.

② 냉매를 완전히 회수하기 전에는 절대로 에어컨 시스템을 분리해서는 안 된다. 만약 냉매 회수 완료 전에 분리하게 되면 에어컨 시스템 내 압력에 의해 차량 내부로 냉매와 오일이 방출되어 오염시키므로 주의해야 한다.

③ 회수 작업 완료 후 에어컨 고압 및 저압 밸브를 개방한 상태에서 실시한다. 만약, 밸브를 하나만 개방할 경우에는 냉매 회수 시간이 길어진다.

④ 회수 작업 완료 후 에어컨 계통에서 배출된 컴프레서 오일량을 측정한다. 에어컨 냉매 충전 시 배출된 컴프레서 오일을 보충한다.

3. 냉방 계통 진공 작업

① 고압 및 저압 밸브를 개방한 상태에서 R-1234yf 회수/재생/충전기를 이용하여 진공을 실시한다. 냉매를 충전할 경우에는 필히 에어컨 계통을 진공시켜야 한다. 이 진공 작업은 유닛에 유입된 모든 공기와 습기를 제거하기 위해서 행하는 것이며 각 부품을 장착한 후 계통은 10분 이상 진공 작업을 한다.

② 10분 후에 고압 및 저압 밸브를 닫은 상태에서 게이지가 진공 영역에서 변함없이 유지하면 진공이 정상적으로 실시된 것이다. 압력이 상승하면 계통 내에서 누설이 되는 것이므로 다음 순서에 의해 누설을 수리한다.

- 냉매 용기로 계통을 충전시킨다.
- 누설 감지기로 냉매의 누설을 점검하여 누설되는 곳이 발견되면 수리한다.
- 냉매를 다시 배출시키고 계통을 진공시킨다.

③ 10분 이상 진공 작업을 실시한 후 진공을 확인 후 양쪽 고압 및 저압 밸브를 닫는다. 이 상태가 충전을 위한 준비 상태이다.

4. 냉매의 충전

① 계통을 진공시킨 후에 고압 밸브를 개방한 상태에서 R-1234yf 회수/재생/충전기를 이용하여 배출된 컴프레서 오일량 만큼을 보충한다. 냉매 충전 시 오일을 배출된 오일량 만큼 추가로 주입하지 않을 경우에는 계통 내부의 오일 부족으로 윤활성이 나빠져 컴프레서 고착 등의 문제를 일으킨다.

② 고압 밸브를 개방한 상태에서 R-1234yf 회수/재생/충전기를 이용하여 냉매를 규정량만큼 충전시킨 후 고압 밸브를 닫는다. 냉매를 과충전시키면 컴프레서가 손상을 입을 우려가 있다.

③ 누설 감지기로 계통에서 냉매가 누설되지 않는가를 점검한다.

4 컴프레서 오일 점검

오일은 컴프레서를 윤활시키기 위해 사용된다. 오일은 컴프레서가 작동 중에 계통 내로 순환하기 때문에 계통 내의 부품을 교환하거나 많은 양의 가스가 누설되었을 때는 필히 오일을 보충해 주어 본래 오일의 총량을 유지해야 한다(계통 내 오일의 총량 – 일반 사양 : POE 150±10g, 히트 펌프 사양 : POE 180±10g). 오일의 취급 요령은 다음과 같다.

① 오일에 습기, 먼지, 금속편이 유입되지 않도록 한다.

② 오일을 혼합하지 않는다.

③ 오일을 사용한 후에 대기에 장시간 방치해 두면 오일 내에 수분이 흡수되므로 사용 후에는 반드시 용기를 즉시 막아 놓는다.

5 냉매 라인 교환

① 만약 컴프레서 사용이 가능하다면 에어컨을 몇 분 동안 작동시킨 후 정지시킨다.

② 배터리의 (–)케이블을 분리한다.

③ 회수/재생/충전기로 냉매를 분리한다.

④ 모터가 냉각되었을 때 냉각수를 라디에이터에서 배출시킨다.

⑤ 블로어 유닛 어셈블리를 탈거한다.

⑥ 장착 볼트 및 너트를 풀고 석션 & 리퀴드 라인과 디스차지 라인을 분리한다(체결 토크 : 0.9~1.4kgf · m).

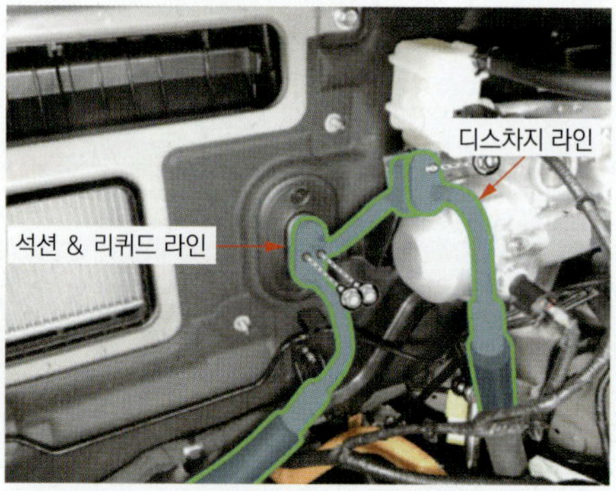

그림 6 석션 & 리퀴드 라인과 디스차지 라인 분리

⑦ 팽창 밸브 커넥터를 분리한 후, 장착 볼트를 풀고 팽창 밸브를 이베퍼레이터 코어로부터 분리한다 (체결 토크 : 0.9~1.4kgf · m).

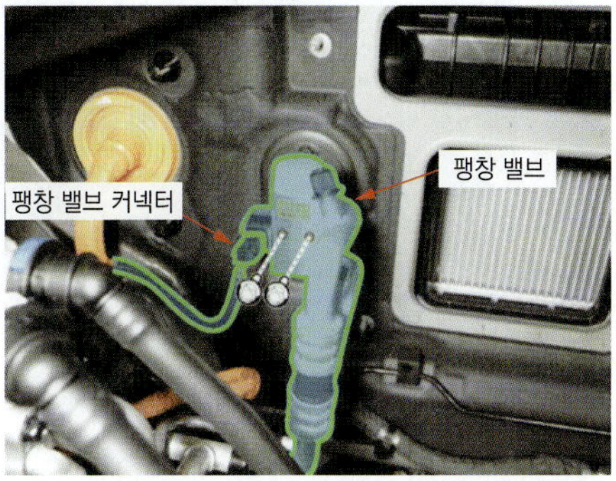

그림 7 팽창 밸브 커넥터 분리 및 팽창 밸브 분리

⑧ 장착 볼트를 풀고 석션 & 리퀴드 라인과 호스를 분리한다.

그림 8 석션 & 리퀴드 라인과 호스 분리

⑨ 에어컨 온도 센서 #1 커넥터를 분리한다.

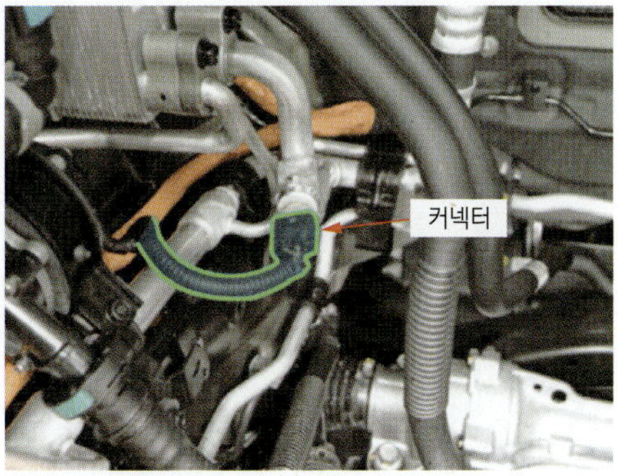

그림 9 에어컨 온도 센서 #1 커넥터 분리

⑩ 에어컨 온도 센서 #2 커넥터를 분리한다.

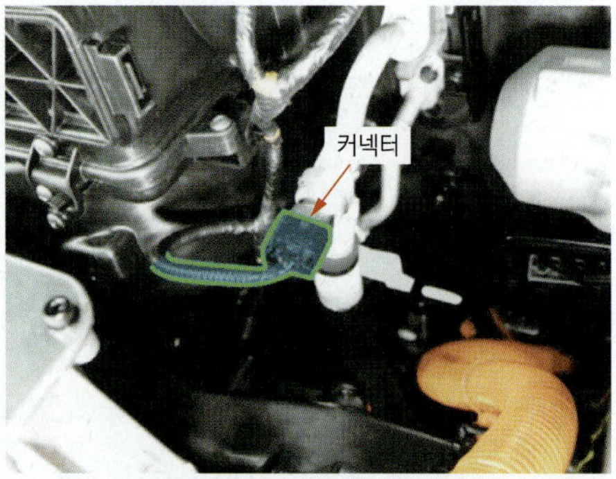

그림 10 에어컨 온도 센서 #2 커넥터 분리

⑪ 장착 볼트를 풀고 석션 & 리퀴드 라인을 분리한다(체결 토크 : 0.9~1.4kgf · m).

그림 11 석션 & 리퀴드 라인 분리

⑫ 장착 볼트를 풀고 석션 & 리퀴드 라인을 분리한다(체결 토크 : 0.9~1.4kgf · m).

그림 12 석션 & 리퀴드 라인 분리

⑬ 장착 볼트를 풀고 전동식 에어컨 컴프레서 석션 라인을 분리한다(체결 토크 : 1.7~2.6kgf · m).

그림 13 석션 라인 분리

⑭ 장착 볼트를 풀고 프론트 석션 & 리퀴드 파이프 어셈블리를 엔진 룸 위로 탈거한다(체결 토크 : 0.9~1.4kgf · m).

그림 14 프론트 석션 & 리퀴드 파이프 어셈블리 탈거

⑮ 장착은 탈거의 역순으로 진행한다. 장착이 완료되면 냉각 시스템 안에 공기를 제거하고 냉매를 충전한 후(규정 충전량 – 일반 사양 : 700±25g, 히트 펌프 사양 : 900±25g), 가스 누출 탐지기를 사용하여 냉매의 누출을 점검한다.

6 전동식 에어컨 컴프레서

전동식 에어컨 컴프레서는 연비를 향상시키고 모터 정지 시에도 에어컨을 작동시킬 수 있도록 한다.

그림 15 전동식 에어컨 컴프레서 설치 위치

1. 고장진단

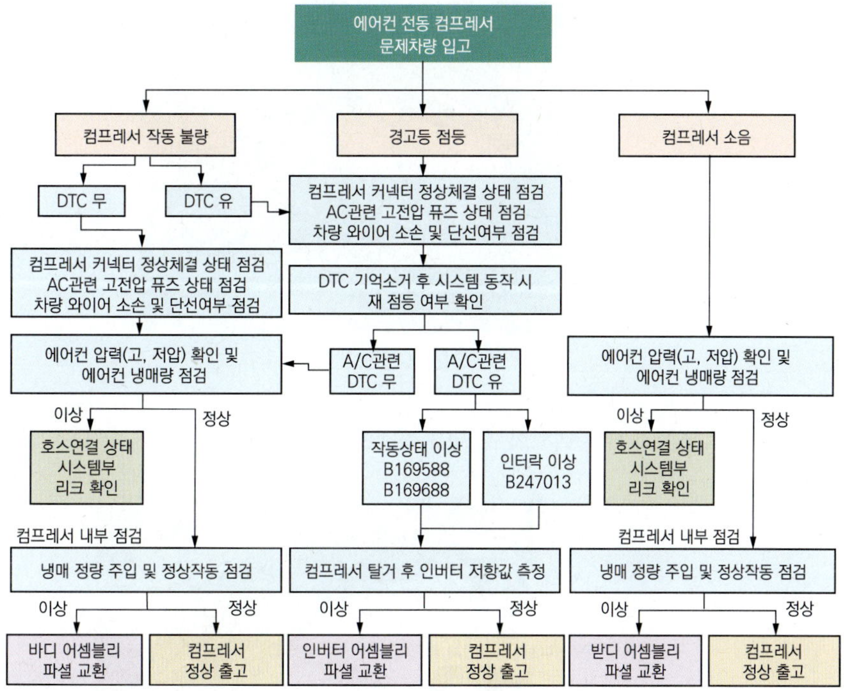

그림 16 고장진단 흐름도

2. 탈거

(1) 전동식 에어컨 컴프레서 어셈블리

① 만약 컴프레서 사용이 가능하다면 에어컨을 몇 분 동안 작동시킨 후 정지시킨다.

② 배터리의 (-)케이블을 분리한다.

③ 고전압 회로를 차단한다.

④ 회수/재생/충전기로 냉매를 회수한다.

⑤ 프론트 트렁크를 탈거한다.

⑥ 장착 볼트를 풀고 석션 라인과 디스차지 라인을 분리한다(체결 토크 : 1.7~2.6kgf · m).

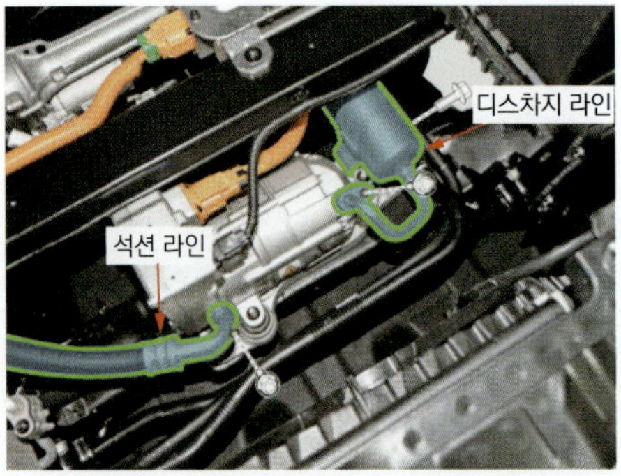

그림 17 석션 라인과 디스차지 라인 분리

⑦ 전동식 에어컨 컴프레서 커넥터와 고전압 커넥터를 분리한다.

그림 18 전동식 에어컨 컴프레서 커넥터와 고전압 커넥터 분리

⑧ 장착 너트를 풀고 전동식 에어컨 컴프레서 어셈블리를 탈거한다(체결 토크 : 1.7~2.6kgf · m).

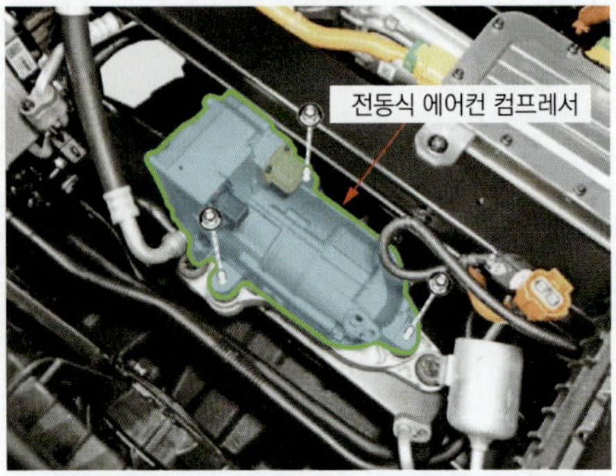

그림 19 전동식 에어컨 컴프레서 어셈블리를 탈거

(2) 전동식 에어컨 컴프레서 브라켓

① 전동식 에어컨 컴프레서를 탈거한다.

② 장착 볼트를 풀고 전동식 에어컨 컴프레서 브라켓을 탈거한다.

그림 20 브라켓 탈거

3. 장착

(1) 전동식 에어컨 컴프레서 어셈블리

① 아래 그림 순서에 따라 전동식 컴프레서 어셈블리 장착 볼트를 체결한다.

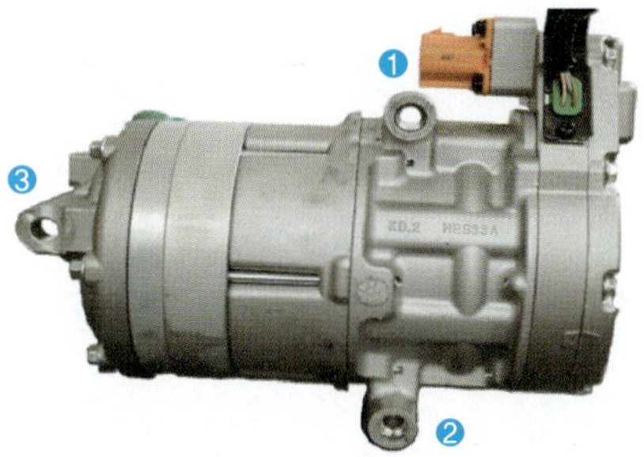

그림 21 전동식 컴프레서 어셈블리 장착 볼트 체결

② 탈거의 역순으로 장착하며, 아래 사항을 참고한다.

- 만약 새 컴프레서를 장착한다면, 제거된 컴프레서로부터 컴프레서 오일을 모두 빼낸다. 컴프레서 오일의 양을 측정하고 규정량 이상 되는 것을 막기 위해 200㎖에서 측정된 양만큼을 새 컴프레서로부터(석션 라인을 통해) 빼내야 한다.

- 호스나 라인을 연결하기 전 O링에 몇 방울의 냉매를 바른다.
- R-1234yf의 누출을 피하기 위해서는 적당한 O링을 사용한다.
- 오염을 피하기 위해 한 번 사용된 용기의 오일은 다시 사용하지 말아야 하고, 다른 컴프레서 오일과 섞이지 않도록 주의해야 한다.
- 오일을 사용한 후에 즉시 용기의 캡을 교환하고 습기가 들어가지 않도록 용기를 봉인한다.
- 차량 위에 컴프레서 오일을 흘리지 않도록 주의해야 한다. 컴프레서 오일은 페인트를 손상시킬 수 있다. 만약 컴프레서 오일이 차량에 묻으면 즉시 닦아낸다.
- 시스템을 충전하고, 에어컨 성능을 테스트한다.

(2) 전동식 에어컨 컴프레서 브라켓

① 장착은 탈거의 역순으로 진행한다.

4. 점검

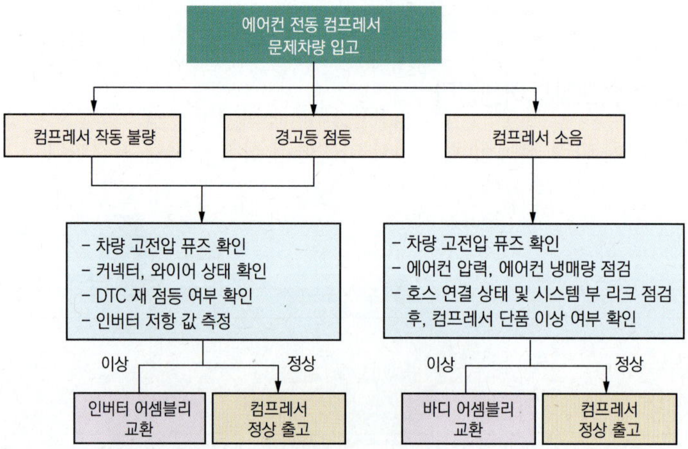

그림 22 에어컨 전동 컴프레서 점검

구분	에어컨 고장 유형	재 사용품	신품(킷)
바디 어셈블리 교환	소음, 작동불량	인버터	바디, 절연시트, 3상 전원핀 슬리브, PCB 볼트, 개스킷, 인버터 커버, 인버터 커버 볼트, 고전압 커넥터 링터미널 볼트, 인버터 & 클램프 볼트
인버터 교환	A/C 관련 DTC 코드 및 경고등 점등	바디 어셈블리	바디, 절연시트, 3상 전원핀 슬리브, PCB 볼트, 개스킷, 인버터 커버, 인버터 커버 볼트, 고전압 커넥터 링터미널 볼트, 인버터 & 클램프 볼트

(1) 전동식 에어컨 컴프레서 바디 내부 점검

전동식 에어컨 컴프레서 바디 내부 이상 여부 확인 방법

① 전동식 에어컨 컴프레서 측 저압 파이프 탈거

② 전동식 에어컨 컴프레서 저압 파이프 내부 측 오염 여부 확인

그림 23 오염 여부 확인

(2) 전동식 에어컨 컴프레서 모터 점검

전동식 에어컨 컴프레서 모터의 점검을 위해 3상 전원 핀의 저항값을 측정한다. 3상 저항값이 불량이면 모터가 이상이므로 전동식 에어컨 컴프레서 바디를 교환한다.

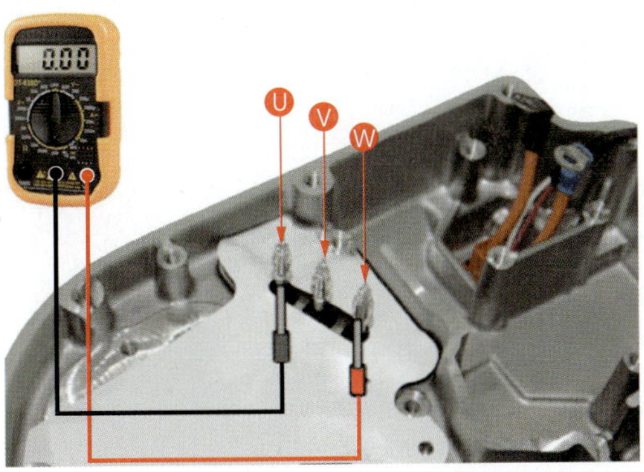

구분	U-V상	V-W상	U-W상
정상 저항값	0.69Ω 이하		
불량 저항값	0.7Ω 이상		

그림 24 3상 전원 핀 저항 값 측정

⑶ 전동식 에어컨 컴프레서 인버터 점검

컴프레서 인버터를 점검하려면 컴프레서의 고전압 핀, 저전압 핀 및 절연체의 저항값을 측정한다.

① 고전압 핀(정상 : 100kΩ 이상, 불량 : 100kΩ 이하)

그림 25 고전압 핀 저항 점검

② 저전압 핀

- 2–5번 단자간 CAN High/Low 저항을 측정한다(정상 : 약 120Ω).
- CAN 접지 저항을 측정한다.
  - 1–5 : 정상 100kΩ 이상, 불량 : 100kΩ 이하
  - 1–2 : 정상 100kΩ 이상, 불량 : 100kΩ 이하

③ 인터락 High/Low 저항을 측정한다(고전압 커넥터를 연결하고 저전압 3 및 6 저항을 측정한다(정상 : Below 1.0Ω, 이상 : MΩ).

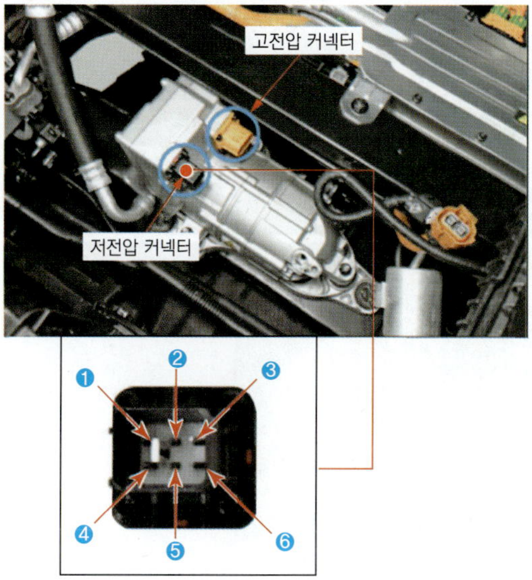

핀 번호	기능	핀 번호	기능
1	12V 접지	4	12V 전원
2	CAN LOW	5	CAN HIGH
3	인터락(−)	6	인터락(+)

그림 26 저전압 핀 번호

(4) 전동식 에어컨 컴프레서 절연 저항 점검

전동식 에어컨 컴프레서의 절연 저항을 측정한다(정상 저항값 : 절연저항 점검(최소값 : 100MΩ, @1000Vdc, 무냉매).

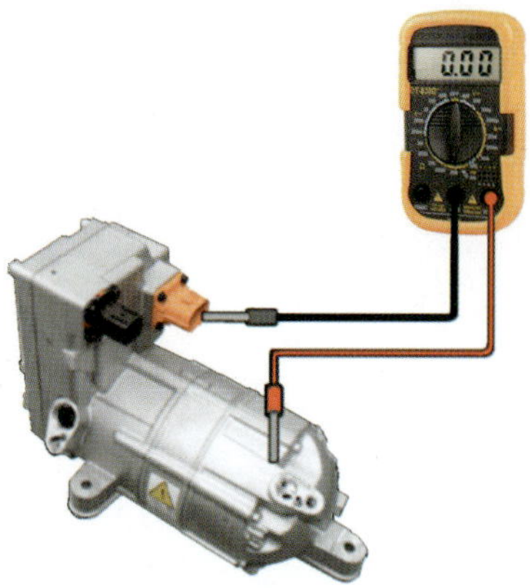

그림 27 절연 저항 점검

5. 고전압 정션 박스 컴프레서 퓨즈 탈거 및 장착

① 고전압 정션 박스 어퍼 커버를 탈거한다.

② 장착 너트를 풀고 고전압 컴프레서 퓨즈를 분리한다(체결 토크 : 0.4~0.6kgf · m). 버스바 스크류 분리 후 도포되어 있던 록 타이트를 (−)드라이버 혹은 기타 공구를 활용하여 제거한다. 이물질이나 록 타이트 잔여물로 인해 단자 간 접촉 불량이 발생할 수 있다.

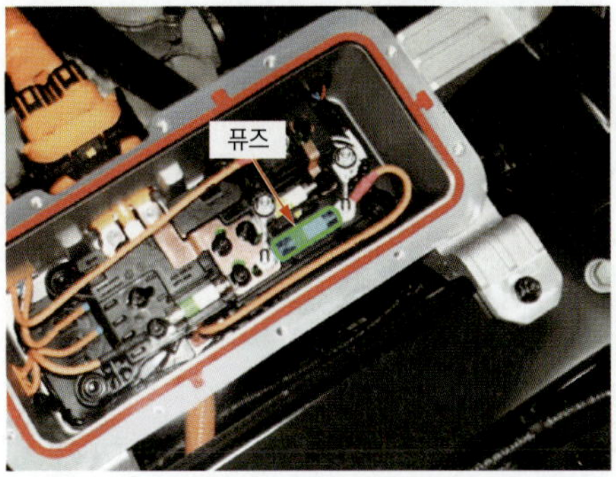

그림 28 고전압 컴프레서 퓨즈 분리

③ 장착은 탈거의 역순으로 진행한다. 릴레이 접점부 부스바 체결 후 록 타이트를 도포한다.

7 콘덴서

1. 콘덴서 탈거 및 장착

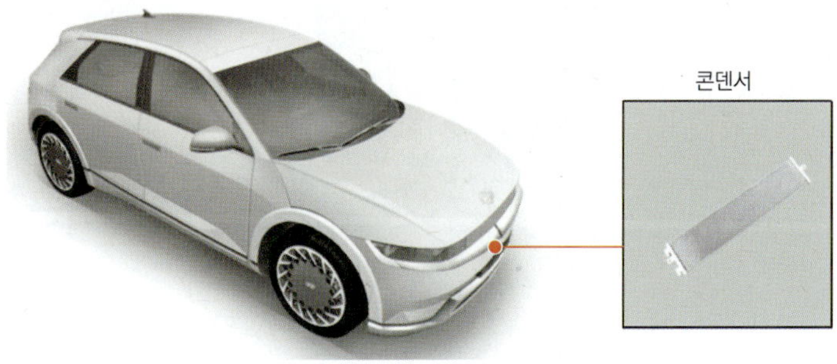

그림 29 콘덴서 설치 위치

① 배터리의 (-)단자를 분리한다.

② 회수/재생/충전기로 냉매를 회수한다.

③ 프론트 범퍼 어셈블리를 탈거한다.

④ 장착 볼트를 풀고 에어 가드를 탈거한다(체결 토크 : 0.8~1.2kgf · m).

그림 30 에어 가드 탈거

⑤ 장착 볼트를 풀고 콘덴서 측 냉매 라인을 분리한다(체결 토크 : 0.8~1.2kgf · m).

그림 31 콘덴서 측 냉매 라인 분리

⑥ 장착 볼트를 풀고 콘덴서를 탈거한다(체결 토크 : 0.8~1.2kgf · m).

그림 32 콘덴서 탈거

⑦ 장착은 탈거의 역순으로 진행한다. 새 콘덴서를 장착하면, 컴프레서 오일(POE OIL)을 보충한다. 각 연결부의 O-링은 새것으로 교환하고, 호스나 라인을 연결하기 전 O-링에 몇 방울의 컴프레서 오일(냉동유)을 바른다. 시스템을 충전하고, 에어컨 성능을 테스트한다.

2. 점검

① 콘덴서 핀이 막혔거나 손상이 있는가를 점검한다. 핀이 막혔다면 물로 청소하거나 압축공기로 건조시키고, 핀이 휘었으면 드라이버나 플라이어 등으로 곱게 펴준다.

② 콘덴서 연결 부에 누설이 있는지 점검하고 필요시 수리 또는 교환한다.

8 수냉 콘덴서

그림 33 수냉 콘덴서 설치 위치

① 배터리의 (–)단자를 분리한다.

② 회수/재생/충전기로 냉매를 회수한다.

③ 모터가 냉각되었을 때, 냉각수를 라디에이터에서 배출시킨다.

④ 프론트 트렁크를 탈거한다.

⑤ 장착 볼트를 풀고 석션 & 리퀴드 라인을 분리한다(체결 토크 : 0.9~1.4kgf · m).

그림 34 석션 & 리퀴드 라인 분리

⑥ 장착 볼트를 풀고 석션 & 리퀴드 라인을 분리한다(체결 토크 : 0.9~1.4kgf · m).

그림 35 석션 & 리퀴드 라인 분리

⑦ 수냉 콘덴서 호스를 분리한다.

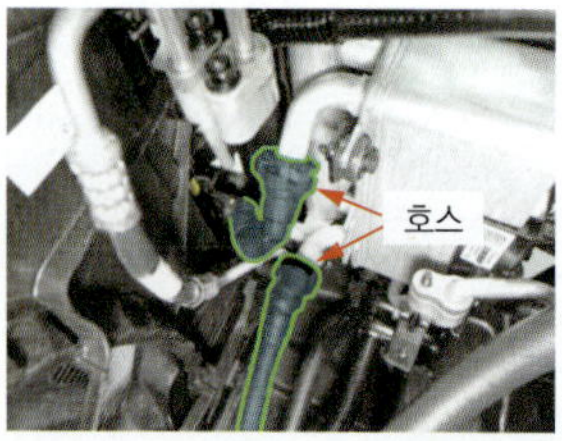

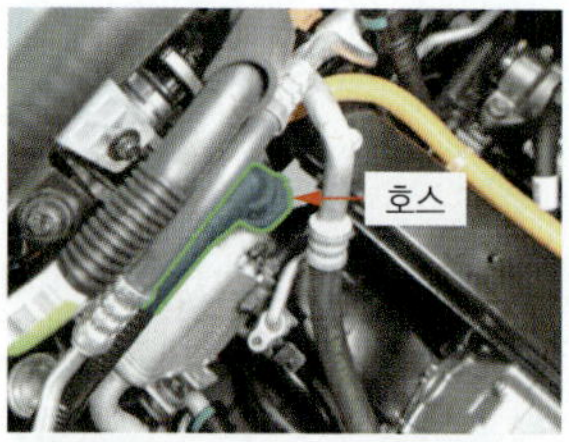

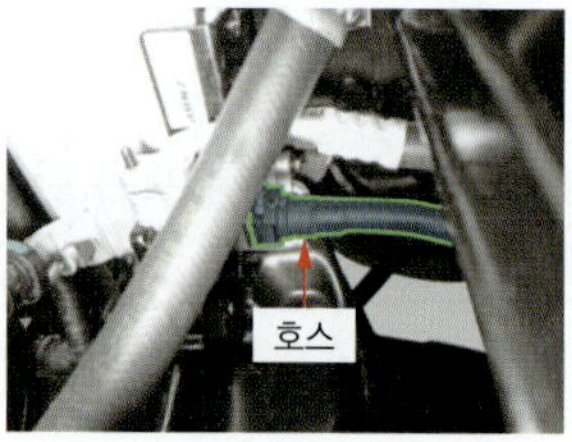

그림 36 호스 분리

⑧ 장착 볼트 및 너트를 풀고 수냉 콘덴서를 탈거한다.

그림 37 수냉 콘덴서 탈거

⑨ 장착은 탈거의 역순으로 진행한다. 새 콘덴서를 장착하면, 컴프레서 오일(POE OIL)을 보충한다. 각 연결부의 O-링은 새것으로 교환하고, 호스나 라인을 연결하기 전 O-링에 몇 방울의 컴프레서 오일(냉동유)을 바른다. 시스템을 충전하고 에어컨 성능을 테스트한다.

9 실내 콘덴서

고온/고압 냉매를 사용하여 실내를 따뜻하게 하는 열원 역할을 한다.

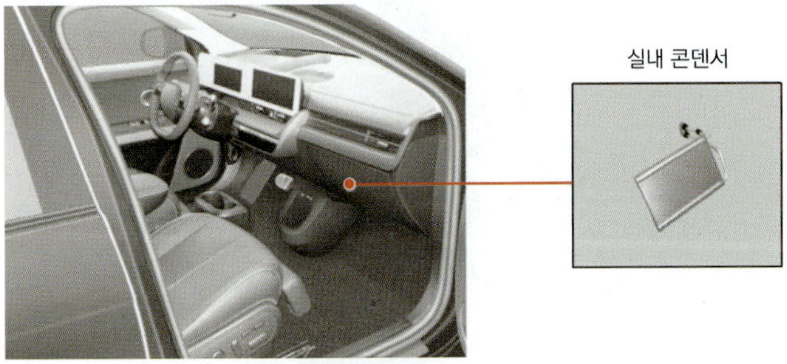

그림 38 실내 콘덴서 설치 위치

① 배터리의 (−)단자를 분리한다.

② 회수/재생/충전기로 냉매를 회수한다.

③ 히터 유닛을 탈거한다.

④ 장착 스크류를 풀고 실내 콘덴서 커버를 탈거한다.

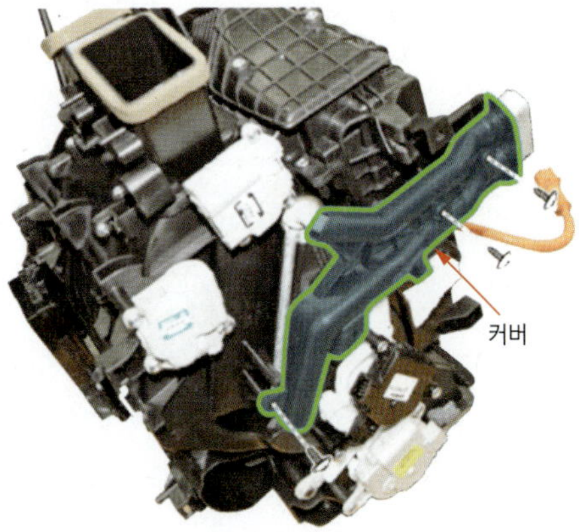

그림 39 실내 콘덴서 커버 탈거

⑤ 실내 콘덴서를 탈거한다.

그림 40 실내 콘덴서 탈거

⑥ 장착은 탈거의 역순으로 진행한다. 새 콘덴서를 장착하면 컴프레서 오일(POE OIL)을 보충한다. 각 연결부의 O-링은 새것으로 교환하고, 호스나 라인을 연결하기 전 O-링에 몇 방울의 컴프레서 오일(냉동유)을 바른다. 시스템을 충전하고 에어컨 성능을 테스트한다.

10 에어컨 온도 센서

(a) 에어컨 온도 센서 #1 (b) 에어컨 온도 센서 #2

그림 41 에어컨 온도 센서 설치 위치

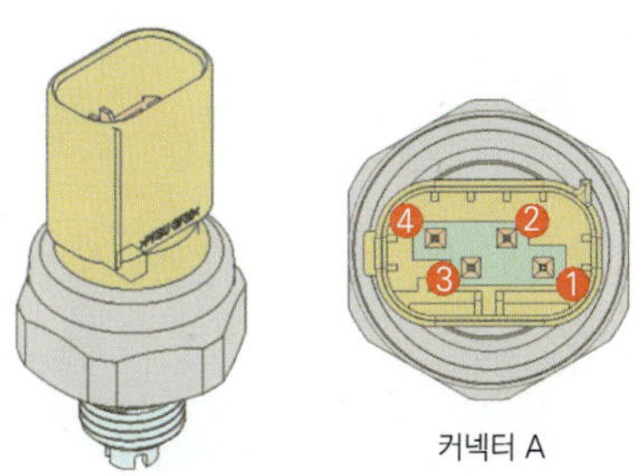

커넥터	핀 번호	기능	핀 번호	기능
A	1	접지	3	서미스터 저항(Output)
	2	압력(Output)	4	전원

그림 42 에어컨 온도 센서 및 커넥터

1. 에어컨 온도 센서 #1 탈거 및 장착

① 배터리의 (−)단자를 분리한다.

② 에어컨 온도 센서 커넥터를 분리한다.

그림 43 에어컨 온도 센서 커넥터 분리

③ 에어컨 온도 센서 #1을 탈거한다.

그림 44 에어컨 온도 센서 #1 탈거

④ 장착은 탈거의 역순으로 진행한다.

2. 에어컨 온도 센서 #2 탈거 및 장착

① 배터리의 (−)단자를 분리한다.

② 에어컨 온도 센서 커넥터를 분리한다.

③ 에어컨 온도 센서 #2를 탈거한다.

그림 45 에어컨 온도 센서 #2 탈거

④ 장착은 탈거의 역순으로 진행한다.

11 이베퍼레이터 온도 센서

이베퍼레이터 온도 센서는 이베퍼레이터 코어의 온도를 감지하여 이베퍼레이터의 결빙을 방지할 목적으로 이베퍼레이터에 장착된다. 센서 내부는 부특성 서미스터가 장착되어 있어 온도가 낮아지면 저항값은 높아지고 온도가 높아지면 저항값은 낮아진다.

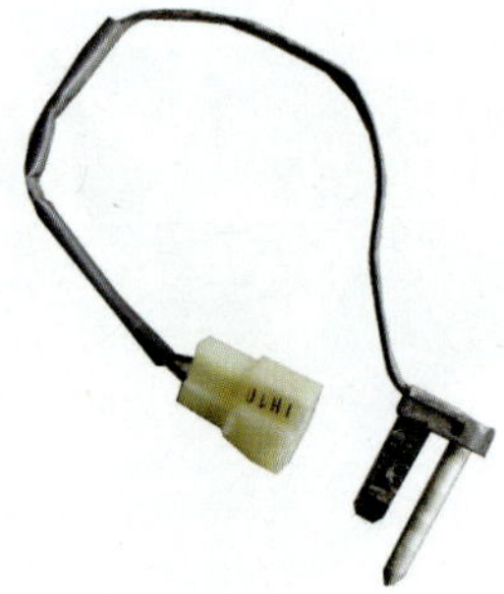

그림 46 이베퍼레이터 온도 센서

1. 점검

① 시동을 건다.

② 에어컨 스위치를 ON시킨다.

③ 멀티 테스터를 이베퍼레이터 온도 센서에 연결한 후 (+)와 (–)단자의 저항을 측정한다.

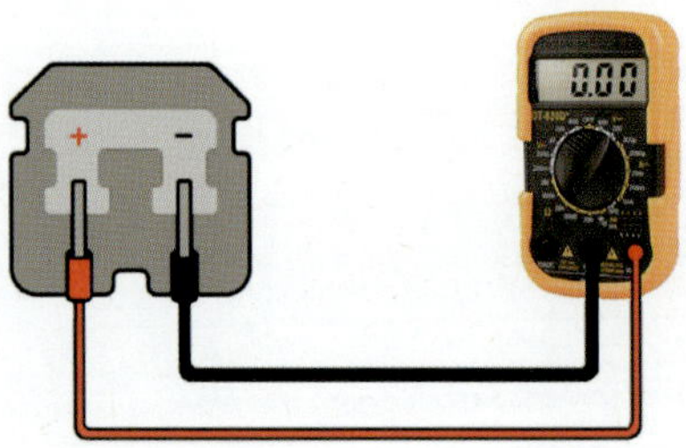

그림 47 이베퍼레이터 온도 센서 점검

센서 저항

이베퍼레이터 코어 온도(℃)	저항(kΩ)
-2	30.16
0	27.62±1%
2	25.32
4	23.24
6	21.35

2. 탈착 및 장착

① 배터리의 (-)단자를 분리한다.

② 이베퍼레이터 코어를 탈거한다.

③ 이베퍼레이터 코어에서 이베퍼레이터 온도 센서를 분리한다.

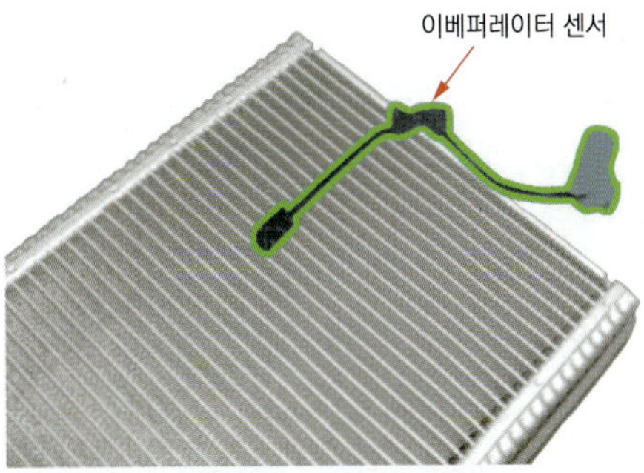

그림 48 이베퍼레이터 온도 센서 분리

④ 장착은 탈거의 역순으로 진행한다.

12 실내 온도 센서 탈거 및 장착

실내 온도 센서는 히터 및 에어컨 컨트롤 유닛 내에 장착되어 있으며 실내 온도를 감지하여, 토출 온도 제어, 센서 보정, 믹스 도어 제어, 블로어 모터 속도 제어, 에어컨 오토 제어, 난방 기동 제어 등에 이용된다. 실내의 공기를 흡입하여 온도를 감지하여 저항치를 변화시키면 그에 상응한 전압치가 자동온도 조절 모듈에 전달된다.

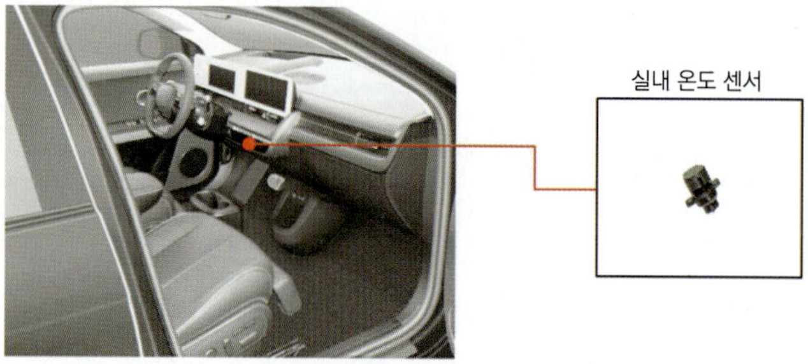

그림 49 실내 온도 센서 설치 위치

① 크래쉬 패드 센터 패널을 탈거한다.

② 장착 스크류를 풀고 실내 온도 센서를 탈거한다.

그림 50 실내 온도 센서 탈거

③ 장착은 탈거의 역순으로 진행한다.

13 포토 센서 탈거 및 장착

일광 센서는 포토 센서와 오토 라이트 센서의 기능을 합친 복합 센서이며, 광기전성 다이오드를 내장하고 있다(일사량 감지). 발광은 빛이 받아들여지는 부분에 나타나며 발광의 양에 비례하여 전기력이 발생되고 이 전기력이 자동온도 조절 모듈에 전달되어 풍량 및 토출 온도를 보상한다.

그림 51 포토 센서 설치 위치

① 배터리의 (–)단자를 분리한다.

② 스크류 드라이버 또는 리무버를 이용하여 크래쉬 패드 어퍼 가니쉬를 탈거한다.

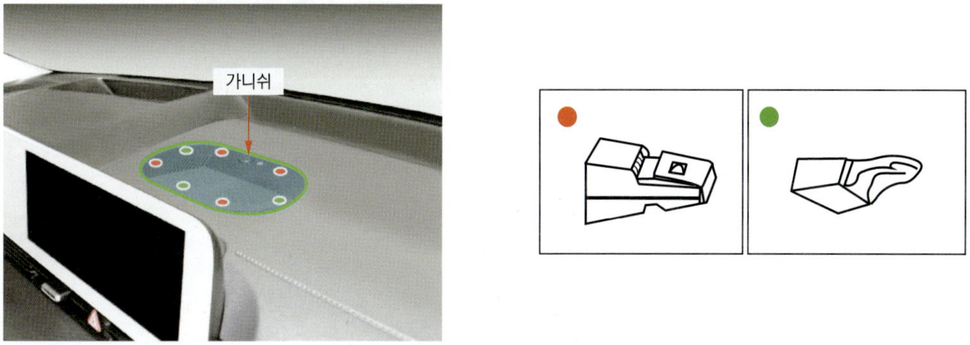

그림 52 가니쉬 탈거

③ 커넥터를 분리한다.

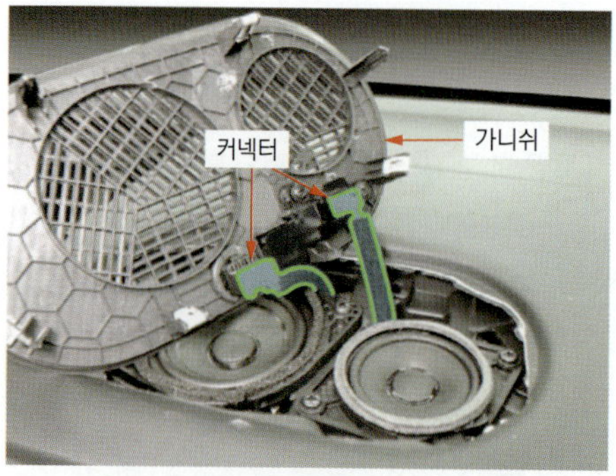

그림 53 커넥터 분리

④ 포토 센서를 탈거한다.

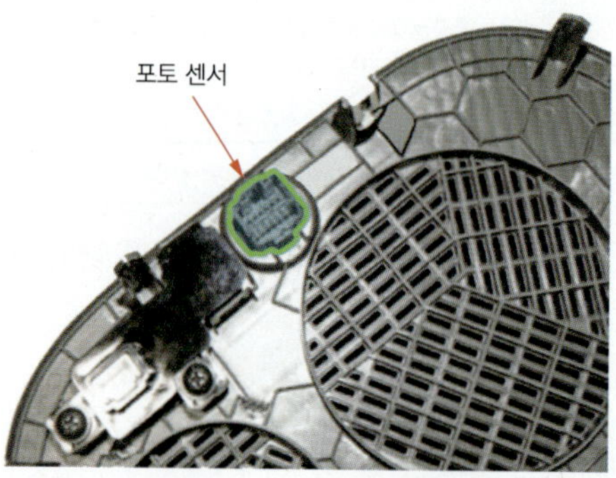

그림 54 포토 센서 탈거

⑤ 장착은 탈거의 역순으로 진행한다.

14 외기 온도 센서

콘덴서 앞쪽에 장착되어 있으며 외기의 온도를 감지한다. 온도가 올라가면 저항값이 내려가고 온도가 내려가면 저항값이 올라가는 부특성 서미스터 타입이다. 토출 온도 제어, 센서 보정, 온도 조절 도어 제어, 블로어 모터 속도 제어, 믹스 모드 제어, 차내 습도 제어 등에 사용된다.

그림 55 외기 온도 센서 설치 위치

1. 점검

외기 온도 센서에 공기의 온도 변화를 주어 1번과 2번의 저항값이 변하는지 점검한다.

그림 56 외기 온도 센서 점검

센서 저항

온도(℃)	최소 저항(kΩ)	저항(kΩ)	최대 저항(kΩ)
-40	811.09	881.03	956.78
-30	447.67	480.41	515.43
-20	255.63	271.21	287.67
-10	150.71	158.18	165.98
0	91.53	95.1	98.76
10	57.14	58.8	60.49
20	36.6	37.32	38.04
30	23.8	24.26	24.73
40	15.69	16.13	16.58
50	10.57	10.95	11.34
60	7.24	7.58	7.91
70	5.08	5.34	5.61
80	3.62	3.83	4.05

2. 탈거 및 장착

① 배터리의 (-)단자를 분리한다.

② 프론트 범퍼 어셈블리를 탈거한다.

③ 외기 온도 센서 커넥터를 분리한 후 외기 온도 센서를 탈거한다.

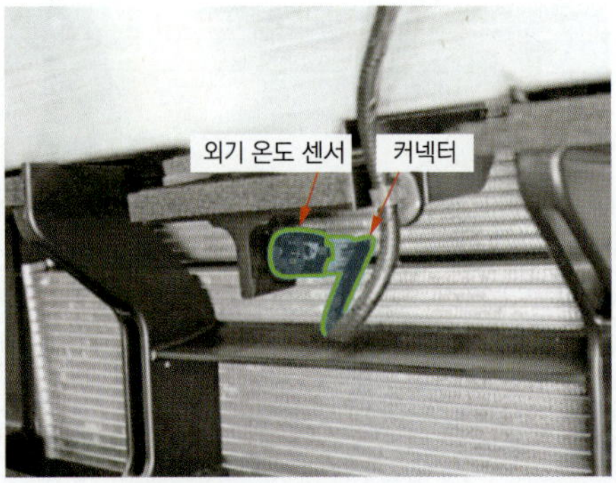

그림 57 외기 온도 센서 탈거

④ 장착은 탈거의 역순으로 진행한다.

15 오토 디포깅 센서 탈거 및 장착

오토 디포깅 센서는 차량 앞 유리에 장착되어 습기를 감지하여 포깅 발생 전 조기에 제거 기능을 수행하며 시계확보 및 쾌적성을 향상시킨다.

① 배터리의 (−)단자를 분리한다.

② 인사이드 리어 뷰 미러 커버를 탈거한다.

③ 레인 센서 커버를 탈거한다.

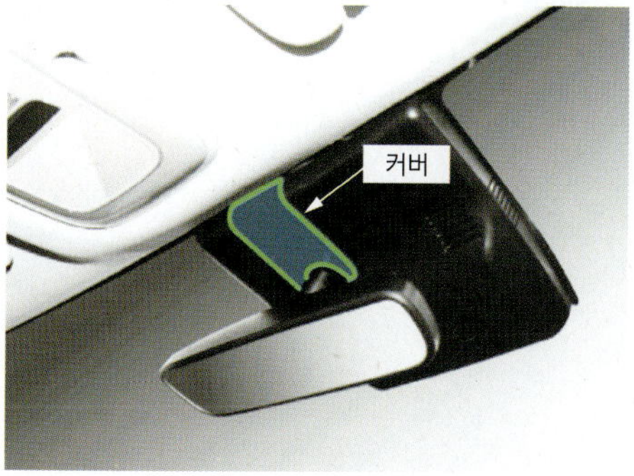

그림 58 인사이드 리어 뷰 미러 커버 탈거

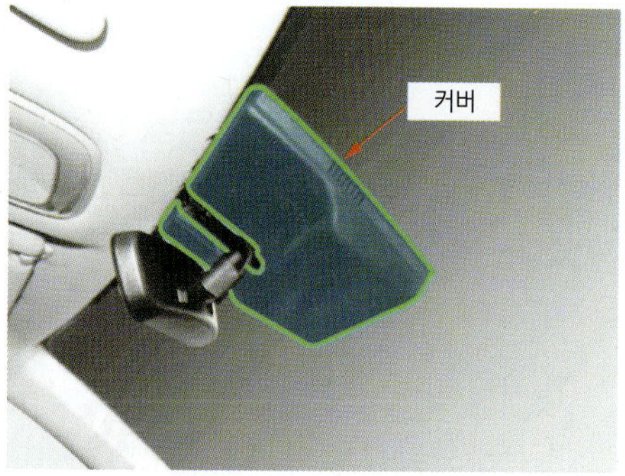

그림 59 레인 센서 커버 탈거

④ 오토 디포깅 센서 커넥터를 분리한 후 오토 디포깅 센서를 탈거한다.

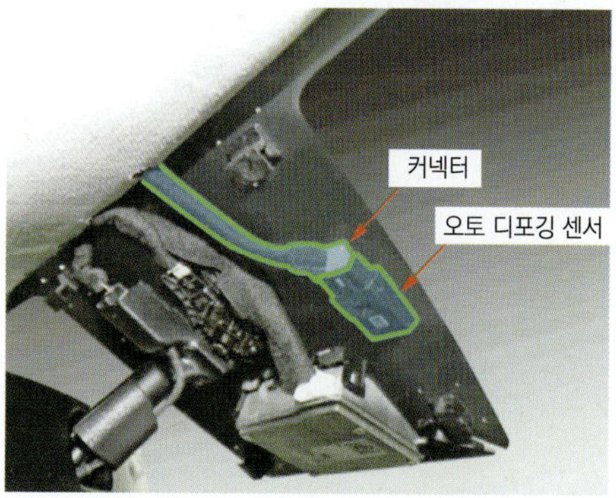

그림 60 오토 디포깅 센서 탈거

⑤ 장착은 탈거의 역순으로 진행한다.

16 PM 센서 탈거 및 장착

블로어 ON시 차량 내부의 공기질을 실시간으로 모니터링(미세먼지 센서) 및 화면에 상태 표시한다. 미세 먼지 농도가 높을 시 자동으로 작동한다(조건 : 내기 모드 + A/C ON + 풍량 1~5단).

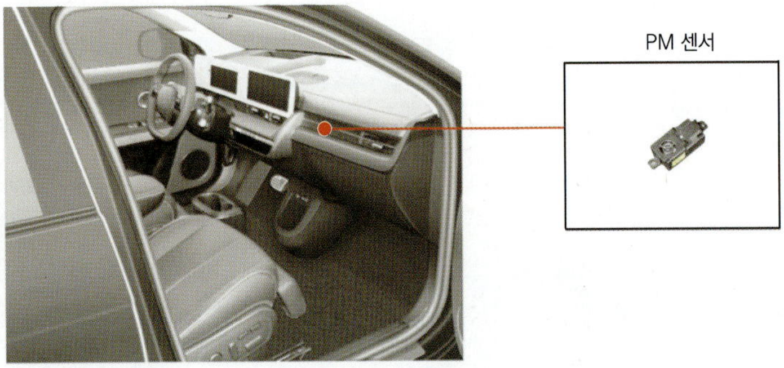

그림 61 PM 센서 설치 위치

① 배터리의 (–)단자를 분리한다.

② 크래쉬 패드 에어 벤트(RH)를 탈거한다.

③ 장착 스크류를 풀고 PM 센서를 탈거한다.

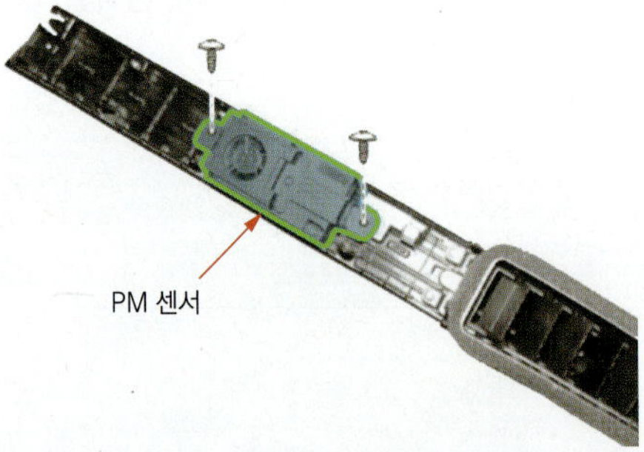

그림 62 PM 센서 탈거

④ 장착은 탈거의 역순으로 진행한다.

17 칠러 탈거 및 장착

모터 전장 폐열을 이용하여 저온의 냉매를 열 교환시키는 히트 펌프 시스템으로 전장 폐열을 회수하는 역할을 한다.

그림 63 칠러 설치 위치

① 배터리의 (−)단자를 분리한다.
② 회수/재생/충전기로 냉매를 회수한다.
③ 모터가 냉각되었을 때 냉각수를 라디에이터에서 배출한다.
④ 프론트 트렁크를 탈거한다.
⑤ 장착 볼트를 풀고 석션 & 리퀴드 라인과 호스를 분리한다.
⑥ 장착 볼트를 풀고 칠러 인렛 라인을 탈거한다.

그림 64 석션 & 리퀴드 라인과 호스 분리

그림 65 칠러 인렛 라인 탈거

⑦ 장착 볼트를 풀고 칠러를 탈거한다.

그림 66 칠러 탈거

⑧ 장착은 탈거의 역순으로 진행한다.

2 히터

1 히터 유닛 탈거 및 장착

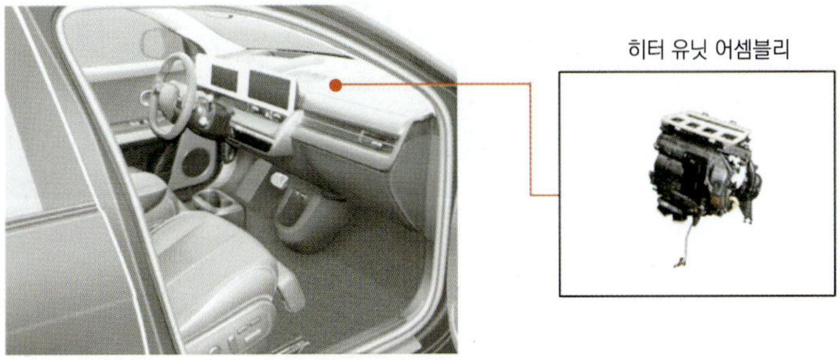

그림 67 히터 유닛 어셈블리 설치 위치

① 배터리의 (-)단자를 분리한다.

② 고전압 회로를 차단한다.

③ 회수/재생/충전기로 냉매를 회수한다.

④ 카울 크로스 바 어셈블리를 탈거한다.

⑤ 장착 볼트를 풀고 팽창 밸브를 이베퍼레이터 코어로부터 분리한다(체결 토크 : 0.9~1.4kgf · m).

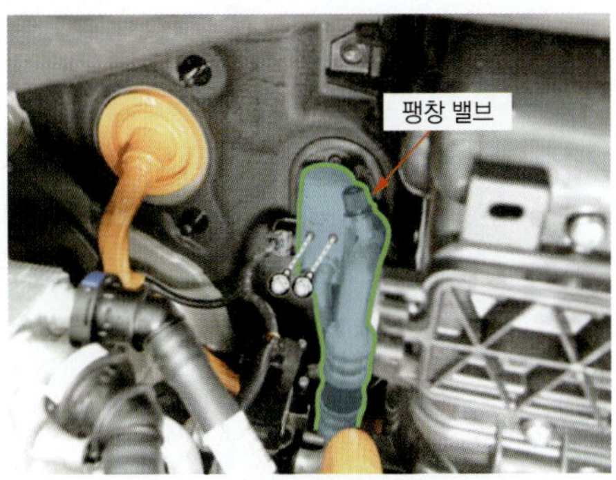

그림 68 팽창 밸브 분리

⑥ 장착 볼트를 풀고 냉매 라인을 실내 콘덴서로부터 분리한다(체결 토크 : 0.9~1.4kgf · m).

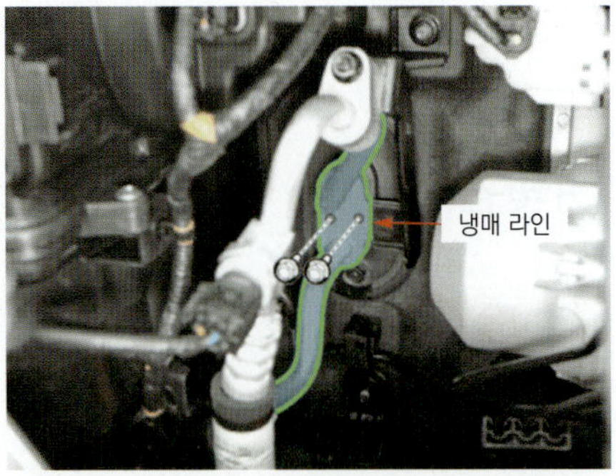

그림 69 냉매 라인 분리

⑦ 드레인 호스를 분리한다.

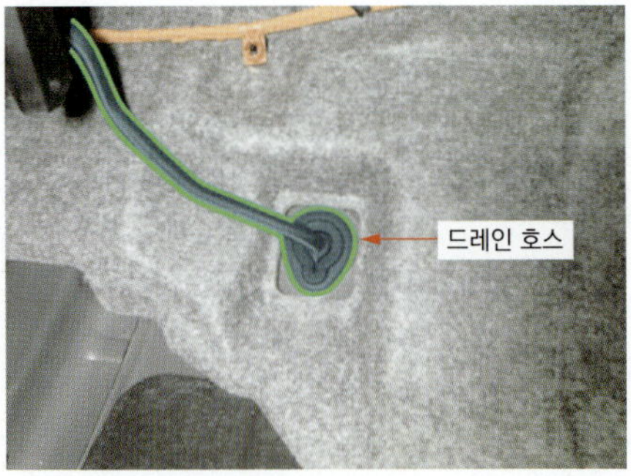

그림 70 드레인 호스 분리

⑧ 히터 유닛 하단의 장착 볼트를 탈거한다(체결 토크 : 0.4~0.6kgf · m).

그림 71 장착 볼트 탈거

⑨ 히터 유닛을 차체로부터 탈거한다.

⑩ 장착은 탈거의 역순으로 진행한다.

2 이베퍼레이터 코어 탈거 및 장착

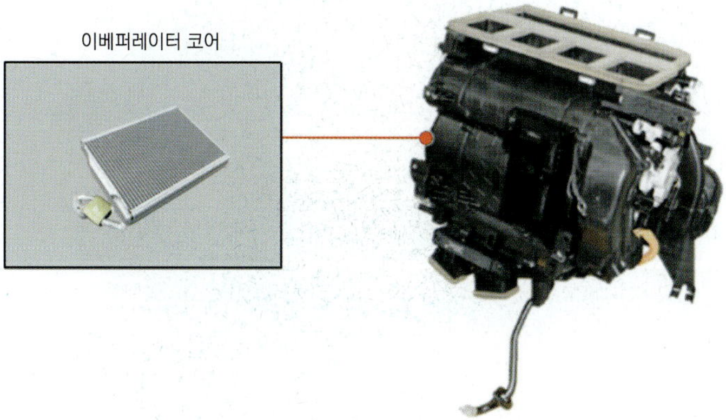

그림 72 이베퍼레이터 코어 설치 위치

① 배터리의 (−)단자를 분리한다.

② 실내 콘덴서를 탈거한다.

③ 장착 스크류를 풀고 이베퍼레이터 코어 커버를 탈거한다.

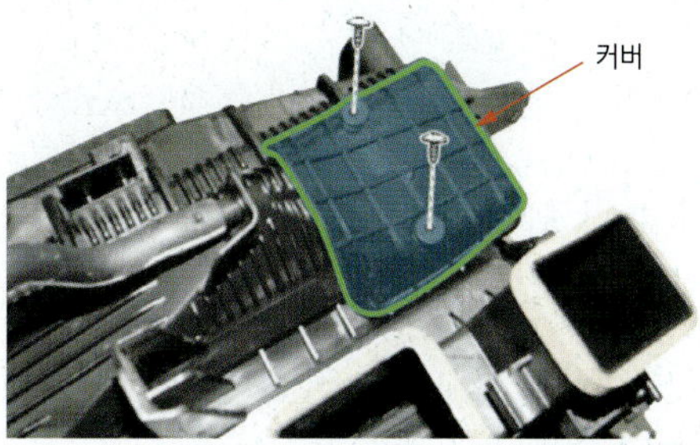

그림 73 이베퍼레이터 코어 커버 탈거

④ 장착 스크류를 풀고 이베퍼레이터 코어 커버를 탈거한다.

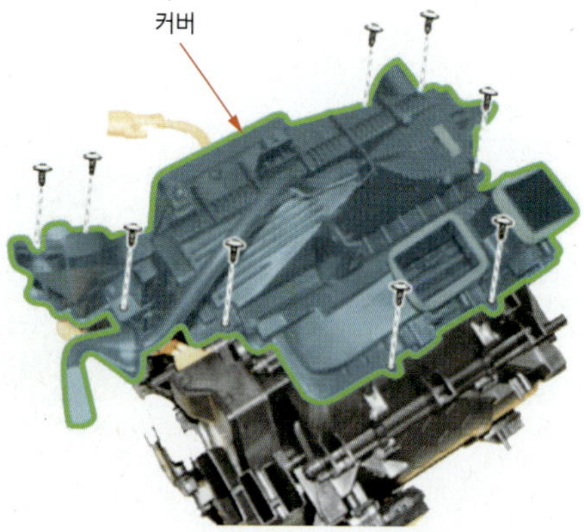

그림 74 이베퍼레이터 코어 커버 탈거

⑤ 이베퍼레이터 코어를 탈거한다.

그림 75 이베퍼레이터 코어 탈거

⑥ 이베퍼레이터 온도 센서를 탈거한다.

⑦ 장착은 탈거의 역순으로 진행한다.

3 PTC 히터

히터 내부의 다수의 PTC 서미스터에 고전압 배터리 전원을 인가하여 서미스터의 발열을 이용해 난방의 열원으로 사용한다. 난방을 필요로 하는 조건에서 고전압이 인가되고 블로어가 작동 시에 찬 공기를 따뜻한 공기로 변환한다.

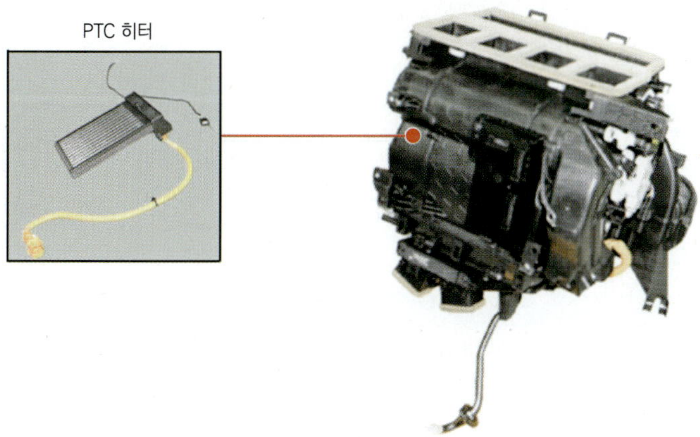

그림 76 PTC 히터 설치 위치

1. 작동원리

① 성능

항목	구분	제원
Vn	작동 전압	654±5V
Air intake	흡기 온도	0℃±1℃
Cp air	공칭 기류	300kg/h±5㎏/h
Pn	공칭 조건에서 운전자/승객의 각 성능	6300kW+10%, −5%

② 작동 전압 : DC 248~865V

③ FET 작동 인터페이스(@300㎏/h, 654V)

2. 점검

① A/C 컨트롤러에서 출력 신호(작동 요청)가 있는지 확인한다.

② 인터락에 문제가 없는지 진단기기로 검사한다.

③ 저전압(12.0V)이 공급되는지 확인한다.

④ 점검은 자기진단과 Fail safe를 참조한다.

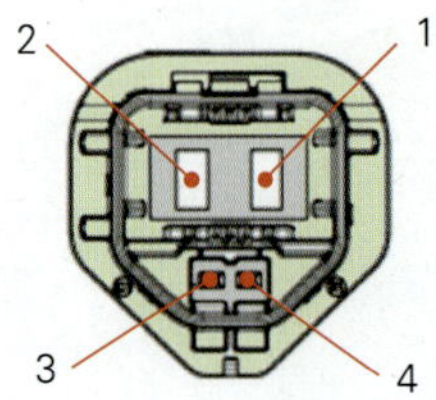

핀 번호	기능
1	HV(−)
2	HV(+)
3	인터락(+)
4	인터락(−)

(a) 커넥터 A

핀 번호	기능
1	IGN 3
2	CAN High
3	CAN Low
4	인터락(+)
5	인터락(−)
6	접지

(b) 커넥터 B

그림 77 PTC 히터 커넥터

3. 탈거 및 장착

① 고전압 차단 절차를 수행한다.

② 글러브 박스를 탈거한다.

③ 잠금 핀을 눌러 덕트 센서 커넥터를 분리한다.

그림 78 덕트 센서 커넥터 분리

④ 장착 스크류를 풀어 동승석 샤워 덕트를 탈거한다.

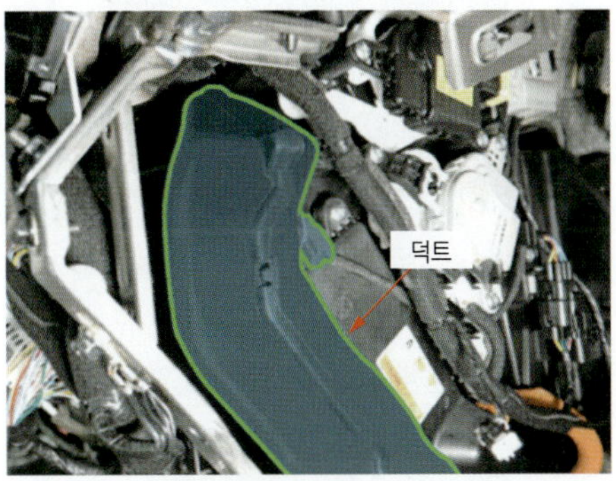

그림 79 동승석 샤워 덕트 탈거

⑤ PTC 히터 고전압 케이블 커넥터를 분리한다.

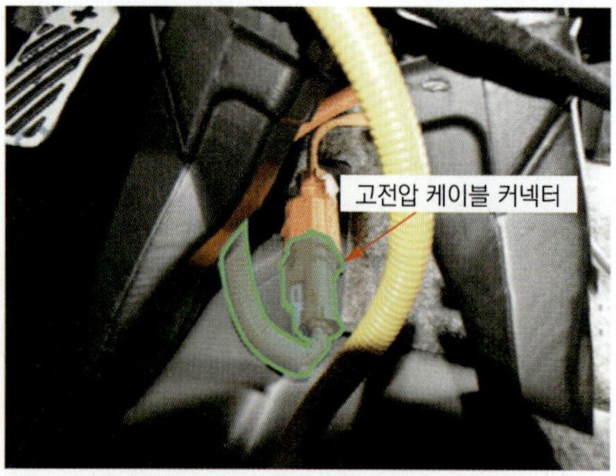

그림 80 고전압 케이블 커넥터 분리

⑥ 케이블 고정 클립을 히터 유닛으로부터 탈거한다.

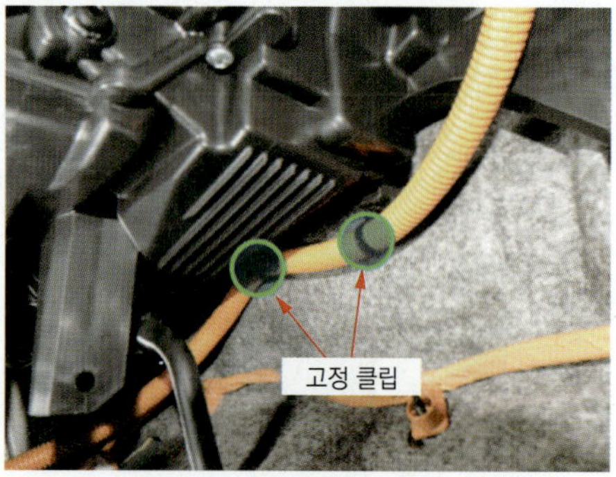

그림 81 케이블 고정 클립 탈거

⑦ 잠금 핀을 눌러 PTC 히터 신호선 배선을 분리한다.

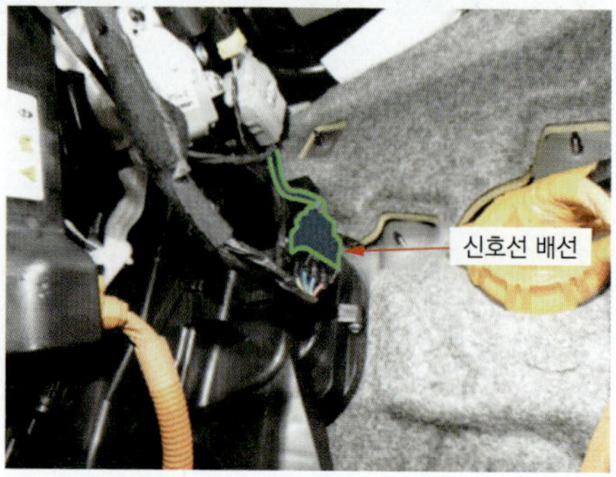

그림 82 PTC 히터 신호선 배선 분리

⑧ 장착 볼트를 풀어 PTC 히터 접지 배선을 분리한다.

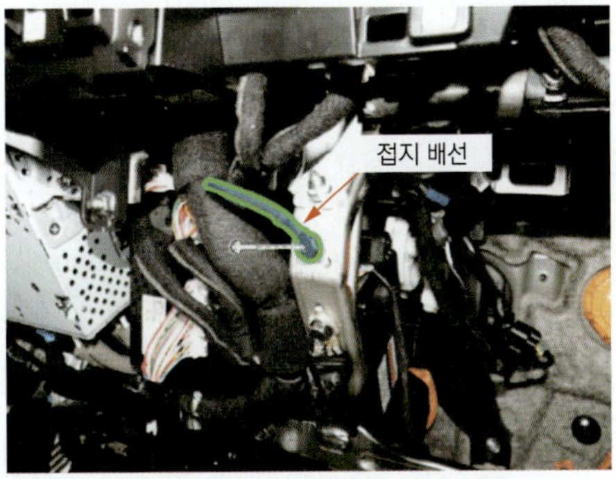

그림 83 접지 배선 분리

⑨ 장착 스크류를 풀어 PTC 히터를 화살표 방향으로 탈거한다.

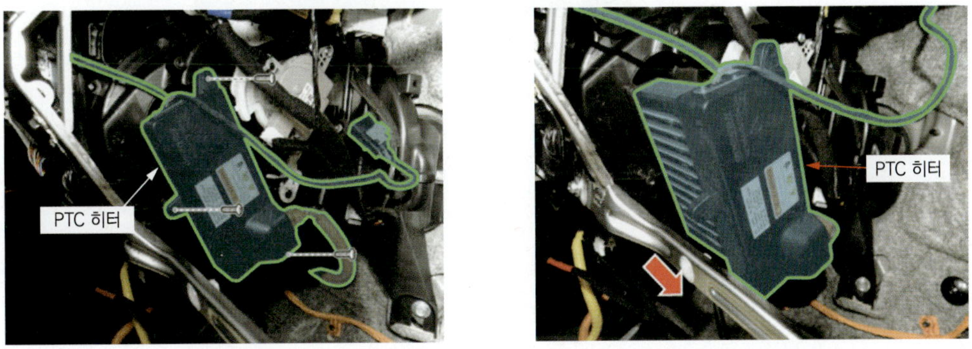

(a) 스크류 탈거 (b) PTC 히터 탈거

그림 84 PTC 히터 탈거

⑩ 장착은 탈거의 역순으로 진행한다.

4. PTC 히터 퓨즈

① 고전압 차단 절차를 수행한다.

② 장착 볼트를 탈거하고, 고전압 정션 박스 어퍼 커버를 탈거한다(체결 토크 : 0.5~0.6kgf · m).

③ 장착 너트를 풀고 고전압 정션 박스 PTC 히터 퓨즈를 분리한다(체결 토크 : 0.5~0.6kgf · m).

그림 85 PTC 히터 퓨즈 분리

④ 장착은 탈거의 역순으로 진행한다.

4 블로어

1. 블로어 유닛 탈거 및 장착

① 배터리의 (−)단자를 분리한다.

② 프론트 트렁크를 탈거한다.

③ 흡입 액추에이터 커넥터 및 블로어 모터 커넥터를 분리한다.

그림 86 흡입 액추에이터 커넥터 및 블로어 모터 커넥터 분리

④ 장착 너트를 풀고 블로어 유닛 어셈블리를 탈거한다.

그림 87 블로어 유닛 어셈블리 탈거

⑤ 장착은 탈거의 역순으로 진행한다.

2. 블로어 모터

(1) 점검

① IGN2에서 히터 컨트롤을 조작하여 모터가 구동하는지 확인한다.

- 1번 단자에 전압을 가하고, 4번 및 신호 발생기 (−)단자는 접지시킨다.
- 2번 단자에 신호 발생기 (+)신호를 연결한 후 아래와 같이 신호 발생기 설정을 맞춘다.
  - 주파수 : 180Hz
  - High/Low Voltage : 10V/0V
  - Duty : 10~90%

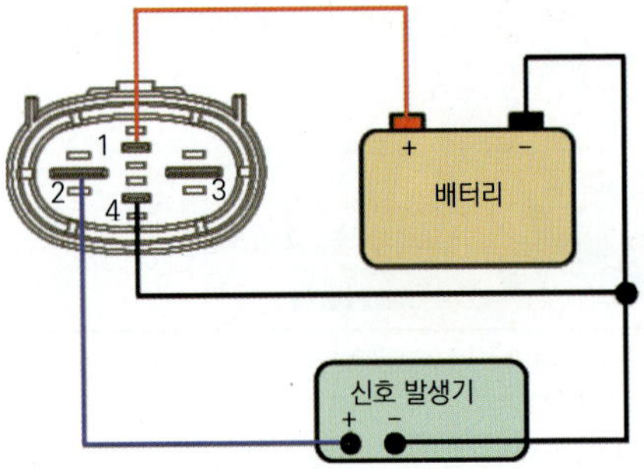

핀 번호	기능
1	입력 신호
2	배터리 (+)
3	접지
4	MVS(모터 전압 센싱)

그림 88 블로어 모터 점검

② Duty를 10~90%로 작동시켜 모터가 구동하는지 점검한다.

③ 만약 블로어 모터가 작동하지 않으면 정품의 블로어 모터로 교체하여 작동을 확인한다.

④ 블로어 모터 작동이 정상이면 블로어 모터를 교환한다.

(2) 탈거 및 장착

① 배터리의 (-)단자를 분리한다.

② 로어 블로어 유닛을 탈거한다.

③ 장착 스크류를 풀고 로어 블로어 하우징을 탈거한다.

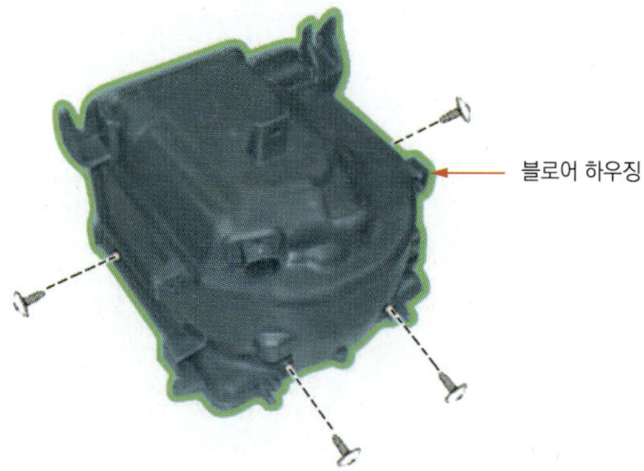

그림 89 블로어 하우징 탈거

④ 장착 스크류를 풀고 블로어 모터를 탈거한다.

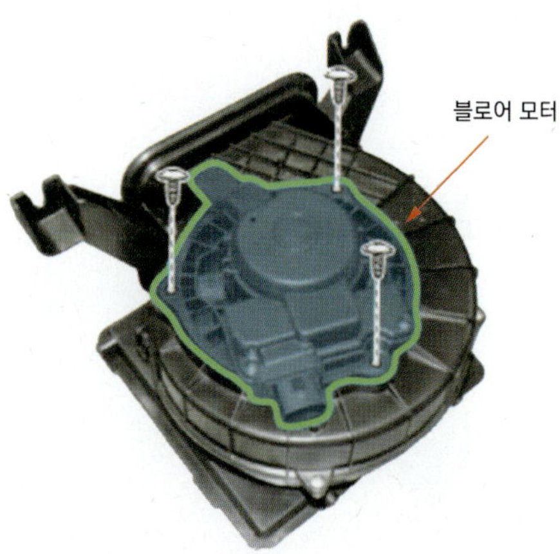

그림 90 블로어 모터 탈거

⑤ 장착은 탈거의 역순으로 진행한다.

3. 공조 장치용 에어필터 탈거 및 장착

공조 장치용 에어필터는 블로어 유닛에 장착되어 이물질 또는 냄새 등을 제거한다. 파티클 필터는 일반적인 먼지 제거뿐만 아니라 냄새 제거 필터의 역할을 수행하여 안락한 실내 환경을 유지시켜 준다.

① 배터리의 (−)단자를 분리한다.

② 프론트 트렁크를 탈거한다.

③ 공조 장치용 에어필터 커버의 노브를 눌러 탈거한다.

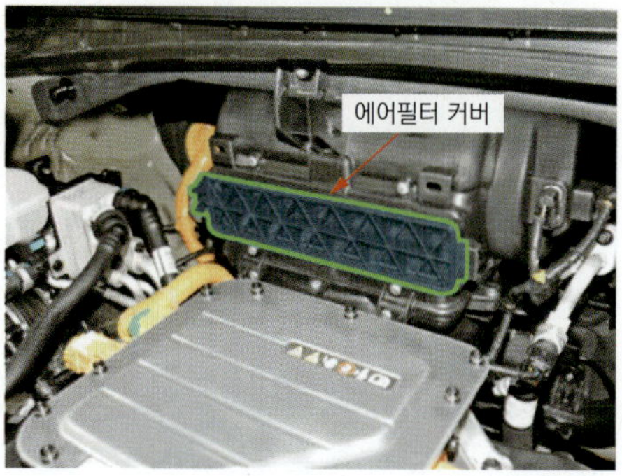

그림 91 에어필터 커버 탈거

④ 공조 장치용 에어필터를 교환한다. 대기 오염이 심한 지역이나 도로 조건이 나빠서 매연 등이 많이 발생하는 지역 운행 시는 수시 점검 및 교환해 주어야 한다.

그림 92 공조 장치용 에어필터 교환

⑤ 장착은 탈거의 역순으로 진행한다.

5 컨트롤러

1. 히터 및 에어컨 컨트롤 유닛(MKBD) 탈거 및 장착

① 배터리의 (-)케이블을 분리한다.

② 크래쉬 패드 가니쉬(RH)를 탈거한다.

③ 장착 스크류를 풀고 히터 및 에어컨 컨트롤 유닛을 탈거한다.

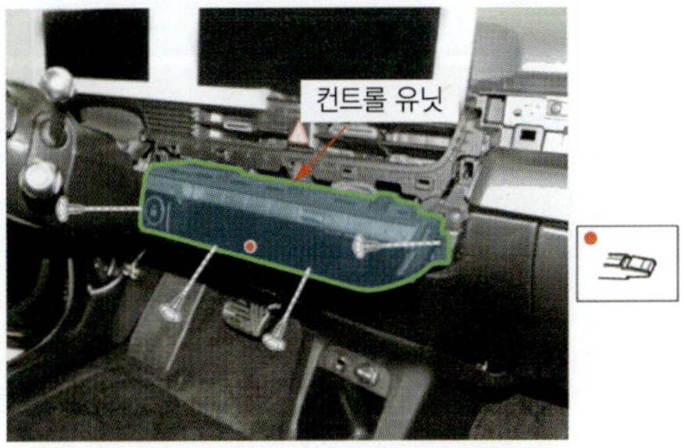

그림 93 히터 및 에어컨 컨트롤 유닛 탈거

④ 히터 및 에어컨 컨트롤 유닛(MKBD)에 연결된 커넥터를 분리한다.

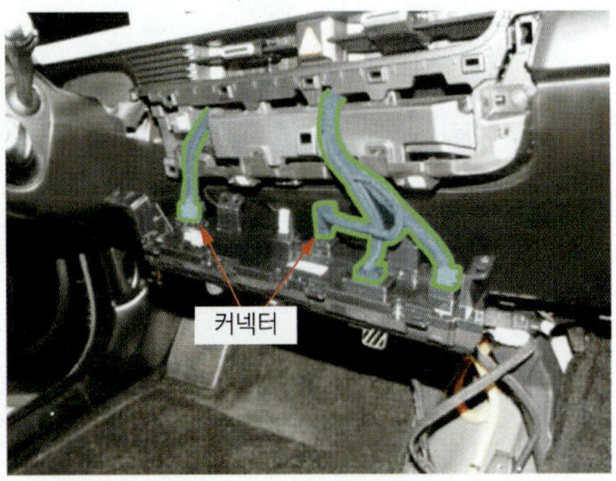

그림 94 커넥터 분리

⑤ 장착은 탈거의 역순으로 진행한다.

2. 히터 컨트롤 유닛 탈거 및 장착

① 배터리의 (−)케이블을 분리한다.

② 크래쉬 패드 센터 패널(RH)을 탈거한다.

③ 히터 컨트롤 유닛 커넥터를 분리한다.

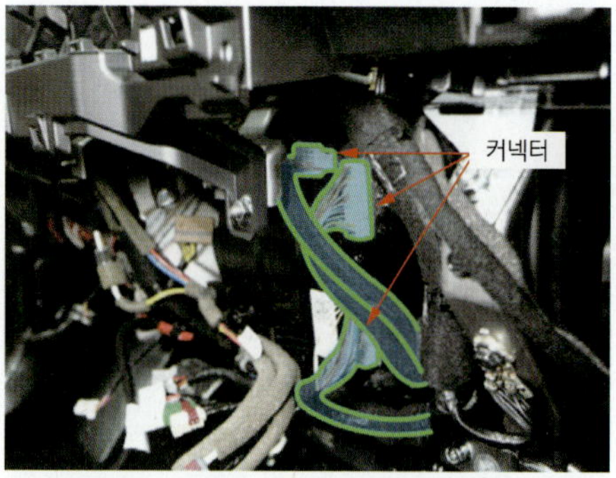

그림 95 히터 컨트롤 유닛 커넥터 분리

④ 장착 스크류를 풀고 히터 컨트롤 유닛을 탈거한다.

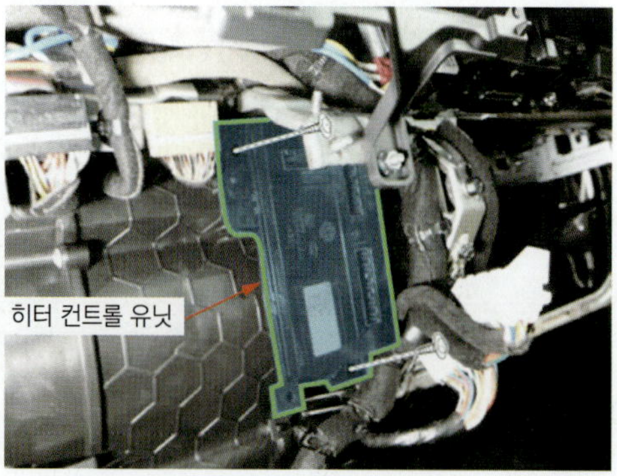

그림 96 히터 컨트롤 유닛 탈거

⑤ 장착은 탈거의 역순으로 진행한다.

부 록

Q&A

부 록

Q 01 전기자동차는 고전압을 사용한다고 하는데 감전 위험은 없는가?

1. 전기자동차에 사용되는 전원은 AC/DC전원이 혼용되어 사용된다.

① 전기자동차에 사용되는 전원 중 AC 3상 전원은 EPCU 내에 있는 MCU에서 직류 3상 전원으로 변환하여 전동기에 공급하여 동력을 발생하고 자동차가 주행할 수 있도록 하고 있다.

② 또한 EPCU 내부에 있는 MCU는 회생제동이나 감속 시에 발전기가 되어 모터에서 발생된 교류 전류를 직류로 변환하여 배터리를 충전할 수 있도록 하고 있다.

③ 충전 중 완속 충전기를 사용할 경우는 교류(AC) 220V가 공급되고 차량 내부에 설치된 OBC에서 직류 전원으로 변환되어 배터리를 충전하게 된다.

④ 그 외에 전기자동차에 사용되는 전원은 일반적으로 직류(DC) 전원이 공급되고 있다.

입력 ⇒ 출력	관련 부품	제어내용
AC ⇒ DC	OBC	완속 충전기에서 AC 220V 입력 ⇒ DC로 전력을 변환하여 DC 400V로 승합
DC ⇔ AC	MCU(EPCU)	고전압 배터리의 DC 360V ⇒ 모터 구동을 위한 3상 AC로 변환 회생제동 시 AC ⇒ DC로 변환 배터리 충전
DC ⇒ DC	LDC(EPCU)	고전압 배터리의 DC360V ⇒ DC12V로 변환 저전압 배터리 충전

⑤ 일반적인 고전압 감전의 경우는 직류(DC) 교류(AC) 전압에 의한 감전으로 구분되는데, 교류(AC)의 경우는 하나의 배선에 (+ .−)가 교차해서 흐르게 되고 직류의 경우는 하나의 배선에 하나의 극만 흐르게 된다.

⑥ 교류전원의 경우는 위험성은 주파수(HZ), 전류(A)의 세기에 따라 감전위험의 조건이 상이하다.

⑦ 새가 송전선에 앉아있어도 감전되지 않는 경우를 살펴보면 송전 선로는 고전압의 교류(AC)이다. 새가 송전 선로에 앉아있을 때 한쪽 선로에만 앉아 있는 것을 알 수 있다. 만약 새가 두 개의 선로에 양쪽 발을 놓고 앉게 된다면 바로 감전될 것이다.

⑧ 교류전류의 경우는 한쪽 선로에 두 개의 전원, 즉 (+, −)가 교체해서 흐르고 있지만 새 몸에는 전기 선로보다 많은 저항이 존재한다. 이로 인해 약간의 전류가 새의 몸을 통해 흐르지만 새가 감전 위험에 처하지는 않는 것이다. 또한 새의 보폭이 멀지 않기 때문에 많은 양의 (전위차)전류가 흐르지 않는 것이다. 다만 몸의 일부가 지면이나 전봇대 등에 접촉하게 되면 전위차가 발생하여 감전되는 것이다. 이러한 이유로 사람의 경우는 새처럼 공중에서 착지하지 못하고 지면과 닿거나 어떠한 물체를 이용해서 공중으로 올라가야 되므로 전위차가 발생하게 된다. 사람은 지면과 항상 닿아 있는 점에서 전기가 흐를 수 있는 조건을 가지고 있으므로 절연 제품을 사용하여 전류가 흐르지 않도록 하고 있다.

⑨ 직류 전류의 경우는 한쪽 전선에는 일정한 극만 흐르게 된다. 이러한 이유로 사람이 2개의 극성, 즉 두 개의 전선에 접촉되지 않는 경우이면 감전의 위험이 없다.

그림과 같이 ②번 도선이 전도가 잘되는 전도체이며, ①번 새에는 저항이 존재하므로 전류는 저항이 낮은 방향으로 흐르게 되므로 저항이 적은 ②번 전깃줄로 흐르게 된다. 새는 교류가 흐르는 전깃줄에서도 하나의 전깃줄에 앉아있으므로 전위차가 발생하지 않는다.

그림 1 새가 전신주에 있어도 감전되지 않는 이유

⑩ 전기자동차의 경우 작업자가 극성이 다른 두 개의 고전압 선로를 동시에 접촉할 경우 감전되며 한 개의 선로와 접촉하지 않을 경우에는 감전되지 않는다.

2. 고전압 (+), (-)단자 중 하나가 차체에 접촉한 상태에서 인체가 차체에 접촉할 경우

① 인체가 차체에만 접촉 시 : 전류는 흐르지 않음

그림 2 인체가 차체에만 접촉 시

② 인체가 차체와 단자 동시 접촉 시 : 차체와 인체로 통전(500㎃), 인체에 500㎃ 통전 시 심장마비, 호흡정지 및 화상 또는 세포 손상과 같은 병리 생리학적인 영향이 발생한다.

그림 3 인체가 차체와 단자 동시 접촉 시

3. 고전압 양 단자가 동시에 차체 접촉 시

① 차체 간 통전(2,000~3,000A)이 되는 경우 자동차 구조상 퓨즈가 끊어지게 된다(fuse cut).

그림 4 고전압 양 단자가 동시에 차체 접촉 시

Q 02 전기자동차 수리를 위해 고전압을 차단하려고 하는데 어떻게 하는 건가?

1. 고전압 배터리 전원 인가 방법

① 전기자동차는 고전압을 활용하여 동력을 발생시키므로 고전압 약 360V 이상을 활용하고 있다.

② 기본적인 구성을 보면 배터리에 고전압이 충전되어 있으면 KEY를 ON 시에 배터리의 고전압이 PRA가 ON되면서 배터리 외부로 출력되게 된다.

③ 즉, 전기자동차의 구성 부품을 수리하기 위해 분해하고자 하는 경우나 화재, 침수 등의 위험이 발생할 경우 고전압을 차단하여야 한다.

④ 고전압을 차단한다고 하는 경우는 2가지로 구분할 수 있는데, 하나는 배터리 외부로 배터리 전압이 출력되지 않게 하는 방법이며, 다른 하나는 배터리 내부에 존재하는 전류를 차단하는 방법이다.

⑤ 배터리 외부로 전력을 차단하는 방법에는 PRA를 단속하여 PRA OFF되어 출력되지 않도록 한다.

그림 1에서 PRA가 OFF되면 배터리 고전압은 배터리 외부로 전원이 출력되지 않는다.

그림 1 고전압 인가 흐름도

⑥ 고전압 배터리의 경우 셀로 이루어져 있는데 배터리 셀 하나의 전압은 대체적으로 4.5V 이하이다. 하지만 전기자동차에서 사용되는 전압은 고전압이므로 직렬로 연결되어 고전압으로 승압해서 사용되고 있다(4.5V×100개=450V).

⑦ 배터리 전압은 직렬이므로 배터리 전류가 흐르는 부분에 연결하고 있는 중간 부위에 SW을 형성하여 전류의 흐름을 단속할 수 있다. 전기자동차의 경우는 모듈과 모듈 사이에 안전플러그(퓨즈)를 설치하여 단속하게 한다.

⑧ 그림 2(a)의 경우 모듈의 전압이 15.2V가 측정되었다.

⑨ 그림 2(b)의 경우 모듈의 전압이 32.6V가 측정되었다.

⑩ 셀과 모듈이 직렬로 연결되었으므로 전압이 계속 증가하는 것을 알 수 있다.

⑪ 그림 2(c)의 경우 고전압 배터리의 안전플러그가 정상적으로 삽입된 경우 배터리 끝단(PRA의 입력)은 고전압 249V가 출력되고 있는 것을 알 수 있다.

⑫ 그림 2(d)의 경우 고전압 배터리 모듈과 모듈 사이의 안전플러그를 제거할 경우 배터리 끝단에서는 0V가 측정되는 것을 알 수 있다.

⑬ 안전사항 중 명심해야 할 경우는 본 측정에서 보듯이 PRA의 단속으로 외부로 인가되는 고전압 배터리의 전원은 차단할 수 있지만, 모듈간의 전원은 차단되지 않으므로 모듈에 존재하는 전원도 인체에 영향을 미칠 수 있는 전압으로 작업자는 필히 안전장비를 착용하고 작업하여야 하며, 배터리팩의 케이스를 분해할 경우에도 각별히 주위를 기울여야 한다.

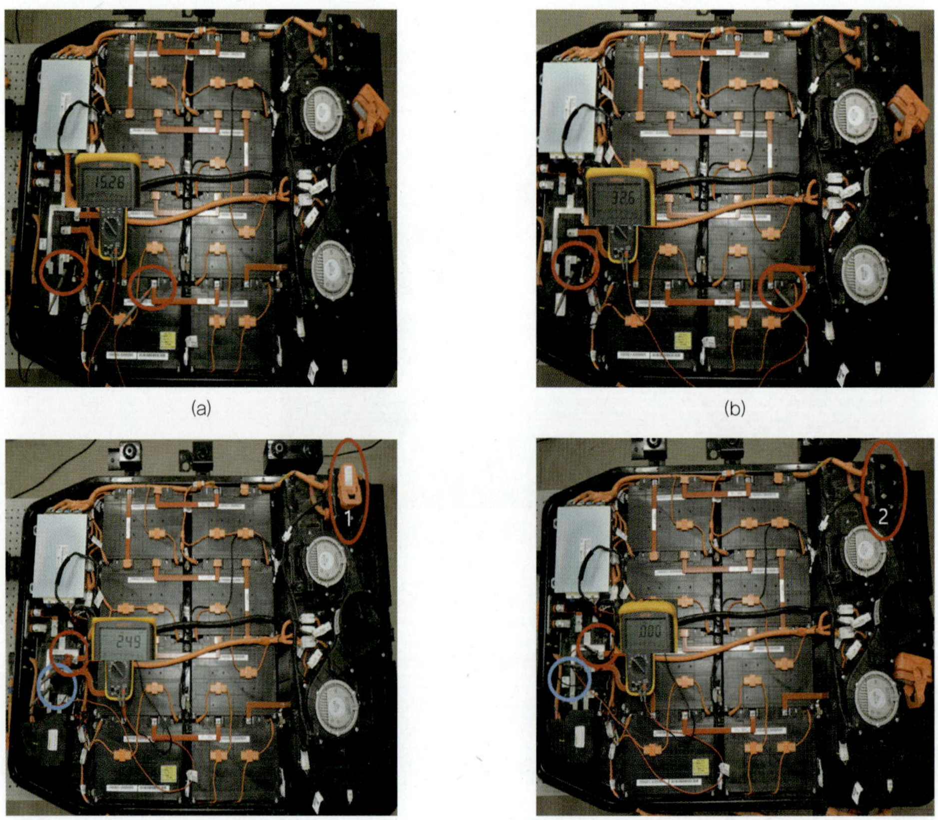

(a) (b) (c) (d)

그림 2 배터리 모듈의 전압

2. 고전압 차단절차

① 고전압 차단절차 중 가장 먼저 작업자의 신체에 금속형 물질(시계, 반지) 등을 제거한다.

② 자동차가 충전 중인 경우는 충전 플러그를 제거한다.

③ 자동차의 KEY를 OFF 상태로 한 후에(ready off) 자동차 KEY를 보관함에 보관하여 2m 이상의 거리에 보관한다.

④ 저전압 배터리(12V)의 －단자를 배터리에서 분해한다(전기자동차의 경우 저전압 배터리와 고전압 배터리로 구분하는데 저전압 배터리는 자동차 시스템의 총체적인 역할을 함).

⑤ 고전압 배터리의 안전플러그 제거(고전압 배터리에 안전플러그가 장착되지 않는 차량의 경우 인터락 회로가 구성되어 있으므로, 인터락 개소를 찾아 제거하면 된다. 단 이러한 경우 배터리 내부의 전원은 고전압이 그대로 존재하고 있음을 명심해야 한다.)

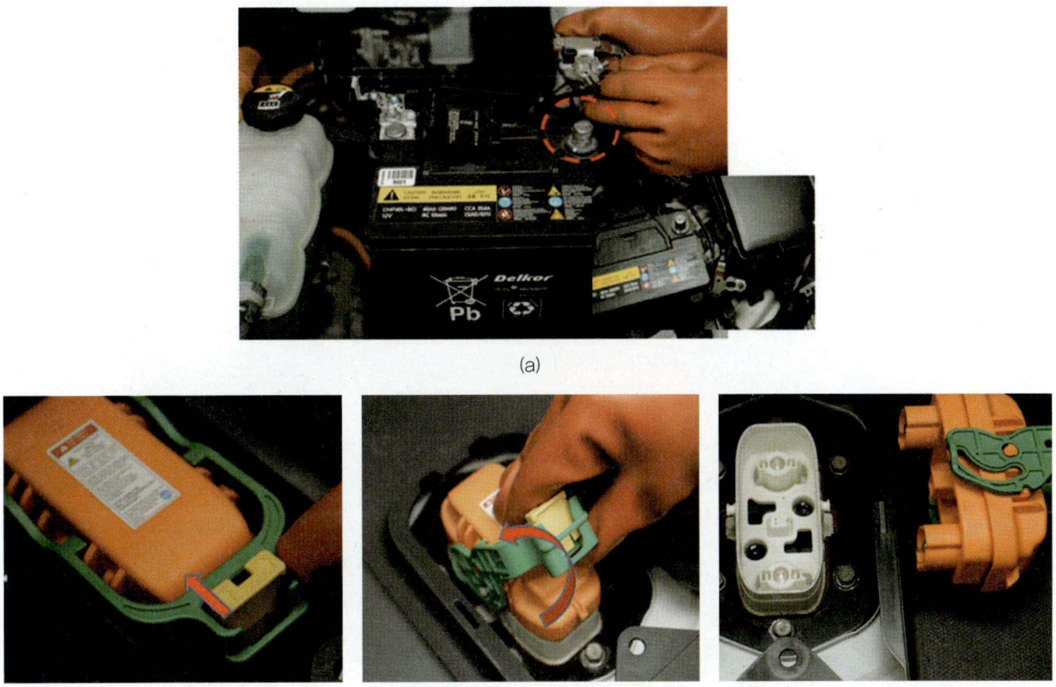

(a) (b) (c) (d)

그림 3 고전압 차단

그림 4 인터락 위치 및 형태

3. BMW 고전압 차단절차

① KEY OFF ⇒ 보관함에 보관 ⇒ 저전압 배터리 ⊖ 탈거 ⇒ 안전플러그 OFF에 위치 후 자물쇠를 잠금 후 KEY 보관함과 함께 보관 ⇒ 고전압 측정 후 측정값이 30V 이하일 경우 작업.

(a)

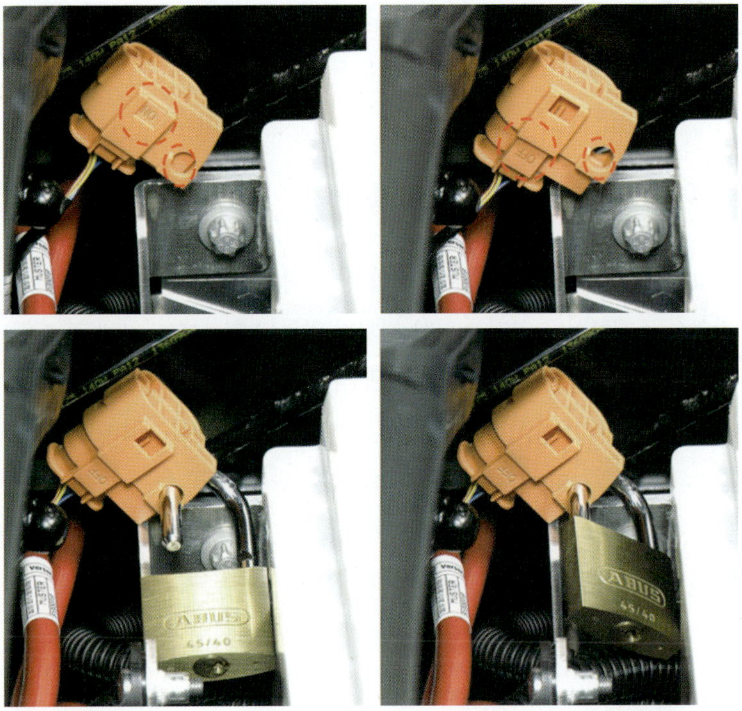

(b)

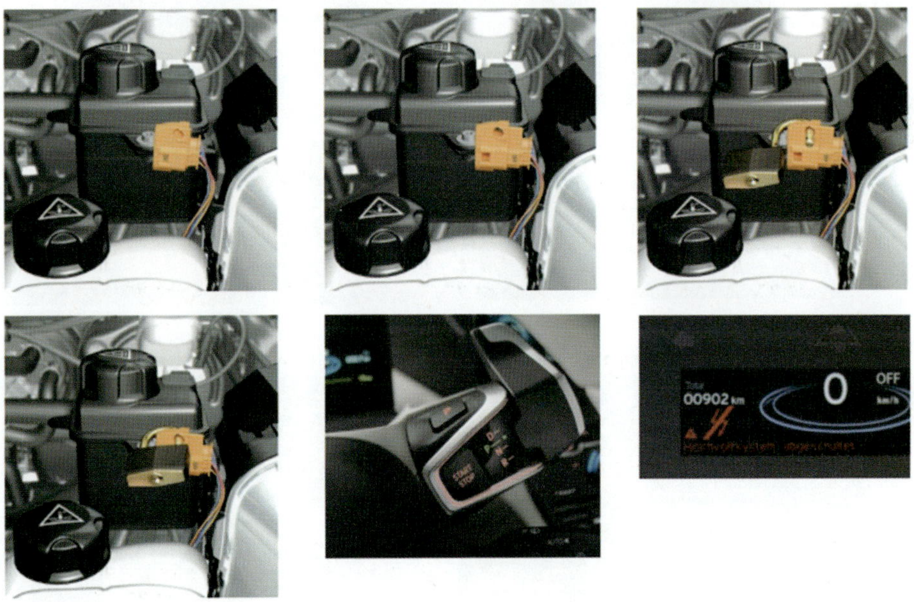

(c)

그림 5 BMW 고전압 차단

Q 03 고전압을 차단 후 안전을 위해 잔류 전압을 측정하라고 하는데 어떻게 측정하는가?

1. 차량을 리프팅하여 고전압 차단 후 잔류 전압 측정

① 고전압을 활용하는 전기자동차의 경우 고전압 장치 작업 전 고전압 차단 절차에 의해 고전압을 차단한 이후 잔류 전압이 존재하거나 고전압 차단 절차가 잘못될 경우를 대비해 PRA 끝단과 PRA와 연결된 배선 부위 등 2개소에서 전압을 측정하여 인체에 위험하지 않을 정도의 전압(30V) 이하가 측정된 이후 작업을 실시해야 한다. 30V 이상이 측정된 경우 고전압 차단 절차를 재수행하거나 10분 이상 기다린 후 재측정하여 30V 이하로 측정된 이후에 작업을 실시한다.

② 기본적으로 고전압 배터리가 차량의 하부에 장착되어 있으므로 고전압 배터리에서 출력되어 고전압 정션 블록으로 연결되는 배선은 차량을 들어올려야 작업이 가능하다.

③ 차량이 리프팅이 가능한 경우는 차량을 리프팅하여 배터리에서 출력되는 배선을 탈거한 후에 커넥터에서 고전압을 측정한다.

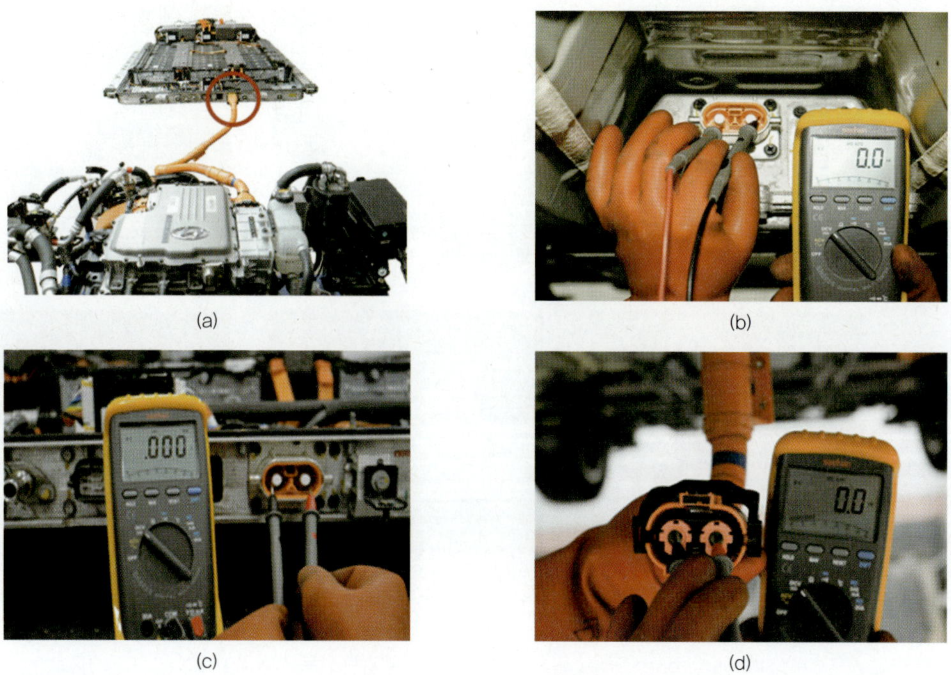

그림 1 고전압 차단 후 전압 측정

④ 고전압 배터리에서 출력되는 고전압을 측정하는 것은 알겠는데, 고전압 정션 블록에서 고전압을 측정하는 이유는 무엇일까? 전기자동차 EPCU(MCU, LDC) 내에 회로를 보호하고 급격한 전원 변동에 의한 문제를 해결하기 위해 커페시터가 내장되어 있으므로 전압이 존재할 수 있는 위험이 있으므로 커페시터 전압을 측정한다(커페시터 전압은 높은 전류를 포함하지 않으며 시간이 지나면 자연스럽게 방전됨. 최근에 개발된 자동차에서는 차량의 전원이 off될 경우 전동기로 전원을 공급하여 커페시터 전압을 자연스럽게 소멸시키도록 설계됨).

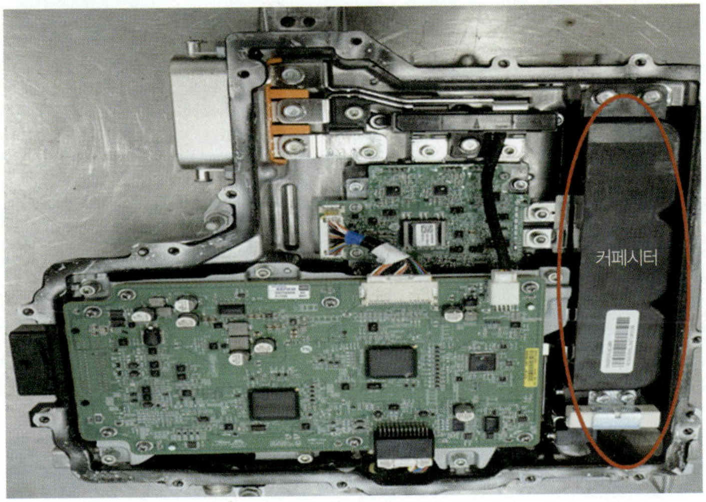

그림 2 캐퍼시트 위치

2. 차량을 리프팅하기 어려운 경우 고전압 차단 후 잔류 전압 측정 방법

① 고전압 차단 후 잔류 전압을 측정하고자 하나 차량을 리프팅하기 어려운 경우에는 고전압 차단 절차에 의해 차단 후 PRA 끝단의 배선과 고전압 정션 블록의 연결 커넥터를 분리 후 배선과 고전압 정션 블록 쪽의 단자에서 측정하여 30V 이하가 측정되면 된다. 하지만 PRA 끝단과 고전압 정션 블록까지의 배선이 절단인 경우에는 주위를 기울여야 한다.

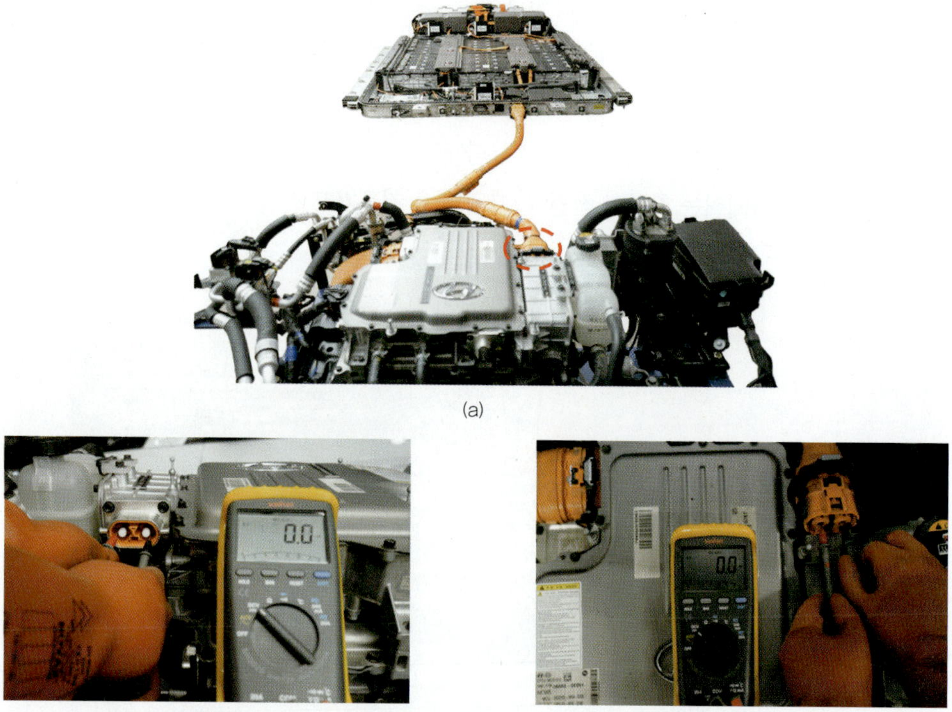

(a) (b) (c)

그림 3 차량을 리프팅하지 않고 잔류전압 측정

Q 04 전기자동차를 주행 중 커넥터가 헐거워지거나 사고가 발생한 경우 안전한가?

1. 고전압 배선이 헐거워지거나 분리된 경우 감지되는 센서는

① 전기자동차에서 배터리의 고전압을 단속하는 것은 PRA이다. 즉, 집으로 생각하면 문지기 역할을 하는데, 고전압의 커넥터나 고전압 배선에 문제가 발생할 경우 배터리의 고전압을 단속하는 PRA의 ⊕ ⊖ 릴레이가 OFF되어 고전압 배터리의 전압이 외부로 출력되지 않도록 한다.

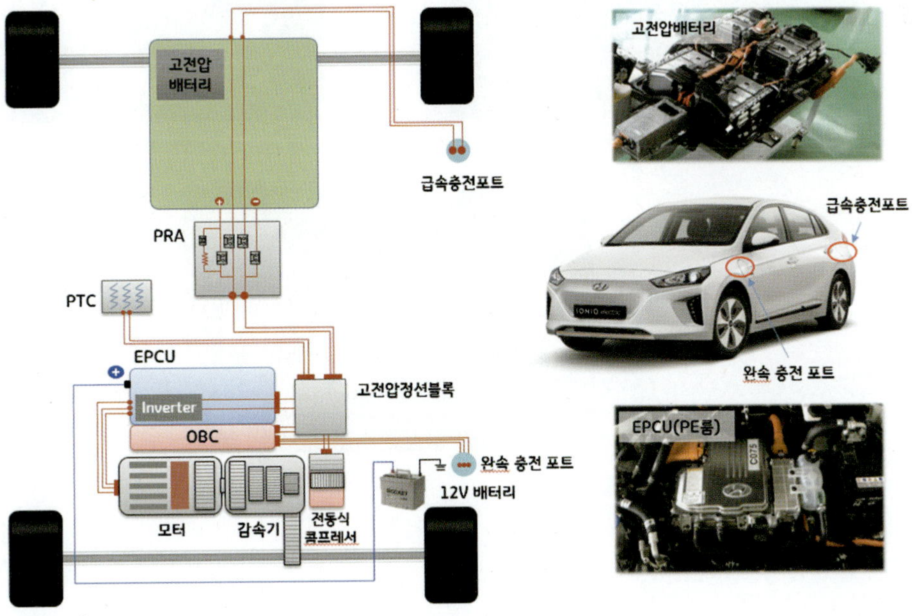

그림 1 고전압 자동차의 고전압 흐름

② 그러면 고전압의 배선이 탈거되거나 헐거워진 경우는 고전압 배선에 인터락 장치가 장착되어 있는데, 그림에서 보는 바와 같이 고전압 배선 및 구성 부품에 인터락 장치가 설치되어 고전압의 배선이 헐거워지거나 커넥터가 분리될 경우 EPCU, BMS를 통해 PRA를 단속한다.

(a) 고전압 배선

(b) 급속 충전기 고전압 배선의 인터락 부위

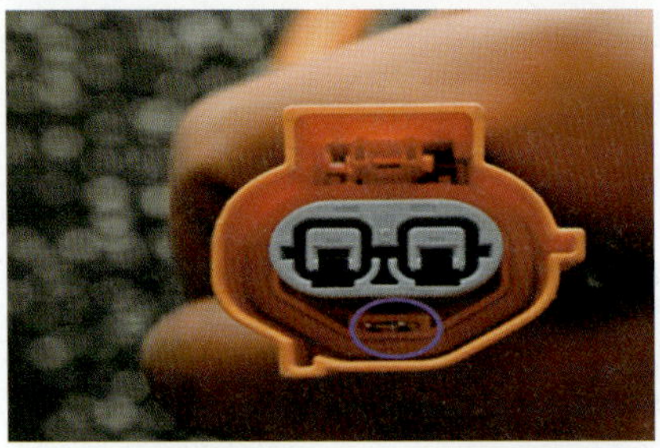

(c) 에어컨 컴프레서 고전압 배선의 인터락 부위

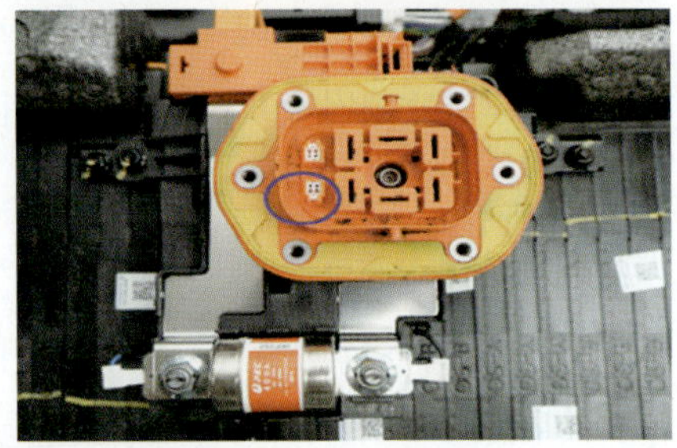

(d) 안전플러그 인터락 부위

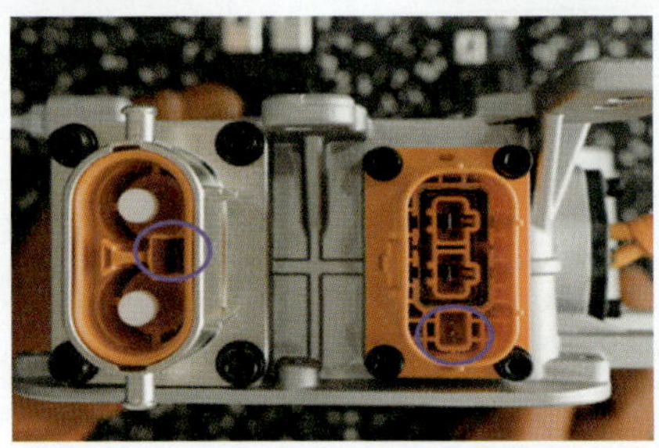

(e) 고전압 정션 블럭 인터락 부위

그림 2 고전압 인터락 회로 구성 부위

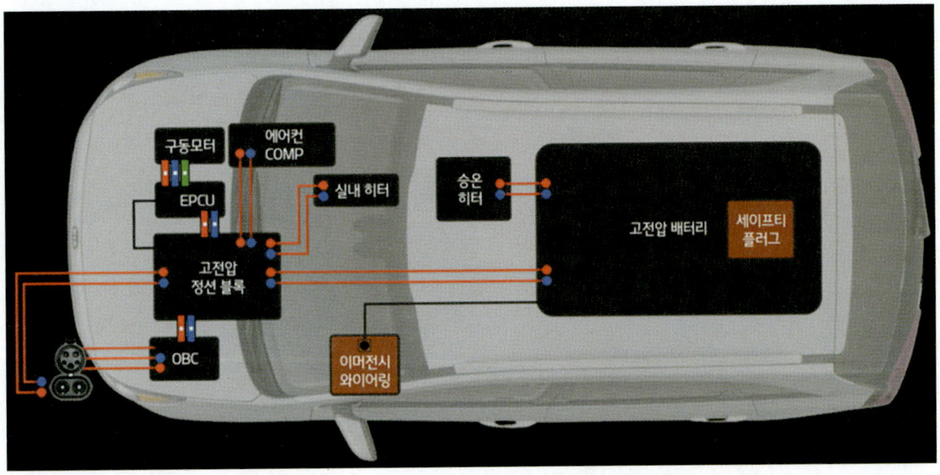

그림 3 인터락 회로 장착 부위

③ 고전압 인터락 회로는 제어기(5V)에서 풀업 방식과 풀다운 방식을 활용하여 커넥터에 인터락 핀에 전류가 흐르게 되므로, 제어기에서 5V와 0V값에 의해 인터락 회로의 결합과 분리를 알 수 있다.

그림 4 인터락 회로 방식

④ 인터락 커넥터는 EPCU(MCU)에 4개소 EPCU 커버, EPCU 저전압 커넥터, HV J/B 저전압 커넥터, HVJ/B HV 커넥터(BMS 연결), HV J/B DC 커넥터, HV J/B 실내 PTC 커넥터와 BMS 4개소 BMS HV 커넥터, BMS 배터리와 PTC 히터 커넥터, 서비스 인터락, 서비스 플러그이며 DATC 2개소로 실내 PTC 히터 커넥터, e-COMP 커넥터로 GDS 진단기로 진단 시 0~1.5V이면 정상, 4.75V 이상이면 단선, 판단한다.

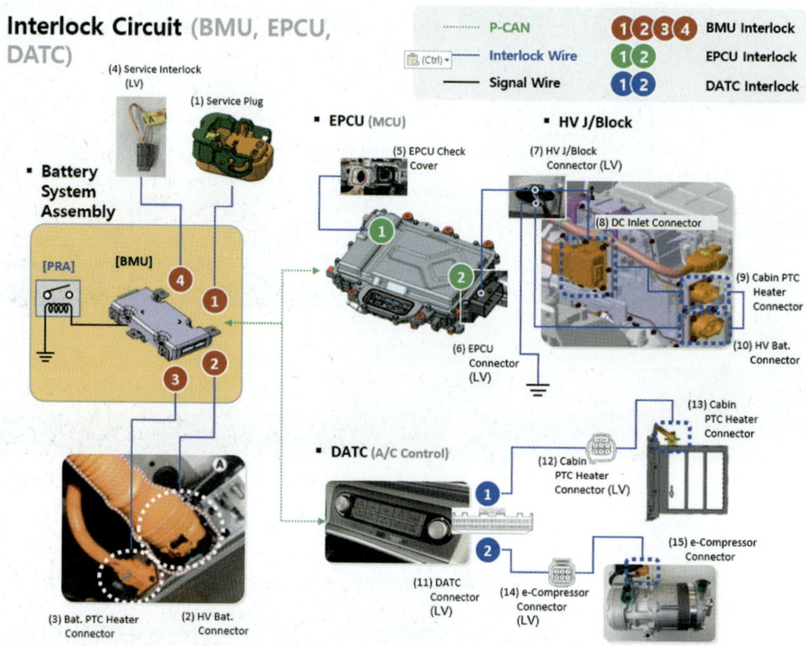

(a)

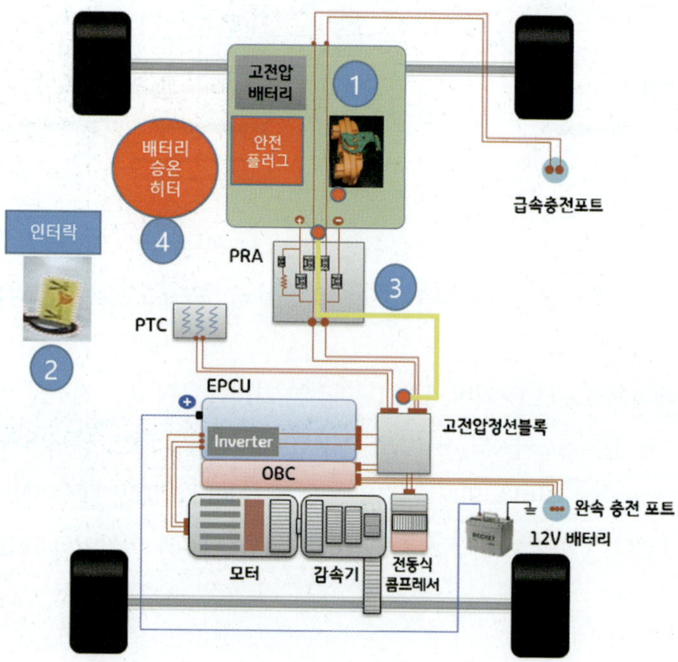

(b)

구분	인터락 위치	담당 제어기
1	고전압 배터리 안전플러그	BMU
2	안전플러그	BMU
3	고전압 배터리에서 고전압 정션 블럭	BMU
4	배터리 내부 승온 히터	BMU

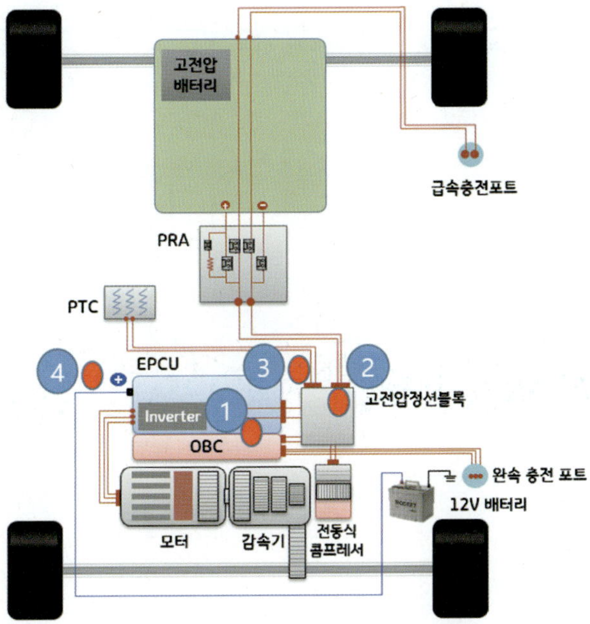

구분	인터락 위치	담당 제어기
1	고전압 정션 블록과 EPCU, OBC 연결 볼트(커버)	VCU
2	고전압 정션 블록 (급속 충전구 방향)	VCU
3	고전압 정션 블록 (실내 PTC)	VCU
4	저전압 커넥터	VCU

(c)

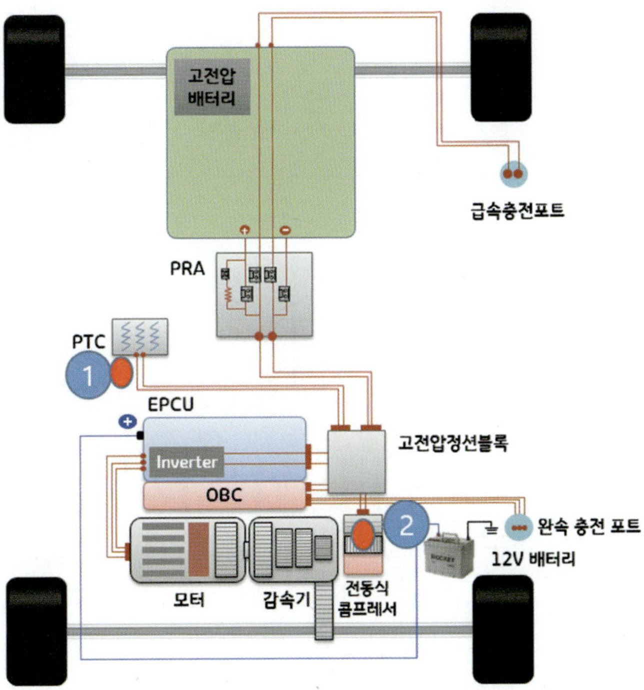

구분	인터락 위치	담당 제어기
1	실내 PTC	FATC
2	에어컨 컴프레서	FATC

(d)

그림 5 인터락 커넥터 위치 및 담당 제어기

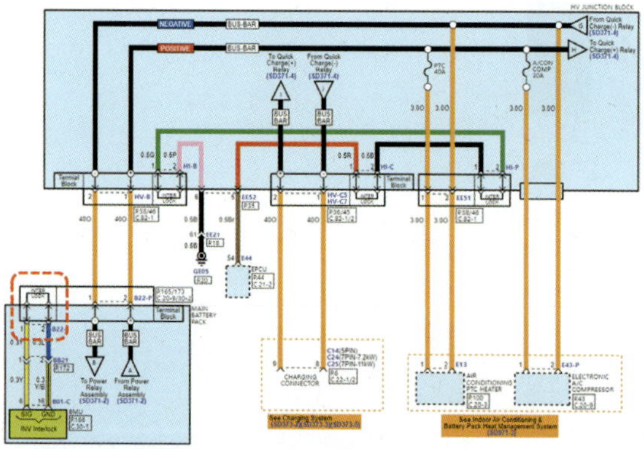

BMU 제어 회로도

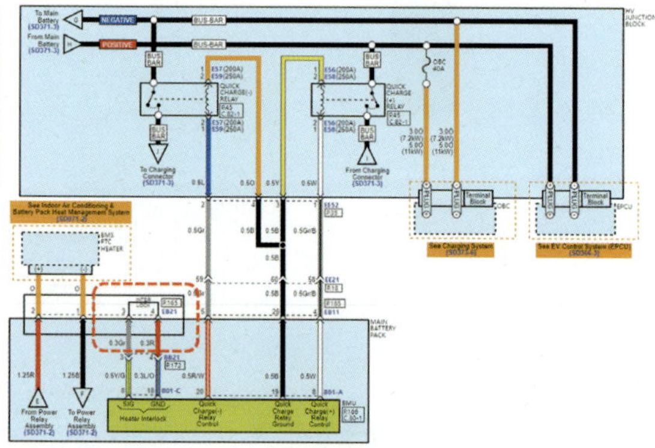

BMU 제어 회로도

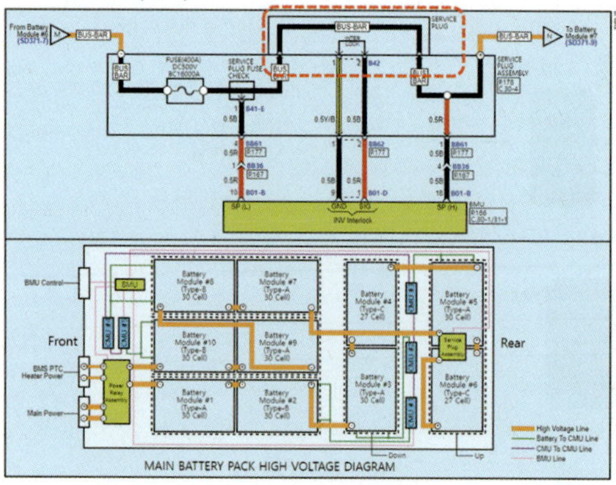

BMU 제어 회로도

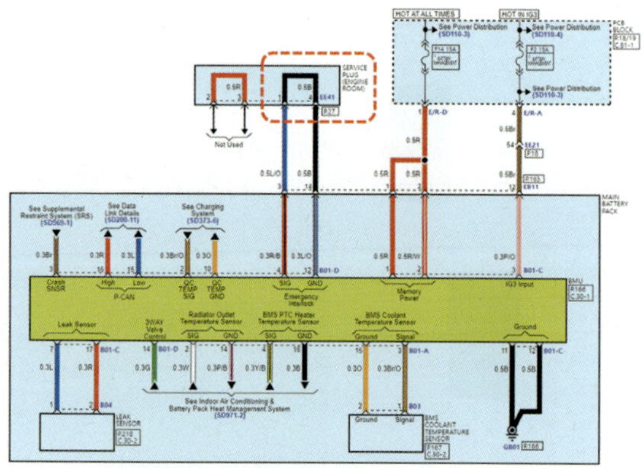

BMU 제어 회로도

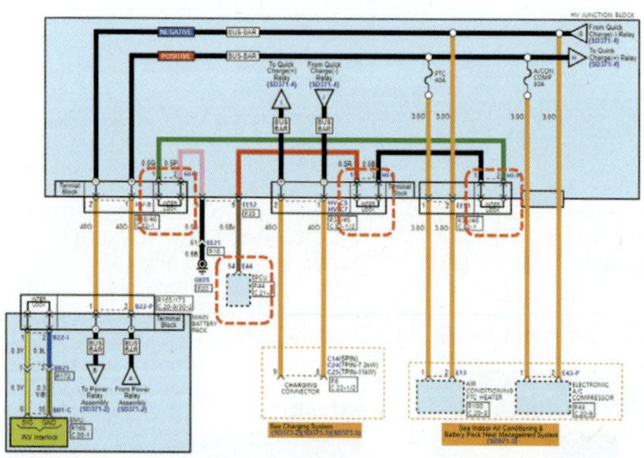

EPCU(MCU, VCU, LDC) 제어 회로도

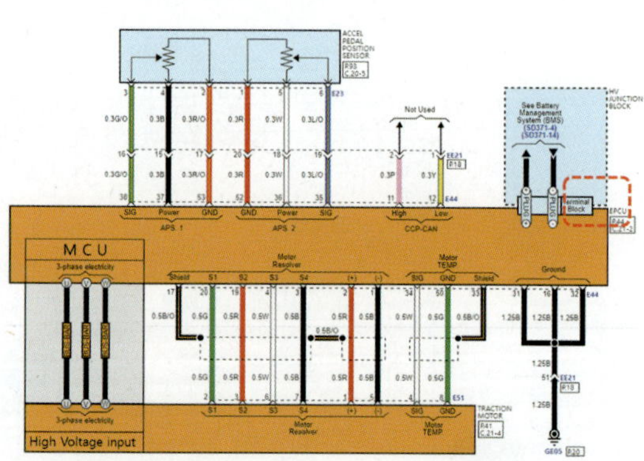

EPCU(MCU, VCU, LDC) 제어 회로도

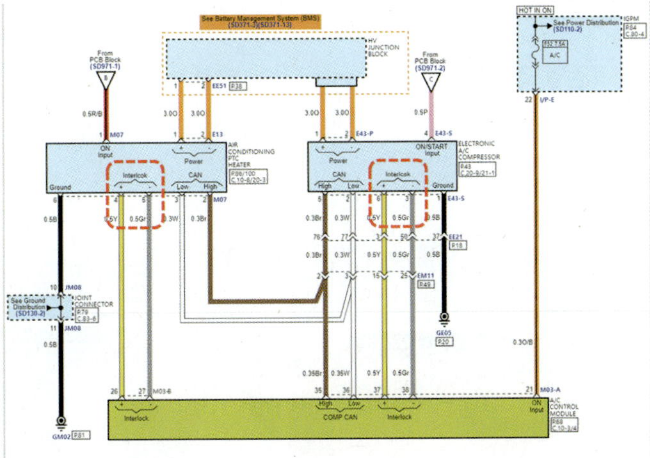

A/C 컴프레서 제어 회로도

그림 6 코나 인터락 회로 배선도

⑤ 인터락 회로 구성에서 BMU에서 제어하는 모듈은 병렬 방식으로 각각의 인터락 센서에서 데이터를 받아 제어하는 시스템으로 구성되었다.

⑥ EPCU에서 제어하는 인터락 회로는 직렬 연결회로로 구성되었으며 접지 ⊖가 각각의 인터록 회로를 지나 EPCU 제어기로 전달되므로 4개소의 회로 중 어느 하나만 분리되어도 4개소의 정확한 부위를 단정하기 어려운 점이 있다.

2. GDS 진단기를 활용하여 인터락 회로 진단하기

① 고전압 배터리에서 고전압 정션 블록으로 오는 고전압 배선이 탈거될 경우 진단기에 0.5V에서 전압이 5V로 승압되는 것을 알 수 있다. 진단기에서 전압을 측정하면 인터락 회로의 고장을 진단할 수 있다.

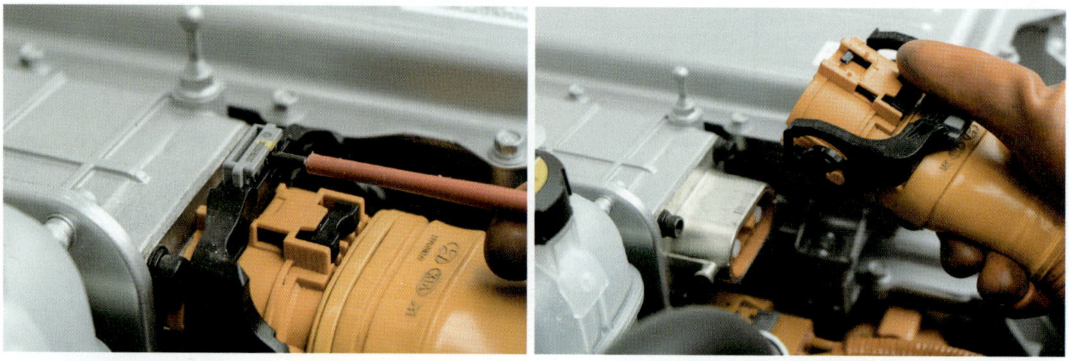

(a)

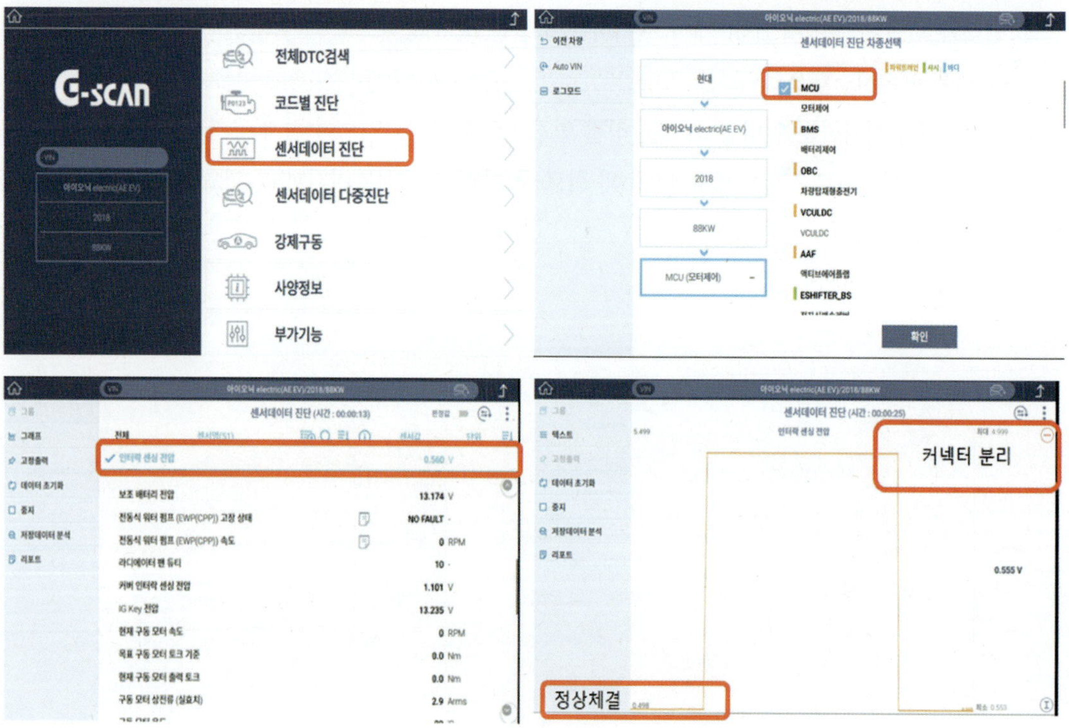

(b)

그림 7 GDS를 활용한 인터록 회로 진단

Q 05 저전압을 사용하는 내연기관의 경우 퓨즈가 있는데 고전압에 관련된 부품에도 퓨즈가 있는가?

1. 고전압 퓨즈

① 고전압에도 저전압과 마찬가지로 퓨즈가 장착되었는데, 고전압 배터리의 안전을 위해 안전플러그 내부에(400A) 설치되어 있으며 고전압 전원 분배를 담당하고 있는 고전압 정션 블록에 OBC(40A), A/C 컴프레서(30A), PTC(40A), 고전압 배터리 승온히터에 퓨즈가 설치되어 있다.

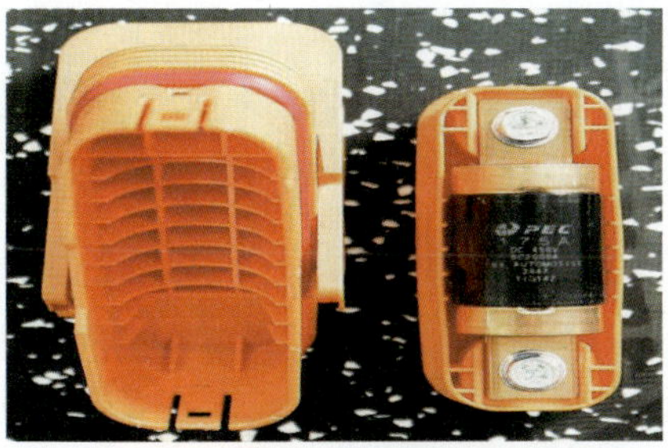

안전플러그 내부 퓨즈

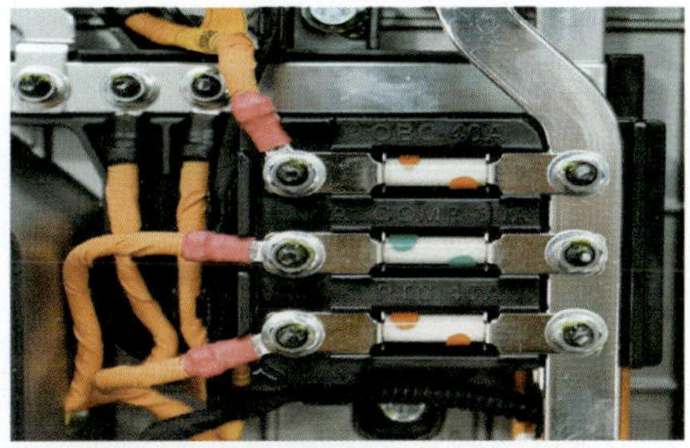

EPCU 내부 퓨즈

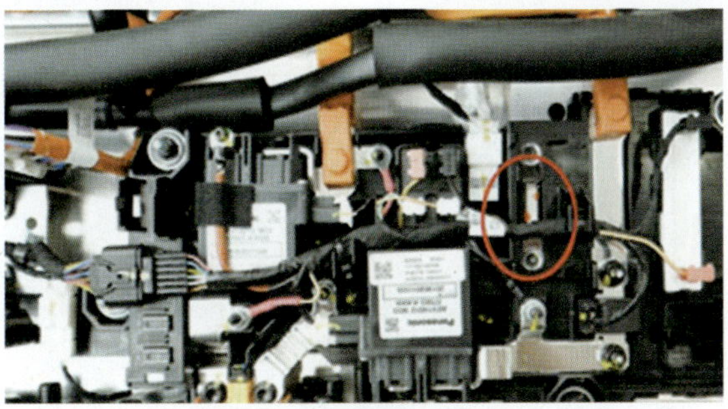

PRA 내부 승온히터 퓨즈

그림 1 고전압 퓨즈 장착 위치

2. 퓨즈 점검 방법

① 고전압 퓨즈 점검 방법으로 단선 유무를 측정하면 된다. 먼저 고전압 차단 절차에 의해 고전압을 안전하게 차단 후, 퓨즈가 장착된 부위의 부품에서 멀티 테스터를 활용하여 단선 유무를 확인하면 된다.

② 고전압 정션 블록 내부의 퓨즈 점검 시 정션 블록 커버를 탈거하기 어려운 경우 고전압 정션 블록에서 배선을 통해 직접 점검하면 된다. 고전압 인가 시 전원은 ⊕ ⊖가 분리되어 공급되는데 퓨즈는 ⊕에 설치되어 있다. 즉, 고전압 정션 블록으로 인가되는 고전압 배선의 한쪽은 ⊕이며, 다른 한쪽 배선은 ⊖가 인가된다는 것을 알 수 있다.

③ 정션 블록의 한쪽 배선과 고전압 정션 블록의 출력되는 배선 중 어느 하나라도 통전이 되면 정상이며, 그렇지 않고 어느 배선으로도 통전되는 값이 나오지 않는다면 관련 퓨즈는 단선된 것을 알 수 있다.

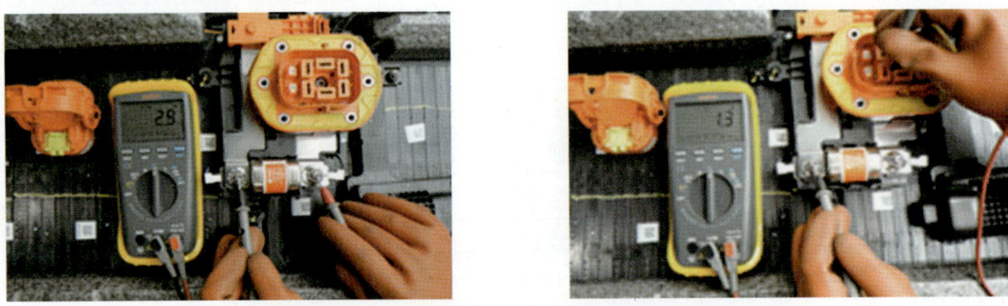

안전플러그 퓨즈 점검

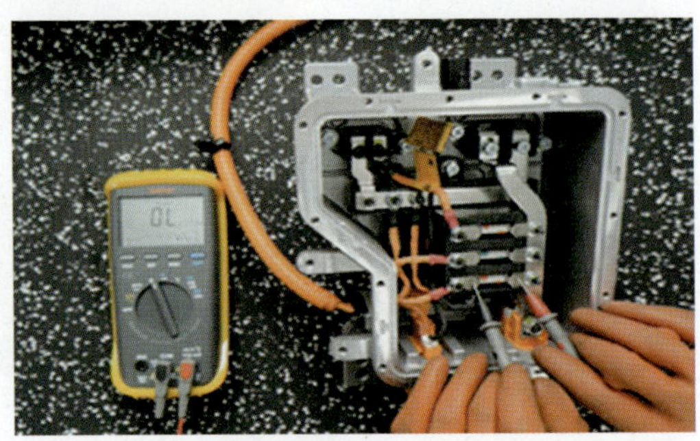

고전압 정션 플러그 내부 퓨즈 점검

그림 2 단품에서 퓨즈 점검

④ 코나 EV의 경우 고전압 안전플러그의 퓨즈 점검을 위해 퓨즈 점검 단자를 외부로 노출시켜 퓨즈를 점검할 수 있도록 단자가 별도로 설치된 경우가 있는데, 퓨즈 점검 단자가 있는 경우는 퓨즈 점검 단자를 활용하여 점검하면 된다.

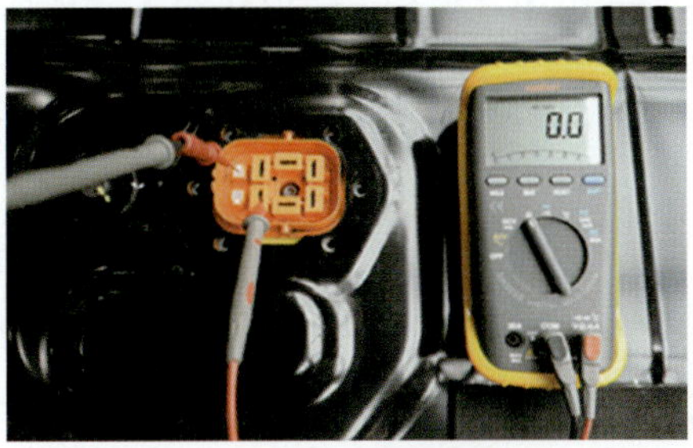

안전플러그 퓨즈 점검

A/C 콤프레셔 퓨즈 점검

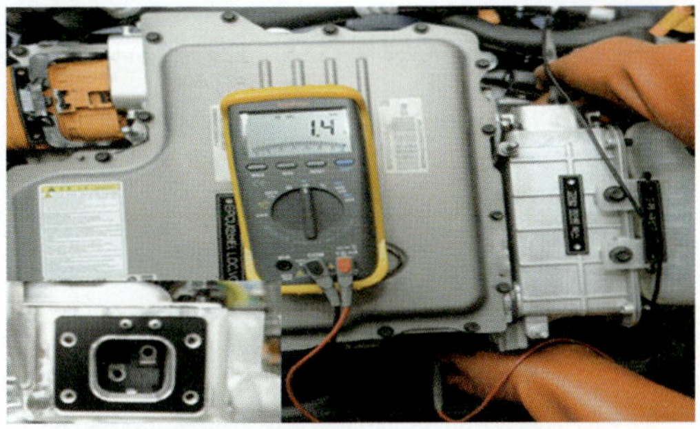

고전압 정션 블록 내부의 OBC 퓨즈 점검

그림 3 고전압 배선에서 퓨즈 점검

Q 06 전기자동차를 충전할 경우 고속 충전과 완속 충전이 있는데 어떻게 다른가?

① 전기자동차의 충전에는 완속 충전과 고속 충전이 있다. 고속 충전은 충전기 자체에서 AC 전류를 DC 전류로 변환하여 자동차에 공급하므로 직접적으로 배터리가 충전되며, 완속 충전의 경우는 AC 전류가 자동차로 공급되며 전기자동차 내부에 설치된 OBC에서 AC 전원을 DC로 변환하여 고전압 배터리를 충전하게 된다. 이러한 이유로 급속 충전은 높은 전압을 공급받아 충전이 이루어지므로 충전 시간이 단축되며, 완속 충전의 경우는 OBC에서 전원을 변환하게 되므로 차량의 성능이나 용량에 대한 제한적인 이유로 다소 급속 충전에 비해 충전 시간이 길어지는 이유가 있다.

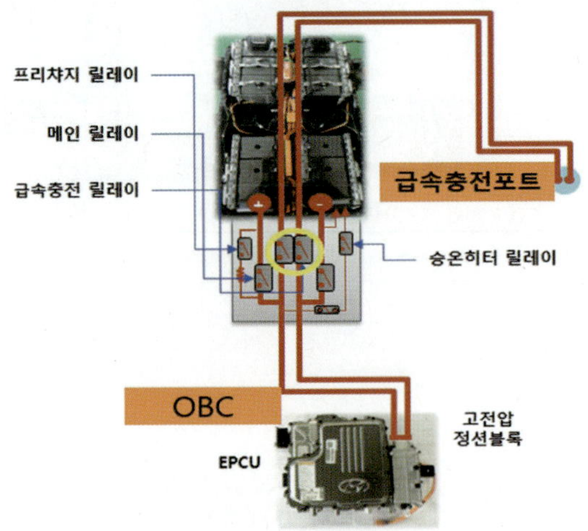

충전 장치 고전압 흐름도

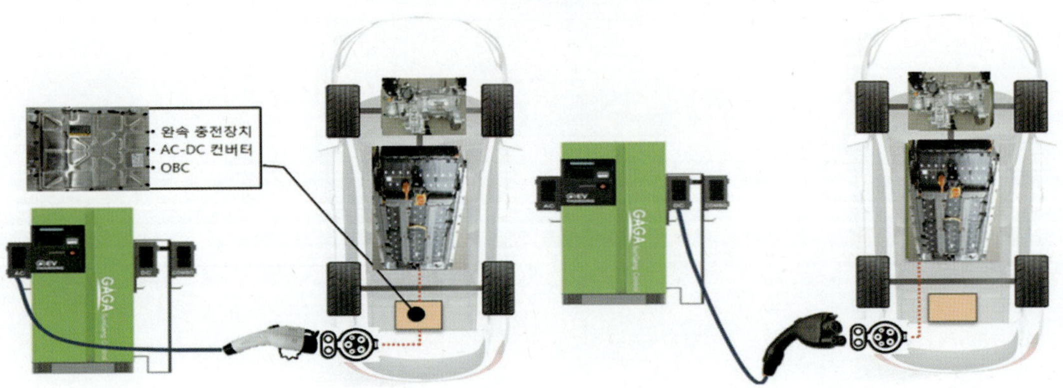

완속 충전 전압 흐름도

급속 충전 전압 흐름도

그림 1 전기자동차 충전 시스템

Q 07 전기자동차에 사용되는 배터리의 전압 종류가 2가지 있다고 하는데 어떻게 구분하는가?

① 전기자동차에서는 내연기관과 달리 동력원을 발생시키는 고전압 배터리와 자동차의 기능을 발휘하기 위해서 모든 기능을 깨우는 역할을 하는 저전압 배터리로 구분된다. 전기자동차의 동력을 활용하는 개념으로 볼 때 고전압도 매우 중요하지만, 차량을 운행하기 위해서는 기본적으로 저전압(12V) 전원이 매우 중요한 역할을 한다. 즉, 저전압(12V)의 전원이 방전되어 공급되지 않으면 전기자동차의 모든 기능은 작동하지 않게 된다. 고전압 배터리의 전원은 충분하나 저전압(12V)의 전원이 방전되거나 배터리의 상태가 좋지 않을 경우는 내연기관과 동일하게 모든 기능이 작동되지 않는다.

② 저전압 배터리의 충전은 내연기관과 달리 알터네이터가 별도로 없으며, 고전압의 전원을 활용하여 저전압 배터리를 충전하게 된다.

③ EPCU 내부의 LDC에서 저전압을 생성한다.

Q 08 전기자동차는 주행 중 충전이 가능하다고 하는데 무엇인가?

① 전기자동차에서는 회생 제동 장치라고 하는 기능이 있어 차량이 주행 중 정차를 위해 브레이크를 작동하거나 내리막길에서 속도를 감속할 경우 전동기의 회로가 변경되면서 전력을 생성하는데, EPCU 내부에 VDC가 AC 전원을 DC로 변환하여 고전압 배터리를 충전하여 주행거리를 증가시키게 된다.

② 핸들에 장착된 패들 스위치를 작동하여 회생 제동량을 조절하는데, 좌, 우측 패들을 조작하여 증가, 감소시킬 수 있으며 패들 스위치를 0.5초 이상 당기면 최대, 최소값으로 즉시 이동된다.

③ 회생제동량은 4단계로 구분되어 충전량을 조정하고 있다.

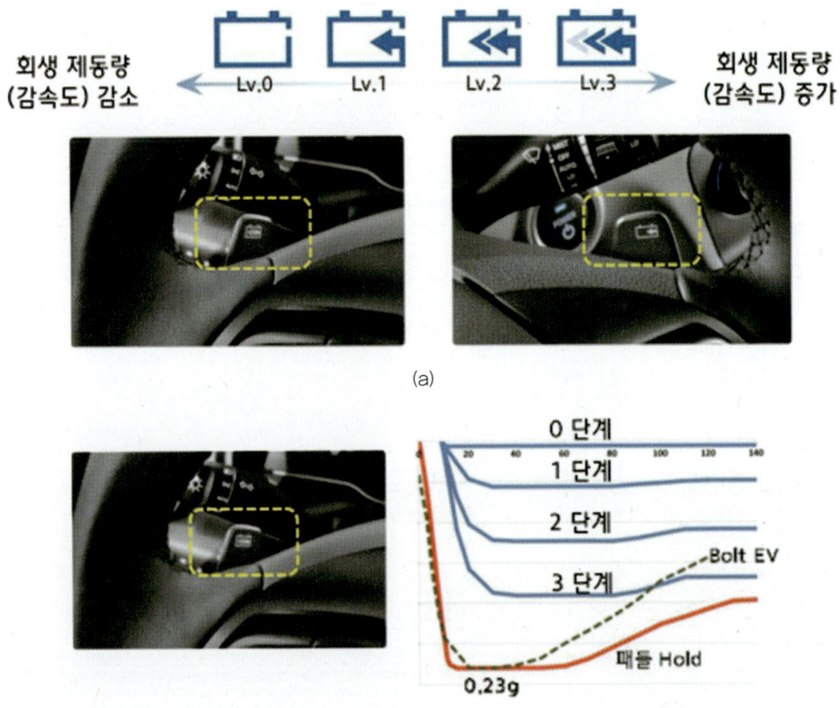

그림 1 회생제동 작동 범위

Q 09 구동모터 수리 및 점검은 어떻게 하는가?

1. 전기자동차 구동모터 구성

① 구동모터의 구성으로는 내연기관과 달리 기어를 변속하는 것이 아니라 모터 특성이 저속에서부터 고속까지 전류량에 따라 회전속도 및 토크를 발생시킬 수 있으므로 고회전하는 전동기이므로 감속을 하는 기어비를 가지고 있다.

② 전동기의 구성요소는 EPCU 내부에 VDC(인버터) 감속기 종감속 기어, 모터, 레졸버 센서, 온도 센서, SBW(shift by wire)로 구성되어 있다.

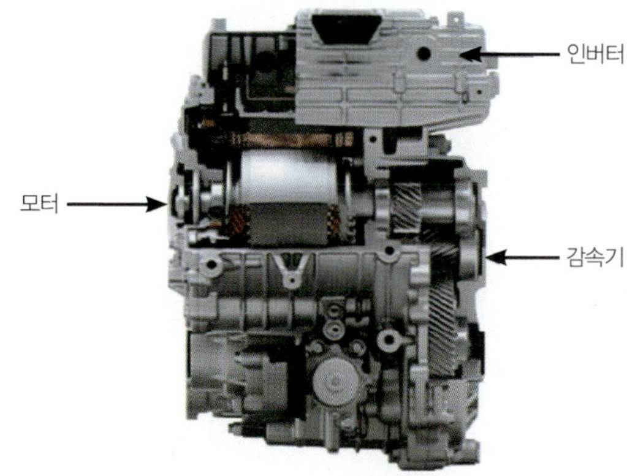

(a)

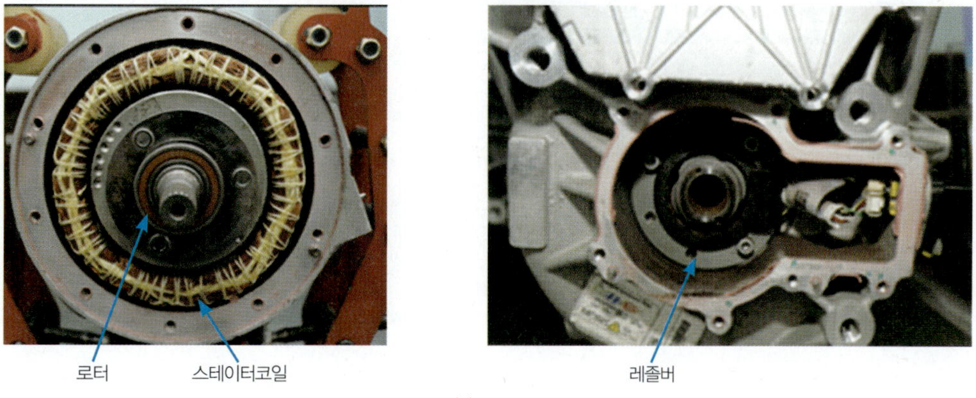

(b)

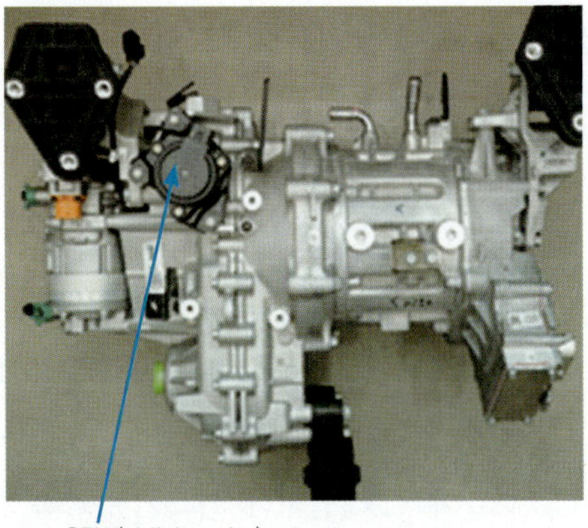

SBW(shift by wire)

(c)

그림 1 구동모터 구성

2. 진단기를 활용한 전동기 고장 부위 진단

① 전동기의 이상 유무 판단을 위해 절연 저항 및 레졸버 센서, 온도 센서를 측정하는 방법으로 GDS 진단기를 활용하는 방법과 단품에서 저항을 측정하여 고장 유무를 판단할 수 있다.

② 진단기에서 MCU의 고장진단에서 진단하여 고장 개소를 파악한다.

③ 진단기에서 센서데이터를 활용하여 센서값을 확인하여 판단한다.

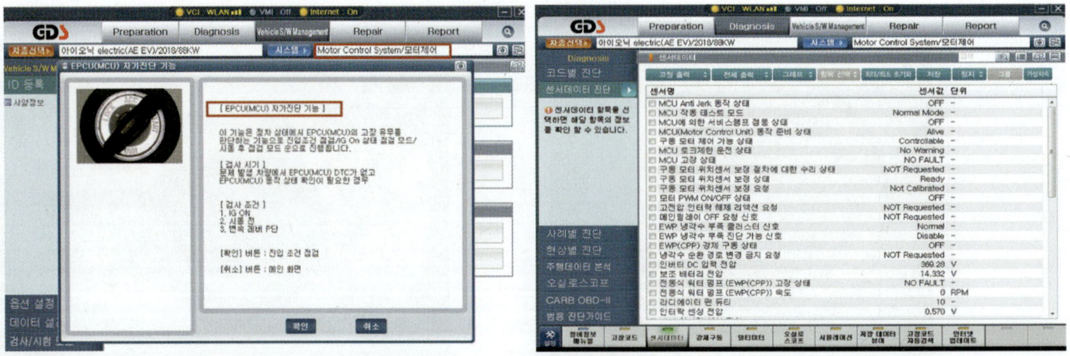

(a) (b)

그림 2 진단기를 활용한 구동모터 진단

3. 진단기를 활용하여 레졸버 센서값 입력

① 전동기의 분해, 조립 과정에서 분해 후 조립이 완성되고 나면 레졸버 센서의 데이터를 입력하여야 하는데, 레졸버 센서값 입력은 진단기의 부가기능 중 레졸버 옵셋 보정 초기화 화면에서 실시하면 된다.

② 레졸버 센서값을 입력하기 전에 차량을 리프팅한 후에 실시 ⇒ 차량을 off한 후에 실시해야 한다(차체 자세 장치를 off하는 이유는 차체 자세 제어 장치가 on되는 경우 차량이 리프팅되어 있으면 전륜구동만 구동되므로 후륜의 휠이 정지 상태이고 차량 내부에서 에러를 발생하여 정확한 동력을 전달할 수 없게 된다).

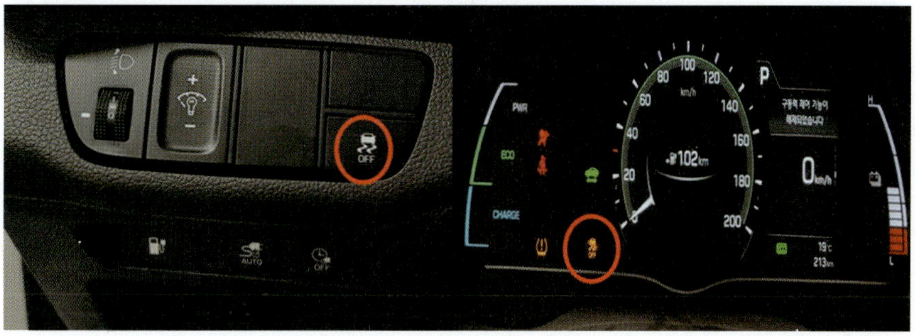

그림 3 차제 자세 장치 off

③ 레졸버 센서 옵셋을 실시할 경우 최대값의 동력을 찾기 위해 휠이 강한 회전과 낮은 속도를 반복하면서 최상의 위치를 진단기가 찾는다.

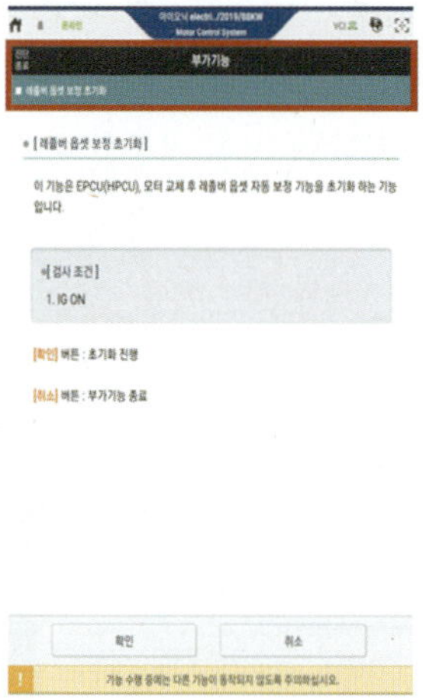

그림 4 진단기를 활용한 레졸버 옵셋 초기화

4. 전동기 교환 작업 후 EWP 강제구동

① 전기자동차의 경우는 내연기관과 달리 워터 펌프가 전기모터 방식이므로 냉각수가 배출된 작업을 실시한 경우 워터 펌프를 강제 구동하여 냉각수에 포함된 공기를 배출시키기 위해 강제로 구동하여야 한다.

② EWP 구동은 부가 기능 중 강제 구동 모드에서 실시하면 된다.

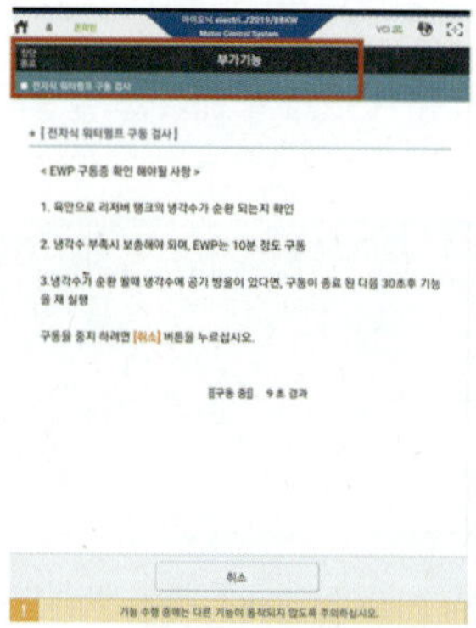

그림 5 진단기를 활용한 EWP 강제 구동

5. 전동기 단품에서 단선, 단락, 절연 저항 측정

① 전동기 스테이터 코일의 단선, 단락은 멀티 테스터기를 활용하여 진단하는데 U, V, W상 간의 저항을 측정하여 저항값이 측정된 경우 정상이며 ∞가 측정된 경우 단선으로 판정한다.

② 스테이터 코일의 피복 손상에 의한, 절연 파괴에 의한 손상 유무를 판정하기 위해 MΩ 테스터기를 활용하여 절연값을 측정하여 진단한다(차량별 절연 저항값 참조, 상온에서 100MΩ).

③ mmΩ 테스터기를 활용하여 열화 등으로 인한 스테이터 코일의 손상을 파악하기 위해 저항값을 측정한다(상온에서 19.1mmΩ ±5% 이내).

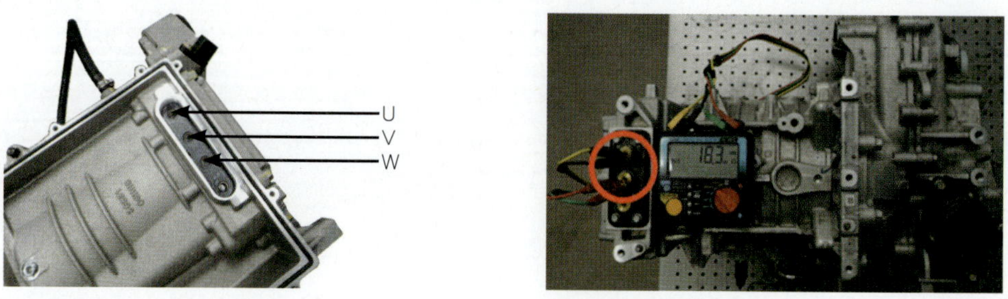

그림 6 U, V, W 위치 및 선간 저항 점검

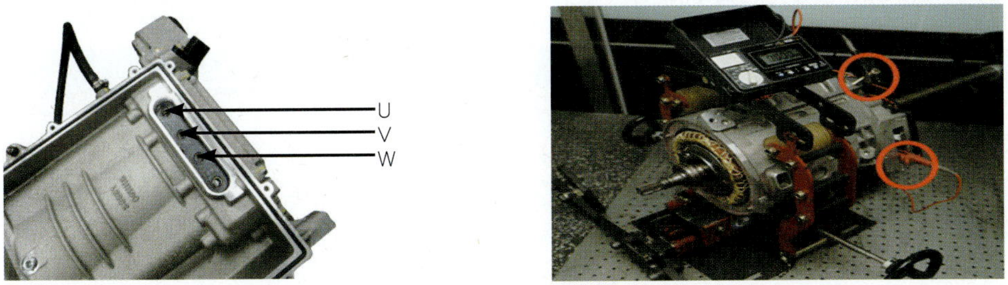

그림 7 U, V, W 위치 및 절연 저항 점검

[아이오닉 5(NE EV) 2022년식 선간 저항]

항목	점검 부위	규정값	비고
선간 저항 (Line-Line)	U – V	57.48~63.52mΩ	상온(20~20.08℃)
	V – W		
	W – U		

[아이오닉 5(NE EV) 2022년식 160㎾ 절연 저항]

항목	점검 부위	규정값	비고
절연 저항	Housing – U	100mΩ 이상	DC 1,000V(1분간)
	Housing – V		
	Housing – W		

[아이오닉 5(NE EV) 2022년식 절연 내력]

항목	점검 부위	규정값	비고
절연 저항	Housing – U	18㎃ 이하	AC 2,200V(1분간)
	Housing – V		
	Housing – W		

[모터 위치 및 온도 센서 점검]

항목	점검 부위		규정값	비고
모터 온도 센서	선간 저항	5-10	18.1~20.8㏀	Reference temperature : 20℃(68℉)
	절연 저항	5-Housing	More than 100mΩ	DC 500V, 5 seconds
		5-U/V/W		
	절연 내역	5-Housing	Below 0.5㎃	AC 1600V, 1 seconds
모터 위치 센서	선간 저항	2-7	23.0Ω±7%	Reference temperature : 20℃(68℉)
		3-8	82.0Ω±7%	
		4-9	74.0Ω±7%	
	절연 저항	2-Housing	More than 100㏁	DC 500V, 5 seconds
		3-Housing		
		4-Housing		

[오일 온도 센서 제원]

항목		제원
센서 형식		NTC 서미스터
작동 전압		5V±0.25V
최대 저항		100㎃
응답 시간	시험 매체 : 냉각수	MAX. 5sec
오일 온도표		-40 to 150℃(-40 to 302℉)

온도(℃)	저항(㏀)		
	최저(MIN)	보통	최대
-40	41.74	48.14	54.54
-30	23.54	26.74	29.94
-20	14.13	15.48	16.83
-10	8.393	9.308	10.223
0	5.281	5.790	6.299
10	3.422	3.714	4.007
20	2.310	2.450	2.590
30	1.554	1.658	1.762
40	1.084	1.148	1.212
50	0.7729	0.8126	0.8524
60	0.5615	0.5865	0.6115
70	0.4154	0.4311	0.4469
80	0.3122	0.3222	0.3322
90	0.2382	0.2446	0.2510
100	0.1844	0.1884	0.1924
110	0.1451	0.1471	0.1491
120	0.1139	0.1163	0.1187
130	0.0908	0.0930	0.0953
140	0.0731	0.0752	0.0773
150	0.0594	0.0614	0.0634

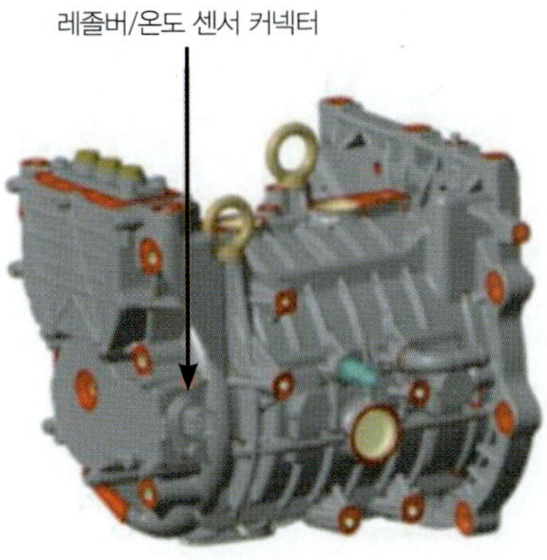

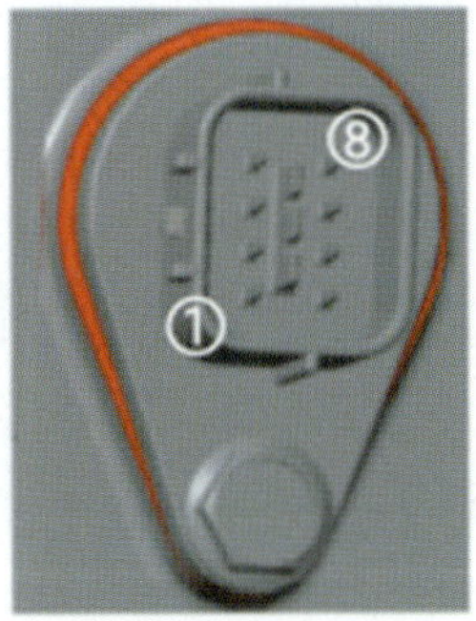

구분	핀 번호	판정	비고
레졸버	1-5	26.5℃±10%	외기온도 20~30℃
	2-6	87Ω±10%	
	3-7	76Ω±10%	
온도 센서	4-8	13.44~7.56kΩ	

그림 8 레졸버 및 온도 센서 커넥터, 판정

Q10 전기자동차와 내연기관에 사용되는 타이어는 무엇이 다른가?

① 전기자동차의 타이어는 내연기관 자동차의 타이어와 외관상으로 특별한 차이가 없지만 전기자동차의 특성상 모터로 구동되므로 출발 시 많은 토크가 발생하므로 접지력이 향상되어야 하며, 배터리로 인한 무게의 증가로 인해 내구성과 내마모성을 가지는 타이어를 구비하여야 한다.

② 전기자동차 타이어 마모는 내연기관 자동차와 비교하여 20% 정도 높다. 이로 인해 트레드의 재료가 강화된 타이어로 구성되어 있다.

③ 전기자동차의 경우 내연기관에 비해 소음 발생이 적으므로 타이어에서 발생하는 소음을 줄이기 위해 타이어 내부에 흡음재가 부착되어 있다.

④ 전기자동차에서의 타이어는 구름 저항을 줄이면 접지력이 떨어지게 되고, 주행성능을 높이면 구름 저항이 높아지게 되어 전비(연비)가 불리해진다.

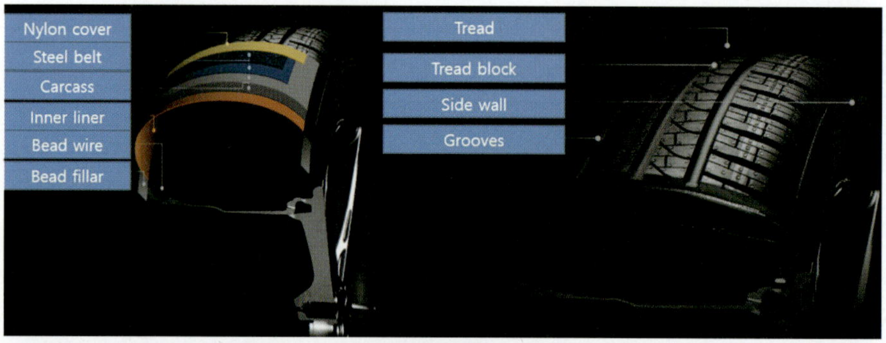

(a)

(b)

그림 1 전기자동차 타이어 구성

Q 11 출장을 가야 되는데 장시간 차량을 사용하지 않을 경우 어떻게 하는가?

① 전기자동차의 배터리는 일반 자동차의 납산 배터리와 달리 리튬이온 폴리머 배터리로 납산전지에 비해 자가 방전률이 1/20 정도이므로 자가 방전률이 현저히 낮으며, 60일 이상 방치할 경우에도 자체 방전률이 2% 정도로 아주 미미하므로 크게 걱정할 정도는 아니다.

② 추운 겨울철과 무더운 날씨에서 리튬폴리머 배터리의 성능저하를 걱정하는 경우가 있는데, 리튬폴리머 배터리의 특성상 −20℃~ 영상 60℃까지 견딜 수 있는 구조이므로 크게 걱정하지 않아도 된다.

③ 사고로 인해 배터리의 전해액 노출과 폭발에 대한 걱정이 있는데, 전해액은 젤 타입이므로 누출에 대한 큰 걱정이 없으며, 충격에 의한 폭발의 위험성은 셀 자체에 강한 충격으로 셀의 분리막이 손상되어 음극판과 양극판에 접촉이 생길 정도여야 되는데, 배터리팩 및 모듈을 견고하게 제작되었으므로 크게 걱정하지 않아도 된다.

④ 자동차를 장시간 방치할 경우 고전압 배터리의 자가 방전률은 매우 낮지만 저전압 배터리(12V)의 경우 고전압 배터리의 LDC에 의해 충전하지만, 더러 저전압 배터리의 상태가 불량하여 방전이 이뤄지는 경우가 종종 발생하고 있다. 이러한 경우 저전압 배터리를 충전하여 사용하면 된다.

Q 12 전기자동차의 저전압 배터리 충전은 어떻게 하는가?

① 전기자동차에서는 내연기관과 달리 알터네이터가 없으며 고전압 배터리의 전원을 활용하여 저전압 배터리의 충전을 시행한다.

② Key off 시 저전압 배터리의 충전을 시행하는데 고전압 배터리의 전압이 20% 이상 남아있을 때 가능.

③ 장시간 주차 시 3일 주기(저전압 배터리의 SOC값이 70% 이하 시)로 20분간 저전압 라인을 통해 충전하여 저전압 배터리의 방전을 방지한다.

④ IG ON상태에서 고전압 충전 완료 후 사용자 방치로 인해 방전의 우려를 예방하기 위해 자동 보충 전 기능도 가능하다(2018년 8월 이후 아이오닉, 코나).

항목	주기적 보충 전	자동 보충 전
차량상태	Key off	IG ON
차량조건	문닫힘	충전 커넥터
동작시간/주기	20분/1회(일)	20분/1회
저전압 배터리 전압, SOC	12.7V 이하, 70% 이하	
고전압 배터리 SOC	20% 이하	

Q 13 전기자동차 냉각수는 내연기관과 무엇이 다르고 교환 작업은 어떻게 하는가?

1. 전기자동차 냉각수 특성

① 전기자동차의 냉각수 시스템은 내연기관과 약간 다르다. 2018년 8월 이전 자동차는 고전압 배터리의 냉각을 위해 공랭식 방법이 적용되었으며, 2018년 이후 코나의 경우는 고전압 배터리 냉각 방식이 수냉식이다.

② 전기자동차 냉각 회로는 PE용(전동기, EPCU, OBC 등)과 고전압 배터리 냉각용으로 구분된다.

③ 적용되는 냉각수의 색상은 파랑과 초록색으로 구분하고 있다.

④ 내연기관과 마찬가지로 전기자동차에서도 냉각수는 매우 중요한 역할을 한다. 냉각수가 부족하게 되면 제어기 및 구동모터의 과열로 인해 심각한 고장이 발생하게 된다.

⑤ 냉각수 부족 시 경고메시지가 점등되며 일정 온도 이상이 되면 출력을 제한한다.

⑥ 전기자동차의 경우 내연기관과 달리 냉각 계통 작업을 하고 난 이후 진단기를 활용하여 EWP의 공기빼기 작업을 필히 실행해야 한다.

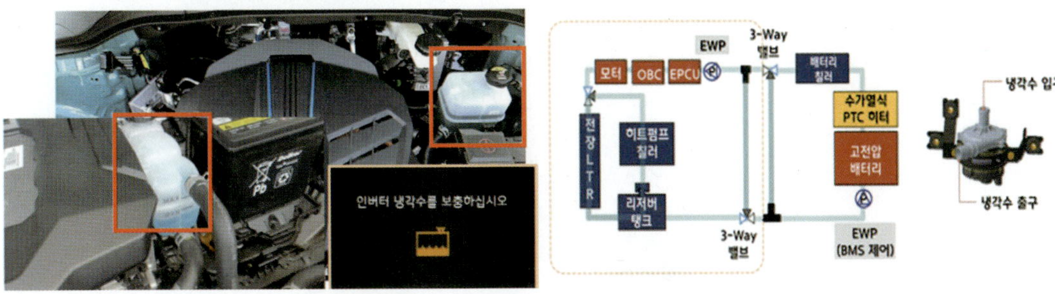

그림 1 전기자동차 냉각수 회로

2. 승온 히터 작동 조건(옵션)

<table>
<tr><th>구분</th><th>조건 1</th><th>조건 2</th><th>조건 3</th><th>비고</th></tr>
<tr><td>충전 중</td><td>상시작동</td><td>원터 모드
설정 무관</td><td rowspan="2">– (7KW급 이상 충전기)충전 케이블 연결
– 배터리 온도가 낮은 경우 아래 목표 온도로 제어
– 급속: 25℃(공통)
– 완속: 15℃(Basic type, 20℃(City type))</td><td rowspan="2">단 벽체 전원을 사용한 완속 충전 또는 ICCB 충전 시 승온 시스템 동작금지(약 3KW로 충전량 낮기 때문)</td></tr>
<tr><td>주행 전</td><td>원격/예약
공조 연동</td><td>원터 모드
ON 시</td></tr>
<tr><td>주행 중</td><td>Ready
ON</td><td>원터 모드
ON 시</td><td>– SOC 35% 이상: 배터리 출력이 70KW보다 낮으면 작동, 크면 종료
– SOC 35% 이하: 배터리 온도
– 5℃ 이하 작동, 배터리 온도 영상 5℃ 종료</td><td>단 SOC 8% 이하 시 추가적인 방전을 막기 위해 원터 모드는 진입금지/종료</td></tr>
</table>

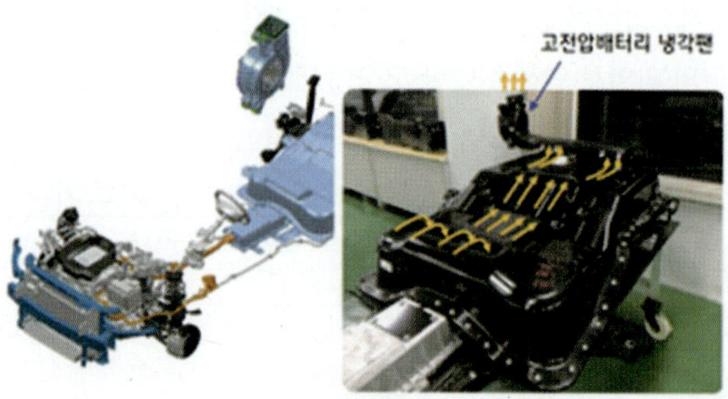

그림 2 공랭식 배터리 냉각 방식(2018년 이전)

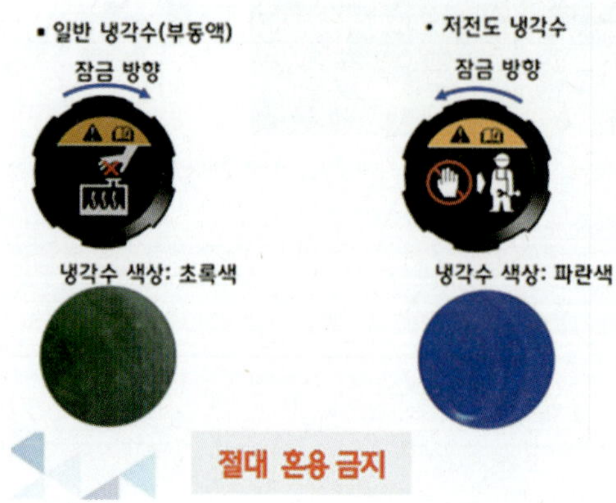

그림 3 냉각수 캡 열림 방향 및 색상

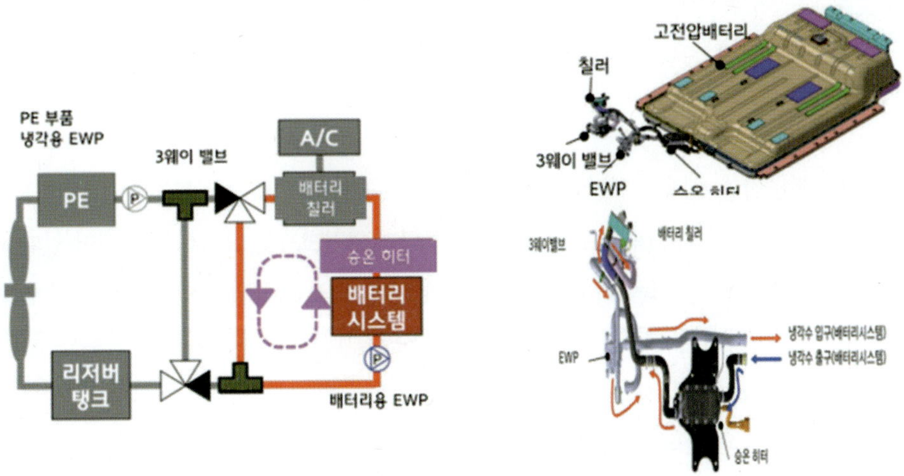

그림 4 승혼 히터 적용 배터리 냉각 방식 흐름도

참 고

원터 모드란 겨울철 외부 온도가 낮을 경우 배터리의 성능이 떨어질 수 있으므로 주행성능과 급속 충전 성능 유지를 위해 설치한 옵션으로 선택사항임.

Q 14 절연저항은 무엇이며 측정은 어떻게 하는가?

1. 절연저항이란?

① 절연저항에서 절연 파괴란 고전압 회로의 누전으로 고전압 회로에서 고전압이 누전되어 차체와 단락되는 것을 말하며, 차체와 단락되어 고전압이 누전되면 고장코드를 표출하도록 되어 있다.

② 고전압의 케이블이나 부품에서 고전압이 누전되면 차체와 접지되어 있으므로 차체에 고전압이 흐르게 되며, 고전압이 차체에 흐르게 되면 BMU가 고전압을 대표하여 전체 절연 여부를 측정하여 절연 파괴 시 고장코드를 표시한다.

③ 단순 고전압 부품의 불량 이외에도 고전압 케이블 이상, 수분 유입으로 인한 절연 파괴의 원인이 되기도 한다.

④ 그림 ㉠과 같이 고전압 배선에 와이어 케이블이 장착되어 배선의 강도에 의한 늘어남을 줄일 수 있는 역할도 하지만, 배선에서 외부적인 영향으로 배선에 손상이 갈 경우 고전압이 흐르게 되어 그림 ㉡과 같이 커넥터로 접지되도록 되어 있다.

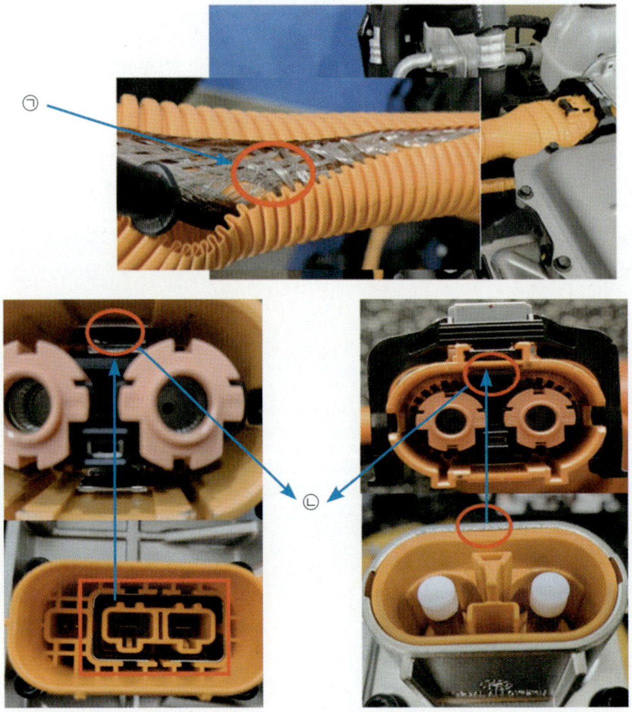

2. 진단기를 활용하여 절연저항 진단

① 진단기를 활용하는 진단방법에서 고전압 회로의 전체적인 절연파괴 범위를 단정짓기 어려우므로 먼저 진단기를 활용하여 절연파괴 범위를 줄인 후 정밀 진단을 위해 MΩ 테스터기를 활용하여 진단하면 된다.

② 진단기에서 진단하는 부위는 세 부위로 구분할 수 있는다. 먼저 1) 고전압 배터리부와 2) 고전압 입력부(PTC, OBC, EPCU, 정션 블록, 급속 충전, 완속 충전) 3) 단품 부위(구동모터, 에어컨 콤프, 실내 PTC)로 구분해서 순차별로 진단하여 고장코드를 표출하게 된다.

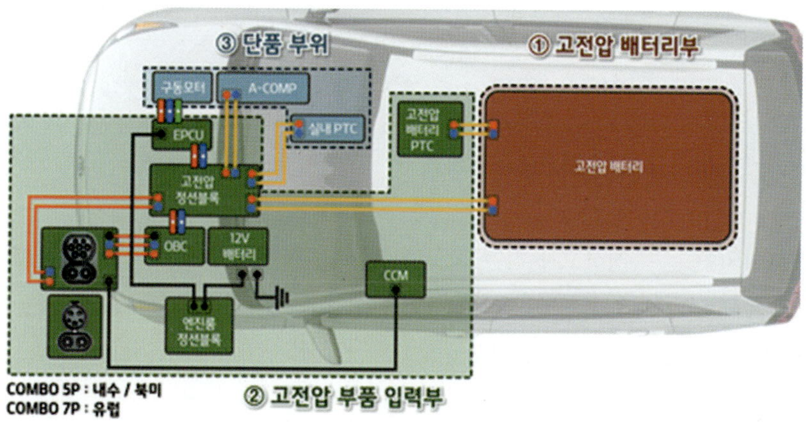

그림 1 진단기를 활용한 절연저항 부위별 진단

3. 진단기를 활용해서 진단하는 방법

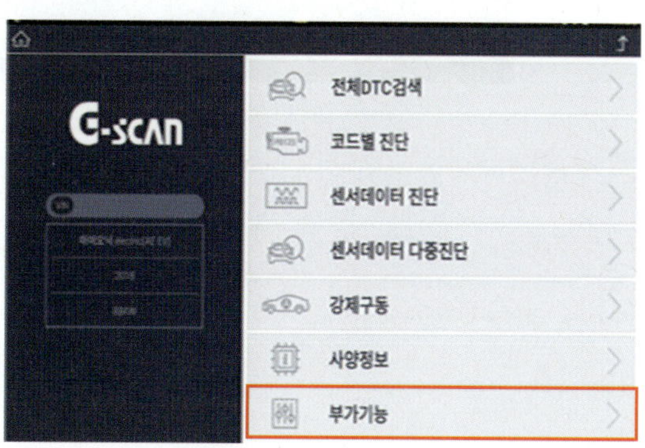

부가기능을 활용한 절연 파괴 검사 1

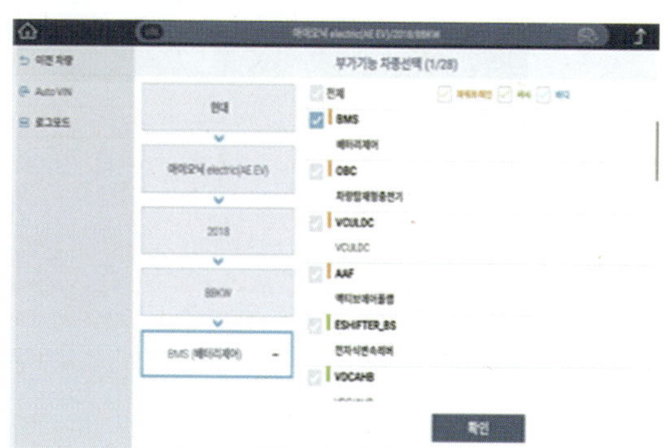

부가기능을 활용한 절연 파괴 검사 2

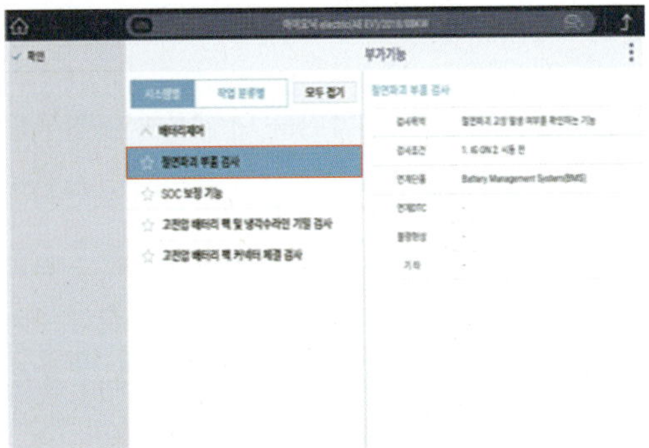

부가기능을 활용한 절연 파괴 검사 3

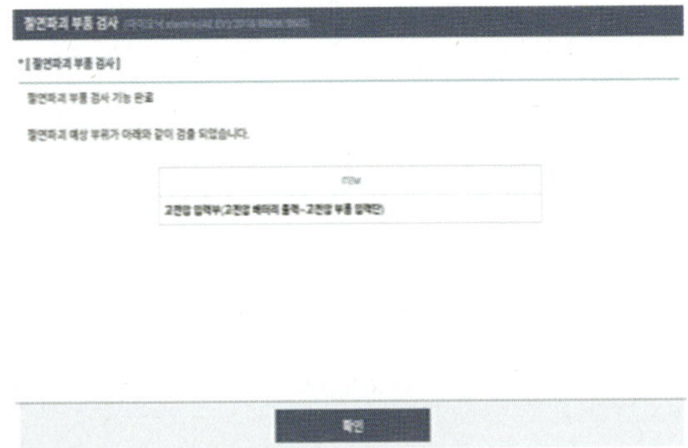

부가기능을 활용한 절연 파괴 검사 4

그림 2 진단기를 활용해서 진단하는 방법

4. MΩ 테스터기를 활용해서 진단하는 방법

① MΩ 테스터기의 ⊕는 측정하고자 하는 회로에 설치한 후 ⊖을 차체에 접지하여 MΩ 테스터기의 전압을 500, 1,000V에 위치한 후 측정하여 절연 파괴가 이루어진 경우 구성 부품이나 회로의 배선을 교체한 후 다시 측정하여 정상이면 작업을 마무리한다.

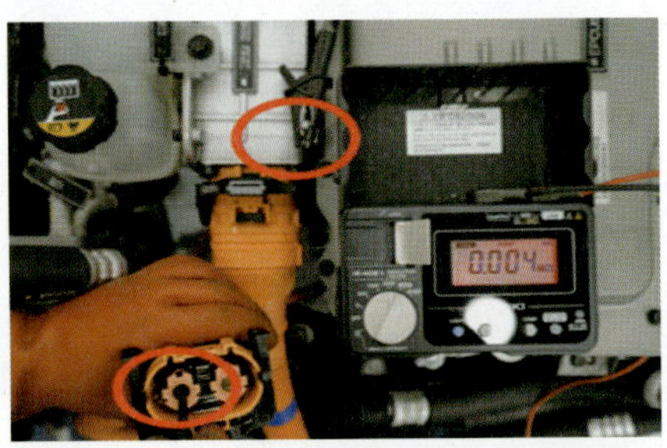

절연이 파괴되지 않는 경우

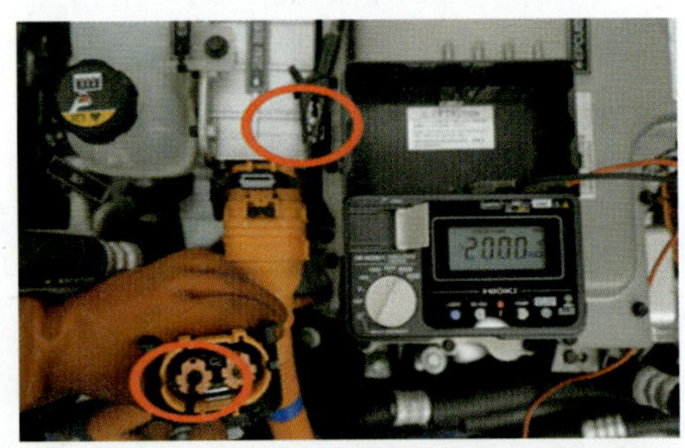

절연이 파괴된 경우

그림 3 MΩ 테스터기를 이용한 절연파괴 검사(PRA 배선 끝단~ 정션 블록 사이)

Q 15 충전 중 충전이 되지 않는 경우 충전기와 차량 중 어떻게 고장인지 알 수 있는가?

1. 전기자동차 충전기 특성

① 전기자동차 충전 방식은 급속 충전, 완속 충전, 휴대용 충전(ICCB) 3가지 방식으로 이루어진다.

② 완속 충전 방식은 충전기 연결 ⇒ 220V AC OBC 입력 ⇒ 고전압 DC로 변환 ⇒ 고전압 정션 블록 ⇒ 배터리 충전.

③ OBC는 AC 220V를 DC 40V로 승합, 변환하여 IG3 릴레이 작동.

④ IG3 릴레이는 충전에 필요한 제어기 VCU, BMU 및 계기판 등에 전원을 공급하는 역할을 한다.

⑤ 고전압 배터리를 충전 중에도 LDC를 통해 보조 배터리 충전이 가능하다.

⑥ 고전압 배터리 충전 중에도 보조 배터리 ⊖가 탈거되어도 정상 충전이 가능하다.

⑦ 보조 배터리가 완전 방전되는 경우 IG3을 열 수 없으므로 고전압 배터리 충전이 불가하다.

⑧ 보조 배터리가 완전 방전되는 경우 보조 배터리를 점프 후 작업을 진행한다.

⑨ 충전 중 충전케이블 잠김은 도어의 언락 시에만 케이블 탈거 가능.

⑩ 언락 후 15초 이내에 케이블을 탈거하지 않으면 잠급 장치가 다시 작동된다.

⑪ 공용 충전기의 케이블은 충전이 완료되면 누구나 탈거가 가능.

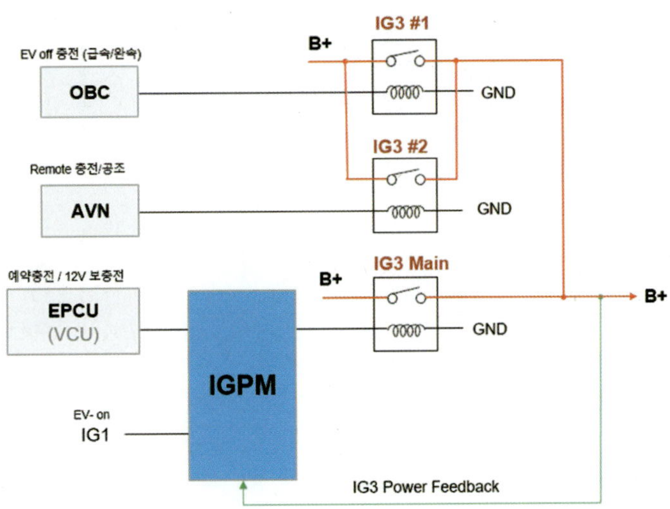

(a)

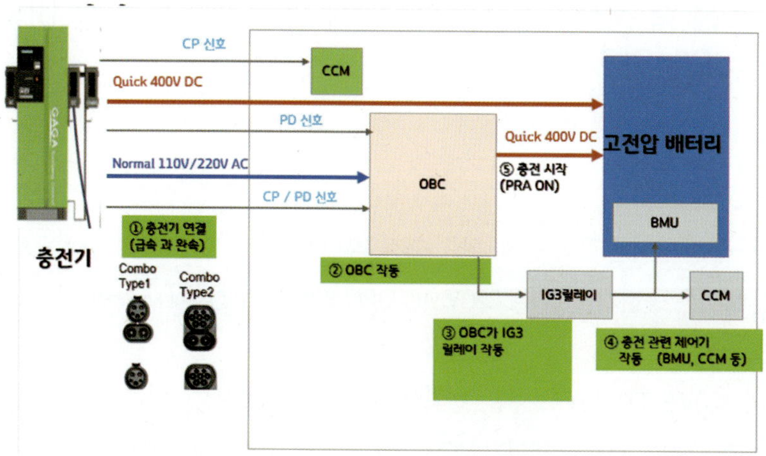

(b)

그림 1 충전 절차 회로

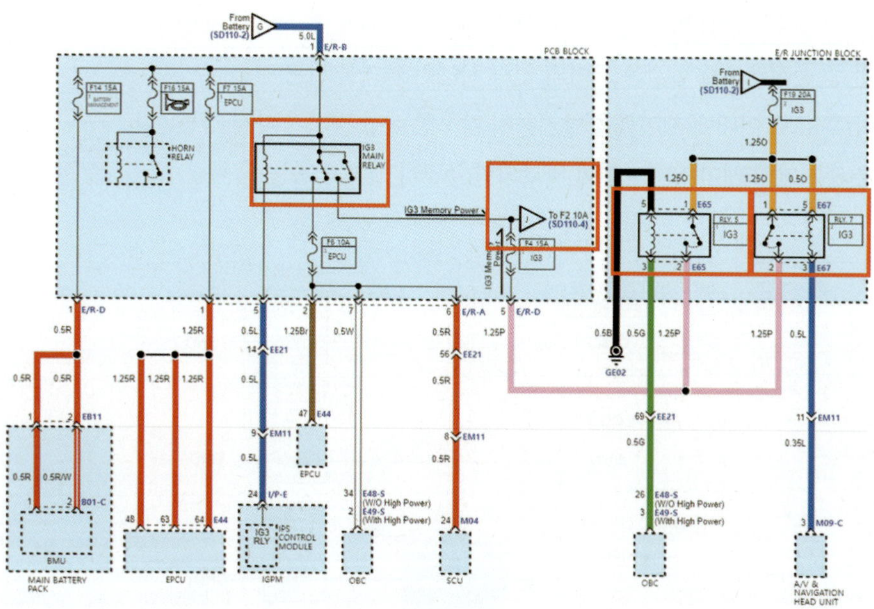

(a)

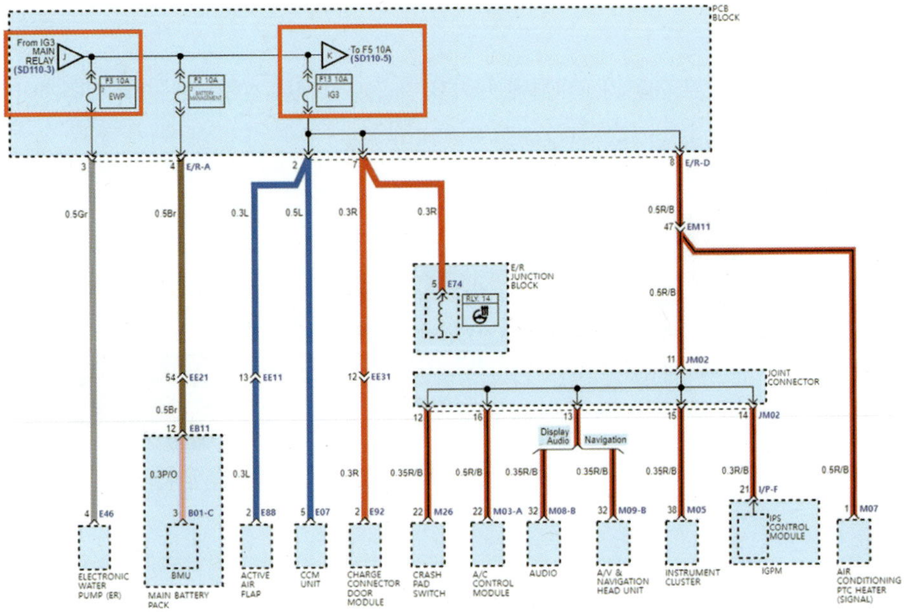

(b)

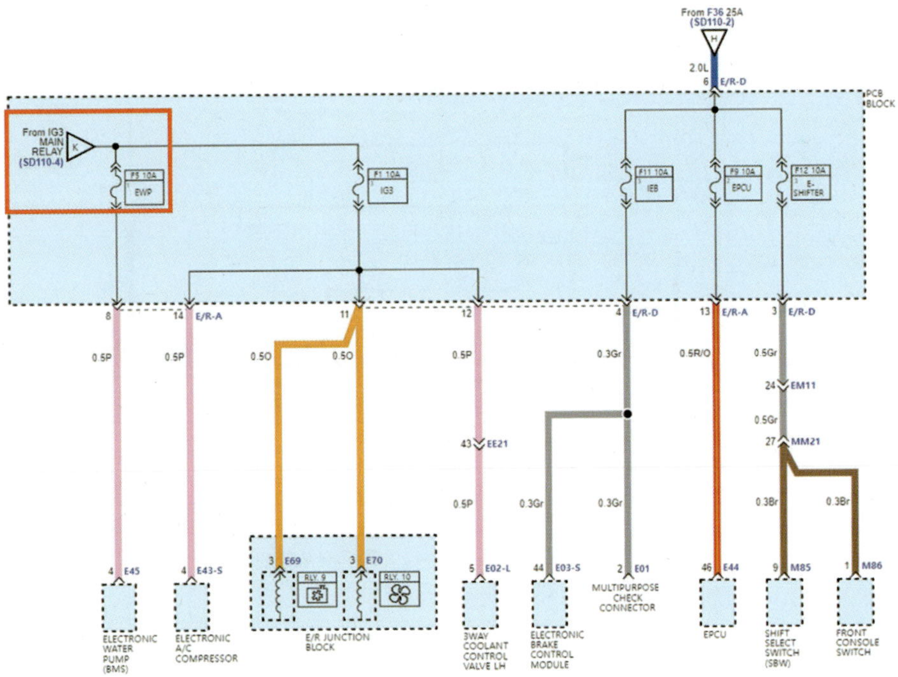

(c)

그림 2 충전용 IG3 회로도

2. 충전케이블 잠금장치

① 스위치 정보를 바탕으로 OBC가 IGPM에 케이블 잠금과 해제를 요청하게 되며 액츄레이터가 고장 시에는 케이블 잠김 불량으로 안전을 위해서 완속 충전만 가능.

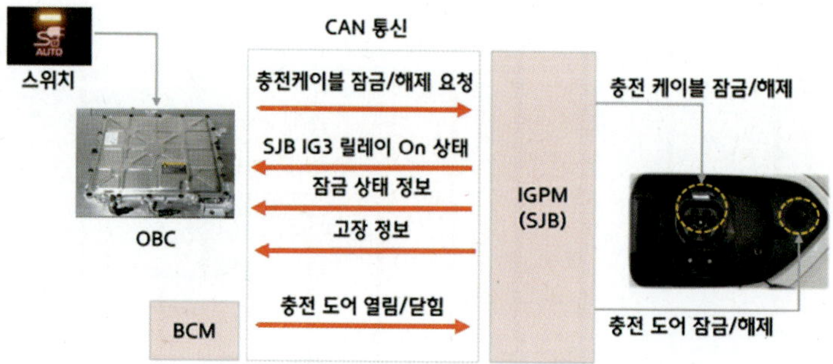

그림 3 충전 케이블 언-락 정보

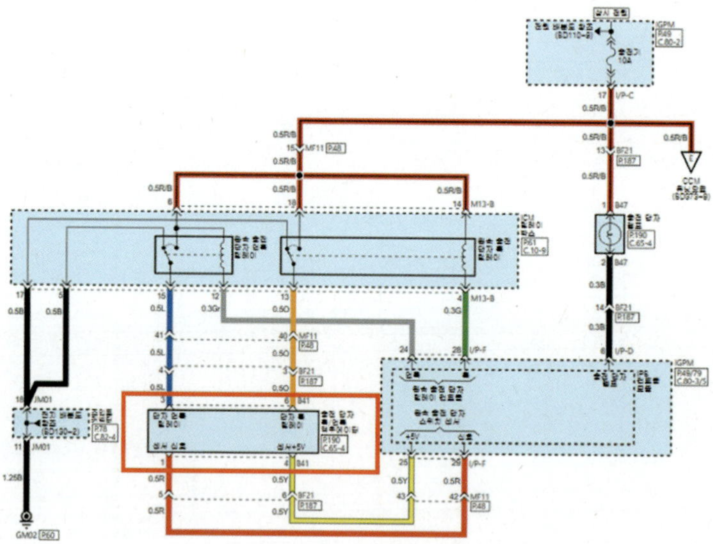

그림 4. 충전 램프와 충전 단자/ 록-언락 액추에이터(콤보 5P)

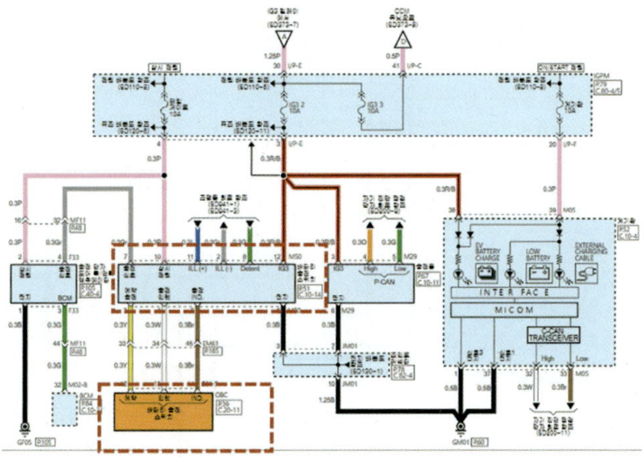

그림 5 배터리 충전 스위치 충전 단자 도어 록-언록 액추에이터 회로도(콤보5P)

3. 급속 충전 흐름

① 충전 케이블이 연결되면 OBC는 CP/PD 신호를 통해 케이블이 연결된 상태와 급속 충전인지 완속 충전인지를 구분한다.

② 급속 충전의 경우 OBC를 경유하지 않고 충전기에서 바로 전원 변환이 이루어져서 공급된다.

③ 충전 시 자동차에서는 CAN에 의해 신호값을 주고받으나 급속 충전기의 경우는 신호 체계가 PWM 신호 체계이며, 자동차의 경우는 CAN 통신 체계이므로 통신이 일치하지 않으므로 자동차에서 신호를 변환하기 위해 CCM 장치를 별도로 장착하여 신호값을 변환하고 있다.

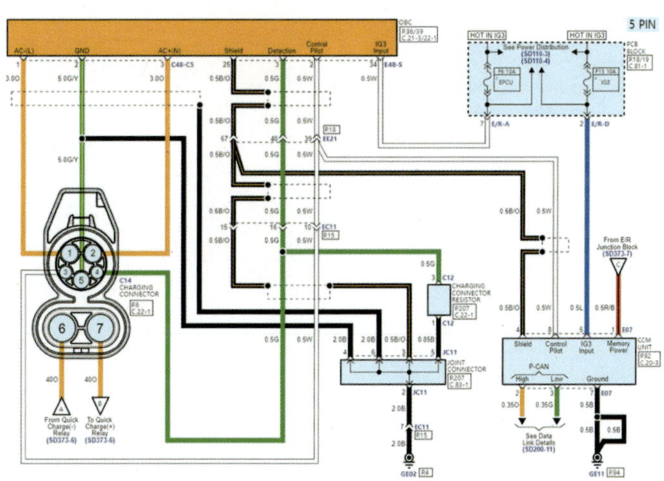

그림 6 CP/PD 콤보 1 타입

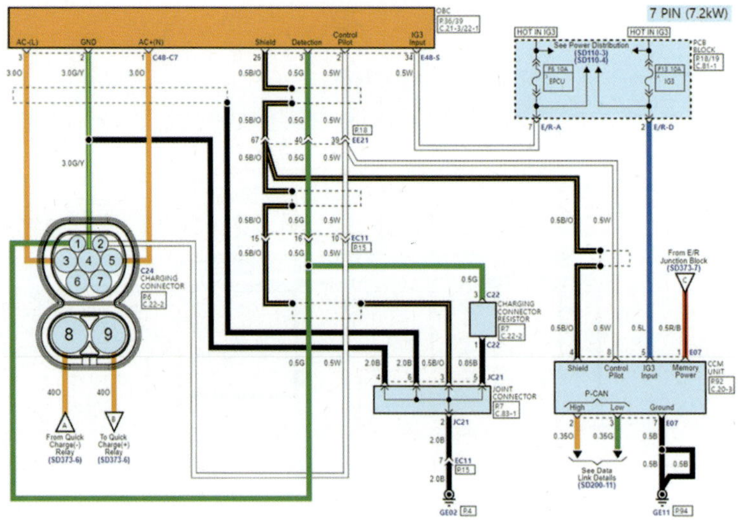

그림 7 CP/PD 콤보 2 타입

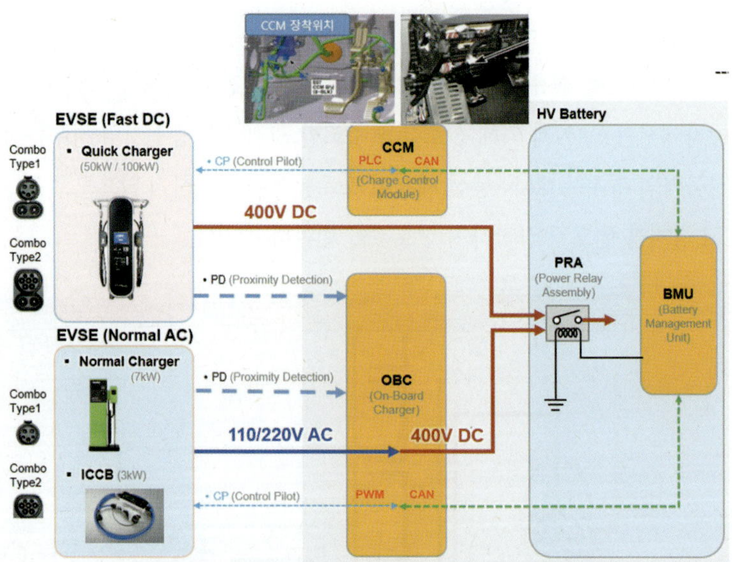

그림 8 급속, 완속 충전 회로

4. CP/PD 신호란

① PD 신호는 OBC와 충전기의 케이블 연결 상태를 확인하여 케이블의 연결과 미연결 및 언락 버튼의 누름에 따라 출력 전압이 변화되는 값을 확인하여 충전을 시작하기 위한 단계이다.

② CP 충전기의 = 연결 상태에 따라 OBC와 튜티값에 따라 차량의 충전 상태를 파악한 후 충전량을 결정하여 충전한다(12A에서 튜티값은 20%).

구분	콤보 1 타입	콤보 2 타입
1	AC 220V	PD 신호
2	AC 220V	CP 신호
3	CP 신호	AC 220V
4	PD 신호	접지
5	접지	AC 220V
6	DC 고전압 ⊕	공단자
7	DC 고전압 ⊖	공단자
8		DC 고전압 ⊕
9		DC 고전압 ⊖

그림 9 충전구 단자별 회로

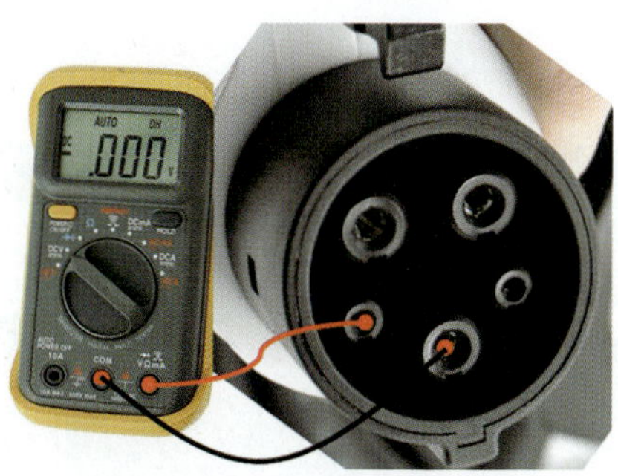

구분	규정값
일반	150Ω
언락 버튼 누르고	480Ω

참 고

PD 신호 회로는 충전 케이블 차량측 손잡이 내부에 구성되어 있으며 OBC가 4.5V를 출력하고 연결되면 1.5V로 낮아지므로 연결 확인되며, PD 신호선과 접지 단자의 저항으로 PD 라인을 점검한다.

그림 10 충전구 충전 PD 저항값 측정

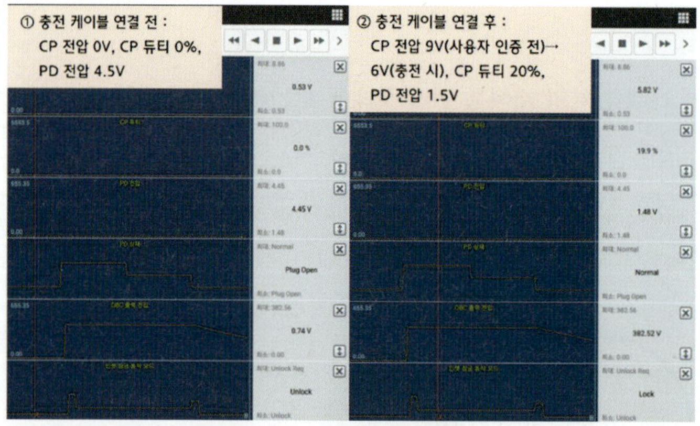

(a)

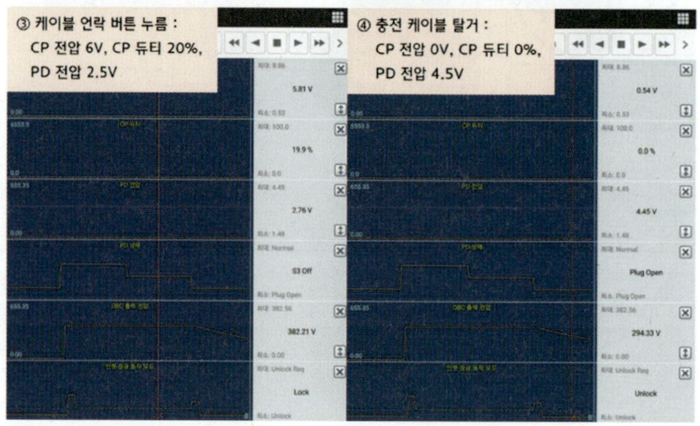

(b)

그림 11 진단기로 출력한 CP/PD 센서 출력값

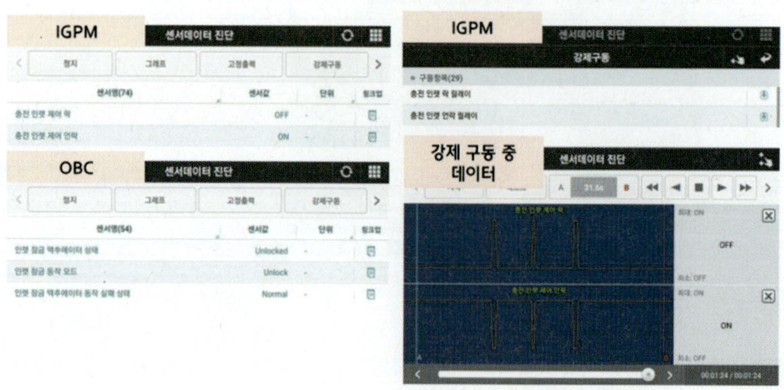

그림 12 인렛 액추에이터 제어 및 센서 출력값

그림 13 인렛 액추에이터 강제 이탈 케이블

5. 급속과 완속 충전 가능 조건

① 충전 도어 오픈을 위해 도어 언락

② KEY OFF 또는 ON 그리고 기어가 P단에서 충전 케이블 연결

③ Ready 또는 N단에서 충전 케이블 연결 시 자동으로 KEY ON 상태로 변경

④ 즉시 충전이 되지 않는다면 예약충전 여부와 목표 충전량 설정을 확인하여야 한다(예를 들어, 목표가 80%인데 현재 SOC값이 90%인 경우).

⑤ 충전 중 완속 충전만 가능한 경우

- 인렛 잠금장치 불량
- 충전단자 온도 센서 고장(급속 충전 케이블 접촉 부분의 온도가 100℃ 이상인 경우 충전 OFF)
- CCM 자체 고장 또는 CCM과 BMU간의 CAN 통신의 문제가 발생한 경우
- 급속 충전 릴레이 고장

⑥ 급속 충전만 가능한 경우

- OBC 내부 고장에 의한 전력 변환 또는 승압 관련 회로 고장
- 완속 충전만 가능한 경우가 대부분이며 급속만 가능한 경우는 거의 없다.

⑦ 완속 충전 및 급속 충전이 모두 불가한 경우

- CP 신호 불량
- PD 신호 불량
- IG3 메인릴레이 및 관련 전원 고장

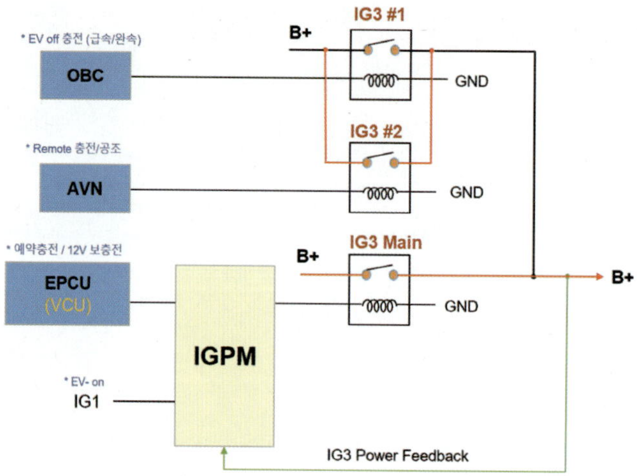

그림 14 IG3 릴레이 컨트롤 회로

6. 급속 충전기 온도 센서

① 급속 충전기 온도 센서는 충전기 내부에 삽입되어 있다

② 온도 센서는 부특성이며 100℃ 이상이 되면 충전을 OFF한다.

③ 2018년 이후 재작된 차량은 110℃ 이상에서 OFF되도록 회로를 구성하였다.

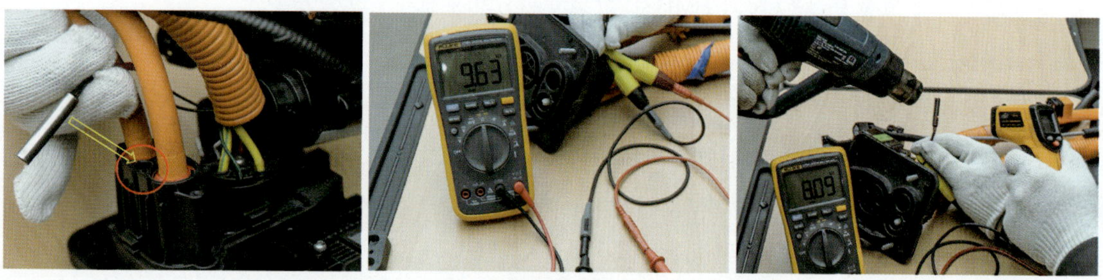

그림 15 급속 충전기 온도 센서

Q 16 충전 중 과충전이 일어나는 경우 제어는 어떻게 하는가?

1. VPD(Voltage Protection Device)

① 배터리 모듈 벽면에 부착되어 있다.

② 과충전 또는 배터리 셀에 이상이 생겨 셀이 부풀어 오르면 VPD의 스위치를 누른다.

③ 회로를 통해 BMS가 전달받아 PRA의 메인릴레이 전원을 차단하게 된다.

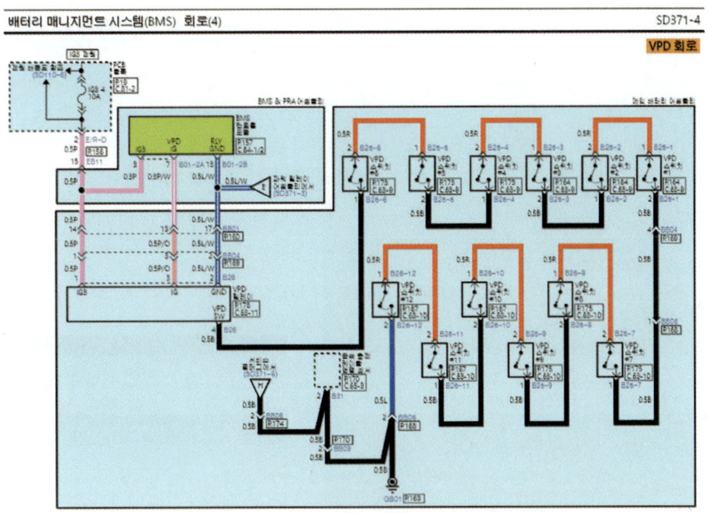

그림 1 VPD 회로도

그림 2 VPD 단품 위치

2. VPD 작동실험 센서 데이터 판단

① 부착된 VPD 스위치의 위치를 파악한다. 차량에 따라 장착 위치 및 수량은 다소 차이가 있으나 1개의 모듈에 VPD 1개 정도가 장착되어 있다.

② 아랫면에 있는 스위치를 눌러 BMS 센서 데이터상의 커패시터 전압값과 BMS 경고 데이터의 그래프를 확인한다(가상으로 작동 시험).

③ 스위치를 작동시키면 메인 릴레이가 차단되어 커패시터 전압이 떨어지는 걸 확인할 수 있으며, BMS 상의 경고등이 작동되는 것을 확인할 수 있다.

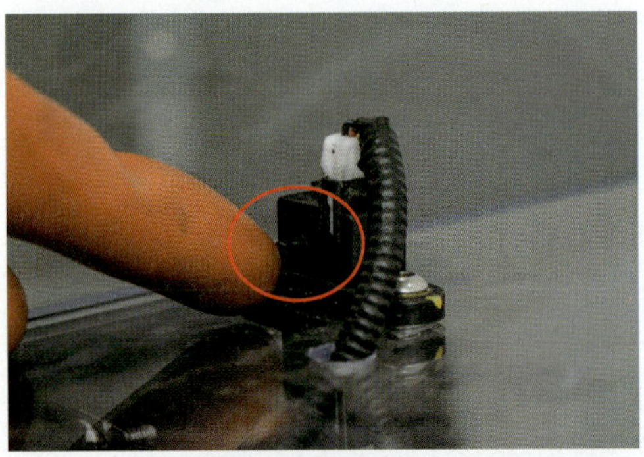

VPD 스위치 작동 X

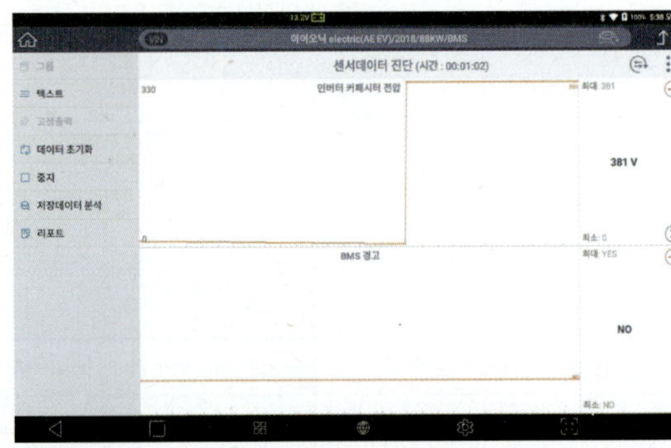

GDS BMS 센서 데이터 그래프

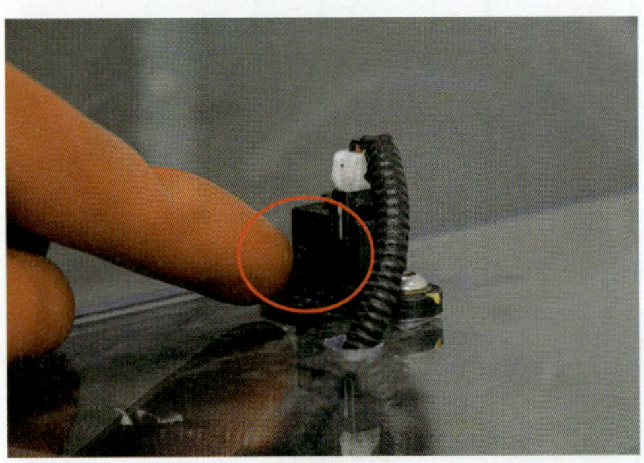

VPD 스위치 작동 O

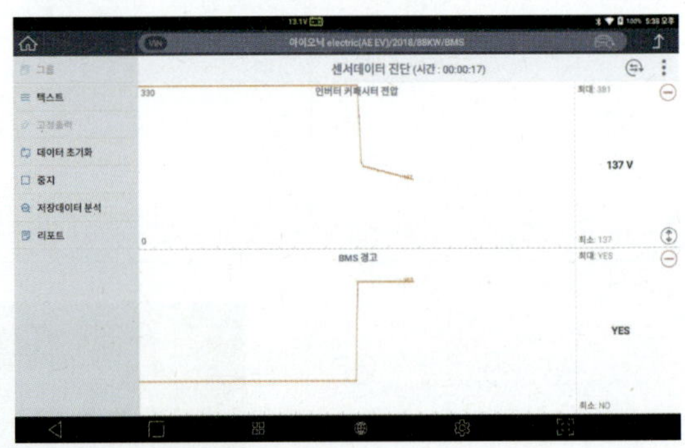

GDS BMS 센서 데이터 그래프

그림 3

Q 17 전기자동차 회로도

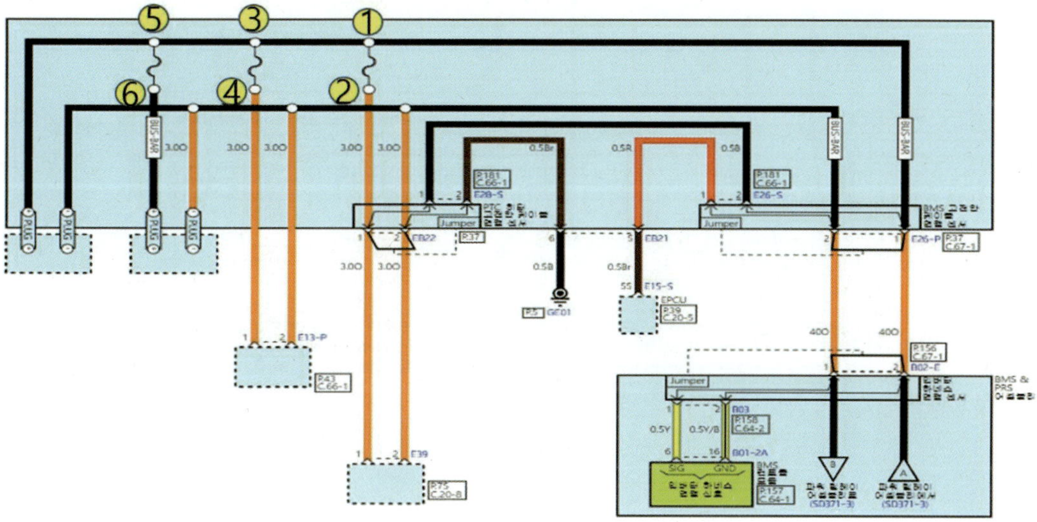

그림 1 고전압 정션 블록 퓨즈

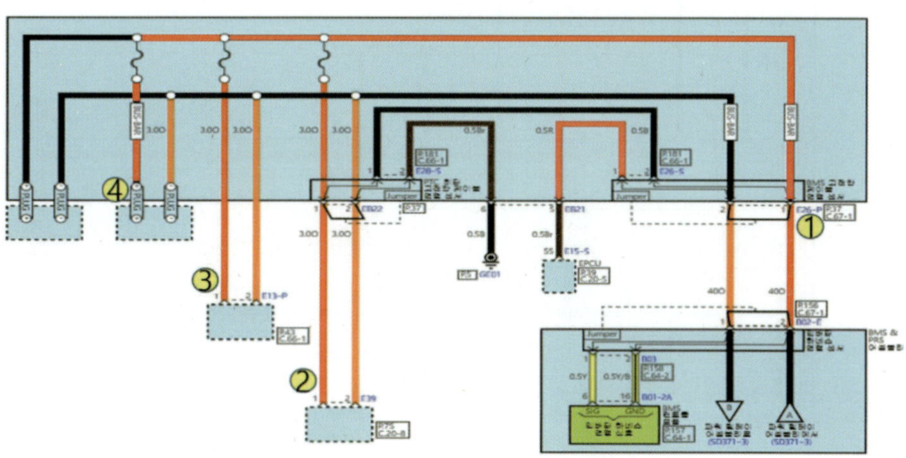

그림 2 고전압 정션 블록

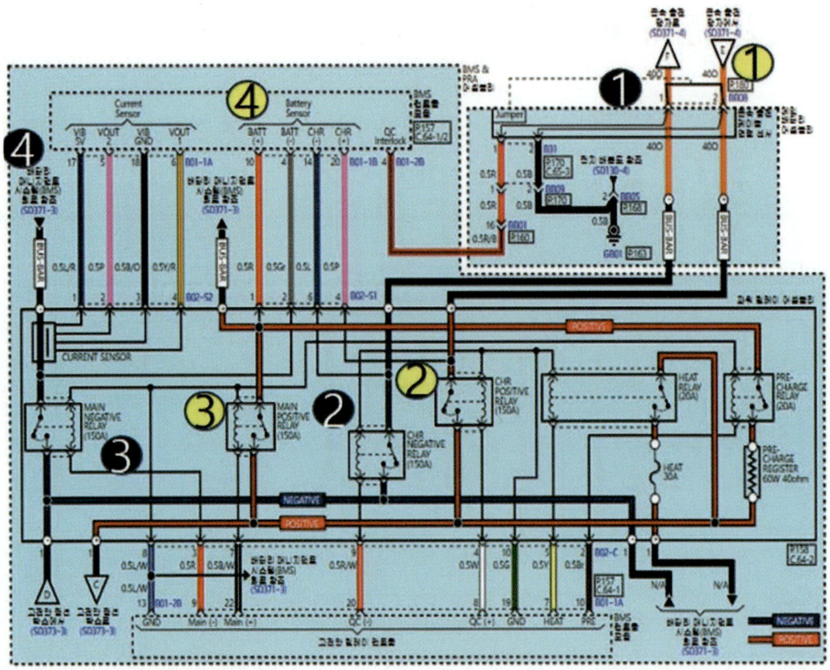

그림 3 파워 릴레이 회로(PRA)

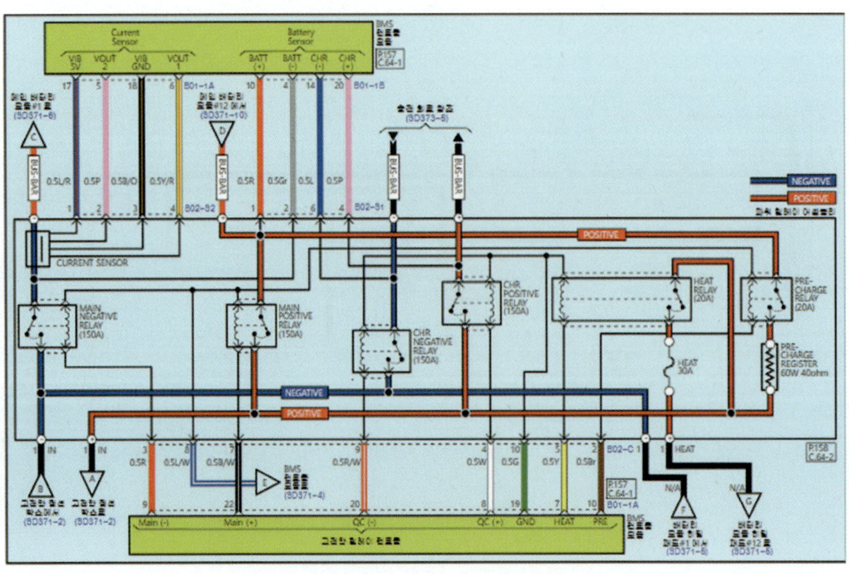

그림 4 파워 릴레이 회로(PRA)

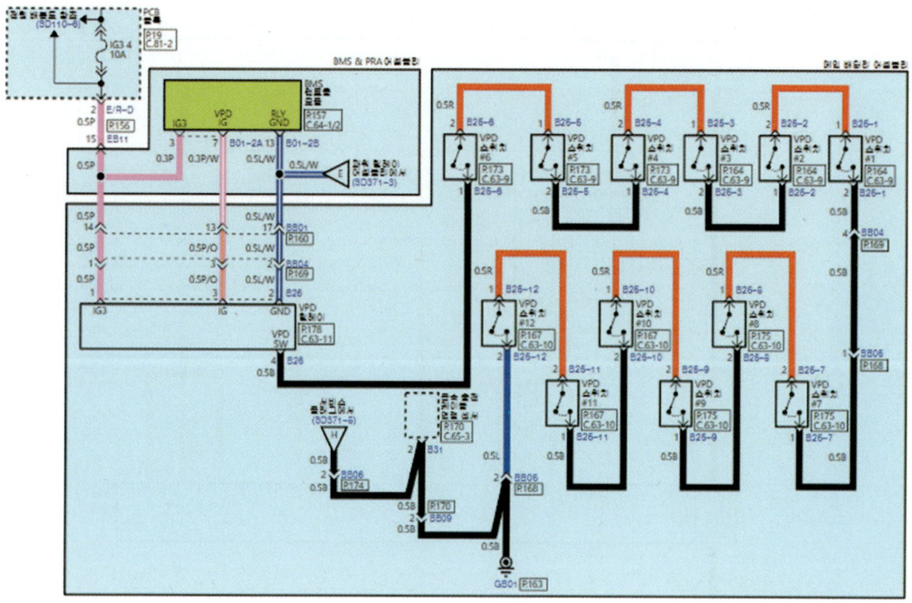

그림 5 BMS(VPD) 회로

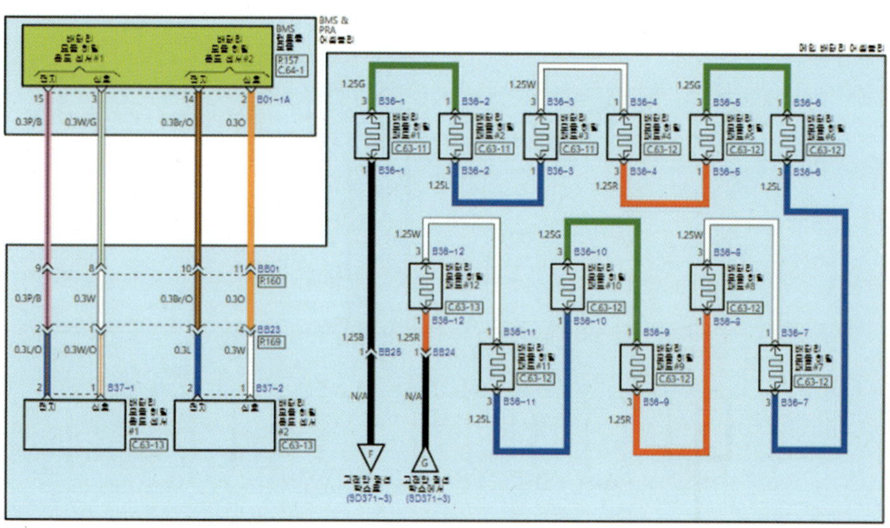

그림 6 BMS(승온) 회로

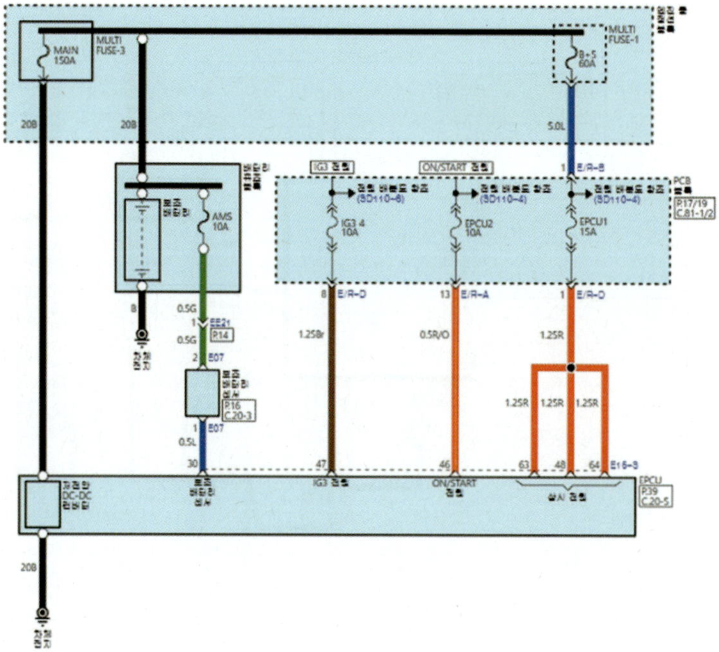

그림 7 EPCU (1)

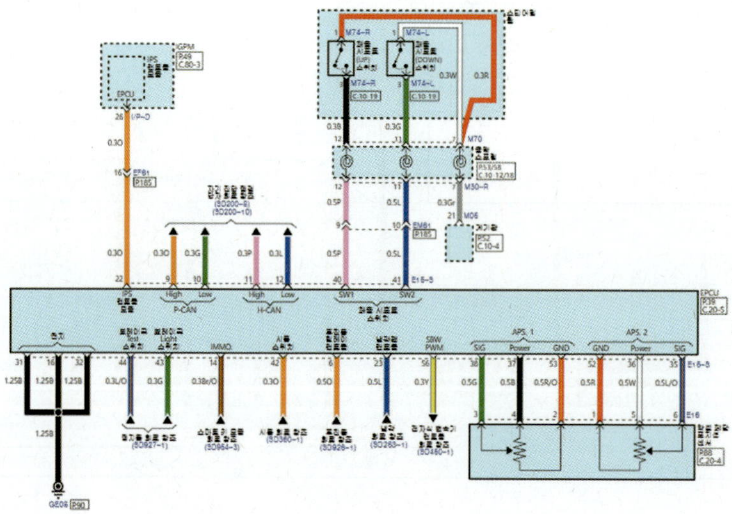

그림 8 EPCU (2)

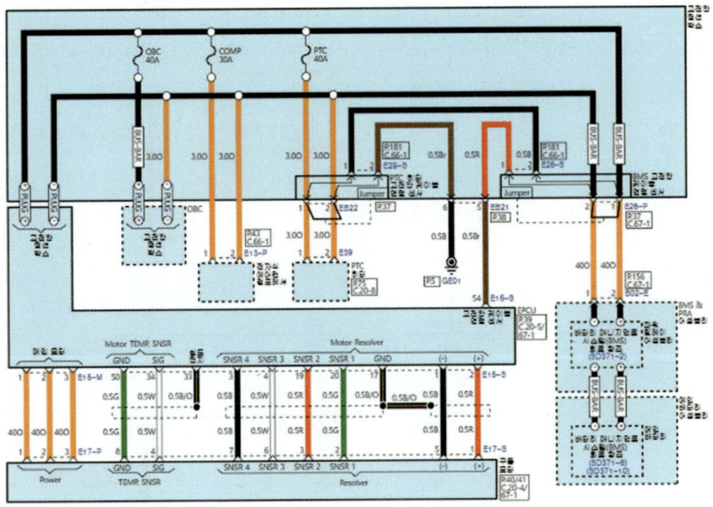

그림 9 EPCU (3)

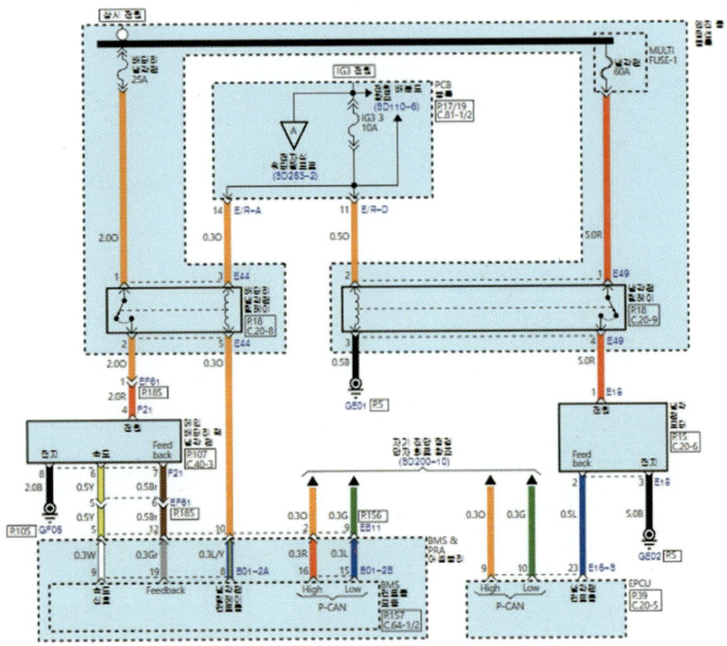

그림 10 냉각 회로 (1)

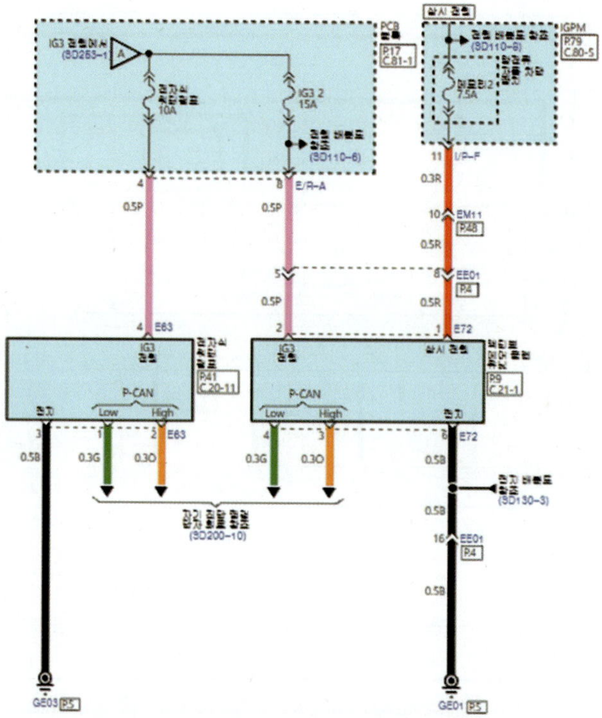

그림 11 냉각 회로 (2)

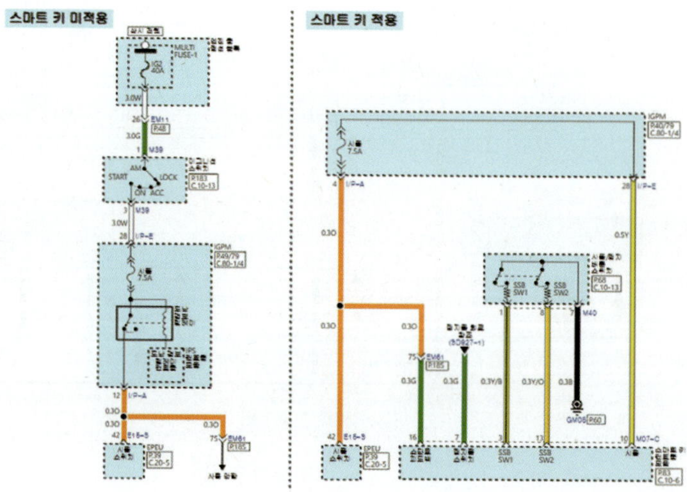

그림 12 시동 회로 (1)

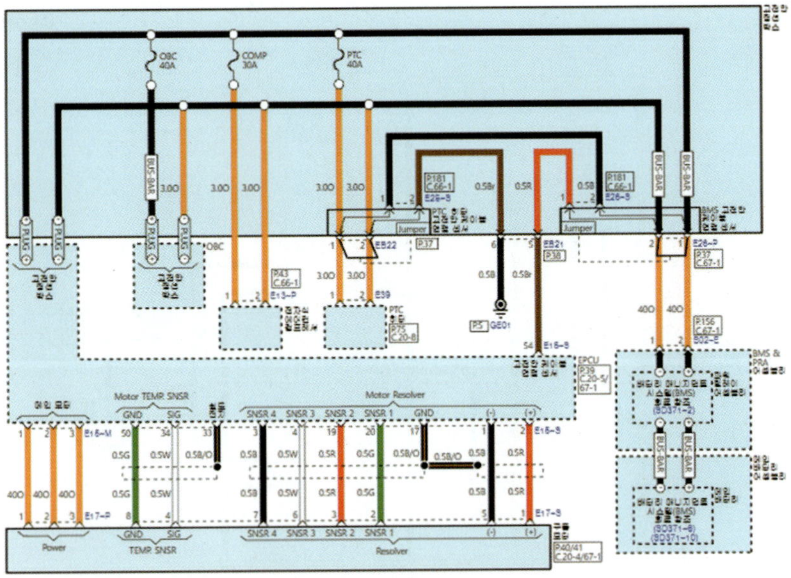

그림 13 시동 회로 (2)

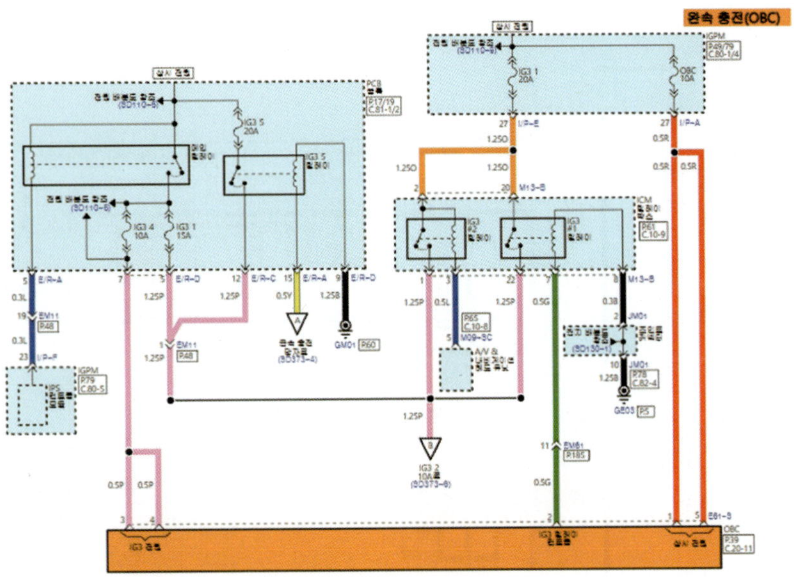

그림 14 충전 회로(1) 17.02.28 이전

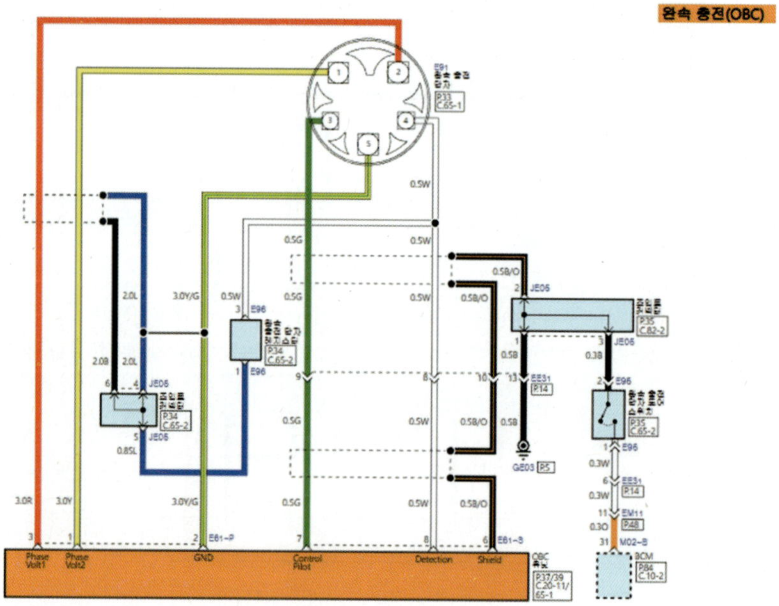

그림 15 충전 회로 (2) 17.02.28 이전

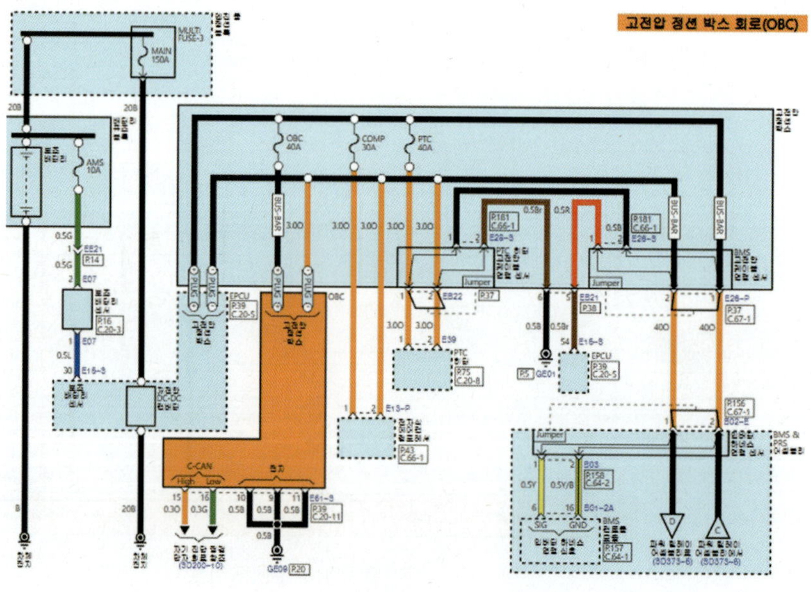

그림 16 충전 회로 (3) 17.02.28 이전

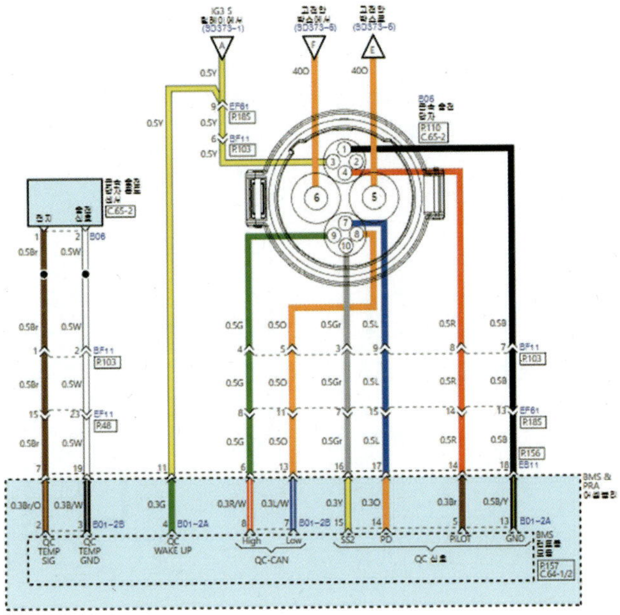

그림 17 충전 회로 (4) 17.02.28 이전

파워 릴레이 회로(급속 충전)

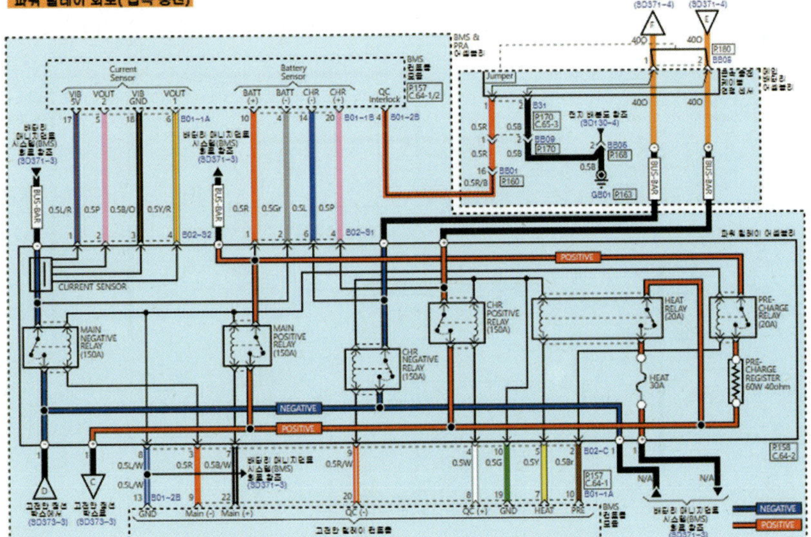

그림 18 충전 회로 (5) 17.02.28 이전

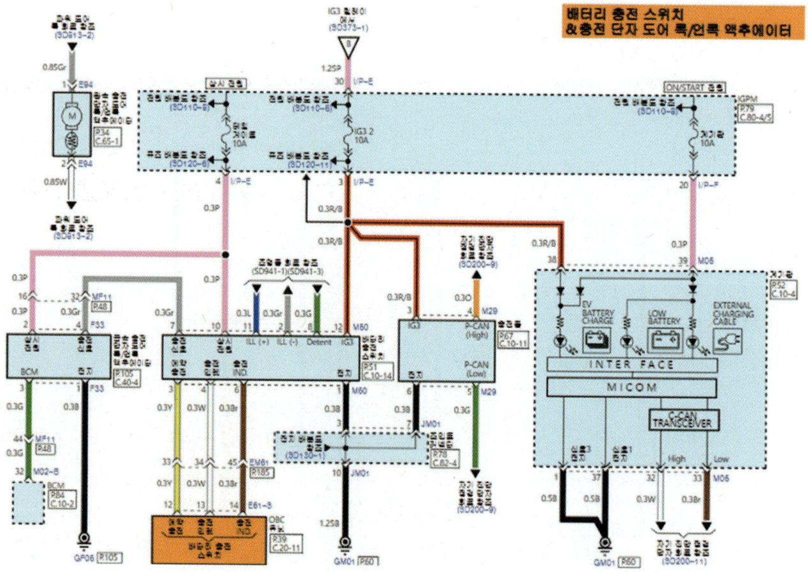

그림 19 충전 회로 (6) 17.02.28 이전

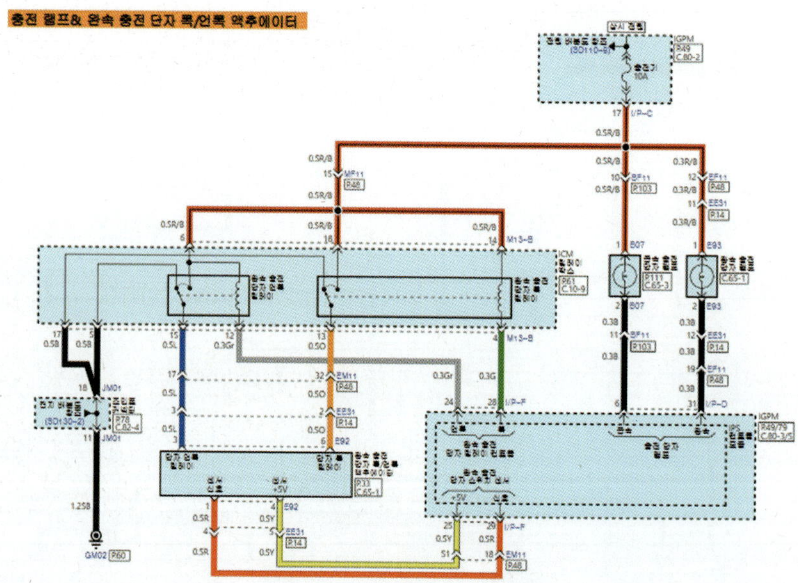

그림 20 충전 회로 (7) 17.02.28 이전

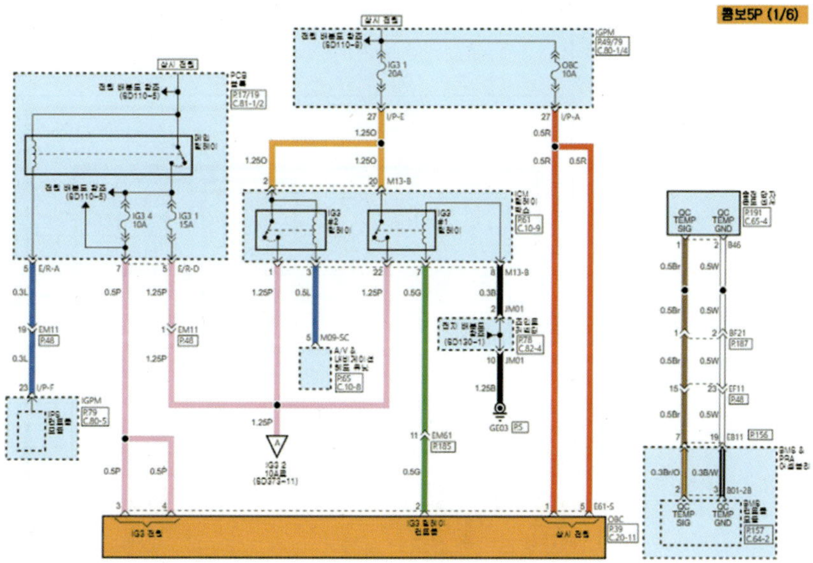

그림 21 충전 회로 (1) 17.03.01 이후

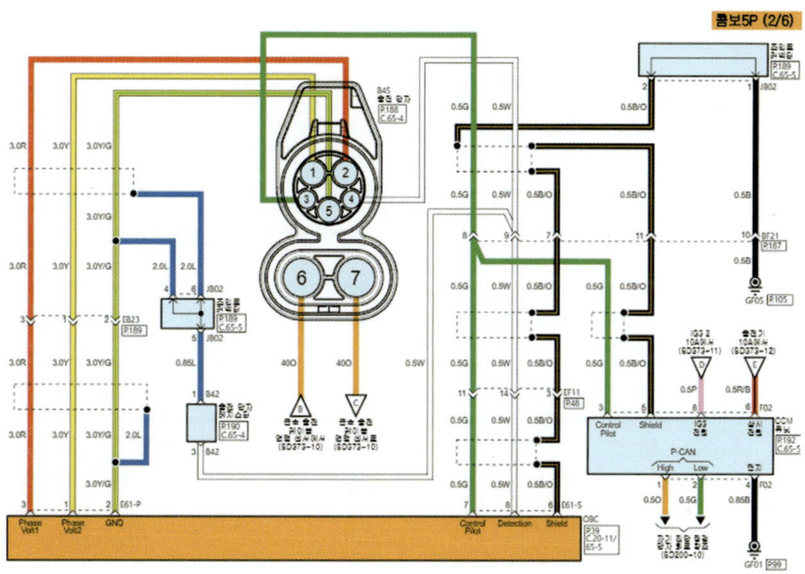

그림 22 충전 회로 (2) 17.03.01 이후

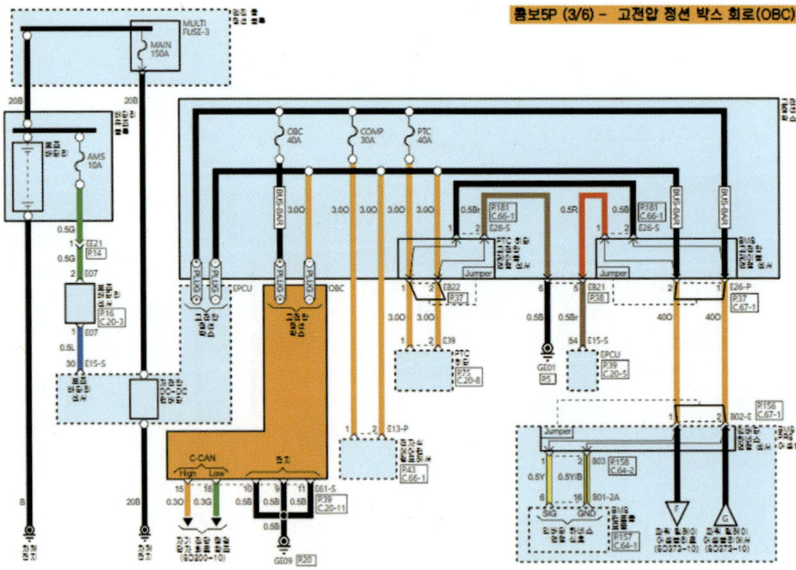

그림 23 충전 회로 (3) 17.03.01 이후

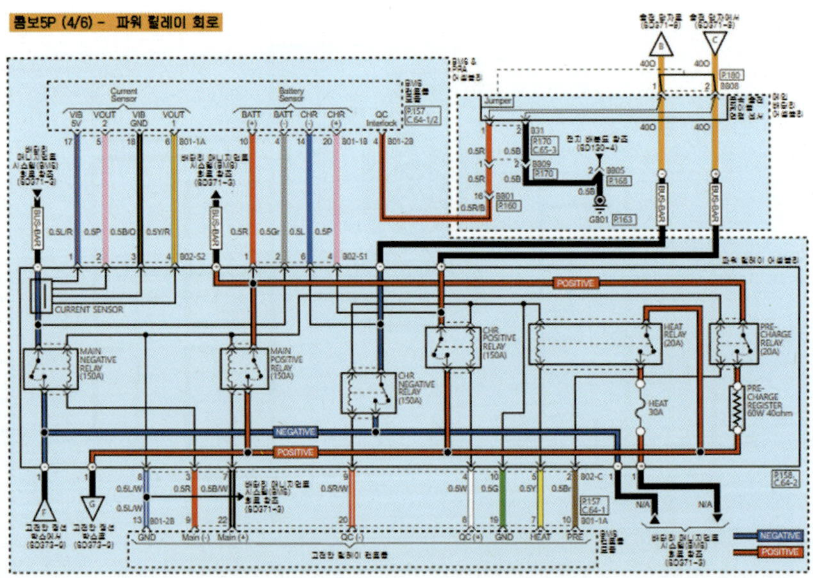

그림 24 충전 회로 (4) 17.03.01 이후

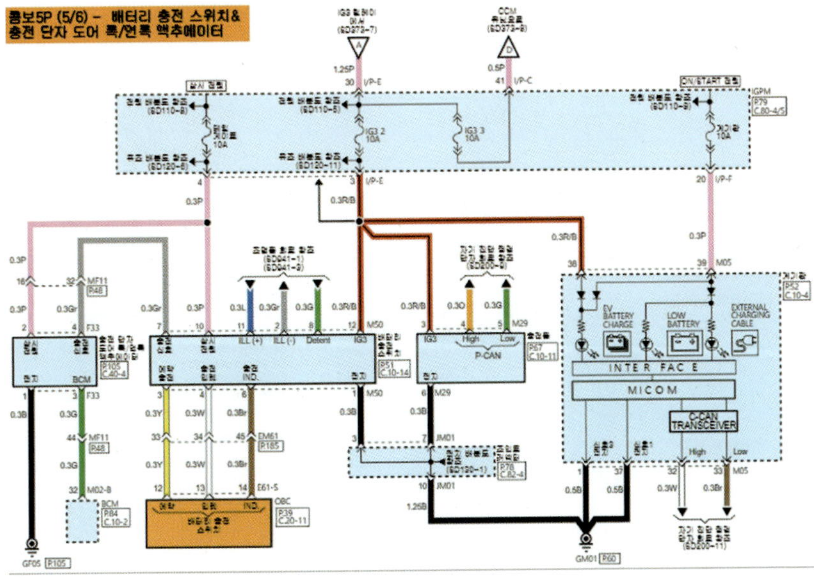

그림 25 충전 회로 (5) 17.03.01 이후

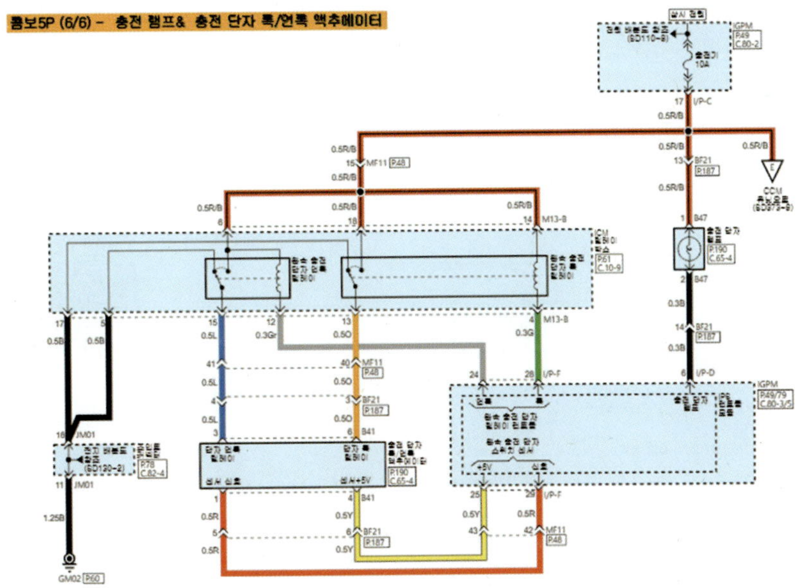

그림 26 충전 회로 (6) 17.03.01 이후

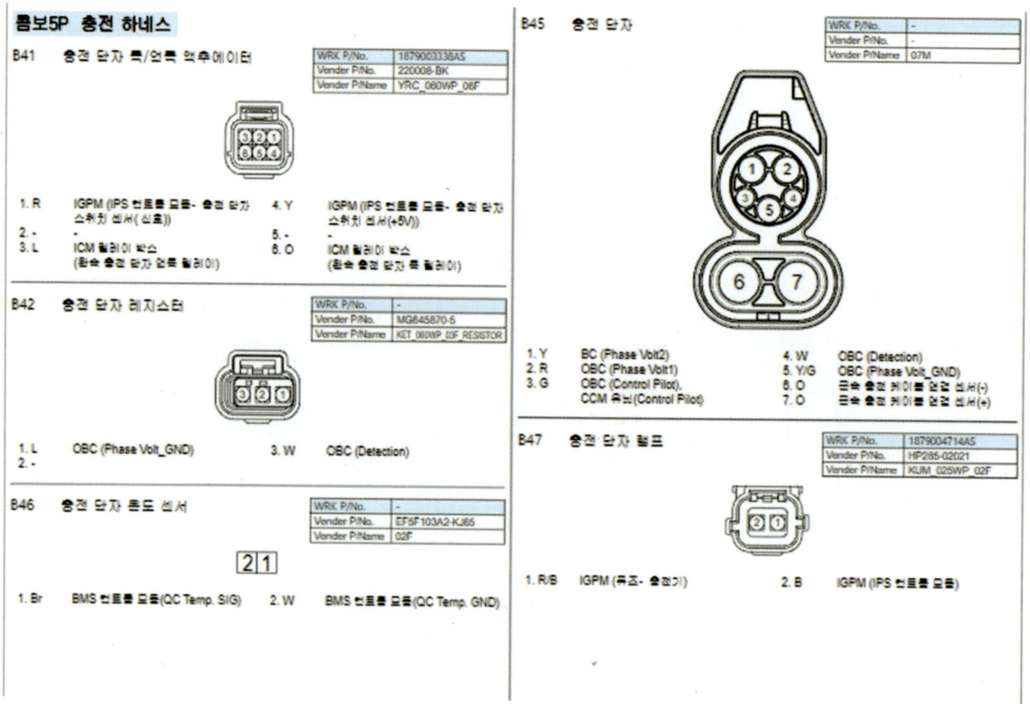

그림 27 충전 회로 (7) 17.03.01 이후

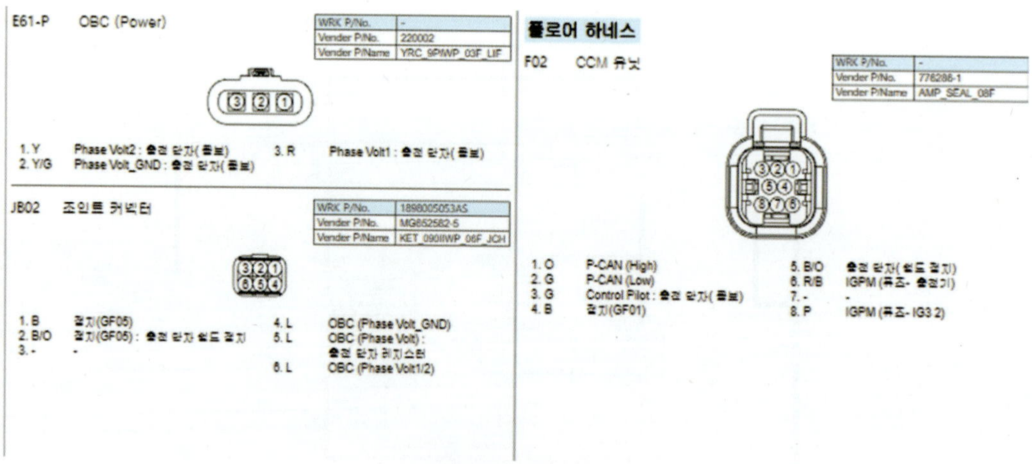

그림 28 충전 회로 (8) 17.03.01 이후

187. 러기지 사이드 패널 좌측

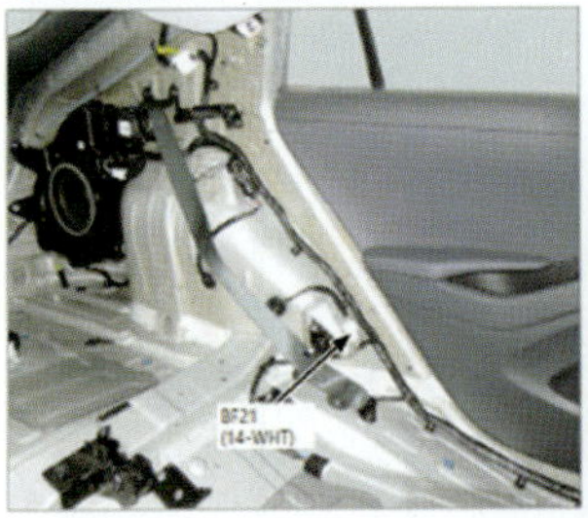

188. 좌측 리어 펜더

189. 좌측 리어 휠 하우징

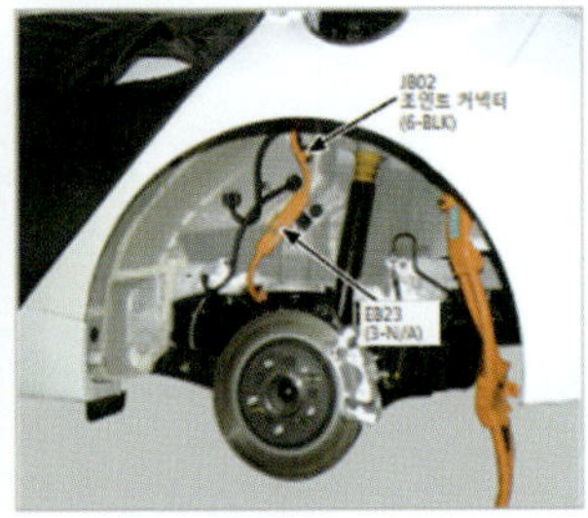

190. 좌측 리어 휠 하우징

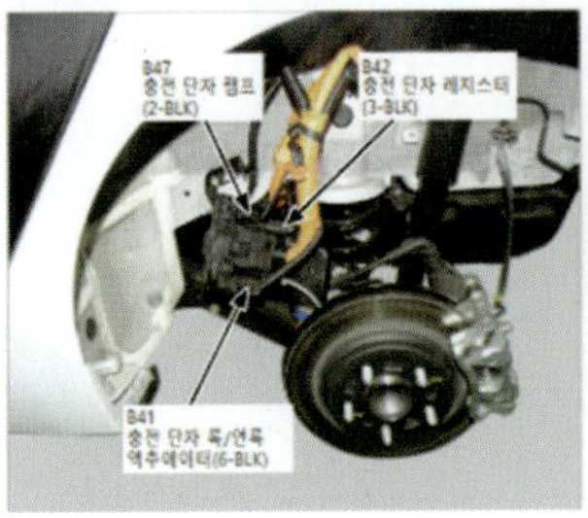

191. 좌측 리어 휠 하우징

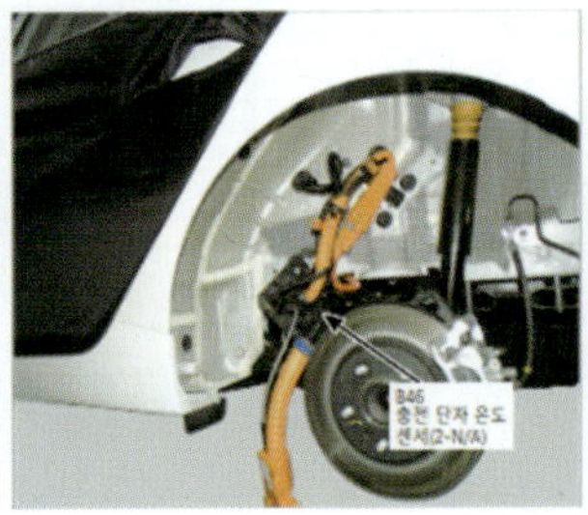

192. 운전석 시트 아래

그림 29 충전 회로 (9) 17.03.01 이후

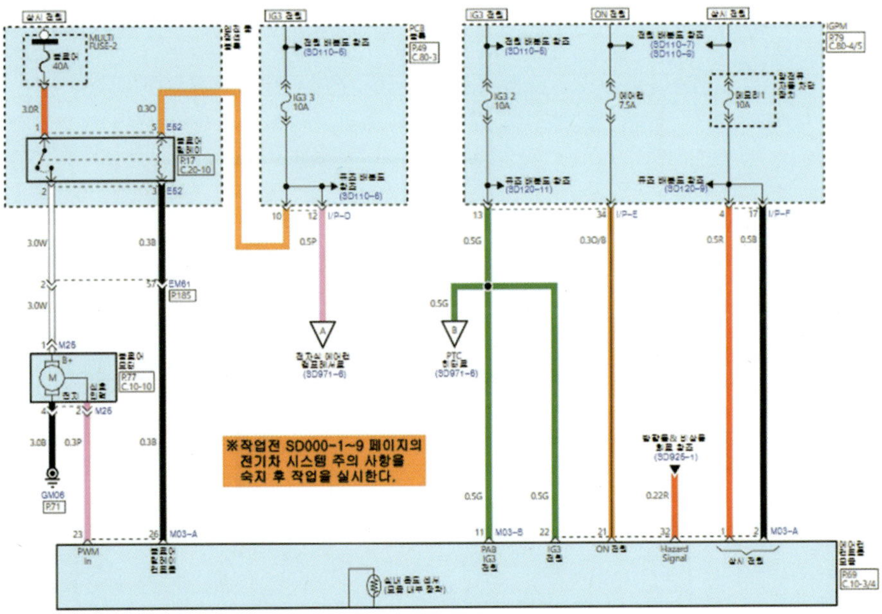

그림 30 에어컨 컨트롤 회로 (1)

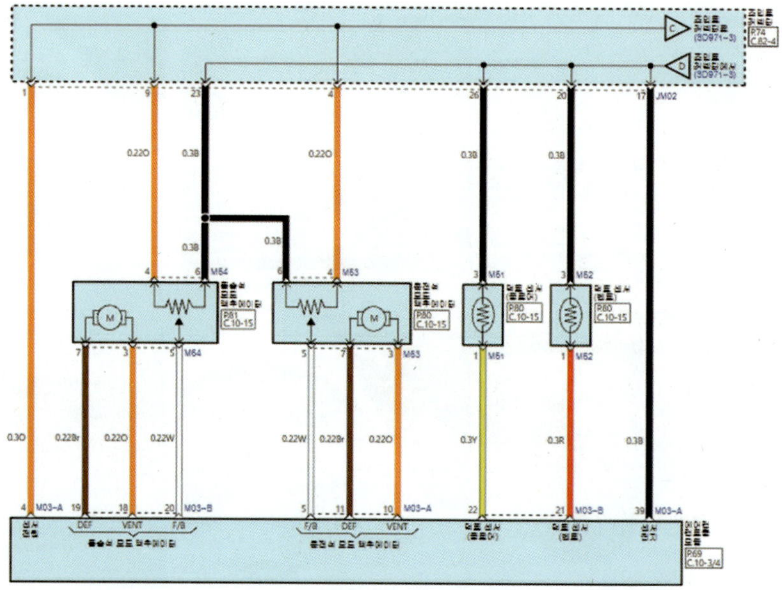

그림 31 에어컨 컨트롤 회로 (2)

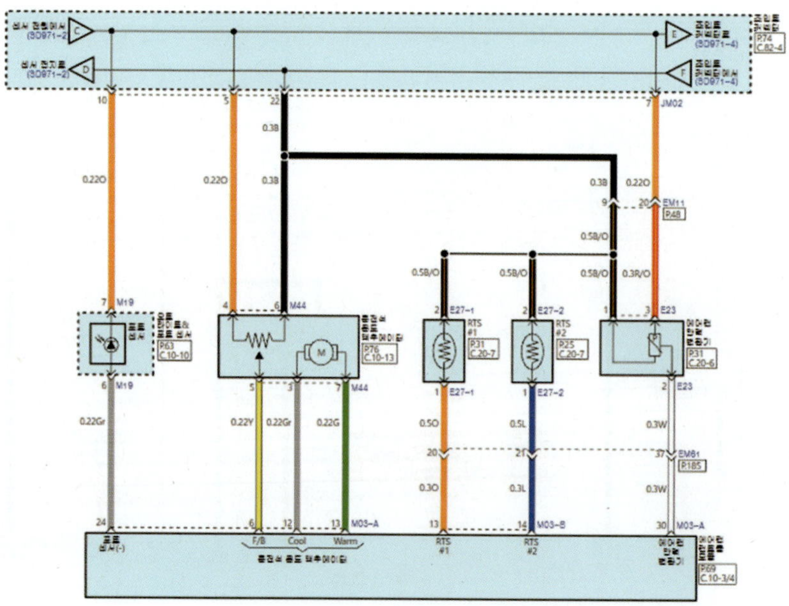

그림 32 에어컨 컨트롤 회로 (3)

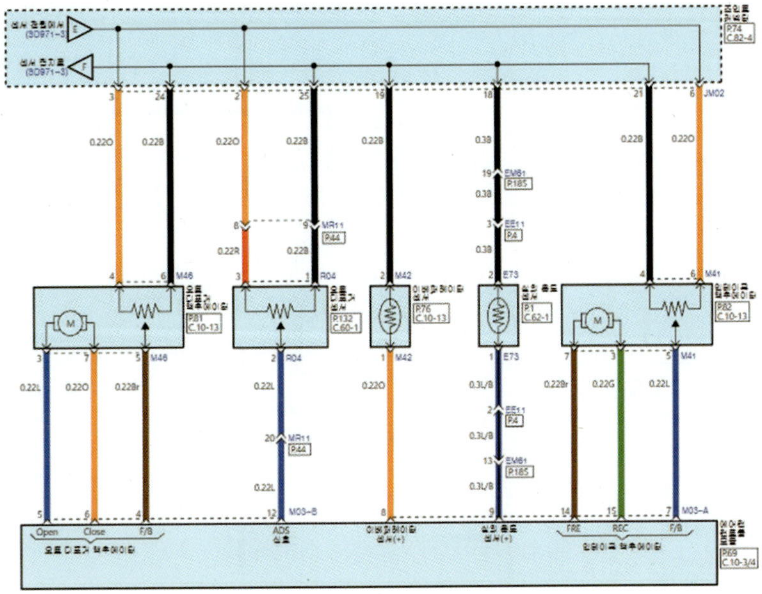

그림 33 에어컨 컨트롤 회로 (4)

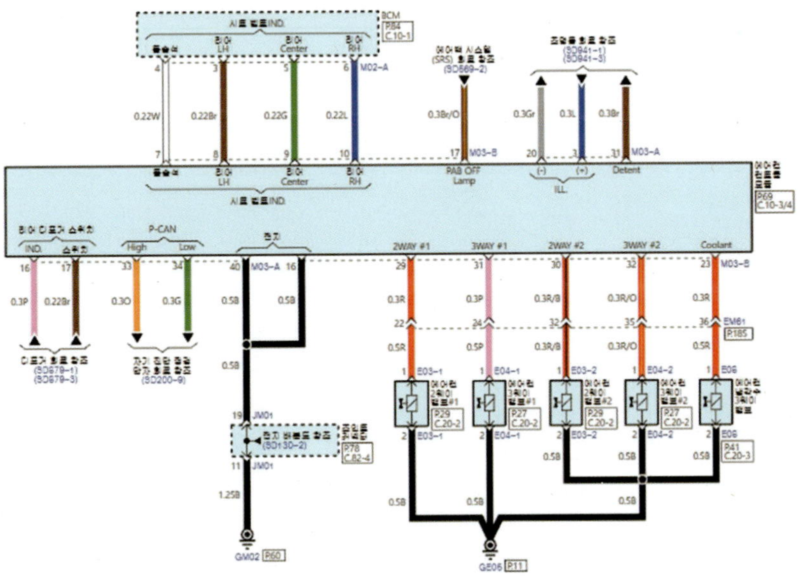

그림 34 에어컨 컨트롤 회로 (5)

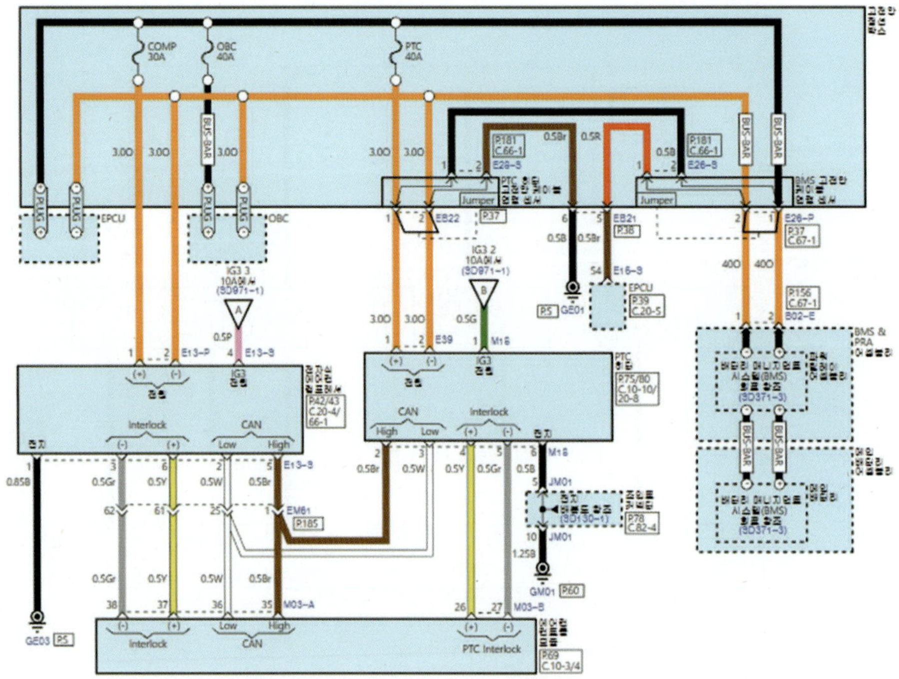

그림 35 에어컨 컨트롤 회로 (6)

Q 18 전기자동차는 강제구동 모드 및 작업 후 입력해야 할 요소가 있다고 하는데, 진단기는 어떻게 사용하는가?

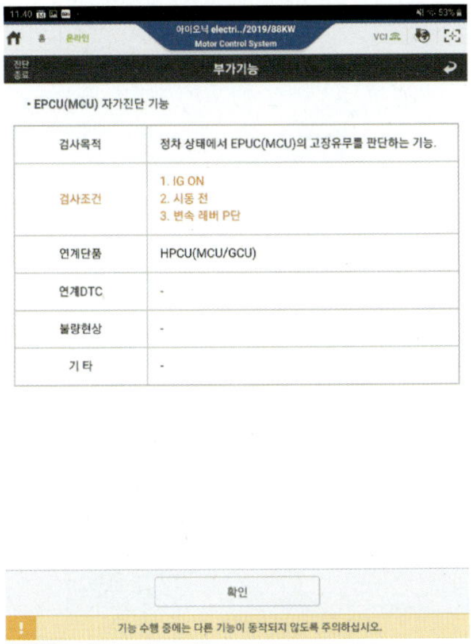

그림 1 부가기능 EPCU 1

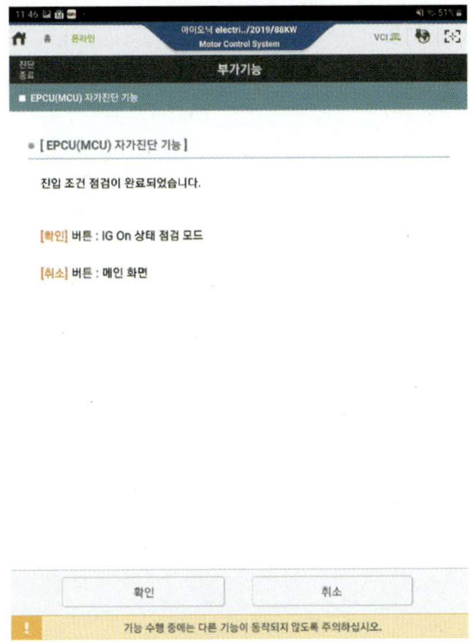

그림 2 부가기능 EPCU 2

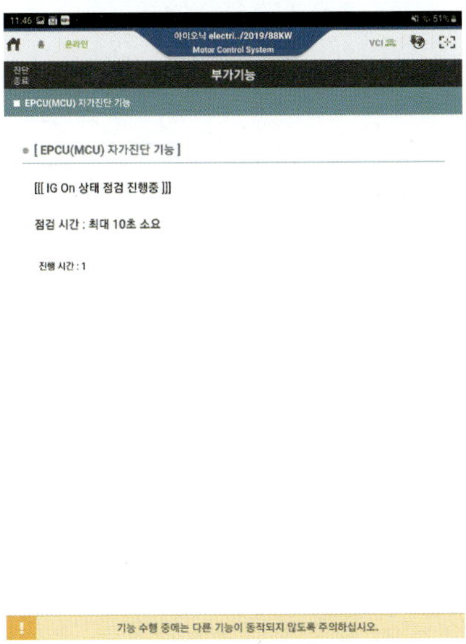

그림 3 부가기능 EPCU 3

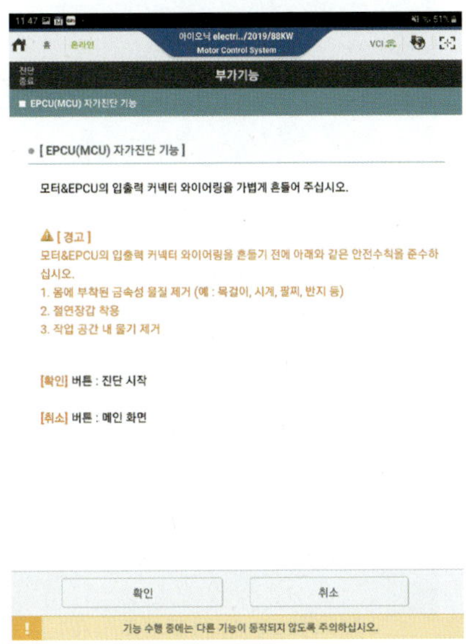

그림 4 부가기능 EPCU 4

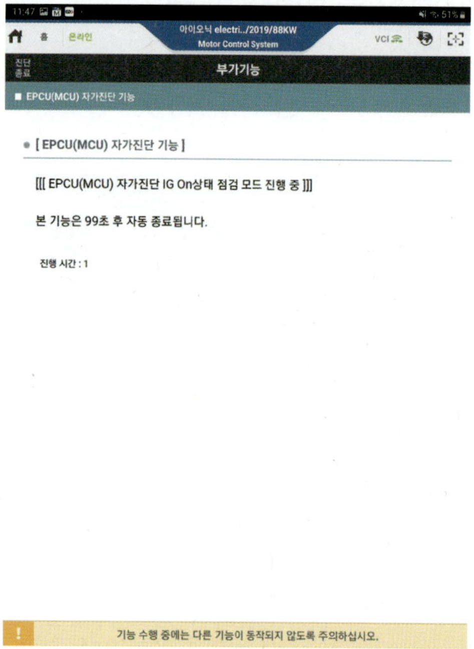

그림 5 부가기능 EPCU 5

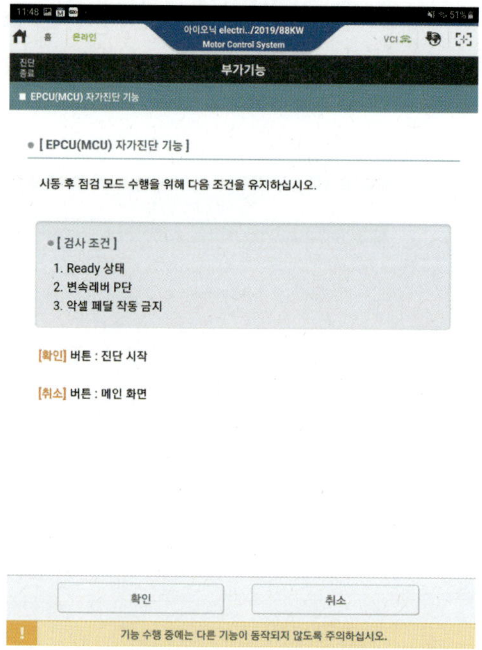

그림 6 부가기능 EPCU 6

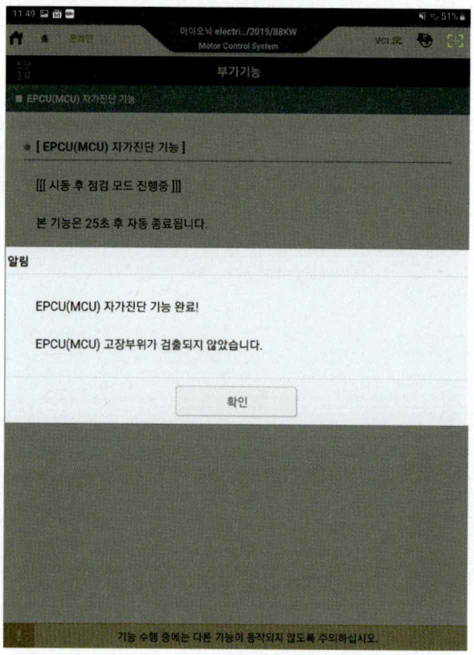

그림 7 부가기능 EPCU 7

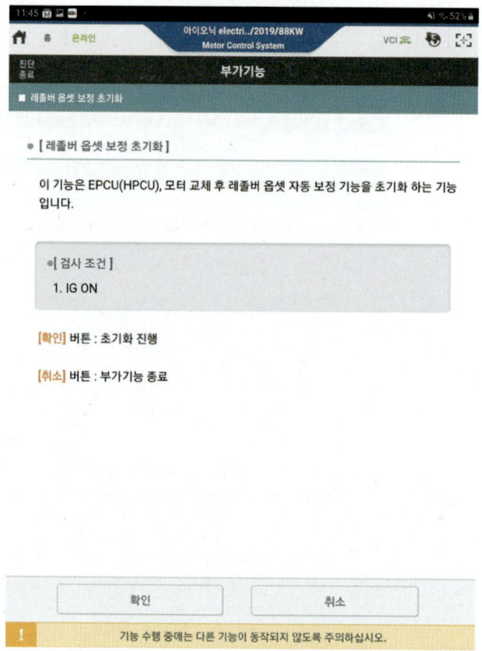

그림 8 부가기능 레졸버 1

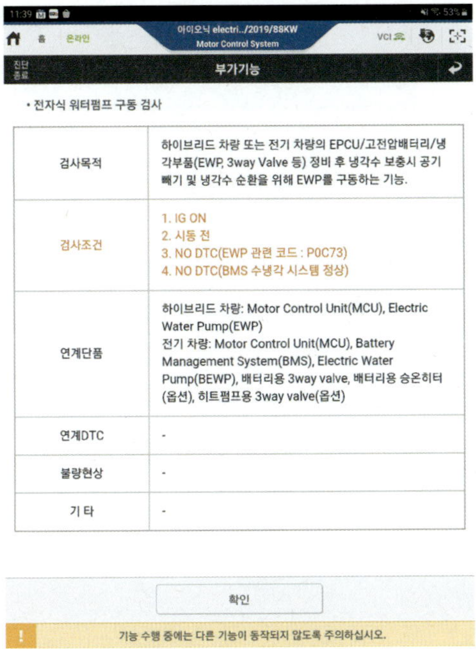

그림 9 부가기능 워터 펌프 1

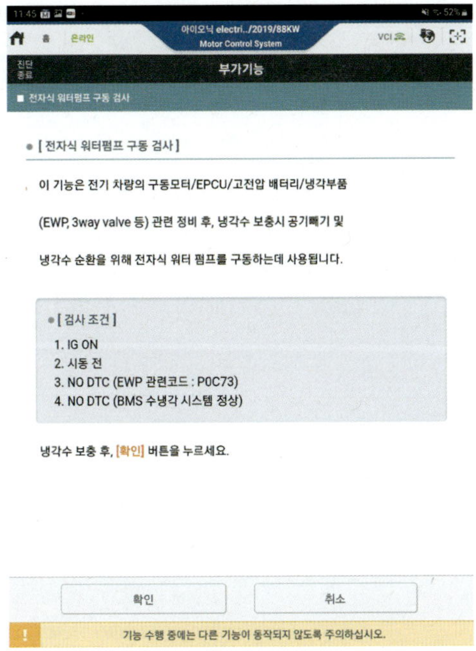

그림 10 부가기능 워터 펌프 2

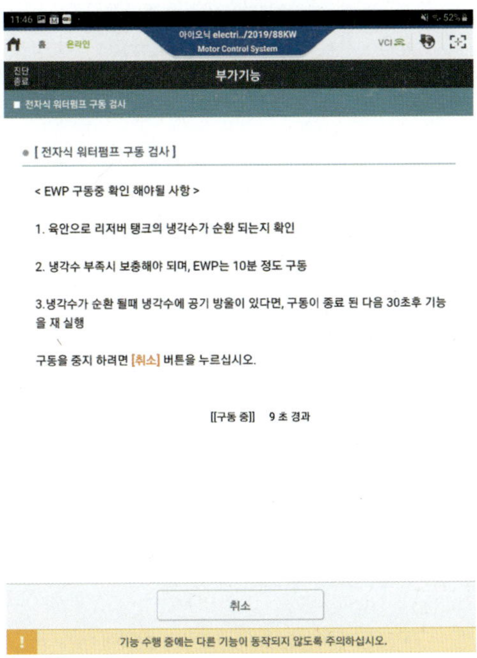

그림 11 부가기능 워터 펌프 3

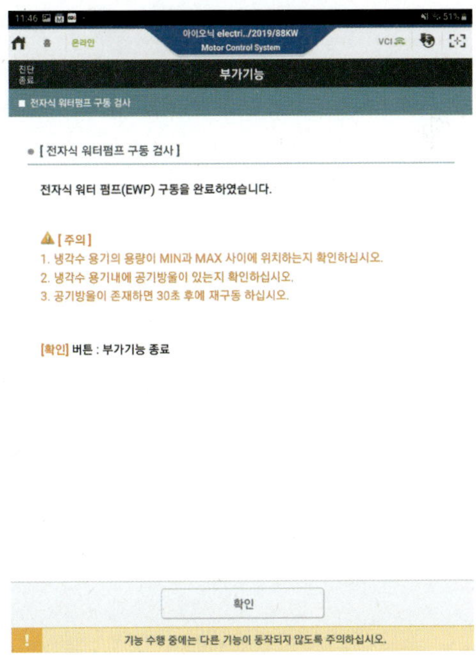

그림 12 부가기능 워터 펌프 4

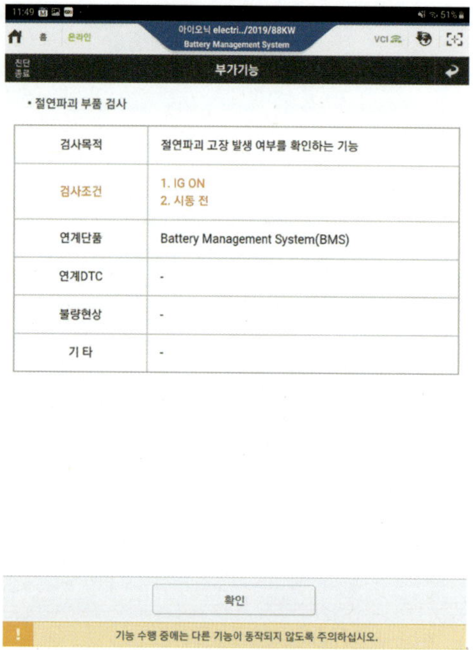

그림 13 부가기능 절연 파괴 1

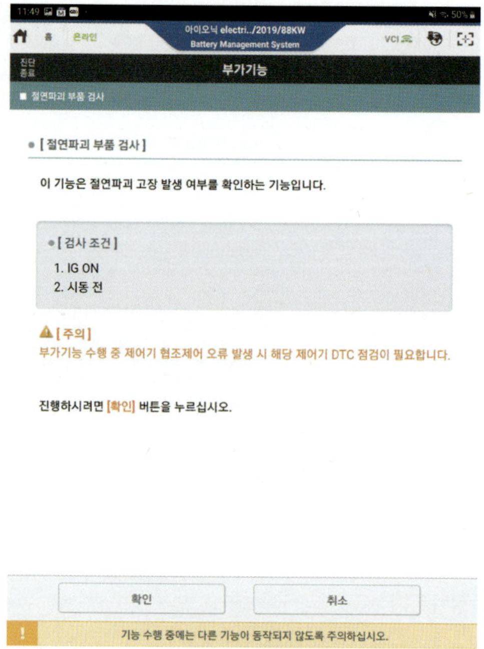

그림 14 부가기능 절연 파괴 2

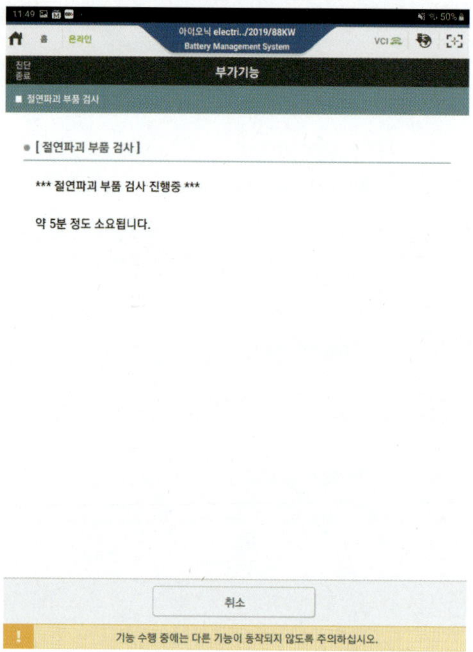

그림 15 부가기능 절연 파괴 3

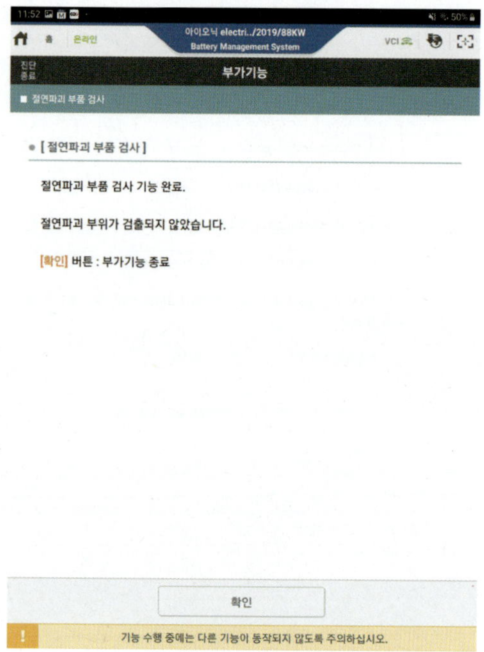

그림 16 부가기능 절연 파괴 4

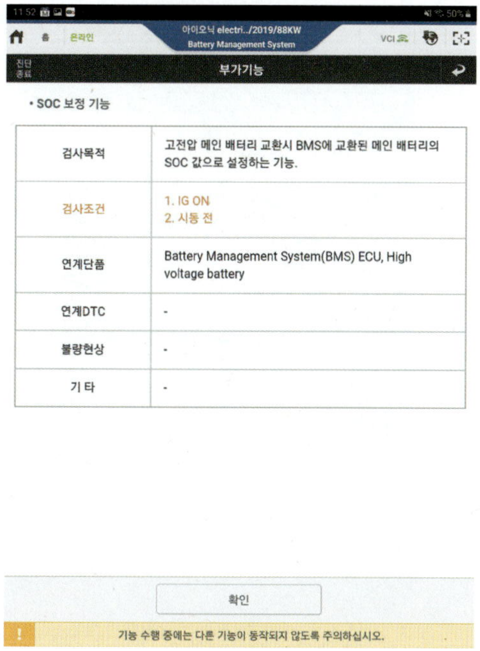

그림 17 부가기능 SOC 1

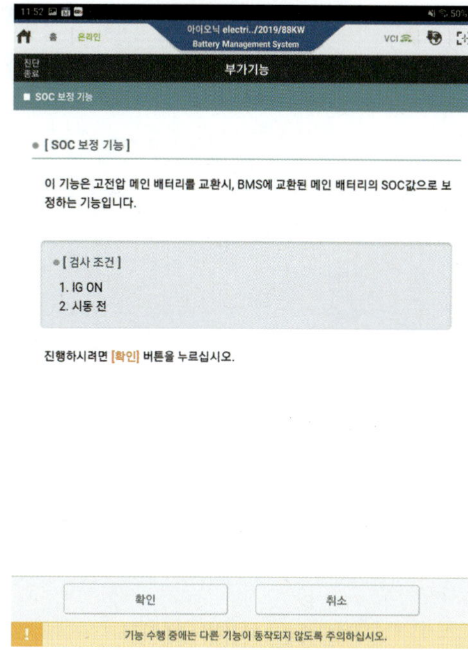

그림 18 부가기능 SOC 2

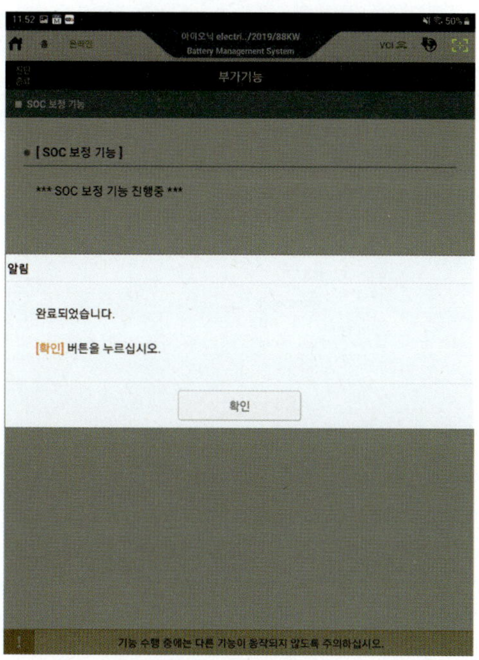

그림 19 부가기능 SOC 3

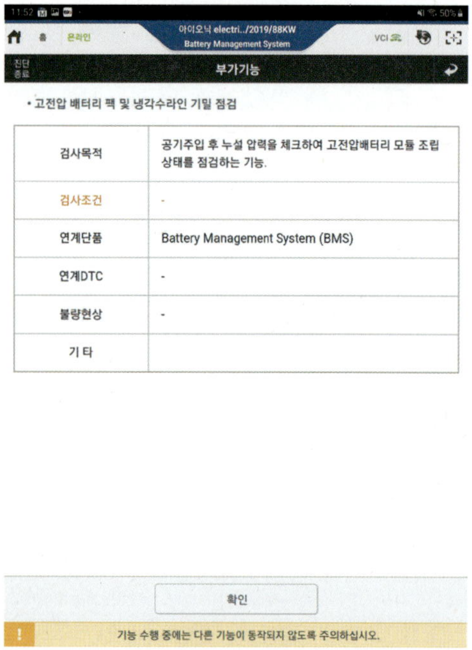

그림 20 부가기능 배터리 기밀 1

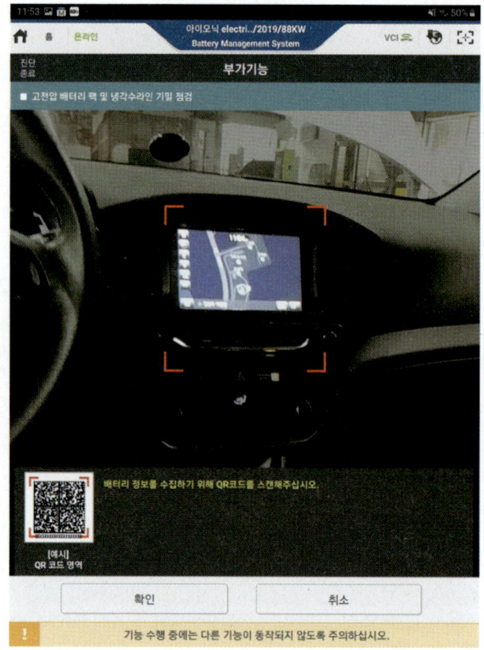

그림 21 부가기능 배터리 기밀 2

그림 22 부가기능 배터리 기밀 3

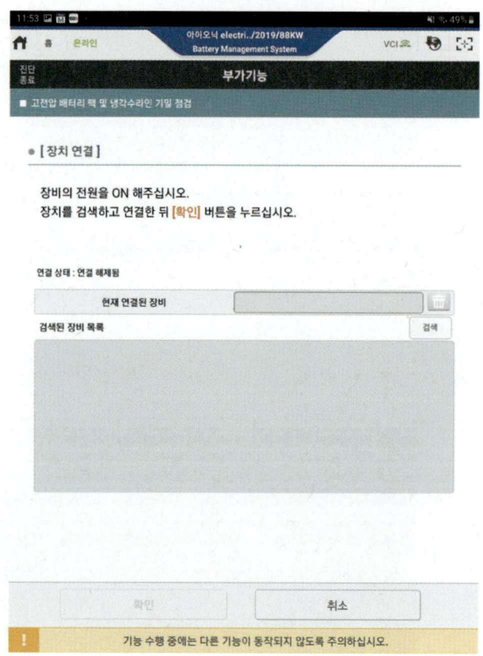

그림 23 부가기능 배터리 기밀 4

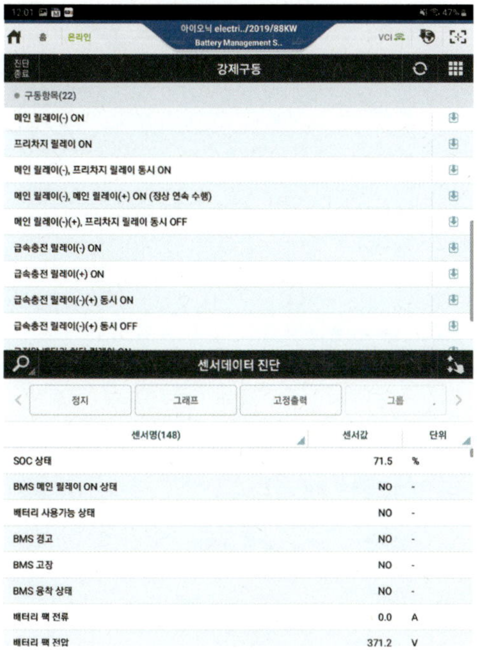

그림 24 강제구동 BMS 1

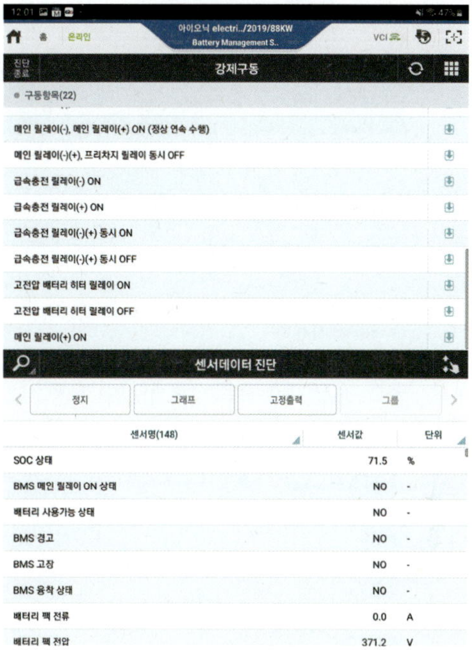

그림 25 강제구동 BMS 2

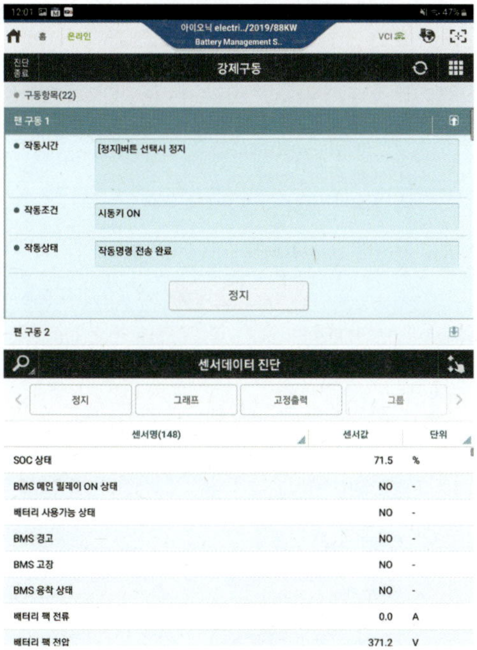

그림 26 강제구동 BMS 3

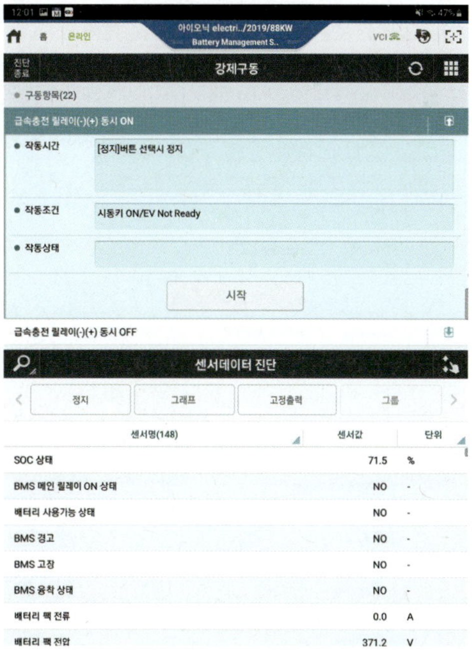

그림 27 강제구동 BMS 4

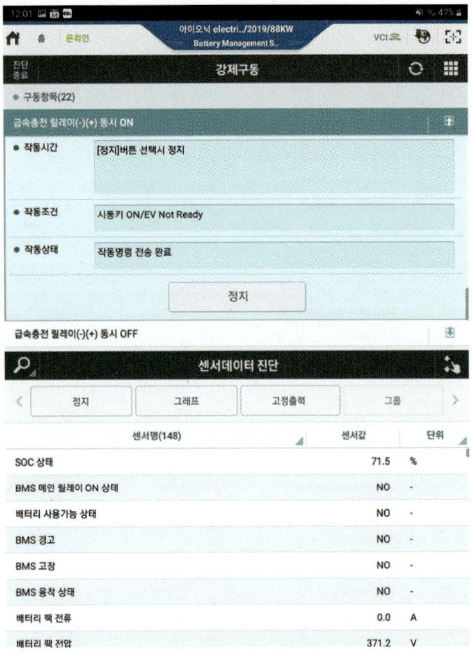

그림 28 강제구동 BMS 5

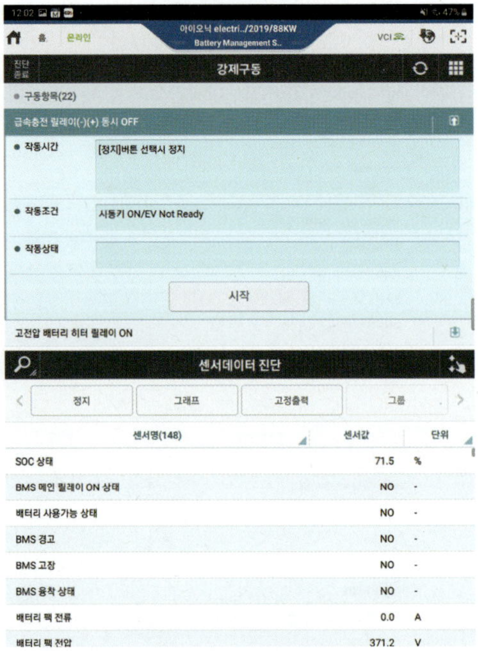

그림 29 강제구동 BMS 6

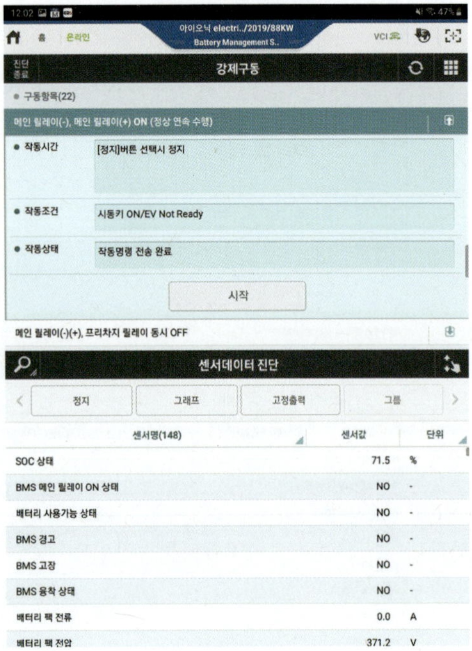

그림 30 강제구동 BMS 7

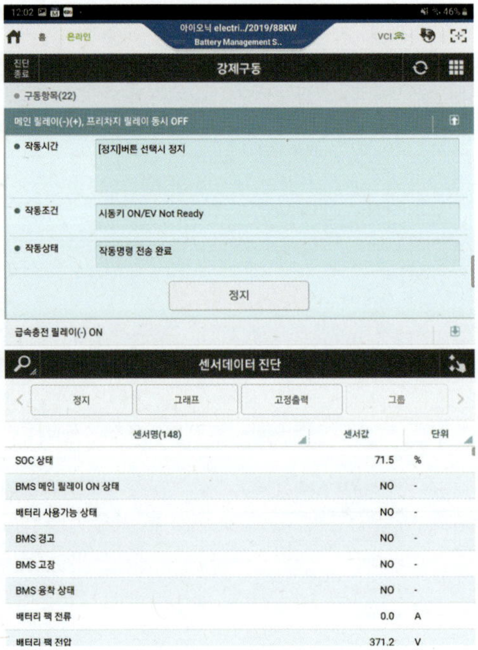

그림 31 강제구동 BMS 8

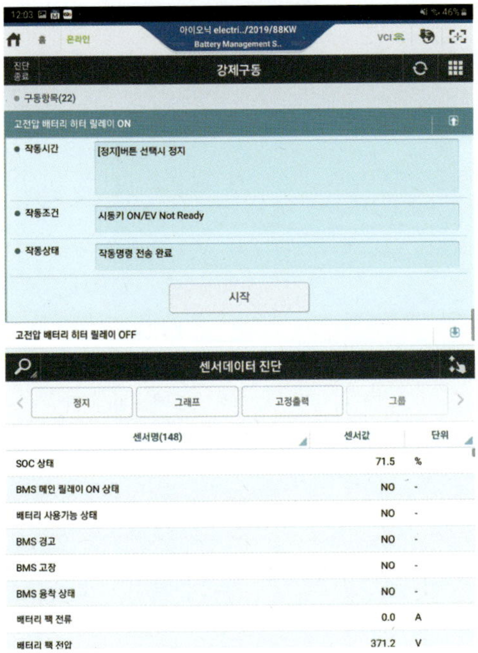

그림 32 강제구동 BMS 9

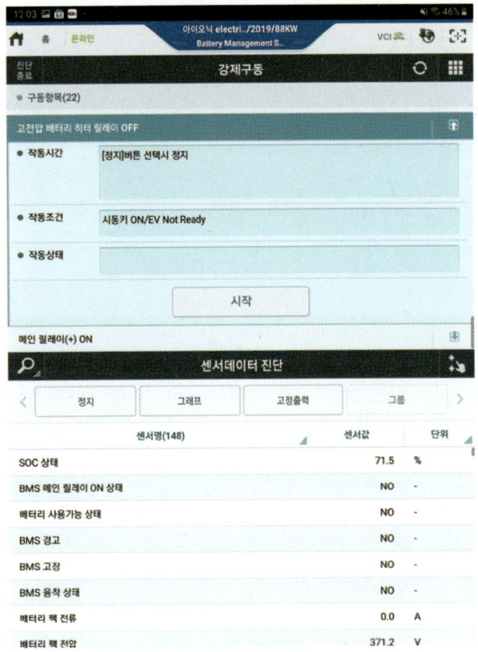

그림 33 강제구동 BMS 10

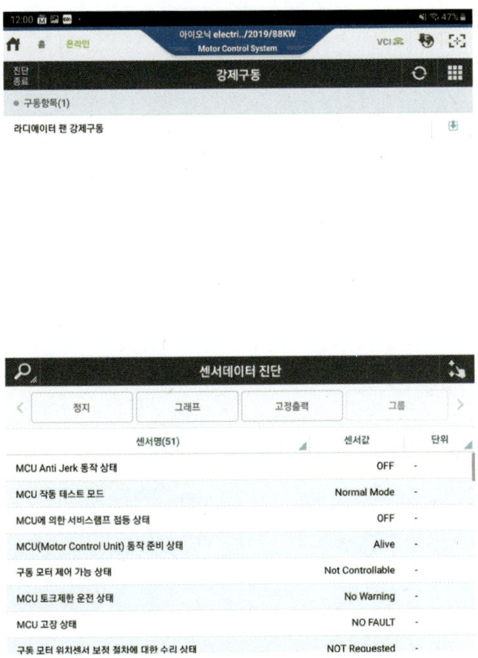

그림 34 강제구동 라디에이터 1

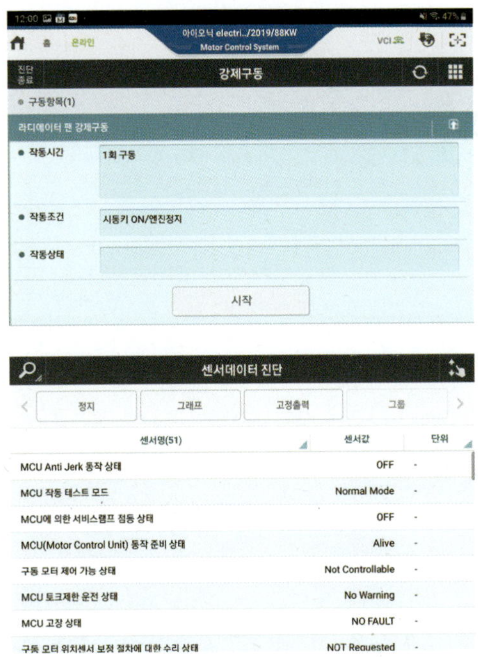

그림 35 강제구동 라디에이터 2

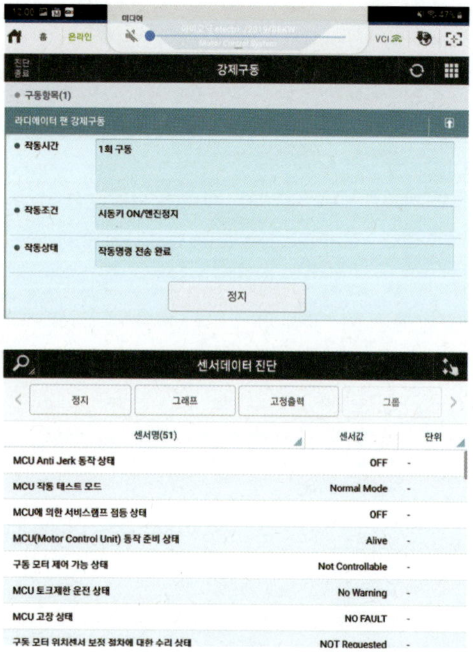

그림 36 강제구동 라디에이터 3

용어정리

용어	영문 표기	국문표기
HEV	Hybrid Electric Vehicle	하이브리드자동차
PRA	Power Relay Assembly	파워 릴레이 어셈블리
BMS	Battery Management System	배터리 제어 시스템
HPCU	Hybrid Power Control Unit	하이브리드 전력 제어 장치
MCU	Motor Control Unit	모터 제어기
LDC	Low Voltage DC-DC Converter	저전압 DC-DC 변환기
HSG	Hybrid Starter Generator	하이브리드 시동 발전기
SOC	State Of Charge	충전 상태
TCU	Transmission Control Unit	자동변속기 제어기
EWP	Electric Water Pump	전동식 워터 펌프
EV	Electric Vehicle	전기자동차
EPCU	electronic power control unit	전력 제어 장치
OBC	On Board Charger	완속 충전 시 교류(AC)를 직류(DC)로 변환하는 장치
VCU	Vehicle Control Unit	차량 제어 장치
DC-DC	DC/DC Converter	DC-DC 변환기
DC	Direct Current	직류
AC	Alternatin Current	교류
컨버터	Converter	교류를 직류로 바꾸는 장치
커페시터	Capacitor	전기를 모으고, 방출하기 위해 사용하는 부품
인버터	Inverter	DC→AC 전력변환 장치이며 전기에너지를 조절함으로써 모터의 회전속도와 토크를 제어하는 장치로 MCU라고 한다
SBW	Shift By Wire	변속레버 없이 변속 버튼으로 변속하는 제어 시스템
SCU	Sbw Control Unit	변속의 편의성을 위해 자동으로 변속을 해주는 시스템
BMU	Battery Management Unit	배터리 제어 시스템
CMU	Cell Monitoring Unit	셀 모니터링 시스템
인터락	Interlock	고전압 시스템을 보호해주는 장치
페일세이프	Fail Safe	전장부품 고장이 배터리로 확산되는 것을 방지해주는 장치
VPD	Voltage Protection Device	과전압 방지 장치
TEMD	Transmission Mounted Electric Device	모터와 엔진 사이에 클러치가 장착되며, 클러치 제어를 통해 모터로만 주행하는 EV 모드가 가능한 파워트레인
FEMD	Flywheel Mounted Electric Device	변속기와 모터 사이에 클러치 제어를 통해 동력이 전달되며, 모터는 엔진의 보조용으로 사용되는 파워트레인
AHB	Active Hydraulic Booster	회생제동 제어 장치

용어	영문 표기	국문표기
AAF	Active Air Flap	지능형 공기유동 제어기
DTC	Diagnostic Trouble Code	고장 코드
HV	High Voltage	고전압
셀	Cell	양극, 음극, 분리막, 전해액을 사각형의 알루미늄 케이스에 넣어 만든 배터리의 가장 작은 단위
모듈	Module	셀을 일정한 개수로 묶어 프레임에 넣은 배터리 조립체
팩	Pack	배터리 모듈에 BMS, 냉각시스템 등 각종 제어 및 보호 시스템을 장착한 것
리듐 폴리머 배터리	li-ion polymer	폴리머 형태의 전해질을 사용하는 리튬 이온 배터리의 일종
PE	Power Electric	모터, 인버터, 감속기 등 내연기관 내 엔진의 역할을 하는 부품들의 집합체
NMC	니켈-코발트-망간	니켈, 코발트, 망간으로 이루어진 배터리 양극재 종류
LMO	리튬-망간-산화물	리튬, 망간, 산화물로 이루어진 배터리 양극재 종류
KOMBI	콤비	BMW 계기판
CP	Control Pilot	제어 파일럿/충전기와 OBC 연결상태를 확인/충전 전류에 대한 정보(완속, 급속 구분)
PD	Proximity Detection	근접감지/충전구 연결상태 점검
PLC	Power Line Communication	전력선 통신
ERG	Emergency Response Guide	비상대응 가이드
ICU	Integrated Central control Unit	통합중앙제어장치
IGPM	Integrated Gateway and Power Control Module	통합 게이트웨이 및 제어 모듈
CGW	Central GateWay	차량 내 제어기들 사이의 연동을 담당
SJB	Smart Junction Box	전조등과 같은 차량 내 각 장치에 전력과 신호를 전달
BCM	Body Control Module	차량의 다양하게 적용된 ECU들을 통합하여 제어하는 중앙제어장치
정션블럭	Junction Block	Fuse, Relay, Unit 등을 탑재하여 회로를 연결 자동차 전기전자 시스템의 전원분배 회로 보호, 주요 시스템 제어
PCB	Printed Circuit Board	엔진룸 정션 블록으로부터 전원을 공급받아 실내 각 유닛으로 전력 및 신호를 공급
PWM	pulse width modulation	펄스폭 변조
LTR	Low Temperature Radiator	pe 부품 냉각용
ICCU	Integrated charging control unit	교류 충전+LDC 충전통합장치(LDC 충전) 고전압 배터리 위에 장착

전기자동차 실습일지

과명		측정값	규정값	비고
고전압 측정	배터리		30V 이하	인터락/안전플러그 제거 후
	커페시터		30V 이하	
충전기 충전시간	급속 충전기		100kw/64kw	충전시간
	완속 충전기		7kw/64kw	
저전압(보조 베터리)			13V 이상	멀티 테스터기
			13V 이상	진단기/입력, 출력 (255% 가출력 배터리 센서의 학습이 되지 않음)
충전기	CP 진단기			진단기 멀티 저항 측정(KEY OFF 후 OBC 커넥터 탈거 후 PD 4번과 5번 저항 측정
	PD 진단기			
	CP	단선:	1Ω 이하(CP 양단 라인 저항)	
		단락:	무한대: CP 신호~ 차량 접지 (CCM 제어기 탈거)	
	PD		2.7KΩ	
충전기 (휴대용)	일반		콤보 1: 150Ω 콤보 2:150Ω	
	언락 작동		콤보 1: 480Ω 콤보 2: 없음	
	단선/단락	단자별 측정:	저항측정 무한대	
	인터락 단자 전압		0~1.5V 정상 /4.75V 이상이면 단선	진단기/멀티 테스터기
EPCU 절연저항 측정			2MΩ 이상 정상	EPCU 몸체와 차체 절연 측정
완속 충전기 케이블 저항 측정	완속 충전 단자 1, 2번 단자 핀과 ~ 차체		10MΩ 이상	안전플러그 제거 후 5분 대기 (커페시터 전압 제거 후)
	1, 2번 단자와 5번 단자 사이		10MΩ 이상	OBC 측의 케이블 탈거 후
	1, 2번과 차체		10MΩ 이상	OBC 측의 케이블 탈거 후
고전압 정션 블록 퓨즈	OBC		단선 유무	단품
	PTC			
	A/C			
고전압 정션 블록 퓨즈	OBC		단선 유무	차량 부품(배선)
	PTC			
	A/C			

과명		측정값	규정값	비고
구동모터	절연저항 측정	U, V, W	100MΩ 이상	U,V.W/멀티
		강제구동/부가기능		진단기
	레졸버 저항 측정	1-5	26.5Ω±10%	외기 온도 20±℃
		2-6	87Ω±10%	
		3-7	76Ω±10%	
	레졸버 온도 측정	4-8	13.44~7.56KΩ	
	선간저항 측정	U, V, W	19.1mmΩ±5%	
충전기	PD 측정값	케이블 미연결	4.5V	진단기(그래프) CP 전압. CP 듀티. PD 전압 연결 전,연결 후, 케이블 언락, 충전 케이블 탈거 일반적 완속 8~97% 급속은 3~7% 3KW 12A 20.0% 10A 16.6% 8A 13.3% 7KW 32A 52% 급속 5% 출력
		케이블 연결	1.5V	
		케이블 언락 누르고	2.5V	
	PD 측정값	충전기 미연결	0V, 0%	
		케이블 연결	9V	
		인증완료 후 충전	6V, 20%	
공기빼기				진단기로 부가기능에서 에어빼기
제동장치	Ready 상태에서 엔진룸에 정션 박스에서 IEB 퓨즈 탈거 후 진단. 이질감 점검(전후)			
배터리	셀간 편차 전압	1V 이하	1V 이하	
	모듈별 전압 측정	모듈× 3.75	모듈× 3.75	
PRA	작동음			진단기/릴레이 OFF
	안전플러그/ 인터락 작동			
	코일저항 측정		메인: 27Ω / 프리차지 릴레이 105Ω / 프리차지 저항: 40Ω	
절연저항 측정	진단기로 절연 파괴 부위점검			
	MΩ 테스터기를 활용한 진단		0MΩ	

참고문헌

현대자동차 E러닝 교육과정.

현대자동차 M1 전기차 기초.

BMW GROUP KOREA TRAINING ACADEMY. BMW GROUP.